中国近海底栖动物多样性丛书

丛书主编　王春生

南海底栖动物常见种形态分类图谱

上 册

蔡立哲　王建军　主编

科学出版社

北京

内 容 简 介

《南海底栖动物常见种形态分类图谱》（上册）是在对南海近岸采集的海洋底栖动物常见种进行整理和鉴定的基础上，结合海洋底栖动物分类学领域国内外最新研究进展撰写而成的。共收录了7门79科223种底栖动物，包括多孔动物（3科5种）、刺胞动物（13科23种）、扁形动物（2科4种）、纽形动物（6科8种）、线虫动物（11科27种）、环节动物（42科153种）、星虫动物（2科3种），反映了南海近海常见底栖动物的主要面貌。本书对每个物种的形态特征、生态习性及地理分布等进行了详细的描述，对以往鉴定有误和有争议的物种进行了修订。本书所列物种大部分配以原色彩色照片图，力求表现其三维形态和分类特征。

本书可供海洋生物学、水产资源学与生物多样性等研究领域的科研工作者、高校师生阅读参考。

图书在版编目（CIP）数据

南海底栖动物常见种形态分类图谱. 上册 / 蔡立哲，王建军主编. -- 北京：科学出版社，2024.12
（中国近海底栖动物多样性丛书 / 王春生主编）.
ISBN 978-7-03-079573-1
Ⅰ. Q958.8-64
中国国家版本馆CIP数据核字第2024QM2359号

责任编辑：李　悦　薛　丽 / 责任校对：郑金红 / 责任印制：肖　兴
封面设计：刘新新 / 装帧设计：北京美光设计制版有限公司

科学出版社 出版
北京东黄城根北街16号
邮政编码：100717
http://www.sciencep.com
北京华联印刷有限公司印刷
科学出版社发行　各地新华书店经销

*

2024年12月第 一 版　开本：787×1092　1/16
2024年12月第一次印刷　印张：29 1/2
字数：700 000

定价（上册）：438.00元
（如有印装质量问题，我社负责调换）

"中国近海底栖动物多样性丛书"
编辑委员会

丛 书 主 编 　王春生

丛书副主编（以姓氏笔画为序）

　　　　　　　王建军　寿　鹿　李新正　张东声　张学雷　周　红
　　　　　　　蔡立哲

编　　　委（以姓氏笔画为序）

　　　　　　　王小谷　王宗兴　王建军　王春生　王跃云　甘志彬
　　　　　　　史本泽　刘　坤　刘材材　刘清河　汤雁滨　许　鹏
　　　　　　　孙　栋　孙世春　寿　鹿　李　阳　李新正　邱建文
　　　　　　　沈程程　宋希坤　张东声　张学雷　张睿妍　林施泉
　　　　　　　周　红　周亚东　倪　智　徐勤增　郭玉清　黄　勇
　　　　　　　黄雅琴　龚　琳　鹿　博　葛美玲　蒋　维　傅素晶
　　　　　　　曾晓起　温若冰　蔡立哲　廖一波　翟红昌

审 稿 专 家 　张志南　蔡如星　林　茂　徐奎栋　江锦祥　刘镇盛
　　　　　　　张敬怀　肖　宁　郑凤武　李荣冠　陈　宏　张均龙

《南海底栖动物常见种形态分类图谱》（上册）编辑委员会

主　　编　蔡立哲　王建军
副 主 编　李新正　孙世春　刘　坤
编　　委（以姓氏笔画为序）
　　　　　马　林　王　智　王亚琴　王春生　王跃云　甘志彬
　　　　　刘昕明　牟剑锋　刘清河　曲寒雪　江锦祥　闫　嘉
　　　　　陈丙温　李　众　李　阳　宋希坤　陈昕韡　李一璇
　　　　　李荣冠　张学雷　张　琪　张　然　张舒怡　李　渊
　　　　　何雪宝　初雁凌　杨德援　林龙山　林和山　周细平
　　　　　林俊辉　郑新庆　饶义勇　赵小雨　徐勤增　郭玉清
　　　　　隋吉星　龚　琳　寇　琦　彭文晴　葛美玲　董　栋
　　　　　曾晓起　傅素晶

丛书序

海洋底栖动物是海洋生物中种类最多、生态学关系最复杂的生态类群，包括大多数的海洋动物门类，在已有记录的海洋动物种类中，60%以上是底栖动物。它们大多生活在有氧和有机质丰富的沉积物表层，是组成海洋食物网的重要环节。底栖动物对海底的生物扰动作用在沉积物－水界面生物地球化学过程研究中具有十分重要的科学意义。

海洋底栖动物区域性强，迁移能力弱，且可通过生物富集或生物降解等作用调节体内的污染物浓度，有些种类对污染物反应极为敏感，而有些种类则对污染物具有很强的耐受能力。因此，海洋底栖动物在海洋污染监测等方面具有良好的指示作用，是海洋环境监测和生态系统健康评估体系的重要指标。

海洋底栖动物与人类的关系也十分密切，一些底栖动物是重要的水产资源，经济价值高；有些种类又是医药和多种工业原料的宝贵资源；有些种类能促进污染物降解与转化，发挥环境修复作用；还有一些污损生物破坏水下设施，严重危害港务建设、交通航运等。因此，海洋底栖动物在海洋科学研究、环境监测与保护、保障海洋经济和社会发展中具有重要的地位与作用。

但目前对我国海洋底栖动物的研究步伐远跟不上我国社会经济的发展速度。尤其是近些年来，从事分类研究的老专家陆续退休或离世，生物分类研究队伍不断萎缩，人才青黄不接，严重影响了海洋底栖动物物种的准确鉴定。另外，缺乏规范的分类体系，无系统的底栖动物形态鉴定图谱和检索表等分类工具书，也造成种类鉴定不准确，甚至混乱。

在海洋公益性行业科研专项"我国近海常见底栖动物分类鉴定与信息提取及应用研究"的资助下，结合形态分类和分子生物学最新研究成果，我们组织专家开展了我国近海常见底栖动物分类体系研究，并采用新鲜样品进行图像等信息的采集，编制完成了"中国近海底栖动物多样性丛书"，共10册，其中《中国近海底栖动物分类体系》1册包含18个动物门771个科；《中国近海底栖动物常见种名录》1册共收录了18个动物门4585个种；渤海、黄海（上、下册）、东海（上、下册）和南海（上、中、下册）形态分类图谱分别包含了12门151科260种、13门219科484种、13门229科522种和13门282科680种。

在本丛书编写过程中，得到了项目咨询专家中国海洋大学张志南教授、浙江大学蔡如星教授和自然资源部第三海洋研究所林茂研究员的指导。中国科学院海洋研究所徐奎栋研究员、肖宁博士和张均龙博士，自然资源部第二海洋研究所刘镇盛研究员，自然资源部第三海洋研究所江锦祥研究员、郑凤武研究员和李荣冠研究员，自然资源部南海局张敬怀研究员，海南南海热带海洋研究所陈宏研究员审阅了书稿，并提出了宝贵意见，在此一并表示感谢。

同时本丛书得以出版与原国家海洋局科学技术司雷波司长和辛红梅副司长的支持分不开。在实施方案论证过程中，原国家海洋局相关业务司领导及评审专家提出了很多有益的意见和建议，笔者深表谢意！

在丛书编写过程中我们尽可能采用了 WoRMS 等最新资料，但由于有些门类的分类系统在不断更新，有些成果还未被吸纳进来，为了弥补不足，项目组注册并开通了"中国近海底栖动物数据库"，将不定期对相关研究成果进行在线更新。

虽然我们采取了十分严谨的态度，但限于业务水平和现有技术，书中仍不免会出现一些疏漏和不妥之处，诚恳希望得到国内外同行的批评指正，并请将相关意见与建议上传至"中国近海底栖动物数据库"，便于编写组及时更正。

"中国近海底栖动物多样性丛书"编辑委员会

2021 年 8 月 15 日于杭州

前 言

南海是我国海域区块中面积最大、水较深、沿岸及离岸岛屿众多的海区，在动物区系划分上是印度洋-西太平洋的一部分，基本属于热带性质。南海有我国较为丰富的海洋生态系统——沿岸红树林生态系统、海草床生态系统、珊瑚礁生态系统、河口三角洲生态系统、古潟湖生态系统、岩岸岩礁生态系统、沙（泥）滩生态系统等，南海中部有远海珊瑚礁——现代潟湖生态系统、暗沙生态系统、深海生态系统、深海海槽生态系统等。这片海域各种生态系统生物多样，各不相同且各有特色，底栖生物多样性也极其丰富，从生物分类学方面看几乎包括了所有动物门类，不仅有简单低等的多孔动物，还有复杂高等的脊索动物。

我国在南海开展了大量关于底栖生物生态学和生物多样性的研究工作，其中比较重要的有中越北部湾海洋综合调查研究（1959～1960 年，1962 年）、西沙群岛海洋综合考察（1973～1974 年）、中国海岸带和海涂资源综合调查（1980～1986 年）、南沙群岛及其邻近海区综合调查研究（1984～1987 年）、中国海岛资源综合调查（1990～1994 年）、我国专属经济区和大陆架勘测专项（"126"专项，1997～2000 年）、中国近海海洋综合调查与评价专项（"908"专项调查，2004～2009 年）、南海天然气水合物区生物多样性评价（2011～2019 年）等。

本册图谱所收录的底栖动物标本主要是自然资源部第三海洋研究所、厦门大学、中国科学院海洋研究所和中国海洋大学的科研工作者历年在南海海域开展的海洋综合调查中，利用采泥器、底拖网及潜水采样等多种方式所获得的大型底栖动物、潮间带生物样品，共收录了 7 门 79 科 223 种底栖生物，包括多孔动物门（3 科 5 种）、刺胞动物门（13 科 23 种）、扁形动物门（2 科 4 种）、纽形动物门（6 科 8 种）、线虫动物门（11 科 27 种）、环节动物门（42 科 153 种）、星虫动物门（2 科 3 种）。图谱内容包括常见底栖动物的中文名、学名、主要特征、生态习性及地理分布等，其中底栖动物学名的修订以世界海洋生物数据库——WoRMS 为主，并参考《中国动物志 无脊椎动物》各分册及《中国海洋生物名录》、《中国海洋物种和图集》。所列物种大部分配以原色彩色照片图，力求表现其三维形态和分类特征。

参与编写本册图谱的单位包括：自然资源部第三海洋研究所 [刺胞动物门（部分）]；厦门大学 [线虫动物门、环节动物门、刺胞动物门（部分）]；中国科学院海洋研究所（多孔动物门）；中国海洋大学（扁形动物、纽形动物和星虫动物）。本册图谱的出版得到了海洋公益性行业科研专项"我国近海常见底栖动物分类鉴定与信息提取及应用研究"（201505004）项目的资助。

本册图谱是众多研究者辛勤劳动积累的成果。在编写过程中，我们始终怀着十分审慎的态度，但限于编者的水平，书中难免存在疏漏，恳请国内外同行和读者批评指正。

编　者

2023 年 10 月于厦门

目 录

多孔动物门 Porifera

六放海绵纲 Hexactinellida / 双盘海绵亚纲 Amphidiscophora
双盘海绵目 Amphidiscosida
围线海绵科 Pheronematidae Gray, 1870
棍棒海绵属 Semperella Gray, 1868
蛟龙棍棒海绵 Semperella jiaolongae Gong, Li & Qiu, 2015 2

六放海绵纲 Hexactinellida / 六星海绵亚纲 Hexasterophora
松骨海绵目 Lyssacinosida
偕老同穴科 Euplectellidae Gray, 1867
囊萼海绵属 Saccocalyx Schulze, 1896
小六轴囊萼海绵 Saccocalyx microhexactin Gong, Li & Qiu, 2015 4

寻常海绵纲 Demospongiae / 异骨海绵亚纲 Heteroscleromorpha
繁骨海绵目 Poecilosclerida
山海绵科 Mycalidae Lundbeck, 1905
山海绵属 Mycale Gray, 1867
叶片山海绵 Mycale (Carmia) phyllophila Hentschel, 1911 6
巴里轭山海绵 Mycale (Zygomycale) parishii Bowerbank, 1875 8
简骨海绵目 Haplosclerida
石海绵科 Petrosiidae van Soest, 1980
锉海绵属 Xestospongia de Laubenfels, 1932
龟壳锉海绵 Xestospongia testudinaria (Lamarck, 1815) 10

多孔动物门参考文献 10

刺胞动物门 Cnidaria

水螅纲 Hydrozoa
被鞘螅目 Leptothecata
钟螅科 Campanulariidae Johnston, 1836
薮枝螅属 Obelia Péron & Lesueur, 1810

　　　　膝状薮枝螅 *Obelia geniculata* (Linnaeus, 1758) 14
　　　根茎螅属 *Rhizocaulus* Stechow, 1919
　　　　中国根茎螅 *Rhizocaulus chinensis* (Marktanner-Turneretscher, 1890) 15
　小桧叶螅科 Sertularellidae Maronna et al., 2016
　　　小桧叶螅属 *Sertularella* Gray, 1848
　　　　奇异小桧叶螅 *Sertularella mirabilis* Jäderholm, 1896 16
　桧叶螅科 Sertulariidae Lamouroux, 1812
　　　特异螅属 *Idiellana* Cotton & Godfrey, 1942
　　　　锯形特异螅 *Idiellana pristis* (Lamouroux, 1816) 18
　　　强叶螅属 *Dynamena* Lamouroux, 1812
　　　　南沙强叶螅 *Dynamena nanshaensis* Tang, 1991 19
花裸螅目 Anthoathecata
　筒螅水母科 Tubulariidae Goldfuss, 1818
　　　外肋水母属 *Ectopleura* L. Agassiz, 1862
　　　　黄外肋水母 *Ectopleura crocea* (L. Agassiz, 1862) 20

珊瑚虫纲 Anthozoa
海鳃目 Pennatulacea
　棒海鳃科 Veretillidae Herklots, 1858
　　　仙人掌海鳃属 *Cavernularia* Valenciennes in Milne Edwards & Haime，1850
　　　　强壮仙人掌海鳃 *Cavernularia obesa* Valenciennes in Milne Edwards & Haime, 1850 22
海葵目 Actiniaria
　海葵科 Actiniidae Rafinesque, 1815
　　　侧花海葵属 *Anthopleura* Duchassaing de Fonbressin & Michelotti, 1860
　　　　绿侧花海葵 *Anthopleura fuscoviridis* Carlgren, 1949 23
　　　海葵属 *Actinia* Linnaeus, 1767
　　　　等指海葵 *Actinia equina* (Linnaeus, 1758) 24
　　　近瘤海葵属 *Paracondylactis* Carlgren, 1934
　　　　亨氏近瘤海葵 *Paracondylactis hertwigi* (Wassilieff, 1908) 25
　矶海葵科 Diadumenidae Stephenson, 1920
　　　矶海葵属 *Diadumene* Stephenson, 1920
　　　　纵条矶海葵 *Diadumene lineata* (Verrill, 1869) 26
　　　美丽海葵属 *Calliactis* Verrill, 1869

   螅形美丽海葵 *Calliactis polypus* (Forsskål, 1775) 27
  列指海葵科 Stichodactylidae Andres, 1883
   列指海葵属 *Stichodactyla* Brandt, 1835
    汉氏列指海葵 *Stichodactyla haddoni* (Saville-Kent, 1893) 28
  山醒海葵科 Andvakiidae Danielssen, 1890
   潮池海葵属 *Telmatactis* Gravier, 1916
    棍棒潮池海葵 *Telmatactis clavata* (Stimpson, 1856) 29
石珊瑚目 Scleractinia
 杯形珊瑚科 Pocilloporidae Gray, 1840
  杯形珊瑚属 *Pocillopora* Lamarck, 1816
   鹿角杯形珊瑚 *Pocillopora damicornis* (Linnaeus, 1758) 30
 鹿角珊瑚科 Acroporidae Verrill, 1901
  鹿角珊瑚属 *Acropora* Oken, 1815
   花鹿角珊瑚 *Acropora florida* (Dana, 1846) 32
   多孔鹿角珊瑚 *Acropora millepora* Ehrenberg, 1834 34
   风信子鹿角珊瑚 *Acropora hyacinthus* (Dana, 1846) 36
 木珊瑚科 Dendrophylliidae Gray, 1847
  陀螺珊瑚属 *Turbinaria* Oken, 1815
   盾形陀螺珊瑚 *Turbinaria peltata* Esper, 1797 38
 裸肋珊瑚科 Merulinidae Verrill, 1865
  刺星珊瑚属 *Cyphastrea* Milne Edwards & Haime, 1848
   锯齿刺星珊瑚 *Cyphastrea serailia* (Forskål, 1846) 40
 菌珊瑚科 Agariciidae Gray, 1847
  牡丹珊瑚属 *Pavona* Lamarck, 1801
   十字牡丹珊瑚 *Pavona decussata* (Dana, 1846) 42
 滨珊瑚科 Poritidae Gray, 1840
  滨珊瑚属 *Porites* Link, 1807
   澄黄滨珊瑚 *Porites lutea* Milne Edwards & Haime, 1851 43
 真叶珊瑚科 Euphylliidae Milne Edwards & Haime, 1857
  盔形珊瑚属 *Galaxea* Oken, 1815
   丛生盔形珊瑚 *Galaxea fascicularis* (Linnaeus, 1767) 44

刺胞动物门参考文献 45

扁形动物门 Platyhelminthes

多肠目 Polycladida
 泥平科 Ilyplanidae Faubel, 1983
  泥涡属 *Ilyella* Faubel, 1983
   大盘泥涡虫 *Ilyella gigas* (Schmarda, 1859) ··· 48
 伪角科 Pseudocerotidae Lang, 1884
  伪角属 *Pseudoceros* Lang, 1884
   蓝纹伪角涡虫 *Pseudoceros indicus* Newman & Schupp, 2002 ······················· 49
   蓝带伪角涡虫 *Pseudoceros concinnus* (Collingwood, 1876) ··························· 50
   外伪角涡虫 *Pseudoceros exoptatus* Kato, 1938 ·· 52

扁形动物门参考文献 ··· 53

纽形动物门 Nemertea

古纽纲 Palaeonemertea
 细首科 Cephalotrichidae McIntosh, 1874
  细首属 *Cephalothrix* Örsted, 1843
   香港细首纽虫 *Cephalothrix hongkongiensis* Sundberg, Gibson & Olsson, 2003 ········ 56

帽幼纲 Pilidiophora
 异纽目 Heteronemertea
  壮体科 Valenciniidae Hubrecht, 1879
   无沟属 *Baseodiscus* Diesing, 1850
    亨氏无沟纽虫 *Baseodiscus hemprichii* (Ehrenberg, 1831) ························· 58
  纵沟科 Lineidae McIntosh, 1874
   拟脑纽属 *Cerebratulina* Gibson, 1990
    浮游拟脑纽虫 *Cerebratulina natans* (Punnett, 1900) ······························· 60
   岩田属 *Iwatanemertes* Gibson, 1990
    椒斑岩田纽虫 *Iwatanemertes piperata* (Stimpson, 1855) ·························· 61
   纵沟属 *Lineus* Sowerby, 1806
    血色纵沟纽虫 *Lineus sanguineus* (Rathke, 1799) ···································· 62

枝吻科 Polybrachiorhynchidae Gibson, 1985
　　　多枝吻属 *Polydendrorhynchus* Yin & Zeng, 1986
　　　　湛江多枝吻纽虫 *Polydendrorhynchus zhanjiangensis* (Yin & Zeng, 1984) 64

针纽纲 Hoplonemertea
　单针目 Monostilifera
　　笑纽科 Prosorhochmidae Bürger, 1895
　　　额孔属 *Prosadenoporus* Bürger, 1890
　　　　莫顿额孔纽虫 *Prosadenoporus mortoni* (Gibson, 1990) 66
　　耳盲科 Ototyphlonemertidae Coe, 1940
　　　耳盲属 *Ototyphlonemertes* Diesing, 1863
　　　　长耳盲纽虫 *Ototyphlonemertes longissima* Liu & Sun, 2018 68

纽形动物门参考文献 70

线虫动物门 Nematoda

嘴刺纲 Enoplea
　嘴刺目 Enoplida
　　三孔线虫科 Tripyloididae Filipjev, 1918
　　　三孔线虫属 *Tripyloides* de Man, 1886
　　　　红树三孔线虫 *Tripyloides mangrovensis* Fu, Zeng, Zhou, Tan & Cai, 2018 74
　　　　厦门三孔线虫 *Tripyloides amoyanus* Fu, Zeng, Zhou, Tan & Cai, 2018 76
　　矛线虫科 Enchelidiidae Filipjev, 1918
　　　拟多胃球线虫属 *Polygastrophoides* Sun & Huang, 2016
　　　　美丽拟多胃球线虫 *Polygastrophoides elegans* Sun & Huang, 2016 78
　　裸口线虫科 Anoplostomatidae Gerlach & Riemann, 1974
　　　裸口线虫属 *Anoplostoma* Bütschli, 1874
　　　　膨大裸口线虫 *Anoplostoma tumidum* Li & Guo, 2016 80
　　　　拟胎生裸口线虫 *Anoplostoma paraviviparum* Li & Guo, 2016 82
　　花冠线虫科 Lauratonematidae Gerlach, 1953
　　　花冠线虫属 *Lauratonema* Gerlach, 1953
　　　　大口花冠线虫 *Lauratonema macrostoma* Chen & Guo, 2015 84

东山花冠线虫 *Lauratonema dongshanense* Chen & Guo, 2015 86
烙线虫科 Ironidae de Man, 1876
  柯尼丽线虫属 *Conilia* Gerlach, 1956
    中华柯尼丽线虫 *Conilia sinensis* Chen & Guo, 2015 87
  费氏线虫属 *Pheronous* Inglis, 1966
    东海费氏线虫 *Pheronous donghaiensis* Chen & Guo, 2015 88
  三齿线虫属 *Trissonchulus* Cobb, 1920
    宽刺三齿线虫 *Trissonchulus latispiculum* Chen & Guo, 2015 89
    乳突三齿线虫 *Trissonchulus benepapillosus* (Schulz, 1935) 90
    海洋三齿线虫 *Trissonchulus oceanus* Cobb, 1920 91

色矛纲 Chromadorea
色矛目 Chromadorida
色拉支线虫科 Selachinematidae Cobb, 1915
  里氏线虫属 *Richtersia* Steiner, 1916
    北部湾里氏线虫 *Richtersia beibuwanensis* Fu, Cai, Boucher, Cao & Wu, 2013 93
    克夫索亚里氏线虫 *Richtersia coifsoa* Fu, Cai, Boucher, Cao & Wu, 2013 94
  本狄斯线虫属 *Bendiella* Leduc, 2013
    卵胎生本狄斯线虫 *Bendiella vivipara* Fu, Boucher, Cai, 2017 96
疏毛目 Araeolaimida
联体线虫科 Comesomatidae Filipjev, 1918
  矛咽线虫属 *Dorylaimopsis* Ditlevsen, 1918
    长刺矛咽线虫 *Dorylaimopsis longispicula* Fu, Leduc, Rao & Cai, 2019 98
    布氏矛咽线虫 *Dorylaimopsis boucheri* Fu, Leduc, Rao & Cai, 2019 100
    乳突矛咽线虫 *Dorylaimopsis papilla* Guo, Chang & Yang, 2018 102
  霍帕线虫属 *Hopperia* Vitiello, 1969
    中华霍帕线虫 *Hopperia sinensis* Guo, Chang, Chen, Li & Liu, 2015 104
轴线虫科 Axonolaimidae Filipjev, 1918
  拟齿线虫属 *Parodontophora* Timm, 1963
    等化感器拟齿线虫 *Parodontophora aequiramus* Li & Guo, 2016 106
    不规则拟齿线虫 *Parodontophora irregularis* Li & Guo, 2016 107
    霍山拟齿线虫 *Parodontophora huoshanensis* Li & Guo, 2016 108
    微毛拟齿线虫 *Parodontophora microseta* Li & Guo, 2016 109
    似微毛拟齿线虫 *Parodontophora paramicroseta* Li & Guo, 2016 110

单宫目 Monhysterida
 囊咽线虫科 Sphaerolaimidae Filipjev, 1918
  拟囊咽线虫属 *Parasphaerolaimus* Ditlevsen, 1918
   谨天拟囊咽线虫 *Parasphaerolaimus jintiani* Fu, Boucher & Cai, 2017 112
 隆唇线虫科 Xyalidae Chitwood, 1951
  后合咽线虫属 *Metadesmolaimus* Schuurmans Stekhoven, 1935
   张氏后合咽线虫 *Metadesmolaimus zhanggi* Guo, Chen & Liu, 2016 114

链环目 Desmodorida
 单茎线虫科 Monoposthiidae Filipjev, 1934
  莱茵线虫属 *Rhinema* Cobb, 1920
   长刺莱茵线虫 *Rhinema longispicula* Zhai, Huang & Huang, 2020 116

线虫动物门参考文献 118

环节动物门 Annelida

多毛纲 Polychaeta / 隐居亚纲 Sedentaria
头节虫目 Scolecida
 小头虫科 Capitellidae Grube, 1862
  小头虫属 *Capitella* Blainville, 1828
   小头虫 *Capitella capitata* (Fabricius, 1780) 122
  中蚓虫属 *Mediomastus* Hartman, 1944
   中国中蚓虫 *Mediomastus chinensis* Lin, Wang & Zheng, 2018 124
  背蚓虫属 *Notomastus* M. Sars, 1851
   背毛背蚓虫 *Notomastus aberans* Day, 1957 126
   背蚓虫 *Notomastus latericeus* Sars, 1851 128
 单指虫科 Cossuridae Day, 1963
  单指虫属 *Cossura* Webster & Benedict, 1887
   双形单指虫 *Cossura dimorpha* (Hartman, 1976) 130
 竹节虫科 Maldanidae Malmgren, 1867
  真节虫属 *Euclymene* Verrill, 1900
   持真节虫 *Euclymene annandalei* Southern, 1921 132
  新短脊虫属 *Metasychis* Light, 1991

异齿新短脊虫 *Metasychis disparidentatus* (Moore, 1904) 134
邦加竹节虫属 *Sabaco* Kinberg, 1866
 中华邦加竹节虫 *Sabaco sinicus* Wang & Li, 2018 136
拟节虫属 *Praxillella* Verrill, 1881
 简毛拟节虫 *Praxillella gracilis* (M. Sars, 1861) 138
 太平洋拟节虫 *Praxillella pacifica* Berkeley, 1929 140

海蛹科 Opheliidae Malmgren, 1867
 阿曼吉虫属 *Armandia* Filippi, 1861
  阿马阿曼吉虫 *Armandia amakusaensis* Saito, Tamaki & Imajima, 2000 144
  双须阿曼吉虫 *Armandia bipapillata* Hartmann-Schröder, 1974 146
  乐东阿曼吉虫 *Armandia exigua* Kükenthal, 1887 148
  西莫达阿曼吉虫 *Armandia simodaensis* Takahasi, 1938 150
 角海蛹属 *Ophelina* Örsted, 1843
  华丽角海蛹 *Ophelina grandis* (Pillai, 1961) 152
  棋盘角海蛹 *Ophelina tessellata* (Neave & Glasby, 2013) 154
  长尾角海蛹 *Ophelina longicaudata* (Caullery, 1944) 156
 多眼虫属 *Polyophthalmus* Quatrefages, 1850
  多眼虫 *Polyophthalmus pictus* (Dujardin, 1839) 158

锥头虫科 Orbiniidae Hartman, 1942
 居虫属 *Naineris* Blainville, 1828
  海南居虫 *Naineris hainanensis* (Wu, 1984) 160
 矛毛虫属 *Phylo* Kinberg, 1866
  叉毛矛毛虫 *Phylo ornatus* (Verrill, 1873) 162
 刺尖锥虫属 *Leodamas* Kinberg, 1866
  红刺尖锥虫 *Leodamas rubra* (Webster, 1879) 164
 尖锥虫属 *Scoloplos* Blainville, 1828
  肿胀尖锥虫 *Scoloplos tumidus* Mackie, 1991 166

异毛虫科 Paraonidae Cerruti, 1909
 独指虫属 *Aricidea* Webster, 1879
  独指虫 *Aricidea (Aricidea) fragilis* Webster, 1879 168
 卷须虫属 *Cirrophorus* Ehlers, 1908
  叉毛卷须虫 *Cirrophorus furcatus* (Hartman, 1957) 170

梯额虫科 Scalibregmatidae Malmgren, 1867
 梯额虫属 *Scalibregma* Rathke, 1843

  梯额虫 *Scalibregma inflatum* Rathke, 1843 172
龙介虫科 Serpulidae Rafinesque, 1815
  盘管虫属 *Hydroides* Gunnerus, 1768
   内刺盘管虫 *Hydroides ezoensis* Okuda, 1934 174
   细爪盘管虫 *Hydroides inornata* Pillai, 1960 176
   中华盘管虫 *Hydroides sinensis* Zibrowius, 1972 178
缨鳃虫科 Sabellidae Latreille, 1825
  鳍缨虫属 *Branchiomma* Kölliker, 1858
   斑鳍缨虫 *Branchiomma cingulatum* (Grube, 1870) 180
   珠鳍缨虫 *Branchiomma cingulatum pererai* De Silva, 1965 182
  石缨虫属 *Laonome* Malmgren, 1866
   白带石缨虫 *Laonome albicingillum* Hsieh, 1995 184
  刺缨虫属 *Potamilla* Malmgren, 1866
   结节刺缨虫 *Potamilla torelli* Malmgren, 1866 186
  光缨鳃虫属 *Sabellastarte* Kr yer, 1856
   日本光缨虫 *Sabellastarte japonica* (Marenzeller, 1884) 188
   粗壮光缨鳃虫 *Sabellastarte spectabilis* (Grube, 1878) 190

海稚虫目 Spionida
杂毛虫科 Poecilochaetidae Hannerz, 1956
  杂毛虫属 *Poecilochaetus* Claparède in Ehlers, 1875
   豪猪杂毛虫 *Poecilochaetus hystricosus* Mackie, 1990 192
   小刺杂毛虫 *Poecilochaetus spinulosus* Mackie, 1990 194
   三须杂毛虫 *Poecilochaetus tricirratus* Mackie, 1990 196
海稚虫科 Spionidae Grube, 1850
  后稚虫属 *Laonice* Malmgren, 1867
   后稚虫 *Laonice cirrata* (M. Sars, 1851) 198
  奇异稚齿虫属 *Paraprionospio* Caullery, 1914
   冠奇异稚齿虫 *Paraprionospio cristata* Zhou, Yokoyama & Li, 2008 200
  稚齿虫属 *Prionospio* Malmgren, 1867
   太平洋稚齿虫 *Prionospio pacifica* Zhou & Li, 2009 202
   小囊稚齿虫 *Prionospio saccifera* Mackie & Hartley, 1990 204
  腹沟虫属 *Scolelepis* Blainville, 1828
   鳞腹沟虫 *Scolelepis* (*Scolelepis*) *squamata* (O. F. Muller, 1806) 206
轮毛虫科 Trochochaetidae Pettibone, 1963

轮毛虫属 *Trochochaeta* Levinsen, 1884

　　分叉轮毛虫 *Trochochaeta diverapoda* (Hoagland, 1920) 208

蛰龙介目 Terebellida

　丝鳃虫科 Cirratulidae Ryckholt, 1851

　　丝鳃虫属 *Cirratulus* Lamarck, 1818

　　　丝鳃虫 *Cirratulus cirratus* (O. F. Müller, 1776) 210

　　双指虫属 *Aphelochaeta* Blake, 1991

　　　细双指虫 *Aphelochaeta filiformis* (Keferstein, 1862) 212

　　　多丝双指虫 *Aphelochaeta multifilis* (Moore, 1909) 214

　扇毛虫科 Flabelligeridae de Saint-Joseph, 1894

　　足丝肾扇虫属 *Bradabyssa* Hartman, 1867

　　　绒毛足丝肾扇虫 *Bradabyssa villosa* (Rathke, 1843) 216

　双栉虫科 Ampharetidae Malmgren, 1866

　　等栉虫属 *Isolda* Müller, 1858

　　　等栉虫 *Isolda pulchella* Müller in Grube, 1858 218

　　米列虫属 *Melinna* Malmgren, 1866

　　　米列虫 *Melinna cristata* (M. Sars, 1851) 220

　笔帽虫科 Pectinariidae Quatrefages, 1866

　　双边帽虫属 *Amphictene* Savigny, 1822

　　　日本双边帽虫 *Amphictene japonica* (Nilsson, 1928) 222

　蛰龙介科 Terebellidae Johnston, 1846

　　似蛰虫属 *Amaeana* Hartman, 1959

　　　似蛰虫 *Amaeana trilobata* (Sars, 1863) 224

　　琴蛰虫属 *Lanice* Malmgren, 1866

　　　琴蛰虫 *Lanice conchilega* (Pallas, 1766) 226

　　扁蛰虫属 *Loimia* Malmgren, 1866

　　　扁蛰虫 *Loimia medusa* (Savigny, 1822) 228

　　树蛰虫属 *Pista* Malmgren, 1866

　　　树蛰虫 *Pista cristata* (Müller, 1776) 230

　　　烟树树蛰虫 *Pista typha* (Grube, 1878) 232

　毛鳃虫科 Trichobranchidae Malmgren, 1866

　　梳鳃虫属 *Terebellides* Sars, 1835

　　　广东梳鳃虫 *Terebellides guangdongensis* Zhang & Hutchings, 2018 234

　不倒翁虫科 Sternaspidae Carus, 1863

彼得不倒翁属 *Petersenaspis* Sendall & Salazar-Vallejo, 2013
　　萨拉彼得不倒翁虫 *Petersenaspis salazari* Wu & Xu, 2017 236
不倒翁虫属 *Sternaspis* Otto, 1820
　　辐射不倒翁虫 *Sternaspis radiata* Wu & Xu, 2017 238
　　多刺不倒翁虫 *Sternaspis spinosa* Sluiter, 1882 240
　　孙氏不倒翁虫 *Sternaspis sunae* Wu & Xu, 2017 242
　　吴氏不倒翁虫 *Sternaspis wui* Wu & Xu, 2017 244

多毛纲 Polychaeta / 游走亚纲 Errantia
矶沙蚕目 Eunicida
豆维虫科 Dorvilleidae Chamberlin, 1919
　叉毛豆维虫属 *Schistomeringos* Jumars, 1974
　　叉毛豆维虫 *Schistomeringos rudolphi* (Delle Chiaje, 1828) 246
矶沙蚕科 Eunicidae Berthold, 1827
　矶沙蚕属 *Eunice* Cuvier, 1817
　　滑指矶沙蚕 *Eunice indica* Kinberg, 1865 248
　　哥城矶沙蚕 *Eunice kobiensis* McIntosh, 1885 250
　特矶沙蚕属 *Euniphysa* Wesenberg-Lund, 1949
　　廉刺特矶沙蚕 *Euniphysa falciseta* (Shen & Wu, 1991) 252
　岩虫属 *Marphysa* Quatrefages, 1865
　　莫三鼻给岩虫 *Marphysa mossambica* (Peters, 1854) 254
　寡枝虫属 *Paucibranchia* Molina-Acevedo, 2018
　　中华寡枝虫 *Paucibranchia sinensis* (Monro, 1934) 256
　　毡毛寡枝虫 *Paucibranchia stragulum* (Grube, 1878) 258
索沙蚕科 Lumbrineridae Schmarda, 1861
　科索沙蚕属 *Kuwaita* Mohammad, 1973
　　异足科索沙蚕 *Kuwaita heteropoda* (Marenzeller, 1879) 260
　索沙蚕属 *Lumbrineris* Blainville, 1828
　　圆头索沙蚕 *Lumbrineris inflata* Moore, 1911 262
　　中国索沙蚕 *Lumbrineris sinensis* Cai & Li, 2011 264
　斯索沙蚕属 *Sergioneris* Carrera-Parra, 2006
　　纳加斯索沙蚕 *Sergioneris nagae* Gallardo, 1968 266
花索沙蚕科 Oenonidae Kinberg, 1865
　线沙蚕属 *Drilonereis* Claparède, 1870
　　丝线沙蚕 *Drilonereis filum* Claparède, 1868 268

欧努菲虫科 Onuphidae Kinberg, 1865
　　巢沙蚕属 Diopatra Audouin & Milne Edwards, 1833
　　　　日本巢沙蚕 Diopatra sugokai Izuka, 1907 270
　　明管虫属 Hyalinoecia Malmgren, 1867
　　　　明管虫 Hyalinoecia tubicola (O. F. Müller, 1776) 272
　　欧努菲虫属 Onuphis Audouin & Milne Edwards, 1833
　　　　欧努菲虫 Onuphis eremita Audouin & Milne Edwards, 1833 274

叶须虫目 Phyllodocida
　蠕鳞虫科 Acoetidae Kinberg, 1856
　　蠕鳞虫属 Acoetes Audouin & Milne Edwards, 1832
　　　　黑斑蠕鳞虫 Acoetes melanonota (Grube, 1876) 276
　真鳞虫科 Eulepethidae Chamberlin, 1919
　　真鳞虫属 Eulepethus Chamberlin, 1919
　　　　南海真鳞虫 Eulepethus nanhaiensis Zhang, Zhang, Osborn & Qiu, 2017 278
　多鳞虫科 Polynoidae Kinberg, 1856
　　哈鳞虫属 Harmothoe Kinberg, 1856
　　　　亚洲哈鳞虫 Harmothoe asiatica Uschakov & Wu, 1962 280
　　背鳞虫属 Lepidonotus Leach, 1816
　　　　软背鳞虫 Lepidonotus helotypus (Grube, 1877) 282
　锡鳞虫科 Sigalionidae Kinberg, 1856
　　埃刺梳鳞虫属 Ehlersileanira Pettibone, 1970
　　　　埃刺梳鳞虫 Ehlersileanira incisa (Grube, 1877) 284
　　真三指鳞虫属 Euthalenessa Darboux, 1899
　　　　真三指鳞虫 Euthalenessa digitata (McIntosh, 1885) 286
　吻沙蚕科 Glyceridae Grube, 1850
　　吻沙蚕属 Glycera Lamarck, 1818
　　　　长吻沙蚕 Glycera chirori Izuka, 1912 288
　　　　锥唇吻沙蚕 Glycera onomichiensis Izuka, 1912 290
　角吻沙蚕科 Goniadidae Kinberg, 1866
　　甘吻沙蚕属 Glycinde Müller, 1858
　　　　寡节甘吻沙蚕 Glycinde bonhourei Gravier, 1904 292
　　角吻沙蚕属 Goniada Audouin & H Milne Edwards, 1833
　　　　日本角吻沙蚕 Goniada japonica Izuka, 1912 294
　拟特须虫科 Paralacydoniidae Pettibone, 1963

拟特须虫属 *Paralacydonia* Fauvel, 1913
　　拟特须虫 *Paralacydonia paradoxa* Fauvel, 1913 296
金扇虫科 Chrysopetalidae Ehlers, 1864
　卷虫属 *Paleaequor* Watson Russell, 1986
　　短卷虫 *Paleaequor breve* (Gallardo, 1968) 298
海女虫科 Hesionidae Grube, 1850
　海女虫属 *Hesione* Lamarck, 1818
　　横斑海女虫 *Hesione genetta* Grube, 1866 300
　　纵纹海女虫 *Hesione intertexta* Grube, 1878 302
　　海女虫 *Hesione splendida* Lamarck, 1818 304
　海结虫属 *Leocrates* Kinberg, 1866
　　中华海结虫 *Leocrates chinensis* Kinberg, 1866 306
　　无疣海结虫 *Leocrates claparedii* (Costa in Claparède, 1868) 308
　拟海结虫属 *Paraleocrates* Salazar-Vallejo, 2020
　　威森拟海结虫 *Paraleocrates wesenberglundae* (Pettibone, 1970) 310
　小健足虫属 *Micropodarke* Okuda, 1938
　　双小健足虫 *Micropodarke dubia* (Hessle, 1925) 312
　蛇潜虫属 *Oxydromus* Grube, 1855
　　狭细蛇潜虫 *Oxydromus angustifrons* (Grube, 1878) 314
　　无背毛蛇潜虫 *Oxydromus berrisfordi* (Day, 1967) 316
　　福氏蛇潜虫 *Oxydromus fauveli* (Uchida, 2004) 318
　海裂虫属 *Syllidia* Quatrefages, 1865
　　锚鄂海裂虫 *Syllidia anchoragnatha* (Sun & Yang, 2004) 320
沙蚕科 Nereididae Blainville, 1818
　翼形沙蚕属 *Alitta* Kinberg, 1865
　　琥珀翼形沙蚕 *Alitta succinea* (Leuckart, 1847) 322
　角沙蚕属 *Ceratonereis* Kinberg, 1865
　　角沙蚕 *Ceratonereis mirabilis* Kinberg, 1865 324
　简沙蚕属 *Simplisetia* Hartmann-Schröder, 1985
　　红简沙蚕 *Simplisetia erythraeensis* (Fauvel, 1918) 326
　鳃沙蚕属 *Dendronereis* Peters, 1854
　　羽须鳃沙蚕 *Dendronereis pinnaticirris* Grube, 1878 328
　年荷沙蚕属 *Hediste* Malmgren, 1867
　　日本年荷沙蚕 *Hediste japonica* (Izuka, 1908) 330

突齿沙蚕属 *Leonnates* Kinberg, 1865
 光突齿沙蚕 *Leonnates persicus* Wesenberg-Lund, 1949 332

溪沙蚕属 *Namalycastis* Hartman, 1959
 溪沙蚕 *Namalycastis abiuma* (Grube, 1872) 334

刺沙蚕属 *Neanthes* Kinberg, 1865
 腺带刺沙蚕 *Neanthes glandicincta* (Southern, 1921) 336
 威廉刺沙蚕 *Neanthes wilsonchani* (Lee & Glasby, 2015) 338

全刺沙蚕属 *Nectoneanthes* Imajima, 1972
 全刺沙蚕 *Nectoneanthes oxypoda* (Marenzeller, 1879) 340
 折扇全刺沙蚕 *Nectoneanthes uchiwa* Sato, 2013 342

沙蚕属 *Nereis* Linnaeus, 1758
 异须沙蚕 *Nereis heterocirrata* Treadwell, 1931 344

围沙蚕属 *Perinereis* Kinberg, 1865
 双齿围沙蚕 *Perinereis aibuhitensis* (Grube, 1878) 346
 金氏围沙蚕 *Perinereis euiini* Park & Kim, 2017 348
 锡围沙蚕 *Perinereis helleri* (Grube, 1878) 350
 线围沙蚕 *Perinereis linea* (Treadwell, 1936) 352
 拟短角围沙蚕 *Perinereis mictodonta* (Marenzeller, 1879) 354
 菱齿围沙蚕 *Perinereis rhombodonta* Wu, Sun & Yang, 1981 356

阔沙蚕属 *Platynereis* Kinberg, 1865
 双管阔沙蚕 *Platynereis bicanaliculata* (Baird, 1863) 358
 杜氏阔沙蚕 *Platynereis dumerilii* (Audouin & Milne Edwards, 1833) 360

伪沙蚕属 *Pseudonereis* Kinberg, 1865
 异形伪沙蚕 *Pseudonereis anomala* Gravier, 1899 362

背褶沙蚕属 *Tambalagamia* Pillai, 1961
 背褶沙蚕 *Tambalagamia fauveli* Pillai, 1961 364

软疣沙蚕属 *Tylonereis* Fauvel, 1911
 软疣沙蚕 *Tylonereis bogoyawlenskyi* Fauvel, 1911 366

疣吻沙蚕属 *Tylorrhynchus* Grube, 1866
 疣吻沙蚕 *Tylorrhynchus heterochetus* (Quatrefages, 1866) 368

白毛虫科 Pilargidae Saint-Joseph, 1899
 钩虫属 *Cabira* Webster, 1879
  白毛钩虫 *Cabira pilargiformis* (Uschakov & Wu, 1962) 372
 钩毛虫属 *Sigambra* Müller, 1858

　　　　花冈钩毛虫 *Sigambra hanaokai* (Kitamori, 1960) 374
　　平额刺毛虫属 *Litocorsa* Pearson, 1970
　　　　越南平额刺毛虫 *Litocorsa annamita* (Gallardo, 1968) 376
齿吻沙蚕科 Nephtyidae Grube, 1850
　　内卷齿蚕属 *Aglaophamus* Kinberg, 1866
　　　　双鳃内卷齿蚕 *Aglaophamus dibranchis* (Grube,1877) 378
　　　　中华内卷齿蚕 *Aglaophamus sinensis* (Fauvel, 1932) 380
　　　　吐露内卷齿蚕 *Aglaophamus toloensis* Ohwada, 1992 382
　　　　乌鲁潘内卷齿蚕 *Aglaophamus urupani* Nateewathana & Hylleberg, 1986 384
　　无疣齿吻沙蚕属 *Inermonephtys* Fauchald, 1968
　　　　加氏无疣齿吻沙蚕 *Inermonephtys gallardi* Fauchald, 1968 386
　　　　无疣齿吻沙蚕 *Inermonephtys inermis* (Ehlers, 1887) 388
　　微齿吻沙蚕属 *Micronephthys* Friedrich, 1939
　　　　东球须微齿吻沙蚕 *Micronephthys sphaerocirrata* (Wesenberg-Lund, 1949) 390
　　　　大眼微齿吻沙蚕 *Micronephthys oculifera* Mackie, 2000 392
　　　　寡鳃微齿吻沙蚕 *Micronephthys oligobranchia* (Southern, 1921) 394
　　齿吻沙蚕属 *Nephtys* Cuvier, 1817
　　　　加州齿吻沙蚕 *Nephtys californiensis* Hartman, 1938 396
　　　　多鳃齿吻沙蚕 *Nephtys polybranchia* Southern, 1921 398
叶须虫科 Phyllodocidae Örsted, 1843
　　巧言虫属 *Eulalia* Savigny, 1822
　　　　巧言虫 *Eulalia viridis* (Linnaeus, 1767) 400

多毛纲 Polychaeta / 未定亚纲

欧文虫科 Oweniidae Rioja, 1917
　　欧文虫属 *Owenia* Delle Chiaje, 1844
　　　　欧文虫 *Owenia fusiformis* Delle Chiaje, 1844 402
长手沙蚕科 Magelonidae Cunningham & Ramage, 1888
　　长手沙蚕属 *Magelona* F. Müller, 1858
　　　　尖叶长手沙蚕 *Magelona cincta* Ehlers, 1908 404
　　　　栉状长手沙蚕 *Magelona crenulifrons* Gallardo, 1968 406

多毛纲 Polychaeta / 螠亚纲 Echiura

绿螠科 Thalassematidae Forbes & Goodsir, 1841
　　管口螠属 *Ochetostoma* Rüppell & Leuckart, 1828
　　　　绛体管口螠 *Ochetostoma erythrogrammon* Rüppell & Leuckart, 1828 408

棘螠科 Urechidae Monro, 1927
　　棘螠属 *Urechis* Seitz, 1907
　　　　单环棘螠 *Urechis unicinctus* (Drasche, 1880) ·· 409

环带纲 Clitellata
颤蚓目 Tubificida
仙女虫科 Naididae Ehrenberg, 1831
　　简丝蚓属 *Paupidrilus* Erséus, 1990
　　　　短管简丝蚓 *Paupidrilus breviductus* Erséus, 1990 ·· 410
　　单孔蚓属 *Monopylephorus* Levinsen, 1884
　　　　体小单孔蚓 *Monopylephorus parvus* Ditlevsen, 1904 ··· 411
　　矮丝蚓属 *Ainudrilus* Finogenova, 1982
　　　　对毛矮丝蚓 *Ainudrilus geminus* Erséus, 1990 ··· 412
　　　　吉氏矮丝蚓 *Ainudrilus gibsoni* Erséus, 1990 ·· 413
　　根丝蚓属 *Rhizodrilus* Smith, 1900
　　　　微赤根丝蚓 *Rhizodrilus russus* Erséu, 1990 ··· 414
　　小贾米丝蚓属 *Jamiesoniella* Erséus, 1981
　　　　无囊小贾米丝蚓 *Jamiesoniella athecata* Erséus, 1981 ··· 415
　　膨管蚓属 *Doliodrilus* Erséus, 1984
　　　　长叉膨管蚓 *Doliodrilus longidentatus* Wang & Erséus, 2004 ··· 416
　　　　柔弱膨管蚓 *Doliodrilus tener* Erséus, 1984 ··· 417
　　似水丝蚓属 *Limnodriloides* Pierantoni, 1903
　　　　近亲似水丝蚓 *Limnodriloides fraternus* Erséus, 1990 ·· 418
　　　　副矛似水丝蚓 *Limnodriloides parahastatus* Erséus, 1984 ·· 419

环节动物门参考文献 ·· 420

星虫动物门 Sipuncula

革囊星虫纲 Phascolosomatidea
革囊星虫目 Phascolosomatida
革囊星虫科 Phascolosomatidae Stephen & Edmonds, 1972
　　革囊星虫属 *Phascolosoma* Leuckart, 1828

　　　　弓形革囊星虫 *Phascolosoma* (*Phascolosoma*) *arcuatum* (Gray, 1828) 428
　　反体昆虫科 Antillesomatidae
　　　反体星虫属 *Antillesoma* (Stephen & Edmonds, 1972)
　　　　安岛反体星虫 *Antillesoma antillarum* (Grübe, 1858) 430

方格星虫纲 Sipunculidea
戈芬星虫目 Golfingiida
　　方格星虫科 Sipunculidae Rafinesque, 1814
　　　方格星虫属 *Sipunculus* Linnaeus, 1766
　　　　裸体方格星虫 *Sipunculus nudus* Linnaeus, 1766 432

星虫动物门参考文献 433

中文名索引 435
拉丁名索引 441

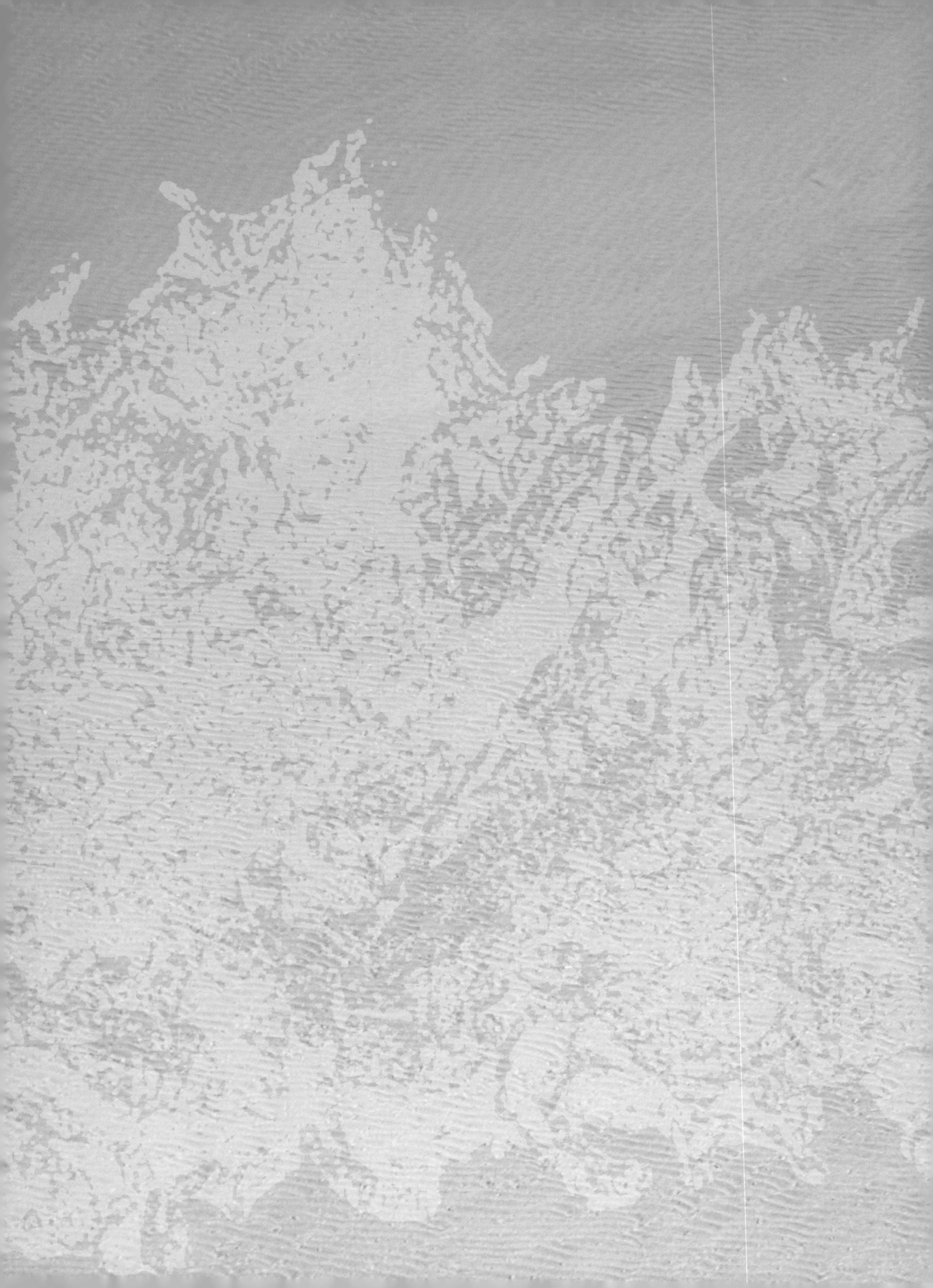

多孔动物门
Porifera

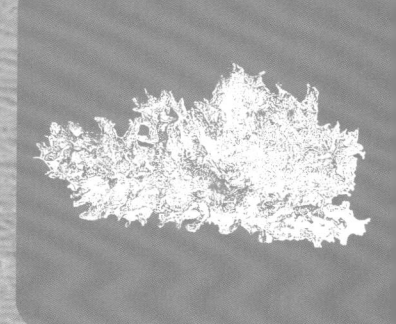

双盘海绵目 Amphidiscosida
围线海绵科 Pheronematidae Gray, 1870
棍棒海绵属 *Semperella* Gray, 1868

六放海绵纲 Hexactinellida / 双盘海绵亚纲 Amphidiscophora

蛟龙棍棒海绵
Semperella jiaolongae Gong, Li & Qiu, 2015

标本采集地： 南海。

形态特征： 海绵体呈柱状，生长状态时海绵为白色，由于采集时体内含软泥，海绵离开水后呈灰土色。下部侧表面有侧须。领细胞层的骨针为五辐骨针。皮层骨针为羽辐状五辐骨针。内腔骨针为羽辐状五辐骨针。基须骨针的末端为含两个齿的锚状结构。勾棘骨针表面含小的棘刺。表须为节杖骨针。小骨针含小双盘骨针、小六辐骨针、小五辐骨针和小四辐骨针。

生态习性： 生活在我国南海的深海，个体可达 1m，是深海较大的一类海绵。

地理分布： 南海。

经济意义： 无经济价值，在深海生态系统中具有一定作用。

稀有程度： 习见种，但数量不多。

参考文献： Gong et al., 2015。

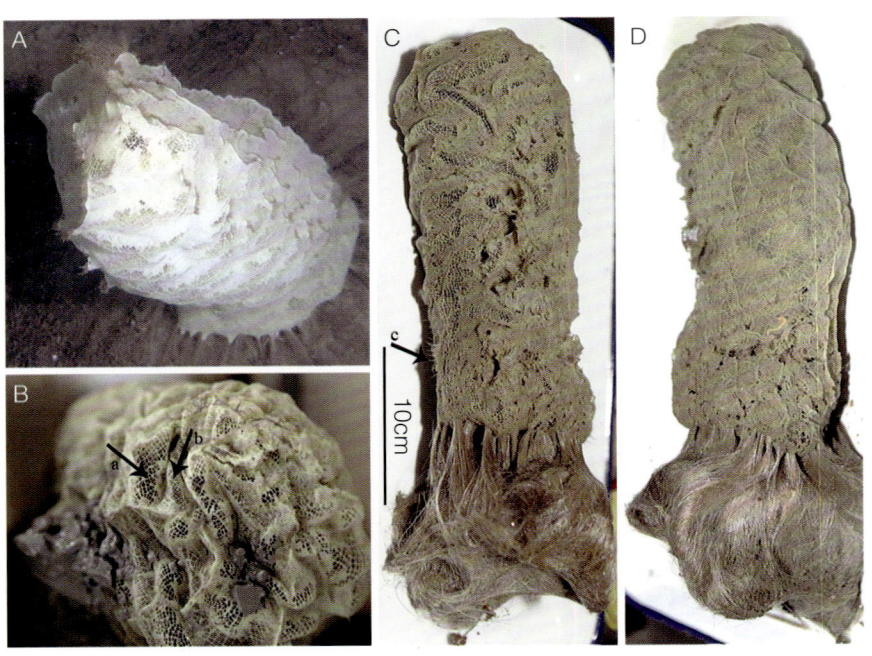

图 1-1 蛟龙棍棒海绵 *Semperella jiaolongae* Gong, Li & Qiu, 2015 外部形态图
A. 在自然栖息地的标本；B. 外部内腔区域（箭头 a）和皮层区域（箭头 b）的外形；C. 被皮层区（箭头 c 表示侧生体）分隔的内腔区（比例尺 10cm）；D. 只有皮层区域的侧面

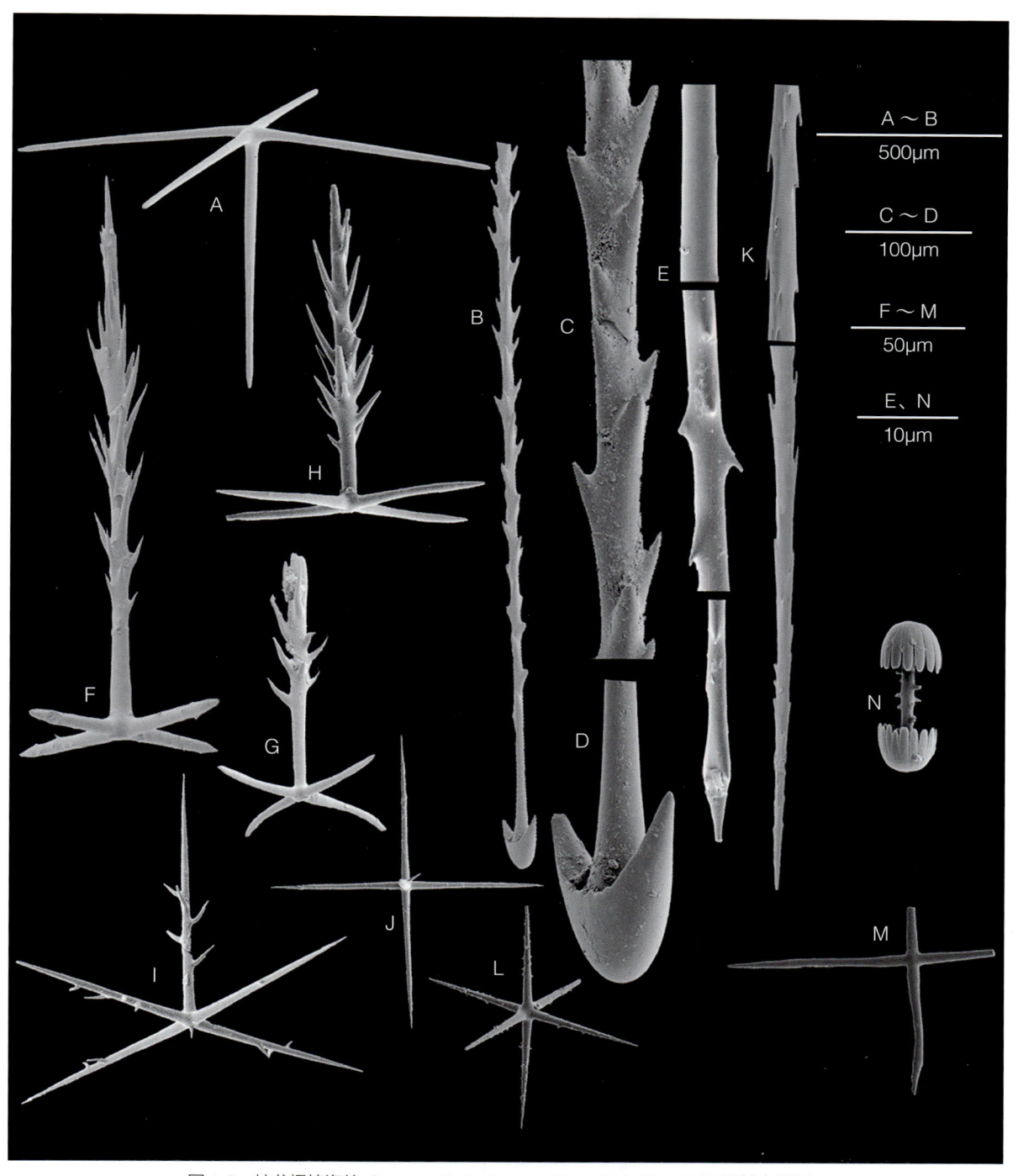

图 1-2　蛟龙棍棒海绵 *Semperella jiaolongae* Gong, Li & Qiu, 2015 骨针电镜图

A. 五放体骨针；B. 骨针的基须；C. 基须放大；D. 基须的锚；E. 节仗骨针的三段区域；F、G. 皮层五放体骨针；H、I. 内腔五放体骨针；J. 微五放体骨针；K. 骨针杆的顶端部和中段部；L. 微六放体骨针；M. 十字骨针；N. 小双盘骨针

松骨海绵目 Lyssacinosida
偕老同穴科 Euplectellidae Gray, 1867
囊萼海绵属 *Saccocalyx* Schulze, 1896

小六轴囊萼海绵
Saccocalyx microhexactin Gong, Li & Qiu, 2015

标本采集地： 南海。

形态特征： 海绵体呈球形，白色，侧壁有许多指状突起。在生活状态海绵像一朵白色的莲花长在海山峭壁上。海绵的中央内腔较大，有 1 个主出水口，在主出水口周围约含有 20 个次出水口。海绵侧壁有很多指状突起。每 1 指状突起的顶端都含有 1 个侧出水口。海绵含有 1 个长的管状茎梗。皮层和内腔骨针为羽辐状六辐骨针，领细胞层骨针为二辐骨针和六辐骨针。小骨针由旋盘六星骨针、镰毛骨针、羽丝骨针和小六辐骨针组成。

生态习性： 生活在我国南海死火山峭壁上，水深 3542m。

地理分布： 南海。

经济意义： 无经济价值。

参考文献： Gong et al., 2015。

图 2-1　小六轴囊萼海绵 *Saccocalyx microhexactin* Gong, Li & Qiu, 2015 外部形态图

六放海绵纲 Hexactinellida / 六星海绵亚纲 Hexasterophora

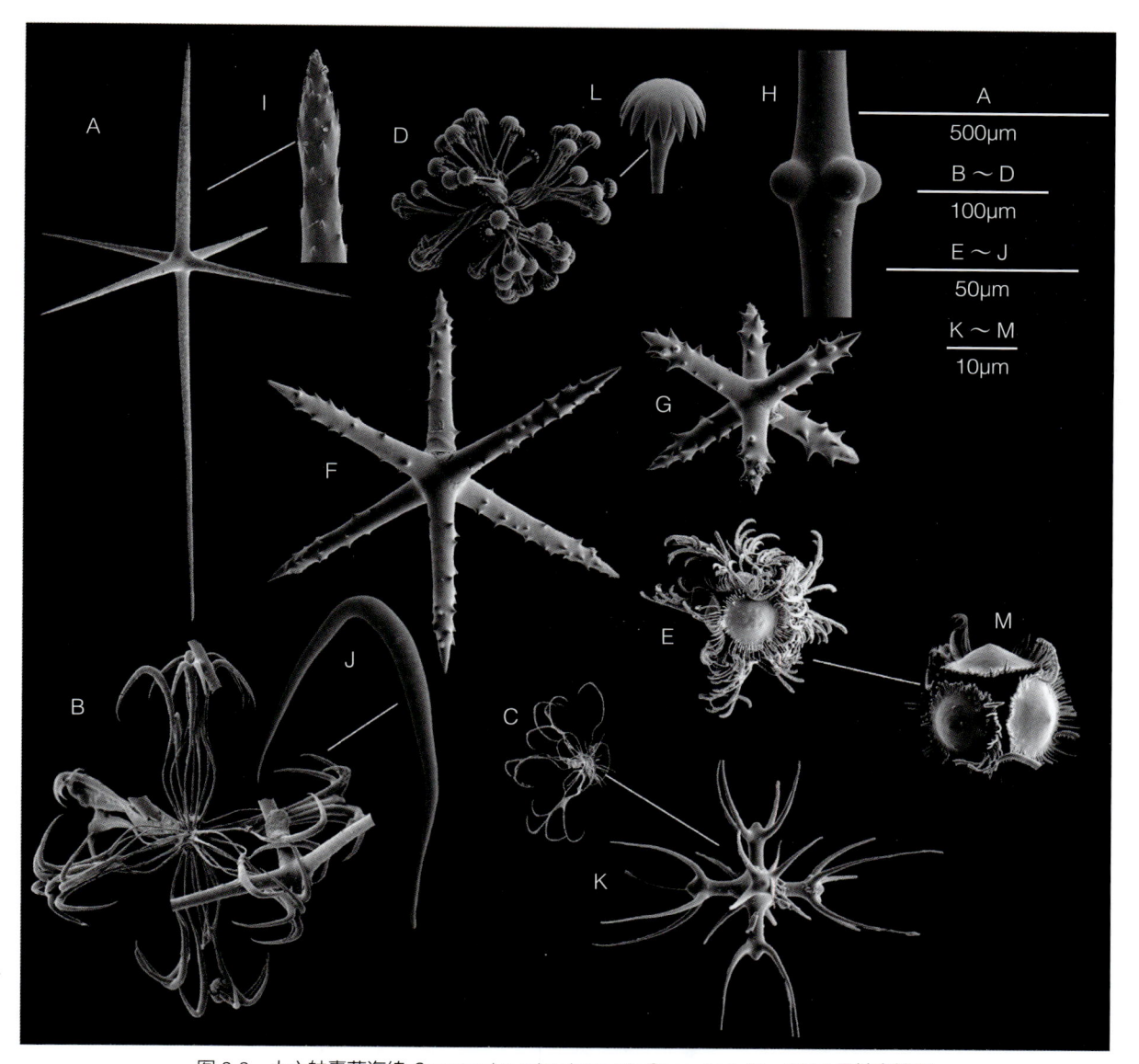

图 2-2 小六轴囊萼海绵 *Saccocalyx microhexactin* Gong, Li & Qiu, 2015 骨针电镜图
A. 皮层和内腔面六辐骨针；B. 镰毛骨针Ⅰ；C. 镰毛骨针Ⅱ；D. 旋盘六星骨针；E. 羽丝骨针；F、G. 小六辐骨针；
H. 二辐骨针轴中间的瘤状结构；I. 六辐骨针羽辐；J. 镰毛骨针Ⅰ钩状二级结构放大图；K. 镰毛骨针Ⅱ中间结构放大图；
L. 旋盘六星骨针的齿状盘放大图；M. 羽丝骨针中间结构

繁骨海绵目 Poecilosclerida
山海绵科 Mycalidae Lundbeck, 1905
山海绵属 *Mycale* Gray, 1867

叶片山海绵
Mycale (*Carmia*) *phyllophila* Hentschel, 1911

标本采集地： 东海。

形态特征： 本种海绵是中国东南沿岸比较常见的海绵，其生物量非常大，外形多种多样，多呈大块状，有时附着在渔排的绳索上，呈大片的生长趋势。海绵多为红色，出水口大多不明显，在一些长势很好的海绵中可清晰看见其出水口。海绵略有弹性。骨针有 3 种，分别为山海绵型骨针、掌形异爪状骨针、卷轴骨针。大骨针为山海绵型骨针，一端为不太明显的头状体，另一端尖。掌形异爪状骨针分 2 种。卷轴骨针数量较多。该海绵缺乏连续的外皮骨骼，其表面有一层薄的皮层，皮层中无特殊的骨骼构造。领细胞层骨骼呈羽状，从底部逐渐上升，在接近海绵表面的时候，骨针束加粗，伸出斜的辐射状的结构。

生态习性： 生活在东海的浅海区域，能在渔排上大量繁殖。

地理分布： 东海，南海；澳大利亚，南非。

经济意义： 无经济价值。

稀有程度： 习见种。

参考文献： 龚琳，2013。

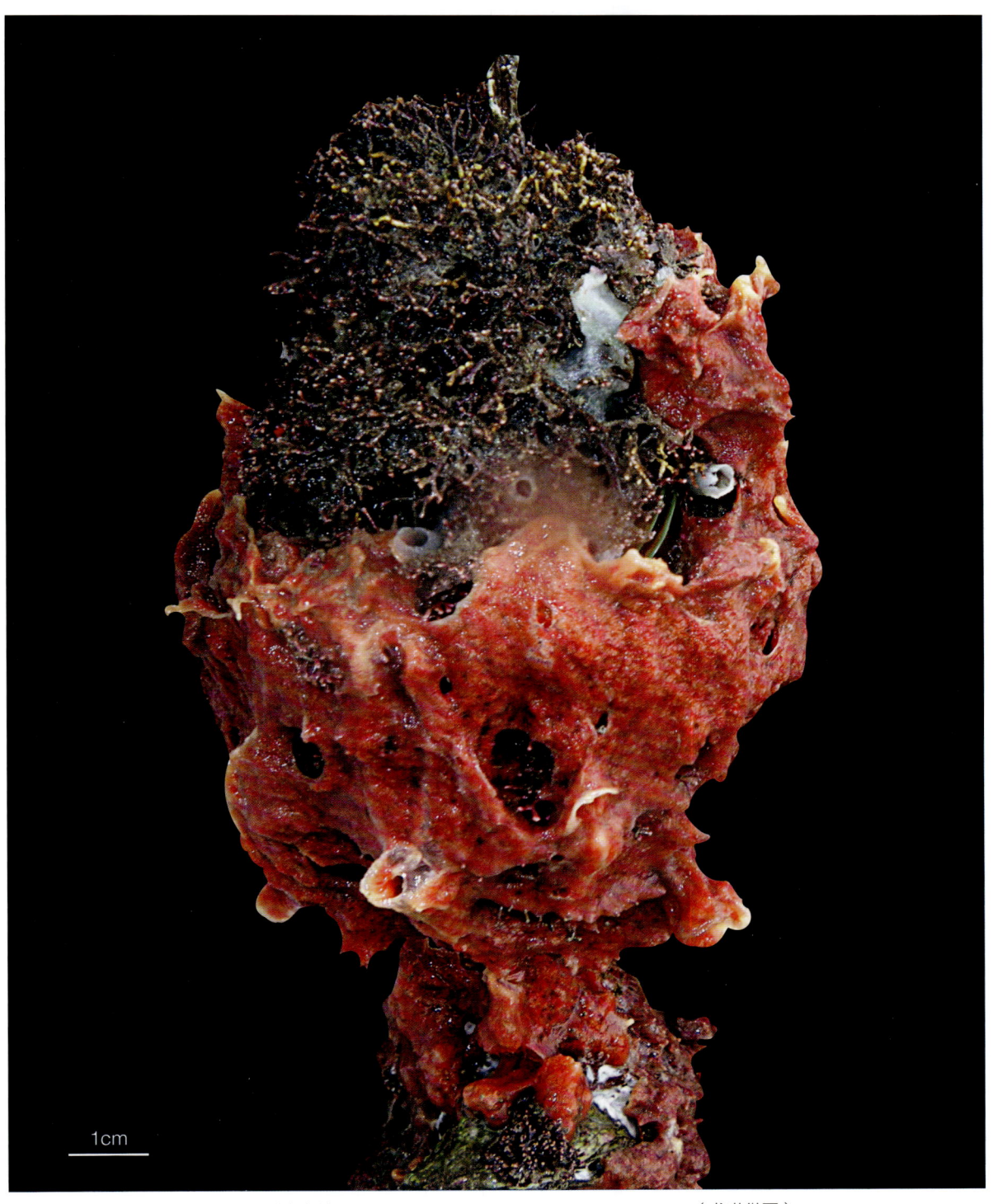

图 3　叶片山海绵 *Mycale (Carmia) phyllophila* Hentschel, 1911（龚琳供图）

7

巴里轭山海绵
Mycale (*Zygomycale*) *parishii* Bowerbank, 1875

标本采集地： 南海。

形态特征： 海绵呈枝状，形成许多细而短的分枝，海绵青紫色，附着基底面呈棕色，也可能全身是棕色。青紫色海绵干燥后呈淡粉色。表面外皮骨骼明显，有骨针束突出体表，形成细毛状突起。海绵有弹性，可压缩。出水口数量较少。骨针有6种，分别为山海绵型骨针、掌形异爪状骨针、卷轴骨针、弓形骨针、发状骨针、等形爪状骨针。掌形异爪状骨针有2种大小，卷轴骨针呈"C"形或"S"形，有两种规格。与表面平行的切向骨骼是由多骨针纤维骨针束交叉形成的网状结构。领细胞层骨骼由粗壮的多骨针纤维骨针束组成羽状结构。

生态习性： 是一类珊瑚礁常见海绵，分布范围很广。

地理分布： 南海，东海；亚得里亚海，爱琴海，北大西洋。

经济意义： 无经济价值，具有一定生态作用。

稀有程度： 常见种。

参考文献： 龚琳，2013；李宗轩，2013。

图 4　巴里轭山海绵 *Mycale* (*Zygomycale*) *parishii* Bowerbank, 1875（龚琳供图）

简骨海绵目 Haplosclerida
石海绵科 Petrosiidae van Soest, 1980
锉海绵属 *Xestospongia* de Laubenfels, 1932

龟壳锉海绵
Xestospongia testudinaria (Lamarck, 1815)

标本采集地： 涠洲岛。

形态特征： 海绵呈粉红色，通常呈桶状，在海绵顶端有 1 个较大的中央出水口。海绵体表有很多进水孔。海绵表面不光滑，有很多褶皱状突起。质地较硬，不易压缩。骨针为 2 种大小的二尖骨针，不含小骨针。外皮层骨骼不规则。领细胞层骨骼为不规则的多骨针束结构。

生态习性： 珊瑚礁海绵，有的个体很大，能为其他生物提供栖息场所。

地理分布： 东海，南海；新加坡，澳大利亚，菲律宾，印度尼西亚，红海，莫桑比亚，肯尼亚，巴西。

经济意义： 无经济价值，具有一定生态价值。

稀有程度： 习见种，但数量很少。

参考文献： 李宗轩，2013。

多孔动物门参考文献

龚琳. 2013. 中国东南沿岸山海绵属分类学研究. 厦门大学硕士学位论文.

龚琳，李新正. 2015. 黄海一种寄居蟹海绵宽皮海绵的记述. 广西科学, (5): 564-567.

李宗轩. 2013. 澎湖南方海域寻常海绵纲生物多样性之初探. 台湾中山大学硕士学位论文.

Gong L, Li X Z, Qiu J W. 2015. Two new species of Hexactinellida (Porifera) from the South China Sea. Zootaxa, 4034(1): 182-192.

图 5 龟壳锉海绵
Xestospongia testudinaria
(Lamarck, 1815)（龚琳供图）

刺胞动物门
Cnidaria

被鞘螅目 Leptothecata
钟螅科 Campanulariidae Johnston, 1836
薮枝螅属 Obelia Péron & Lesueur, 1810

膝状薮枝螅
Obelia geniculata (Linnaeus, 1758)

标本采集地： 山东青岛。

形态特征： 螅根网状，茎高 25mm，分枝不规则。分枝的上方有环轮 3～4 个，芽鞘互生，分枝之处有屈膝状弯曲。芽鞘口缘齐平，高与宽几乎相等，芽鞘底部明显加厚。生殖鞘长卵形，生于分枝与主茎的腋间，柄部具环纹 3～4 个。

生态习性： 附着在海藻、岩石、贝壳、养殖设施、舰船及其他人工设施上。

地理分布： 渤海，黄海，东海，南海；世界性分布。

经济意义： 污损生物，危害船舶、养殖设施等。

参考文献： 许振祖等，2014；曹善茂等，2017。

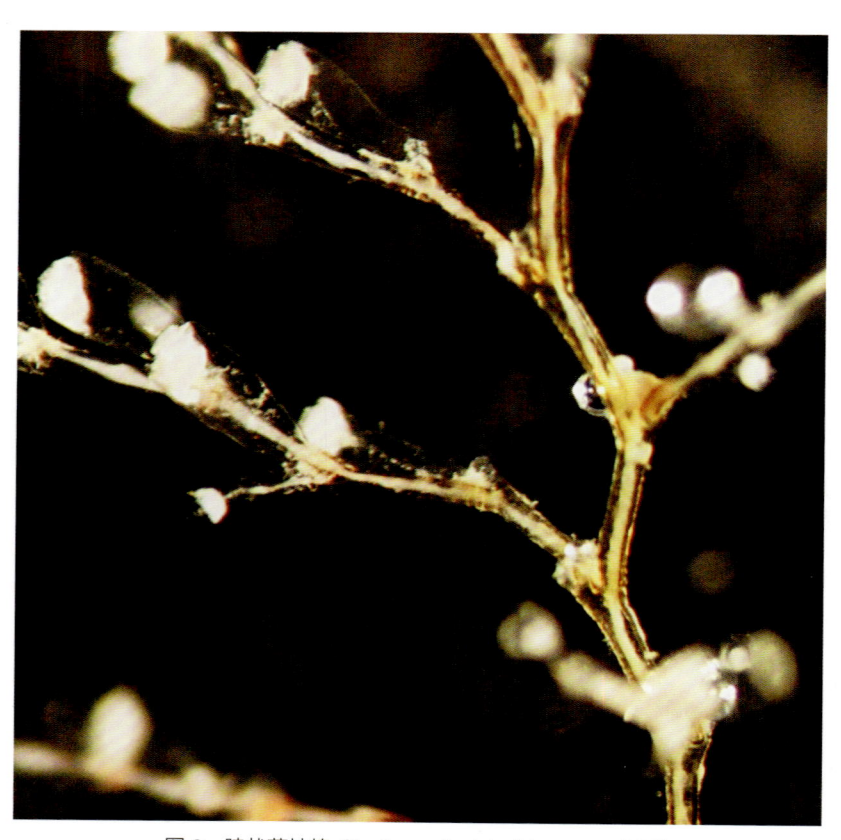

图 6　膝状薮枝螅 *Obelia geniculata* (Linnaeus, 1758)

根茎螅属 *Rhizocaulus* Stechow, 1919

中国根茎螅
Rhizocaulus chinensis (Marktanner-Turneretscher, 1890)

标本采集地： 黄海。

形态特征： 群体株高 100～150mm，螅茎及分枝中下部聚集成束。分枝不规则，芽鞘柄很长，呈轮状着生在茎或分枝的周围。柄上部和基部有环轮或波纹，但中部大部光滑。芽鞘钟状，高、宽相近，口部稍张开，其上有数条纵肋，边缘齿 10～12 个。生殖鞘纺锤形。

生态习性： 栖息水深 30～400 米，但主要分布于 100m 以内浅海。

地理分布： 黄海，东海，南海；西北太平洋。

经济意义： 未知。

参考文献： 杨德渐等，1996。

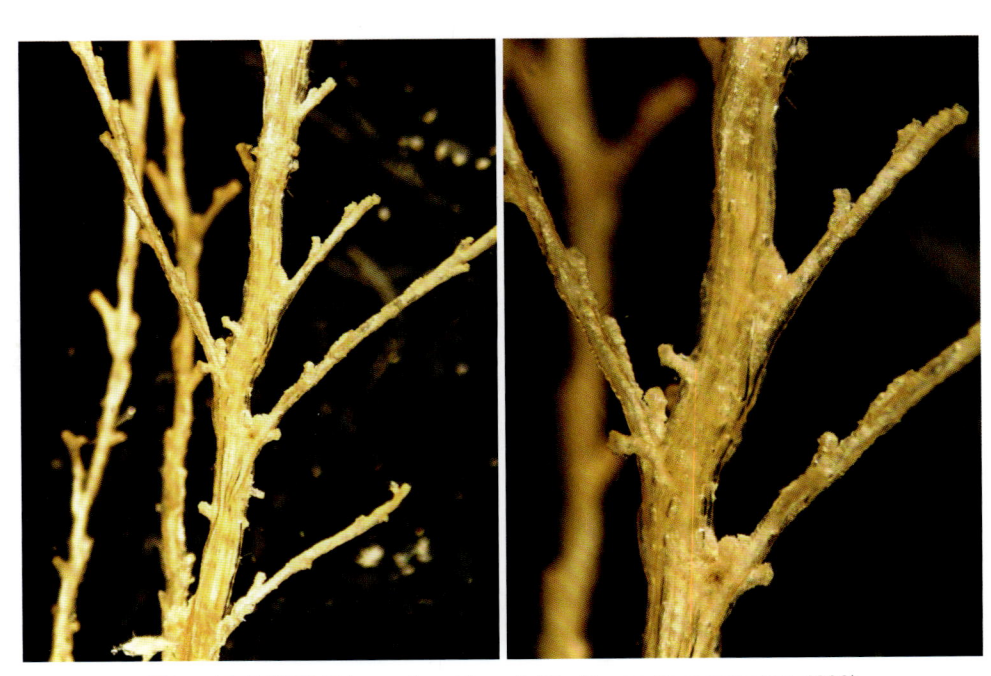

图 7　中国根茎螅 *Rhizocaulus chinensis* (Marktanner-Turneretscher, 1890)

小桧叶螅科 Sertularellidae Maronna et al., 2016
小桧叶螅属 *Sertularella* Gray, 1848

奇异小桧叶螅
Sertularella mirabilis Jäderholm, 1896

标本采集地： 黄海，东海，南海。

形态特征： 群体蓬松，絮状成团，海绵状，无明显主茎，分枝连续、重复、多级双歧分枝，每级双歧分枝具 3 个小枝，近等长或不等长，位于同一平面上，彼此间夹角 120°，腋窝处不具垫突、具腋生芽鞘，远端的 2 个小枝向外继续双歧分枝，新的小枝所在平面与原平面垂直，经多级分枝、拓扑、延伸，部分分枝交联相接、闭合成环，立体交织成网。有的群体末端的分枝直立，不呈网状。芽鞘一般只着生于分枝腋窝处，分枝上一般不具芽鞘，各双歧分枝远端的腋部均具单个芽鞘，多级分枝的终点处（一般位于群体边缘）亦具单个芽鞘，少数单枝上具 2 个或 2 个以上互生的芽鞘。芽鞘下半部贴生，底部较窄，向上逐渐变宽，至顶部又收缩，顶部具 4 个等大的缘齿，芽盖由 4 片三角形缘瓣围成塔状，芽鞘整体或仅中上部具 4～8 圈明显的环纹。具离茎盲囊。生殖鞘由芽鞘下生出，具柄，表面具 3～4 圈明显的横纹，口部有一领状突起。

生态习性： 栖息于潮下带的岩石、贝壳等硬质基底上。

地理分布： 黄海，东海，南海；日本，韩国。

参考文献： Song et al., 2018；宋希坤，2019。

被鞘螅目分科检索表

1. 螅鞘钟形，一般具柄⋯⋯⋯⋯⋯⋯⋯⋯⋯⋯⋯⋯⋯⋯⋯⋯⋯⋯⋯⋯⋯⋯⋯⋯⋯⋯⋯钟螅科 Campanulariidae
   螅鞘无柄或极少具柄⋯⋯⋯⋯⋯⋯⋯⋯⋯⋯⋯⋯⋯⋯⋯⋯⋯⋯⋯⋯⋯⋯⋯⋯⋯⋯⋯⋯⋯⋯⋯⋯⋯⋯⋯⋯2
2. 螅鞘具 4 枚缘齿，螅盖 4 瓣⋯⋯⋯⋯⋯⋯⋯⋯⋯⋯⋯⋯⋯⋯⋯⋯⋯⋯⋯⋯⋯⋯⋯小桧叶螅科 Sertularellidae
   螅鞘具 2-3 枚缘齿，螅盖 2 瓣⋯⋯⋯⋯⋯⋯⋯⋯⋯⋯⋯⋯⋯⋯⋯⋯⋯⋯⋯⋯⋯⋯⋯⋯桧叶螅科 Sertulariidae

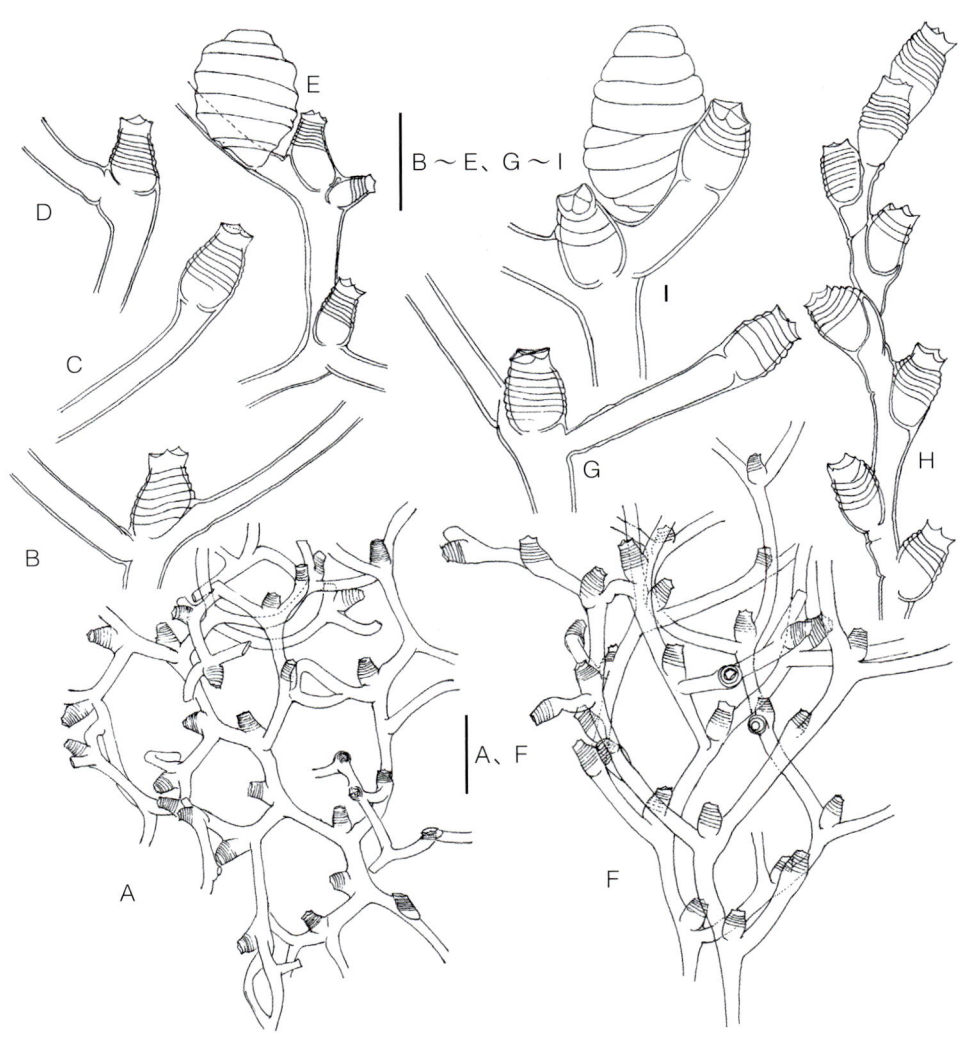

图 8 奇异小桧叶螅 *Sertularella mirabilis* Jäderholm, 1896（引自宋希坤，2019）
A、F. 群体；B～D、G. 芽鞘；E、I. 生殖鞘；H. 分枝
比例尺：A、F = 1mm；B～E、G～I = 0.5mm

桧叶螅科 Sertulariidae Lamouroux, 1812
特异螅属 *Idiellana* Cotton & Godfrey, 1942

锯形特异螅
Idiellana pristis (Lamouroux, 1816)

标本采集地： 东海，南海。

形态特征： 群体直立，主茎、侧枝粗壮，部分充分成熟群体的侧枝在主茎上可以围成多层伞状。主茎具规律分节，节间1个侧枝；侧枝在主茎上1个或多个位点轮生，围成单层或多层伞状；分枝在主茎或侧枝上互生，同一个平面，具明显分节，不规律；芽鞘在侧枝或分枝上排成2纵列，仅位于侧枝或分枝一侧，侧枝相邻分枝间隔3个芽鞘，1个腋生，另2个互生，分枝上的芽鞘互生或近互生，密集处相邻芽鞘叠生，芽鞘表面光滑，无柄，近茎侧2/3贴生，顶部外弯下垂，顶端具2个侧齿，位于近茎与远茎的正中间，近茎端具单瓣椭圆形芽盖。生殖鞘壶形，在主茎或侧枝芽鞘基部着生，基部具短柄，顶部具短领，表面具10～13条纵脊。

生态习性： 栖息于潮间带、潮下带的岩石、贝壳等基底上。

地理分布： 青岛，北部湾，东海，南海；日本，新西兰，澳大利亚，印度尼西亚，南非，西大西洋。

参考文献： 许振祖等，2014；Song et al., 2018；宋希坤，2019。

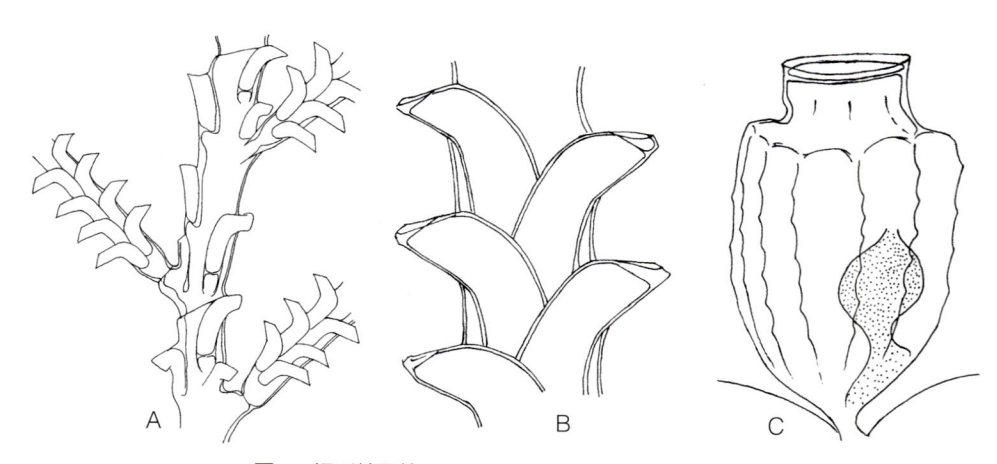

图9 锯形特异螅 *Idiellana pristis* (Lamouroux, 1816)
A. 主茎与分枝；B. 分枝，示芽鞘排列；C. 生殖鞘

强叶螅属 *Dynamena* Lamouroux, 1812

南沙强叶螅
Dynamena nanshaensis Tang, 1991

标本采集地： 南沙群岛牛车轮礁。

形态特征： 群体直立，匍匐生长，主茎不分枝。部分个体在主茎中部有 1～2 个锥形铰合关节。芽鞘对生，排成 2 纵列，每对芽鞘在茎的一侧邻近，在另一侧分开，1 根群体的顶茎端具 2 对紧密相连的芽鞘对簇。芽鞘基部 1/2～3/4 贴生，顶端外弯，口部边缘具 2 个齿，近茎齿 1 个，稍小，不明显，远侧齿 2 个，位于近茎侧和远茎侧中间，较明显。芽盖 2 瓣，近茎瓣较小。标本中空，无法判断是否具离茎盲囊。无生殖鞘标本。

生态习性： 栖息于潮间带、潮下带钙质珊瑚表面。

地理分布： 南沙群岛，台湾岛。

参考文献： 许振祖等，2014；Song et al.，2018；宋希坤，2019。

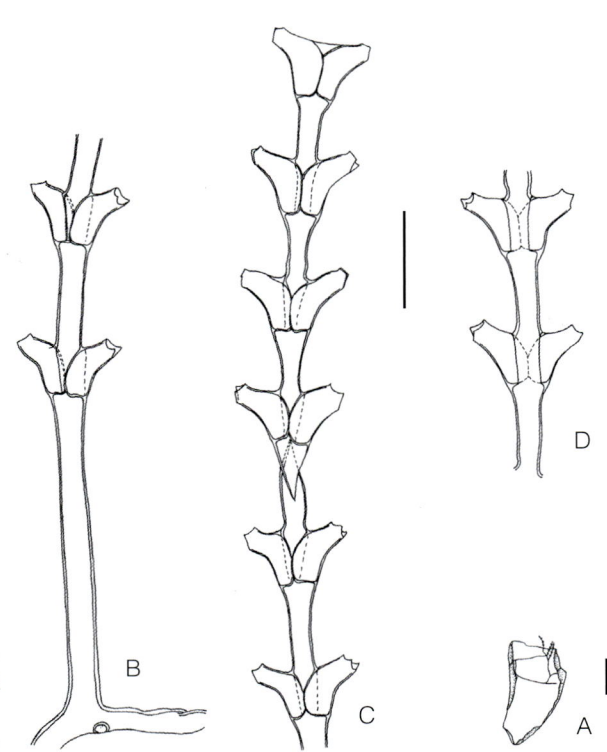

图 10 南沙强叶螅 *Dynamena nanshaensis* Tang, 1991
A. 群体附于钙质死珊瑚表面；B、C. 单根完整的螅茎（分两张绘制），正面观；D. 芽鞘背面观
比例尺：A = 1cm；B～D = 0.5mm

花裸螅目 Anthoathecata
筒螅水母科 Tubulariidae Goldfuss, 1818
外肋水母属 *Ectopleura* L. Agassiz, 1862

黄外肋水母
Ectopleura crocea (L. Agassiz, 1862)

同物异名： 中胚花筒螅 *Tubularia mesembryanthemum* Allman, 1871

标本采集地： 黄海，东海。

形态特征： 群生，群体高 25～60mm。水螅体呈粉红色，管状。螅茎直立，不分枝。茎顶端与芽体间有一缢缩。芽体瓶状，通常具 2 轮触手，即 1 轮基部触手和 1 轮围口触手，基部触手 25～30 个，围口触手短，18～26 个。生殖体位于围口触手和基部触手之间。

生态习性： 固着于岩石及人工设施上，常在水产养殖设施上大量出现。

地理分布： 黄海，东海，南海；日本，朝鲜半岛。

经济意义： 污损生物，危害养殖网箱等海洋设施。

参考文献： 蔡立哲和李复雪，1986；Huang et al., 1993；严岩等，1995；杨德渐等，1996；宋希坤等，2006。

图 11　黄外肋水母 *Ectopleura crocea* (L. Agassiz, 1862)

海鳃目 Pennatulacea
棒海鳃科 Veretillidae Herklots, 1858
仙人掌海鳃属 *Cavernularia* Valenciennes in Milne Edwards & Haime, 1850

强壮仙人掌海鳃
Cavernularia obesa Valenciennes in Milne Edwards & Haime, 1850

标本采集地： 香港。

形态特征： 群体大型，棍棒状。上部为轴部，周围具很多水螅体；下部为柄部，周围无水螅体。轴部长度为柄部2倍以上。体较松软，体型因伸缩程度不同常有变化。水螅体无芽鞘，收缩后可隐入轴部。轴部内含有很多石灰质小骨片，棒形，呈放射状排列；柄部内骨针长椭圆形。活体白色或淡黄色。

生态习性： 栖息于潮间带、潮下带泥沙滩。

地理分布： 黄海，南海；日本，印度尼西亚，澳大利亚。

参考文献： 邹仁林，2001；曹善茂等，2017。

图 12　强壮仙人掌海鳃 *Cavernularia obesa* Valenciennes in Milne Edwards & Haime, 1850

海葵目 Actiniaria
海葵科 Actiniidae Rafinesque, 1815
侧花海葵属 Anthopleura Duchassaing de Fonbressin & Michelotti, 1860

绿侧花海葵
Anthopleura fuscoviridis Carlgren, 1949

同物异名： 绿疣海葵 *Anthopleura midori* Uchida & Muramatsu, 1958

标本采集地： 山东青岛、长岛、日照。

形态特征： 柱体高 20～80mm，直径 15～60mm。柱体圆柱形，上部较宽，中部常缢缩。体表具 48 列疣状突起，在口盘附近较为发达明显。口盘浅绿色或浅褐色，口圆形或裂缝状。触手多为 96 条，长度与口盘直径相近。体壁绿色。触手淡绿、白色或浅褐色。

生态习性： 栖息于潮间带，固着于潮间带、潮下带海水冲击的岩礁或石块上。

地理分布： 渤海，黄海，东海，南海；日本，北美。

参考文献： 杨德渐等，1996；裴祖南，1998；曹善茂等，2017。

图 13　绿侧花海葵 *Anthopleura fuscoviridis* Carlgren, 1949（孙世春供图）
A. 口面观；B、C. 侧面观；D. 生态照

海葵属 *Actinia* Linnaeus, 1767

等指海葵
Actinia equina (Linnaeus, 1758)

标本采集地： 中国沿海潮间带。

形态特征： 活体全身鲜红色到暗红色，乙醇保存则褪色。足盘直径、柱体高和口盘直径大致相等，通常为 20～40mm。柱体光滑，部分大个体领窝内具边缘球。触手中等大小，100 个左右，按 6 的倍数排成数轮，完整模式为 6+6+12+24+48+96=192 个；内、外触手大小近等。

生态习性： 栖息于潮间带及潮下带的岩石上。

地理分布： 中国沿海。

参考文献： 裴祖南，1998；李阳，2013。

图 14　等指海葵 *Actinia equina* (Linnaeus, 1758) 活体照（李阳供图）

近瘤海葵属 *Paracondylactis* Carlgren, 1934

亨氏近瘤海葵
Paracondylactis hertwigi (Wassilieff, 1908)

标本采集地： 中国沿海。

形态特征： 海葵体浅红棕色，易收缩，伸展时可见隔膜插入痕。柱体延长，上端粗，向下变细。保存状态下最大个体长7.0cm，柱体最大直径3.5cm，足盘直径1.0cm。领部有24个假边缘球。无疣突。有边缘孔。触手短小，有斑点，48个；内触手长于外触手。边缘括约肌弥散型。2个口道沟，连接2对指向隔膜，指向隔膜可育。隔膜3轮24对，按6+6+12的方式排列。

生态习性： 栖息于近岸泥沙滩中。

地理分布： 中国沿海；日本，韩国。

经济意义： 可供食用。

参考文献： 裴祖南，1998；李阳，2013。

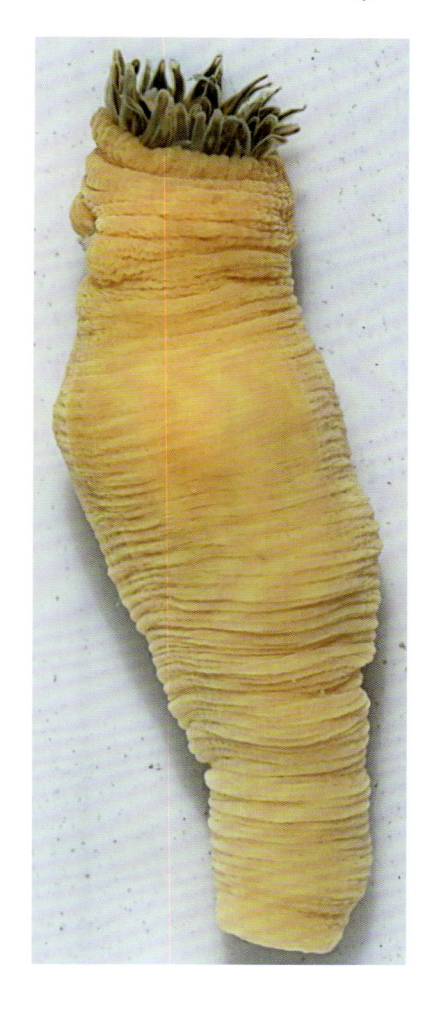

图15 亨氏近瘤海葵 *Paracondylactis hertwigi* (Wassilieff, 1908)（李阳供图）

海葵科分属检索表

1.具边缘球 2
无边缘球，柱体无囊泡覆盖 .... 近瘤海葵属 *Paracondylactis*
3.无疣突 .... 海葵属 *Actinia*
具疣突 .... 侧花海葵属 *Anthopleur*

矶海葵科 Diadumenidae Stephenson, 1920

矶海葵属 Diadumene Stephenson, 1920

纵条矶海葵
Diadumene lineata (Verrill, 1869)

标本采集地： 西沙群岛。

形态特征： 个体较小，身体具有橘黄色纵线，受到干扰后从柱体壁孔和口中射出枪丝，这是该种明显的鉴别特征。

生态习性： 栖息于潮间带和浅潮下带岩礁上。

地理分布： 中国近岸；世界性分布。

参考文献： 裴祖南，1998；李阳，2013。

图 16 纵条矶海葵 *Diadumene lineata* (Verrill, 1869) 活体收缩照（李阳供图）

美丽海葵属 *Calliactis* Verrill, 1869

螅形美丽海葵
Calliactis polypus (Forsskål, 1775)

标本采集地： 海南文昌。

形态特征： 身体伸展时是长筒状，收缩时呈低矮的圆锥状，柱体高 11～25mm。体壁薄，具交织的皱纹。壁孔皱纹呈疣状突起，共 24 个，与近基部处排列成一圈。从壁孔分布处到基盘边缘有放射线纹。触手纤细，96 个到近 400 个，按 6 的倍数排列成 5～7 轮。基盘宽阔，薄而透明。

生态习性： 固着于海螺壳上，与寄居蟹共生。

地理分布： 南海；南非，红海，埃及，坦桑尼亚，日本等。

参考文献： 裴祖南，1998。

图 17　螅形美丽海葵 *Calliactis polypus* (Forsskål, 1775)

列指海葵科 Stichodactylidae Andres, 1883
列指海葵属 Stichodactyla Brandt, 1835

汉氏列指海葵
Stichodactyla haddoni (Saville-Kent, 1893)

标本采集地： 海南三亚。

形态特征： 海葵体圆盘状，分足盘、柱体和口盘，足盘窄而口盘宽阔。柱体具疣突，无黏附性，保存状态下不明显。有的个体柱体最上端有一轮隆起。小个体口盘不分叶，大个体口盘分叶。口盘边缘侧触手密集，口盘中央三分之一至一半的区域触手稀疏排列。每个内腔对应多列较小触手；每个外腔只对应一个较大触手，在保存状态下不明显。触手长 5～9mm，具窄的茎和球状末端，保存状态下末端形成褶皱。隔膜约 3～4 轮。

生态习性： 栖息于热带浅海。

地理分布： 南海；热带西太平洋。

参考文献： 李阳，2013。

图 18　汉氏列指海葵 *Stichodactyla haddoni* (Saville-Kent, 1893)

山醒海葵科 Andvakiidae Danielssen, 1890
潮池海葵属 Telmatactis Gravier, 1916

棍棒潮池海葵
Telmatactis clavata (Stimpson, 1856)

标本采集地： 西沙群岛。

形态特征： 柱体延长，几乎圆柱形，从底部到上端逐渐变粗。柱体分躯干和肩部，前者奶油色、大，具粗糙、皱褶的表皮；后者窄、光滑，白色或斑白色。躯干无刺突和枪丝。足盘可附着，圆形，通常比柱体最下部稍大。触手尖端冠状，收缩时短，伸展时中等长度。内触手大于外触手，通常直立；外触手在伸展时通常水平指向。在通常的成年个体中，触手共72个，按6的倍数排成5轮：6+6+12+12+36。

生态习性： 栖息于热带浅海岩礁。

地理分布： 南海；日本。

参考文献： Li et al., 2013；李阳，2013。

图 19　棍棒潮池海葵 *Telmatactis clavata* (Stimpson, 1856)

石珊瑚目 Scleractinia
杯形珊瑚科 Pocilloporidae Gray, 1840
杯形珊瑚属 Pocillopora Lamarck, 1816

鹿角杯形珊瑚
Pocillopora damicornis (Linnaeus, 1758)

标本采集地： 海南三亚鹿回头，全富岛，文昌冯家湾。

形态特征： 群体由树枝状分枝和小枝组成，根据栖息环境的不同形态变化多样。其主要特征是不形成疣状突起（verrucae）或突起变成小枝，趋过渡类型，区别于其他杯形珊瑚。珊瑚杯在分枝基部呈圆形，直径约1.0mm，杯间距离大，共骨上长有尖刺；小枝上的珊瑚杯呈长卵圆形，杯间距离小，共骨上少刺或光滑。珊瑚杯中有两轮不完全隔片，呈细齿状，轴柱无或呈微突瘤。群体微淡黄色、玫瑰红色、粉红色，常见颜色为黄褐色。

生态习性： 造礁珊瑚，分布在浅水礁盘上，抗风浪能力比较强，可与小型鱼类共生。

地理分布： 南海；印度-太平洋区的广布种。

经济意义： 具有景观价值和造礁价值，可提高生物多样性和渔获量，提高海洋渔业的产出。

参考文献： 邹仁林，2001；Dai and Horng，2009。

图 20 鹿角杯形珊瑚 *Pocillopora damicornis* (Linnaeus, 1758)

鹿角珊瑚科 Acroporidae Verrill, 1901

鹿角珊瑚属 *Acropora* Oken, 1815

花鹿角珊瑚
Acropora florida (Dana, 1846)

标本采集地： 海南三亚鹿回头，珊瑚岛，全富岛。

形态特征： 珊瑚骼为鬃刺状分枝群体，分枝长而粗壮，有许多短而粗的小枝。轴珊瑚体大，直径 2～3.5mm，杯孔小（1mm 左右），突出 1～1.5mm，第Ⅰ、第Ⅱ轮隔片发育完整，第Ⅰ轮隔片有珊瑚杯孔半径三分之二宽，第Ⅱ轮隔片长度占珊瑚杯孔半径的一半。在分枝上部的辐射珊瑚体斜口管形，中部为半管形或浸埋，大小相似、均匀分布，第Ⅰ轮 1～2 个直接隔片清晰，其余为刺状。珊瑚体壁沟槽状或刺状。生活时为绿色、黄绿色或淡黄色。

生态习性： 造礁珊瑚，可生长于迎浪的礁盘上和潮下带，珊瑚整体坚固，具有一定的抗风浪特点。

地理分布： 海南岛，西沙群岛，南沙群岛；新加坡，印度尼西亚，菲律宾，泰国普吉岛，尼科巴群岛，澳大利亚，斐济群岛，马绍尔群岛。

经济意义： 具有景观价值和造礁价值，可提高生物多样性和渔获量，是许多珊瑚礁生物的栖息地。

参考文献： 邹仁林，2001；Dai and Horng，2009；王鹏，2017；方宏达和时小军，2019；黄晖等，2021。

图 21　花鹿角珊瑚 *Acropora florida* (Dana, 1846)

多孔鹿角珊瑚
Acropora millepora Ehrenberg, 1834

标本采集地： 海南三亚鹿回头、陵水新村港。

形态特征： 珊瑚骼为伞房花序式的群体，分枝细长，群体四周的分枝稍长于中心的分枝，皮壳附于死珊瑚石上，伞房形分枝直径可达 10mm。轴珊瑚体圆柱形，直径 2mm，突出 1.5～2mm，第 I 轮隔片 6 个，狭，宽度可达珊瑚杯孔半径的 1/2，第 II 轮隔片发育不全，约 1/4 半径宽，珊瑚杯壁沟槽状。辐射珊瑚体呈半管形或突出唇状，大小相似、均匀分布，唇瓣与分枝夹角大于 45°，接近水平。第 I 轮隔片大小不等，6 个，其中外侧的直接隔片最大，内侧次之。第 II 轮隔片发育不全，或仅有少数小刺。珊瑚杯沟槽状或刺状。生活时颜色多变，常为浅绿色、橘黄色、粉红色或蓝色。

生态习性： 造礁珊瑚，分布于潮下带珊瑚礁上，具有一定的抗波浪习性，雀鲷类小鱼喜欢与其共生，该珊瑚对环境有较强的适应性。

地理分布： 西沙群岛、南沙群岛、海南岛及涠洲岛；印度洋-太平洋区，东非沿岸向东到库克群岛。

经济意义： 具有景观价值和造礁价值，可提高生物多样性和渔获量。

参考文献： 邹仁林，2001；Dai and Horng, 2009；王鹏，2017；方宏达和时小军，2019；黄晖等，2021。

图 22　多孔鹿角珊瑚 *Acropora millepora* Ehrenberg, 1834

风信子鹿角珊瑚
Acropora hyacinthus (Dana, 1846)

标本采集地： 海南三亚鹿回头、珊瑚岛。

形态特征： 珊瑚骼为伞房花序式的群体，圆盘状生长呈桌形，分枝拥挤，短而粗壮，扁平式分枝。轴珊瑚体大，直径 2mm，或椭圆形，长径约 2.5mm，短径约 1.5mm，第Ⅰ轮隔片宽约 1/2 半径，第Ⅱ轮隔片稍狭，珊瑚杯壁沟槽状。辐射珊瑚体拥挤，半管形或唇状突起，唇瓣与分枝夹角小于 45°，第Ⅰ轮隔片发育不全，但 2 个直接隔片明显，珊瑚杯壁也是沟槽状。生活时单色有棕黄色、褐黄色，咖啡色，复色有深咖啡色夹绿色。

生态习性： 造礁珊瑚，分布于潮下带珊瑚礁上，具有一定的抗波浪习性，大型的鲨鱼和石斑鱼及雀鲷类小鱼喜欢与其共生，该珊瑚对于环境有较强的适应性。

地理分布： 西沙群岛，海南岛；马尔代夫，马纳尔湾，斯里兰卡，安达曼群岛，墨吉群岛，印度尼西亚，菲律宾，泰国普吉岛，澳大利亚，马绍尔群岛，斐济，塔希提岛，日本。

经济意义： 具有景观价值和造礁价值，可提高生物多样性和渔获量。

参考文献： 邹仁林，2001；Dai and Horng，2009；王鹏，2017；方宏达和时小军，2019；黄晖等，2021。

鹿角珊瑚属分种检索表

1. 珊瑚骼为鬃刺状分枝群体 .... 花鹿角珊瑚 *Acropora florida*
   珊瑚骼为伞房花序式群体 2
2. 扁平式分枝，分枝拥挤，短而粗壮 .... 风信子鹿角珊瑚 *Acropora hyacinthus*
   轴珊瑚体圆柱形，分枝细长 .... 多孔鹿角珊瑚 *Acropora millepora*

图23 风信子鹿角珊瑚 *Acropora hyacinthus* (Dana, 1846)

木珊瑚科 Dendrophylliidae Gray, 1847

陀螺珊瑚属 *Turbinaria* Oken, 1815

盾形陀螺珊瑚
Turbinaria peltata Esper, 1797

标本采集地：海南三亚小洲岛，涠洲岛。

形态特征：珊瑚骼盾牌形状，表面凹凸，边缘有褶皱，附着柄短而厚。珊瑚体边缘倾斜突出，卵形，杯直径2.5～4.5mm，杯高可达2.5cm，21～24个隔片，第4轮隔片21～24个尖刺状。隔片两侧有颗粒，轴柱蛋形，薄片海绵状。共骨多孔刺状或片瘤状。

地理分布：台湾岛，澎湖列岛，涠洲岛及广东沿岸；毛里求斯，马尔代夫，马纳尔湾，尼科巴斯，新加坡，印度尼西亚，马来群岛，雅加达湾，菲律宾，澳大利亚，斐济，汤加群岛，帛琉群岛，托雷斯海峡，日本。

经济意义：造礁珊瑚。

参考文献：邹仁林，2001；Dai and Horng，2009；王鹏，2017；方宏达和时小军，2019；黄晖等，2021。

注：2022年11月，WoRMS系统将该物种改为：*Duncanopsammia peltata* (Esper, 1790)，即改了属名。

图 24　盾形陀螺珊瑚 *Turbinaria peltata* Esper, 1797

裸肋珊瑚科 Merulinidae Verrill, 1865
刺星珊瑚属 Cyphastrea Milne Edwards & Haime, 1848

锯齿刺星珊瑚
Cyphastrea serailia (Forskål, 1846)

标本采集地： 海南三亚鹿回头、陵水新村港。

形态特征： 外触手芽形成群体，共骨无孔而有刺，皮壳于死珊瑚骼上，隔片有两轮，每轮隔片均从珊瑚杯杯壁向轴柱倾斜，每个隔片两侧和边缘有颗粒。珊瑚骼形态由于环境不一，或者附着物不一致明显有两个生长类型。类型一，珊瑚骼表面光滑，鞘不突出，或表面有起伏，鞘亦稍突出。珊瑚杯直径 1～2mm，圆或亚圆形，杯间距离大。类型一所处环境为内湾沙滩，风浪不大。类型二，珊瑚骼表面多瘤突起，鞘突出，珊瑚杯拥挤，直径大小不一，差别很大，形状多样，椭圆形、多边形、长方形等。类型二所处环境是面临外海，水扰动而不平静。生活时为褐色，口道为翠绿色或灰色。

生态习性： 造礁珊瑚，抗风浪，生活在迎浪面的珊瑚礁上。

地理分布： 广东沿岸，北部湾，东沙群岛，西沙群岛，南沙群岛；日本的四国、九州，印度-太平洋区，红海。

经济意义： 具有良好的保护岸礁和消除波浪能的功能，可提高海岸带的经济和生态价值。

参考文献： 邹仁林，2001；Dai and Horng，2009；王鹏，2017；方宏达和时小军，2019；黄晖等，2021。

图 25　锯齿刺星珊瑚 *Cyphastrea serailia* (Forskål, 1846)

菌珊瑚科 Agariciidae Gray, 1847

牡丹珊瑚属 *Pavona* Lamarck, 1801

十字牡丹珊瑚
Pavona decussata (Dana, 1846)

标本采集地： 海南三亚鹿回头、西瑁岛。

形态特征： 群体由坚硬、强壮的叶片状珊瑚骼组成，叶片状骨骼不弯曲（3～6mm厚），龙骨突少而小，或无。珊瑚杯清楚，在珊瑚骼两面都有分布，排列无规则或排成短行。隔片-珊瑚肋稀，高而弯曲的与低而直的相间排列，直而矮的隔片-珊瑚肋两侧无颗粒，几乎光滑。轴柱是扁平小突起，或无。生活时单色为黄绿色、紫色、黄褐色，复色为翠绿色夹黄色，或淡黄色夹白色，甚至边缘为深绿色，顶端为黄色。

地理分布： 南海；印度-太平洋。

经济意义： 造礁珊瑚。

参考文献： 邹仁林，2001；Dai and Horng，2009；王鹏，2017；方宏达和时小军，2019；黄晖等，2021。

图26 十字牡丹珊瑚 *Pavona decussata* (Dana, 1846)

滨珊瑚科 Poritidae Gray, 1840
滨珊瑚属 *Porites* Link, 1807

澄黄滨珊瑚
Porites lutea Milne Edwards & Haime, 1851

标本采集地： 海南三亚鹿回头、西瑁岛。

形态特征： 珊瑚骼为节瘤脑状、拳形、肾形，表面近乎光滑或稍微突，甚至乳头状突出，形成或浅或深的谷，皮壳于死珊瑚骼上。珊瑚杯浅，网眼状，杯间共骨薄，多边形，直径1～1.5mm，合隔桁壁薄片状，或多刺状。围栅瓣5～8个，4对侧隔片上各有1个大的，复直接隔片是三联式，或不联，联者只有1个大的，不联则有3个或2个，甚至没有。隔片光滑或多刺，与合隔桁连结在一起。轴柱有扁平柱状、短柱状，或针状，带刺或不带刺。有的杯里缺少轴柱。生活时为紫色、棕黄色或灰色。

地理分布： 广东和海南岛沿岸、北部湾、西沙群岛、南沙群岛；红海，马尔代夫，新加坡、澳大利亚，所罗门群岛，比基尼环礁，菲律宾。

经济意义： 造礁珊瑚。

参考文献： 邹仁林，2001；Dai and Horng, 2009；王鹏，2017；方宏达和时小军，2019；黄晖等，2021。

图 27　澄黄滨珊瑚 *Porites lutea* Milne Edwards & Haime, 1851

真叶珊瑚科 Euphylliidae Milne Edwards & Haime, 1857
盔形珊瑚属 *Galaxea* Oken, 1815

丛生盔形珊瑚
Galaxea fascicularis (Linnaeus, 1767)

标本采集地： 海南三亚鹿回头、西瑁岛。

形态特征： 珊瑚骼块状，形状由于环境不一而多变，珊瑚杯多而密，呈圆形或椭圆形，长方形，甚至呈不规则形。隔片倒楔形，第Ⅰ～Ⅲ轮隔片完全，离心端珊瑚肋变粗，其中第Ⅲ轮隔片约1/2杯半径宽。珊瑚肋变得更粗、更突出，第Ⅳ轮隔片发育不全。隔片两侧的颗粒小而少。轴柱缺失或不完全。生活时单色为黄色、绿色或灰白色，复色为咖啡色夹白色或条纹黄色夹白色。

地理分布： 台湾岛，广东，广西，海南岛沿岸，东沙群岛，西沙群岛和南沙群岛；印度-太平洋。

经济意义： 造礁珊瑚。

参考文献： 邹仁林，2001；Dai and Horng，2009；王鹏，2017；方宏达和时小军，2019；黄晖等，2021。

图 28　丛生盔形珊瑚 *Galaxea fascicularis* (Linnaeus, 1767)

刺胞动物门参考文献

蔡立哲，李复雪．1986．厦门港大型污损生物垂直分布研究．热带海洋，5(4): 10-18．

曹善茂，印明昊，姜玉声，等．2017．大连近海无脊椎动物．沈阳：辽宁科学技术出版社．

方宏达，时小军．2019．南沙群岛珊瑚图鉴．青岛：中国海洋大学出版社．

黄晖，江雷，袁涛，等．2021．南沙群岛造礁石珊瑚．北京：科学出版社．

李新正，王洪法，等．2016．胶州湾大型底栖生物鉴定图谱．北京：科学出版社．

李阳．2013．中国海海葵目（刺胞动物门：珊瑚虫纲）种类组成与区系特点研究．青岛：中国科学院海洋研究所博士学位论文．

裴祖南．1998．中国动物志 腔肠动物门 海葵目 角海葵目 群体海葵目．北京：科学出版社．

宋希坤．2019．中国与两极海域桧叶螅科刺胞动物多样性．北京：科学出版社．

宋希坤，冯碧云，郭峰，等．2006．中胚花筒螅辐射幼体附着和变态及其温盐效应．厦门大学学报（自然科学版），45(S1): 211-215．

王鹏．2017．海南珊瑚．北京：海洋出版社．

许振祖，黄加祺，林茂，等．2014．中国刺胞动物门水螅虫总纲（上、下册）．北京：海洋出版社．

严岩，严文侠，董钰．1995．湛江港污损生物挂板试验．热带海洋，14(3): 81-85．

邹仁林．2001．中国动物志 腔肠动物门 珊瑚虫纲 石珊瑚目．北京：科学出版社．

Dai C, Horng S. 2009. Scleractinia Fauna of Taiwan II. The robust group. Taipei: Taiwan University.

Huang Z G, Zheng C X, Lin S, et al. 1993. Fouling Organisms at Daya Bay Nuclear Power Station, China. The Marine Biology of the South China Sea. Hong Kong: Hong Kong University Press: 121-130.

Li Y, Liu J Y, Xu K. 2013. *Phytocoetes sinensis* n. sp. and *Telmatactis clavata* (Stimpson, 1855), two poorly known species of Metridioidea (Cnidaria: Anthozoa: Actiniaria) from Chinese waters. Zootaxa, 3637 (2): 113-122.

Morton B, Morton J. 1983. The Sea Shore Ecology of Hong Kong. Hong Kong: Hong Kong University Press.

Song X, Gravili C, Ruthensteiner B, et al. 2018. Incongruent cladistics reveal a new hydrozoan genus (Cnidaria: Sertularellidae) endemic to the eastern and western coasts of the North Pacific Ocean. Invertebrate Systematics, 32(5): 1083-1101.

Song X, Xiao Z, Gravili C, et al. 2016. Worldwide revision of the genus *Fraseroscyphus* Boero and Bouillon, 1993 (Cnidaria: Hydrozoa): an integrative approach to establish new generic diagnoses. Zootaxa, 4168 (1): 1-37.

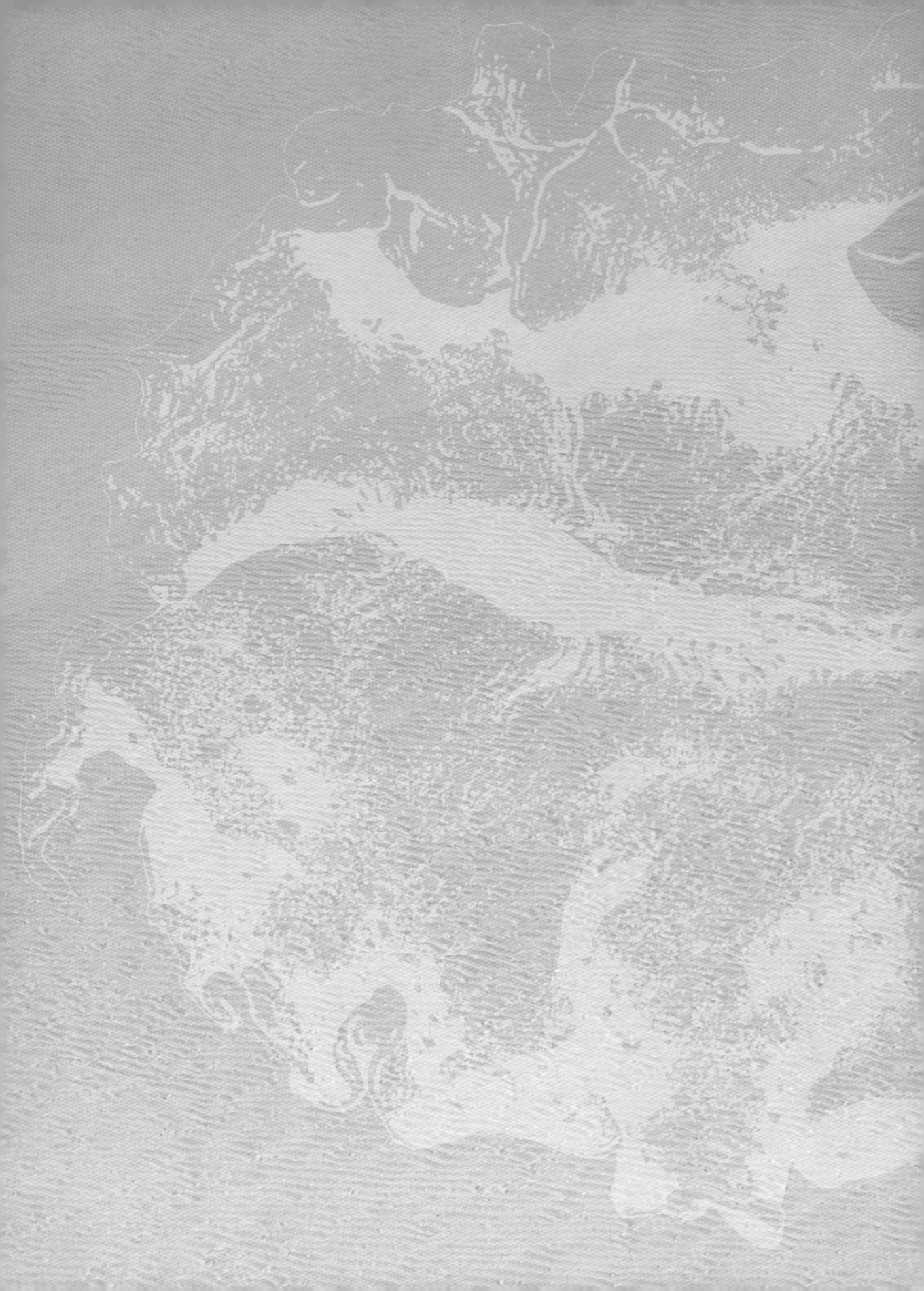

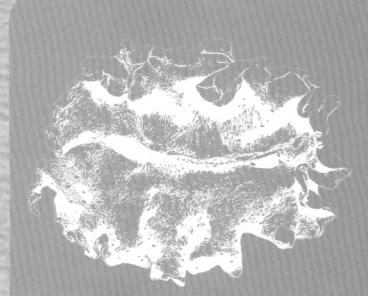

扁形动物门
Platyhelminthes

多肠目 Polycladida
泥平科 Ilyplanidae Faubel, 1983
泥涡属 *Ilyella* Faubel, 1983

大盘泥涡虫
Ilyella gigas (Schmarda, 1859)

标本采集地： 海南三亚，台湾屏东。

形态特征： 身体长椭圆形，体长可达 40mm。身体底色为乳白色或略显蓝紫色，具大量棕色斑点，在体中心附近较密且较大。无触角。

生态习性： 栖息于潮间带石下。以小虾蟹为食。

地理分布： 海南岛（新记录），台湾岛；日本，斐济，印度尼西亚，密克罗尼西亚。

参考文献： 揭维邦和郭世杰，2015。

图 29　大盘泥涡虫 *Ilyella gigas* (Schmarda, 1859)

伪角科 Pseudocerotidae Lang, 1884

伪角属 *Pseudoceros* Lang, 1884

蓝纹伪角涡虫
Pseudoceros indicus Newman & Schupp, 2002

标本采集地： 海南临高、儋州。

形态特征： 身体近椭圆形，体长最大可达60mm。身体底色为乳白色或略显黄褐色，边缘具蓝色条带，并间断加深为深蓝色斑点。头部前缘具1对拟触角，近前端背面具1黑褐色脑眼，不甚明显。

生态习性： 栖息于潮间带中、低潮区的岩礁间或沙滩。文献报道也在红树林泥滩发现。

地理分布： 海南岛（新记录）、台湾岛；印度尼西亚、密克罗尼西亚、马尔代夫、澳大利亚、南非。

参考文献： 揭维邦和郭世杰，2015。

图30 蓝纹伪角涡虫 *Pseudoceros indicus* Newman & Schupp, 2002

蓝带伪角涡虫
Pseudoceros concinnus (Collingwood, 1876)

标本采集地： 海南儋州。

形态特征： 身体长椭圆形，长约20mm。身体背面底色为乳白色、淡蓝色或浅褐色。身体周围由1蓝色条纹环绕。体中央具1蓝色纵带，前、后端均不及身体边缘，有的个体该纵带断为前后两段。蓝色纵带常被中央1橙色细纹分为左右两部分。头部前缘具1对明显的拟触角。蓝纵带前方具1脑眼。

生态习性： 栖息于潮间带岩礁区域。

地理分布： 海南岛（新记录），台湾岛；印度尼西亚，新几内亚，越南，菲律宾。

参考文献： 揭维邦和郭世杰，2015。

图 31　蓝带伪角涡虫 *Pseudoceros concinnus* (Collingwood, 1876)

A～C. 体背面外形图；D. 自然栖息地标本

外伪角涡虫
Pseudoceros exoptatus Kato, 1938

标本采集地： 厦门湾，泉州湾。

形态特征： 身体卵圆形，边缘呈波浪状。体长可达 60～80mm，体宽约 40mm。体前端具 1 对明显的触叶。肠分枝复杂，口位于腹面靠后端。雌、雄生殖孔均位于口后。触叶上生有很多眼点，脑眼呈马蹄形排列。体色黄褐或灰褐，具白色斑点，散布于体表。体中央明显隆起，颜色较深。

生态习性： 栖息于潮间带中、低潮区的岩礁间或沙滩。

地理分布： 黄海，东海，南海；日本。

参考文献： 王建军等，1996；蔡立哲等，2006；林和山等，2014。

图 32　外伪角涡虫 *Pseudoceros exoptatus* Kato, 1938

伪角属分种检索表

1. 身体卵圆形，边缘呈波浪状 ··· 外伪角涡虫 *Pseudoceros exoptatus*
   身体椭圆形，头部前缘具 1 对拟触角 ··· 2
2. 身体中央具一蓝色带 ·· 蓝带伪角涡虫 *Pseudoceros concinnus*
   身体中央无蓝色带 ·· 蓝纹伪角涡虫 *Pseudoceros indicu*

扁形动物门参考文献

蔡立哲，高阳，刘炜明，等. 2006. 外来物种沙筛贝对厦门马銮湾大型底栖动物的影响. 海洋学报，28(5): 83-89.

曹善茂，印明昊，姜玉声，等. 2017. 大连近海无脊椎动物. 沈阳：辽宁科学技术出版社.

揭维邦，郭世杰. 2015. 台湾的多歧肠海扁虫. 屏东：海洋生物博物馆.

李新正，王洪法，王少青，等. 2016. 胶州湾大型底栖生物鉴定图谱. 北京：科学出版社.

林和山，王建军，郑成兴，等. 2014. 泉州湾污损生物生态研究. 海洋学报，36(4): 100-109.

王建军，黄宗国，李传燕，等. 1996. 厦门港网箱养殖场污损生物的研究. 海洋学报，18(5): 93-102.

Oya Y, Kajihara H. 2017. Description of a new *Notocomplana* species (Platyhelminthes: Acotylea), new combination and new records of Polycladida from the northeastern Sea of Japan, with a comparison of two different barcoding markers. Zootaxa, 4282(3): 526-542.

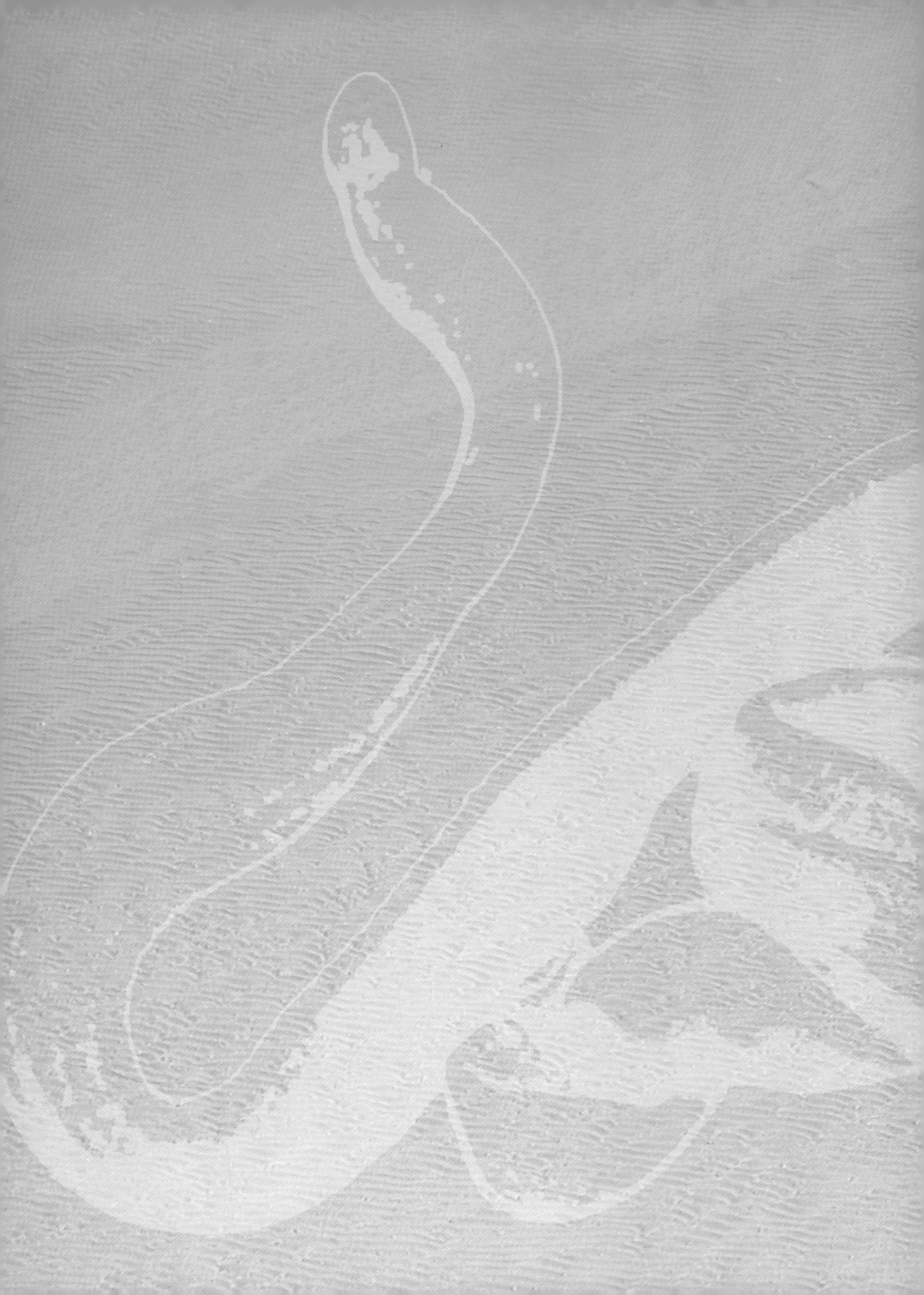

纽形动物门
Nemertea

细首科 Cephalotrichidae McIntosh, 1874
细首属 *Cephalothrix* Örsted, 1843

古纽纲 Palaeonemertea

香港细首纽虫
Cephalothrix hongkongiensis Sundberg, Gibson & Olsson, 2003

标本采集地： 山东长岛、青岛，浙江大陈岛，福建厦门，广东深圳，香港。

形态特征： 虫体极柔软，细长线状，头端至脑部较其后部略细，尾端钝圆。伸展状态最大体长约110mm，最大体宽约1mm。虫体呈浅黄色，头端呈橘红色。吻孔位于虫体前端。口位于脑后腹面，距头端距离约为体宽的3倍。无头沟，无眼点。

生态习性： 栖息于潮间带石下、粗砂中，也见于大型海藻丛中。

地理分布： 黄海，东海，南海；韩国，澳大利亚。

经济意义： 未知。

稀有程度： 习见种。

参考文献： Gibson，1990；孙世春，1995；Sundberg et al.，2003；Chen et al.，2010。

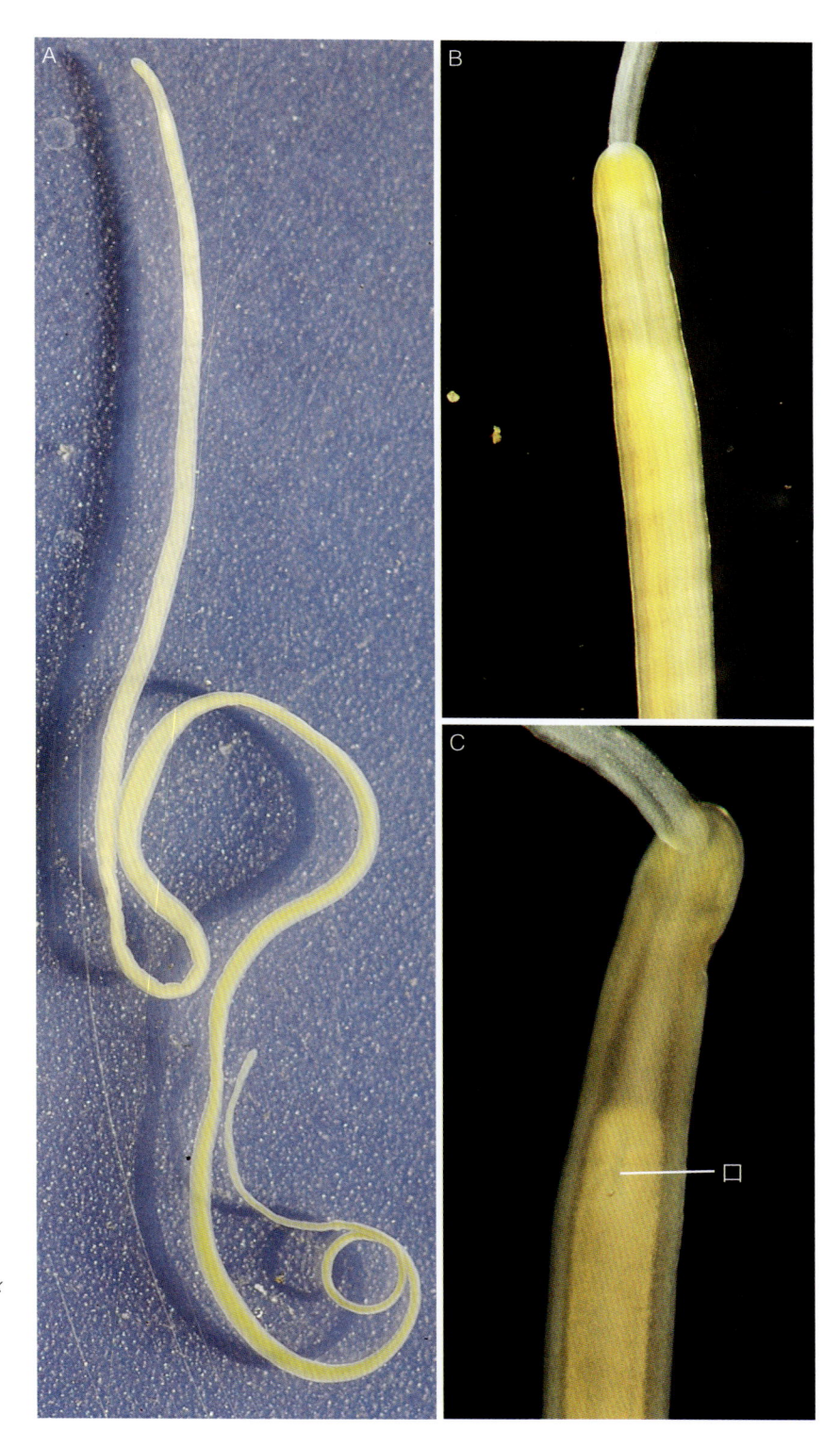

图33　香港细首纽虫 *Cephalothrix hongkongiensis* Sundberg, Gibson & Olsson, 2003
A. 整体外形；B. 头部背面观（吻翻出）；C. 头部腹面观（吻翻出）

57

异纽目 Heteronemertea
壮体科 Valenciniidae Hubrecht, 1879
无沟属 *Baseodiscus* Diesing, 1850

亨氏无沟纽虫
Baseodiscus hemprichii (Ehrenberg, 1831)

标本采集地： 海南三亚、文昌，台湾澎湖。

形态特征： 大型纽虫，体细长，所见最大个体伸展时体长可达 1m 以上，宽 2～2.5mm，后端渐细。头部近圆形，由 1 横头沟与后部身体分开。前端中央有 1 小的凹陷。头后部两侧背腹面均具多条平行排列的细弱纵沟（次级头沟），向后延伸至横头沟。头两侧近边缘各具 1 列眼点，并在头后端聚集成团。口椭圆形，位于横头沟后，腹面。身体白色。头部背面中央具 1 紫红色横斑。身体背面中央具 1 条纵向条带，紫红色，前端始于横头沟稍后，并与 1 横向色斑相连呈"T"形，后端延伸至身体末端。腹面中央亦具 1 条紫红色纵向条带，前端始于口后，该条带有时有间断。无尾须。本种具独特的体色、花纹，易与其他纽虫区分。文献报道其他海区发现的部分个体头斑及身体背、腹面色带有所变异。

生态习性： 本种为热带海洋习见种，常见于珊瑚礁盘、石下粗沙等生境。

地理分布： 海南岛（新记录）、台湾沿海；在印度 - 太平洋热带海域广泛分布。

参考文献： 赵世民，2003。

帽幼纲 Pilidiophora

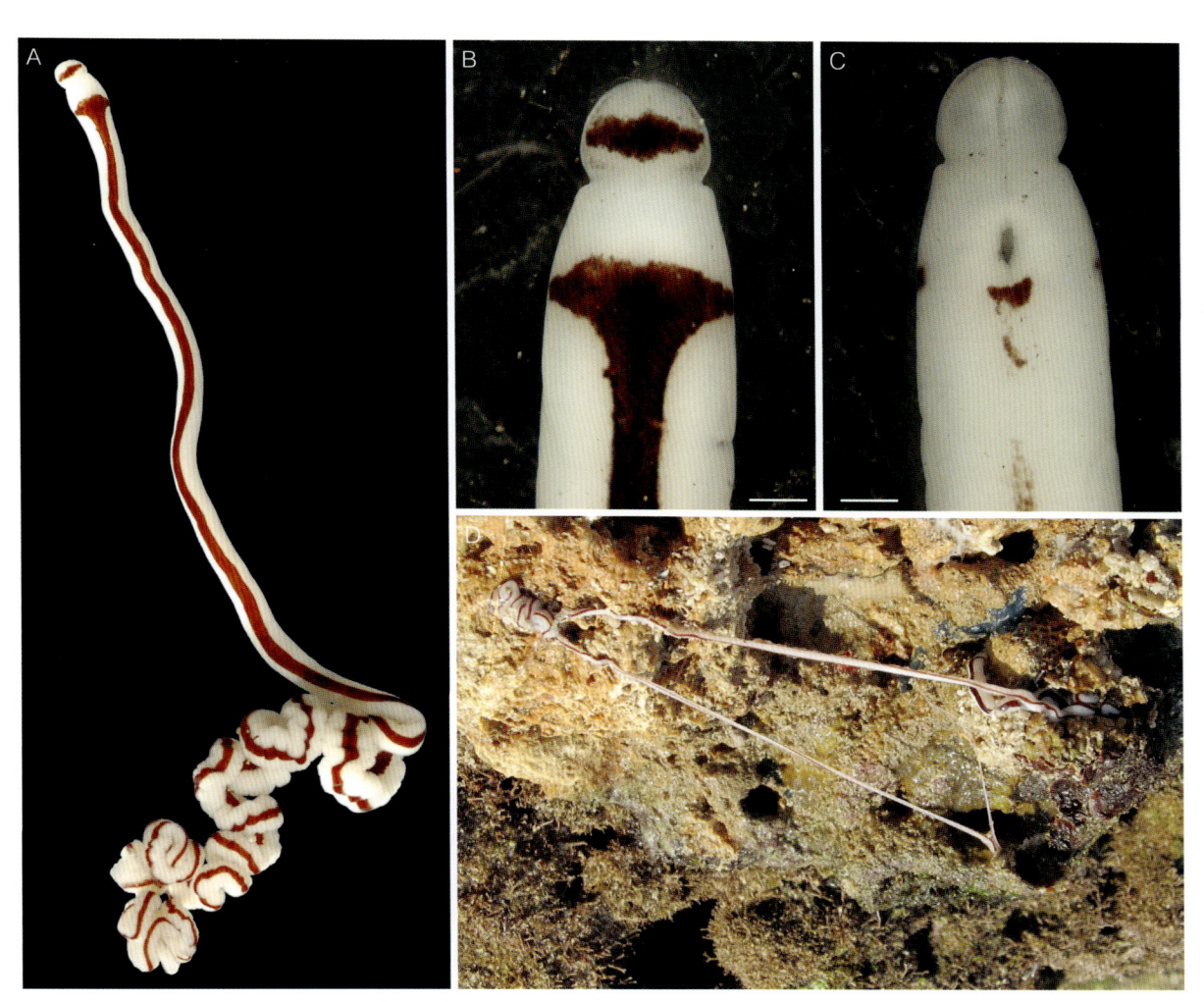

图 34　亨氏无沟纽虫 *Baseodiscus hemprichii* (Ehrenberg, 1831)
A. 整体外形图；B. 头部背面观；C. 头部腹面观；D. 栖息环境
比例尺 = 1.0mm

纵沟科 Lineidae McIntosh, 1874

拟脑纽属 *Cerebratulina* Gibson, 1990

浮游拟脑纽虫
Cerebratulina natans (Punnett, 1900)

标本采集地：福建厦门。

形态特征：虫体扁平带状，侧缘很薄呈翼状。个体较大，固定标本最大体长约130mm，最大体宽约6mm。头端明显较躯干部细，呈锥状。尾端尖，具尾须，长约1mm。体色棕黄，肠区橘红色，侧缘呈透明状。头部具1鞋钉形色斑，黑褐色，背腹面均可见。活体可见位于虫体两侧的1对纵神经，红色。头部两侧具一对水平头裂，无眼。

生态习性：栖息于红树林泥滩，牡蛎、砾石间泥中。

地理分布：福建厦门，香港；新加坡。

参考文献：Gibson，1990；孙世春，1995，2008。

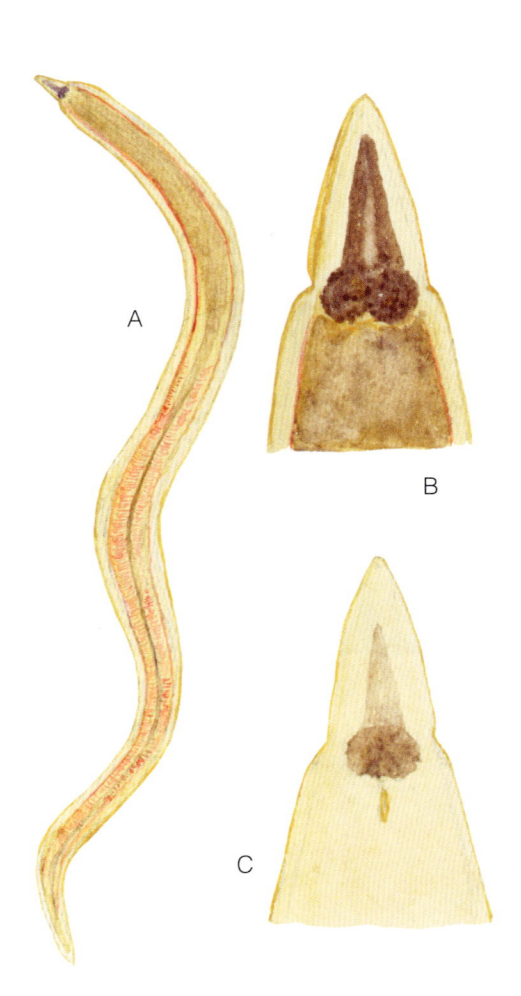

图35　浮游拟脑纽虫 *Cerebratulina natans* (Punnett, 1900)（宫琦绘供图）
A. 整体外形；B. 头部背面观；C. 头部腹面观

岩田属 *Iwatanemertes* Gibson, 1990

椒斑岩田纽虫
Iwatanemertes piperata (Stimpson, 1855)

标本采集地： 福建惠安、连江、厦门，香港。

形态特征： 虫体伸缩力强，体形变化较大，伸展时细长，头端钝圆，尾端稍尖。伸展后体长 40～120mm，体宽 0.8～2.0mm。虫体头部侧面具 1 对水平头裂。本种体表具特殊花纹，易于鉴别。虫体背面一般呈浅黄色或黄绿色，腹面浅黄色或灰绿色，腹面体色较背面浅。虫体背面具黑色或黑褐色色斑，形态、大小不一，排列不规则，色斑常在背中线附近集中成 1 条纵行色带。头部前端具两团橘红色色斑，有时沿身体侧面向后延伸，通常不连续。虫体腹面无色斑。本种无尾须和眼点。

生态习性： 栖息于潮间带石缝、石下、海藻间。

地理分布： 东海，南海；日本。

稀有程度： 习见种。

参考文献： Gibson，1990；孙世春，1995。

图 36 椒斑岩田纽虫 *Iwatanemertes piperata* (Stimpson, 1855)
A. 活体外形；B. 头部背面；C. 头部侧面
比例尺：B = 1.0mm；C = 0.5mm

纵沟属 *Lineus* Sowerby, 1806

血色纵沟纽虫
Lineus sanguineus (Rathke, 1799)

标本采集地： 辽宁旅顺、大长山岛，山东长岛、青岛、灵山岛，浙江泗礁山，福建平潭、广东硇洲岛。

形态特征： 虫体细线状，所见最大个体伸展时体长可达 30cm，宽约 1mm。体色多变，背面常呈棕红色、暗红色、暗褐色、黄褐色，有的个体略显绿色，腹面色较浅。一般前部体色较深，向后变浅，年幼个体体色较浅。体表常可见若干淡色环纹，间距不等，数目与个体大小正相关。头部具一浅色的区域，呈红色，是脑神经节所在区域。头部两侧的水平头裂长而明显。眼点位于头部背面前端两侧边缘，每侧各具 1～6 个，直线排列成单行。口位于两侧头裂后端腹面中央，呈椭圆形。吻孔位于头端中央。无尾须。

本种与国内记录的绿纵沟纽虫 *Lineus viridis* (Müller, 1774) 通过形态进行区分较为困难。后者在中国沿海少见。二者受刺激后的收缩行为有所不同，血色纵沟纽虫受刺激后常收缩成螺旋状，而绿纵沟纽虫不呈螺旋状收缩。这些物种可通过分子特征（COI 序列）鉴定。

生态习性： 常栖息于潮间带泥沙底的石块下，海藻固着器、牡蛎、贻贝等固着生物群中。再生能力极强，自然状态下常通过自切断裂方式进行无性生殖。

地理分布： 世界性分布。中国沿海见于辽宁，山东，浙江，福建，广东；国外在日本，北美太平洋，大西洋沿岸，欧洲，南美太平洋，大西洋沿岸，新西兰等有记录，但未曾在赤道附近报道。

参考文献： 尹左芬等，1986；孙世春，2008；Kang et al.，2015。

纵沟科分属检索表

1. 头端呈锥状，明显较躯干部细 .... 拟脑纽属 *Cerebratulina*
   头端钝圆，没有明显较躯干部细 2
2. 虫体背面呈浅黄色或黄绿色，具黑褐色色斑 .... 岩田属 *Iwatanemertes*
   虫体背面呈棕红色或暗红色，无黑褐色色斑 .... 纵沟属 *Lineus*

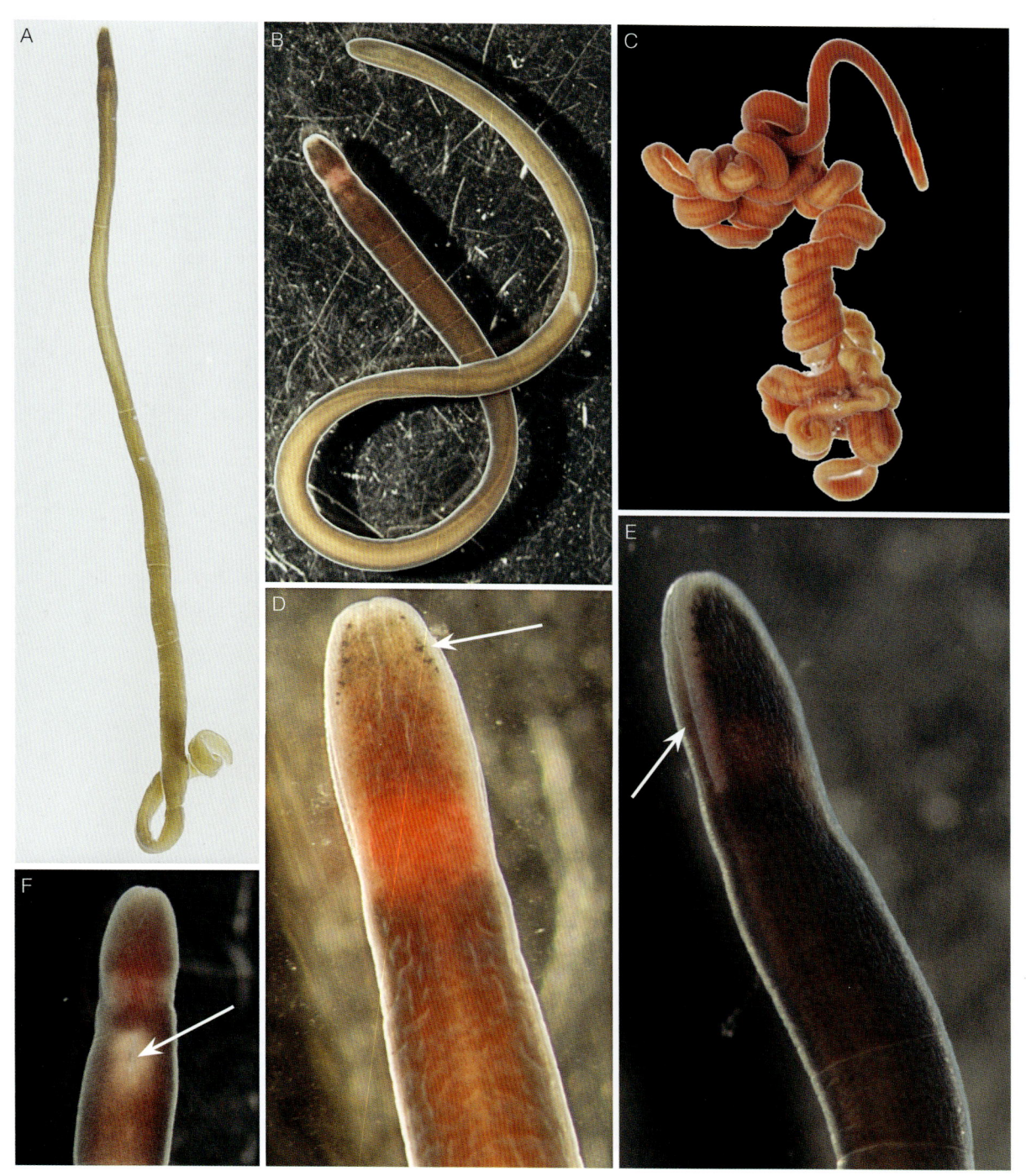

图 37 血色纵沟纽虫 *Lineus sanguineus* (Rathke, 1799)
A～C. 整体外形，示体色变化；D. 头部背面观，箭头指向眼；E. 头部背侧面观，箭头所指为水平头裂；
F. 头部腹面观，箭头所指为口

枝吻科 Polybrachiorhynchidae Gibson, 1985
多枝吻属 *Polydendrorhynchus* Yin & Zeng, 1986

湛江多枝吻纽虫
Polydendrorhynchus zhanjiangensis (Yin & Zeng, 1984)

标本采集地： 广东湛江，广西山口、北海，香港。

形态特征： 虫体扁平带状，后部较前部更扁平。身体大型，体形因收缩程度不同变化较大，最大个体（麻醉后）长 325mm，宽 16mm，有的个体充分伸展体长可达 500mm，但体宽只有约 6mm。身体前部多橙色，有时背面略显黄绿。体中部颜色较深，呈深红色、橘红色。有的个体后部有明显的浅色区域，可能是受伤再生的组织。虫体两侧边缘薄，白色。活体可见脑和侧神经，后者呈两条靠近虫体侧缘的红色纵线。口位于脑后，为 1 纵向长裂缝。身体前部具一缢缩将头部与身体其他部分分开。头部具 1 对纵沟。吻孔纵裂缝状，位于前端腹面。无眼。有的个体头部背面具不规则排列的纵向条纹。尾端稍尖，无尾须。

吻白色，分支。翻出后呈树状，包括一明显的主轴和若干分支。初级分支在主轴两侧交替生出，全部位于同一平面上。初级分支通过二分支的形式分出二级分支、三级分支和四级分支，有的个体可见五级和六级分支。各级分支的数目个体间变化很大，大个体似有更多的分支。

生态习性： 栖息于潮间带软泥、沙泥、泥沙、沙中，也见于石下。在红树林、河口泥滩较为常见。在水中可通过身体的快速摆动以侧泳方式游泳。受刺激易吐吻，吐出的吻甚黏，采集时黏到手上难剥离。

地理分布： 广东，广西，香港。

经济意义： 本种可做钓饵，效果优于沙蚕，但不易采捕。

参考文献： 尹左芬和曾荣，1984；Sun，2006；吴斌等，2013。

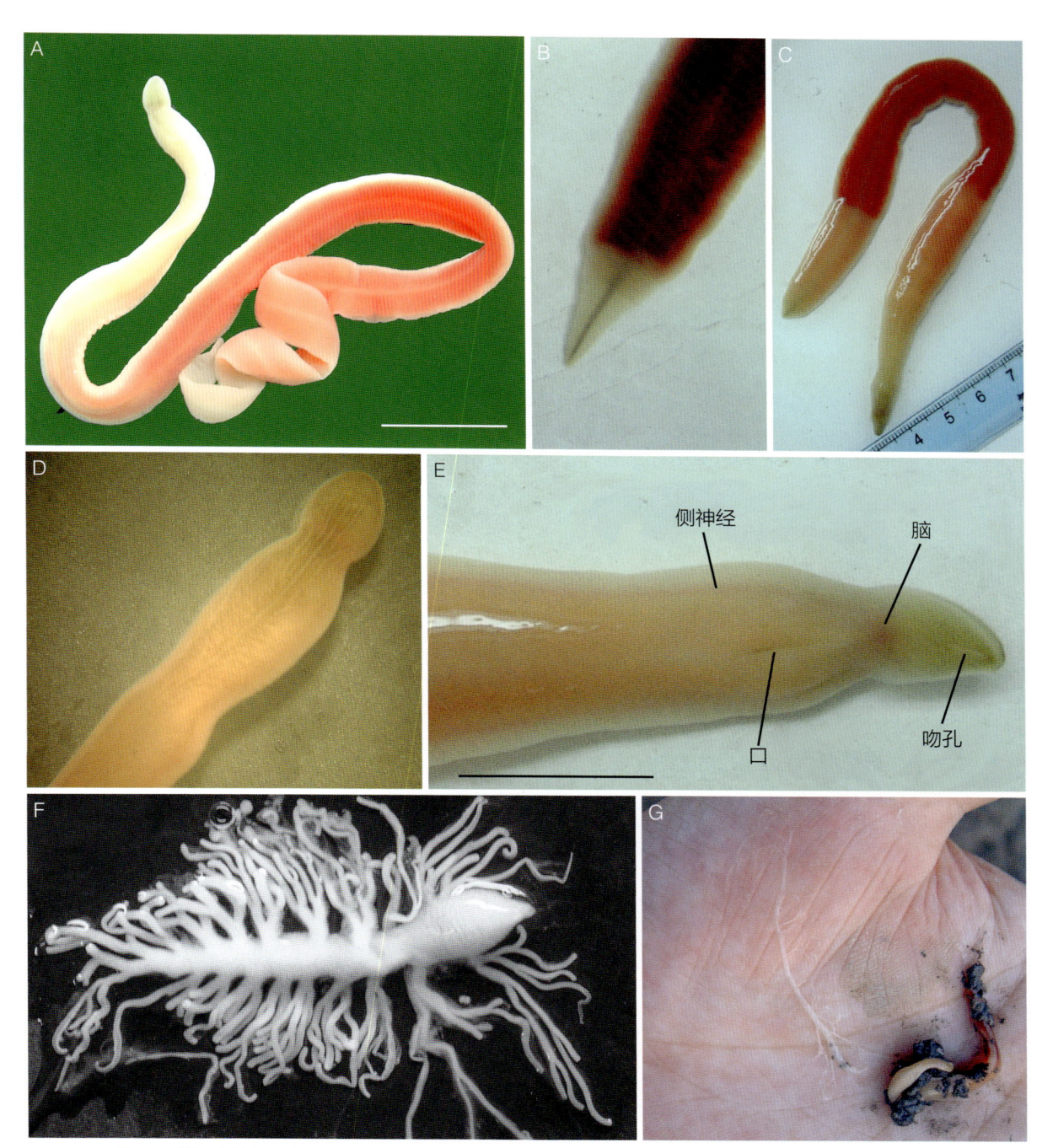

图 38　湛江多枝吻纽虫 Polydendrorhynchus zhanjiangensis (Yin & Zeng, 1984)（A～F 自 Sun，2006）
A. 活体外形；B. 虫体尾部背面观；C. 活体背面观，示前中后段体色变化；D. 虫体前端背面观，示头部形态及背面纵纹；
E. 虫体前部腹面观；F. 翻出的吻（固定标本）；G. 活体及其吐出的吻（黏于采集者手掌）
比例尺：A = 20mm；E = 10mm

单针目 Monostilifera
笑纽科 Prosorhochmidae Bürger, 1895
额孔属 *Prosadenoporus* Bürger, 1890

针纽纲 Hoplonemertea

莫顿额孔纽虫
Prosadenoporus mortoni (Gibson, 1990)

标本采集地： 福建厦门，广东深圳，香港。

形态特征： 虫体较细长，圆柱状或略扁平，伸展状态体长 25～70mm，体宽 1～2mm。头端圆，略呈双叶状，吻孔位于前端。头部具 2 对眼点、1 对横头沟和 1 笑裂。尾端钝圆。虫体背面边缘区呈浅黄色，中央区呈蓝绿色，此种色素在背中线集中成 1 条深蓝绿色纵线，自虫体前部延伸至尾端。吻具主针 1 枚，主针基座圆柱形，副针囊 2 个。

生态习性： 栖息于潮间带石下、粗砂、牡蛎、砾石间，多见于高、中潮区。

地理分布： 东海，南海。

参考文献： Gibson, 1990；孙世春, 1995。

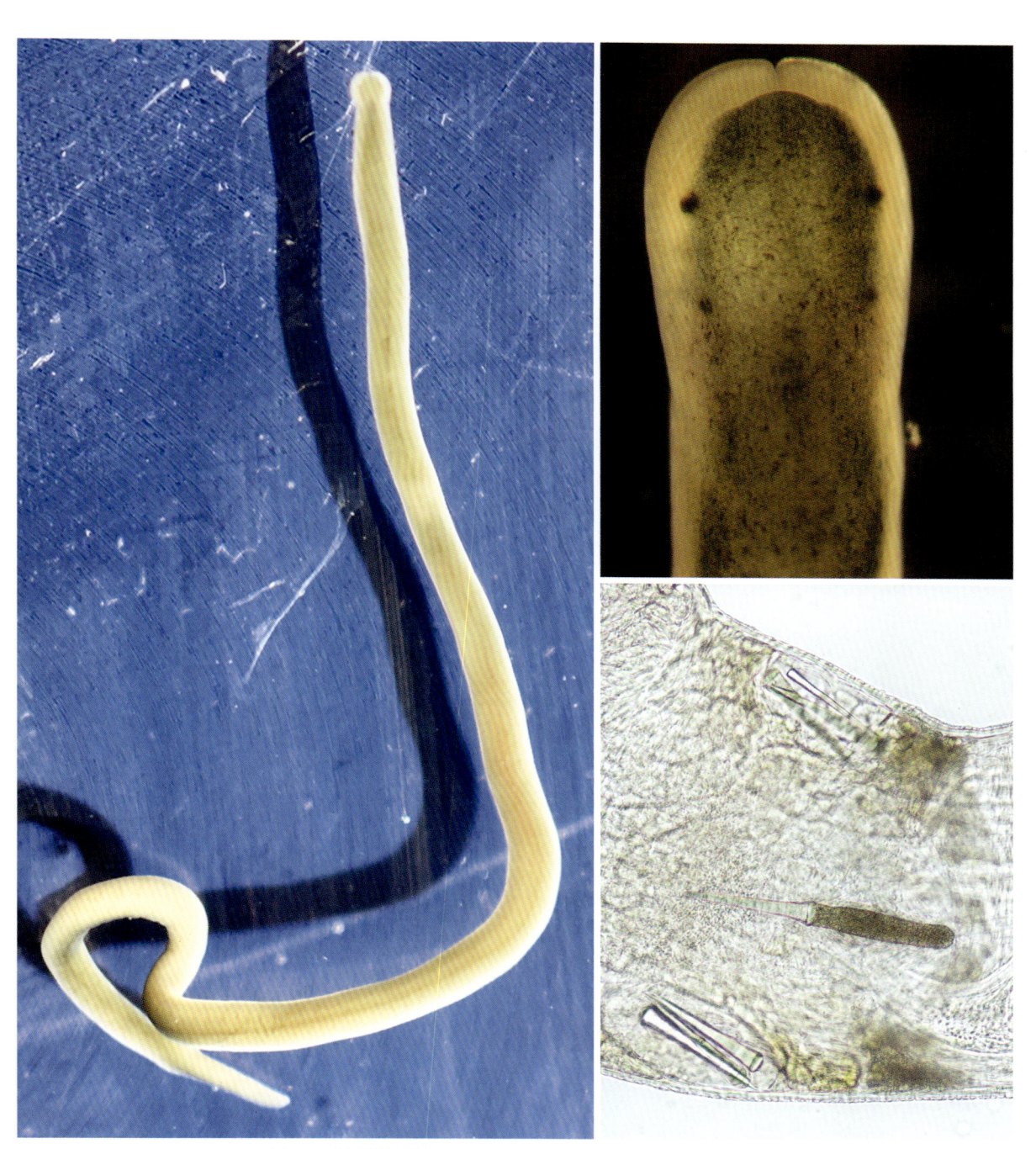

图 39　莫顿额孔纽虫 *Prosadenoporus mortoni* (Gibson, 1990)

耳盲科 Ototyphlonemertidae Coe, 1940
耳盲属 *Ototyphlonemertes* Diesing, 1863

长耳盲纽虫
Ototyphlonemertes longissima Liu & Sun, 2018

标本采集地： 海南儋州、临高，广西防城港。

形态特征： 体细长，背腹略扁平，头端圆。麻醉后体长 138～158mm，体宽 0.5～0.6mm，为本属已知体型最大物种。前部橘红色，向后体色变浅，脑区呈红色，体表可见大量细小的白色斑点。头部具 1 对头沟，位于脑后，左右头沟在背、腹面均联合，在背面呈向后的"V"形，在腹面呈向前的"V"形。无感觉触毛和尾附着盘。吻孔位于体最前端。吻腔约为体长之 1/8，吻前室长 3～6mm，吻隔长 160～230μm，吻中室管状，长 400～500μm，吻后室长 4～8mm。主针为三股编织构造，长 54～60μm。针座圆柱形，长 50～52μm，宽约 12μm。主针长与针座长比例为 1.06～1.17。副针囊 2 个，位于主针侧面，各具 4～6 枚副针，朝向或前或后。肠具侧盲囊，无盲肠。无眼，无脑感器。平衡囊 1 对，位于脑神经节腹叶后部，直径 20～23μm。平衡石多颗粒型，直径 10～12μm，约有 12 个颗粒。

生态习性： 栖息于潮间带粗砂，间隙生活。

地理分布： 广西，海南岛。

参考文献： 孙世春和许苹，2018；Liu and Sun，2018。

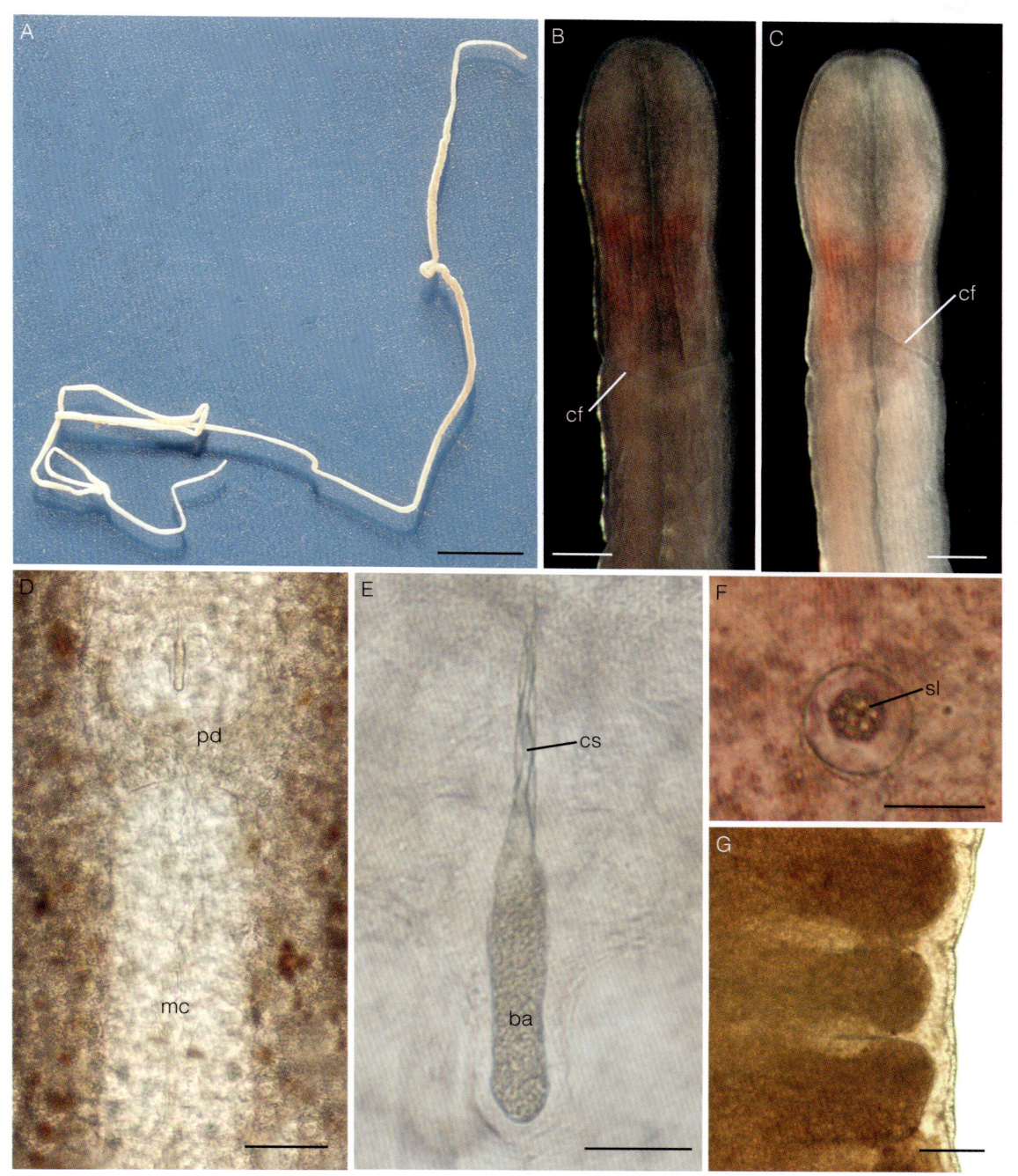

图 40　长耳盲纽虫 *Ototyphlonemertes longissima* Liu & Sun, 2018（引自 Liu and Sun, 2018）
A. 整体外形；B. 头部背面观；C. 头部腹面观；D. 吻（部分，压片）；E. 主针及针座；F. 平衡囊；G. 肠区部分
ba. 针座；cf. 头沟；cs. 主针；mc. 吻中室；pd. 吻隔；sl. 平衡石
比例尺：A = 6mm；B、C = 300μm；D = 50μm；E、F = 20μm；G = 100μm

纽形动物门参考文献

孙世春. 1995. 台湾海峡纽形动物初报. 海洋科学, (5): 45-48.

孙世春, 许苹. 2018. 中国沿海首次发现耳盲属（有针纲：单针目：耳盲科）间隙纽虫. 动物学杂志, 53(2): 249-254.

吴斌, 阎冰, 周浩郎. 2013. 基于线粒体细胞色素氧化酶Ⅰ亚基（CO1）基因的两种枝吻纽虫系统发育关系分析. 广西科学, 20(3): 215-218.

尹左芬, 史继华, 李诺. 1986. 山东沿海纽形动物的初步调查. 海洋通报, 5: 67-71.

尹左芬, 曾棻. 1984. 纵沟纽虫科（Lineidae）、枝吻纽虫属（*Dendrorhynchus*）的一新种——湛江枝吻纽虫（*D. zhanjiangensis*）的研究. 海洋通报, 3: 51-58.

赵世民. 2003. 台湾岩礁海岸地图. 台中：晨星出版有限公司.

Chen H X, Strand M, Norenburg J L, et al. 2010. Statistical parsimony networks and species assemblages in cephalotrichid nemerteans (Nemertea). PLoS ONE, 5(9): e12885.

Chernyshev A V, Polyakova N E, Turanov S V, et al. 2018. Taxonomy and phylogeny of *Lineus torquatus* and allies (Nemertea, Lineidae) with descriptions of a new genus and a new cryptic species. Systematics and Biodiversity, 16(1): 55-68.

Gibson R. 1990. The macrobenthic nemertean fauna of Hong Kong. In: Morton B. Proceedings of the Second International Marine Biological Workshop: the Marine Flora and Fauna of Hong Kong and Southern China. Hong Kong: Hong Kong University Press.

Hao Y, Kajihara H, Chernyshev A V, et al. 2015. DNA taxonomy of *Paranemertes* (Nemertea: Hoplonemertea) with spirally fluted stylets. Zoological Science, 32(6): 571-578.

Kang X X, Fernández-Álvarez F Á, Alfaya J E F, et al. 2015. Species diversity of *Ramphogordius sanguineus* / *Lineus ruber* like nemerteans (Nemertea: Heteronemertea) and geographic distribution of *R. sanguineus*. Zoological Science, 32(6): 579-589.

Liu H L, Sun S C. 2018. *Ototyphlonemertes longissima* sp. nov. (Hoplonemertea: Monostilifera: Ototyphlonemertidae), a new interstitial nemertean from the South China Sea. Zootaxa, 4527(4): 581-587.

Park T, Lee S, Sun S C, et al. 2019. Morphological and molecular study on *Yininemertes pratensis* (Nemertea, Pilidiophora, Heteronemertea) from the Han River Estuary, South Korea, and its phylogenetic position within the family Lineidae. ZooKeys, 852: 31-51.

Sun S C. 2006. On nemerteans with a branched proboscis from Zhanjiang, China. Journal of Natural History, 40: 943-965.

Sundberg P, Gibson R, Olsson U. 2003. Phylogenetic analysis of a group of palaeonemerteans (Nemertea) including two new species from Queensland and the Great Barrier Reef, Australia.

Zoologica Scripta, 32: 279-296.

Zaslavskaya N I, Akhmatova A F, Chernyshev A V. 2010. Allozyme comparison of the species and colour morphs of the nemertean genus *Quasitetrastemma* Chernyshev, 2004 (Hoplonemertea: Tetrastemmatidae) from the Sea of Japan. Journal of Natural History, 44(37-40): 2303-2320.

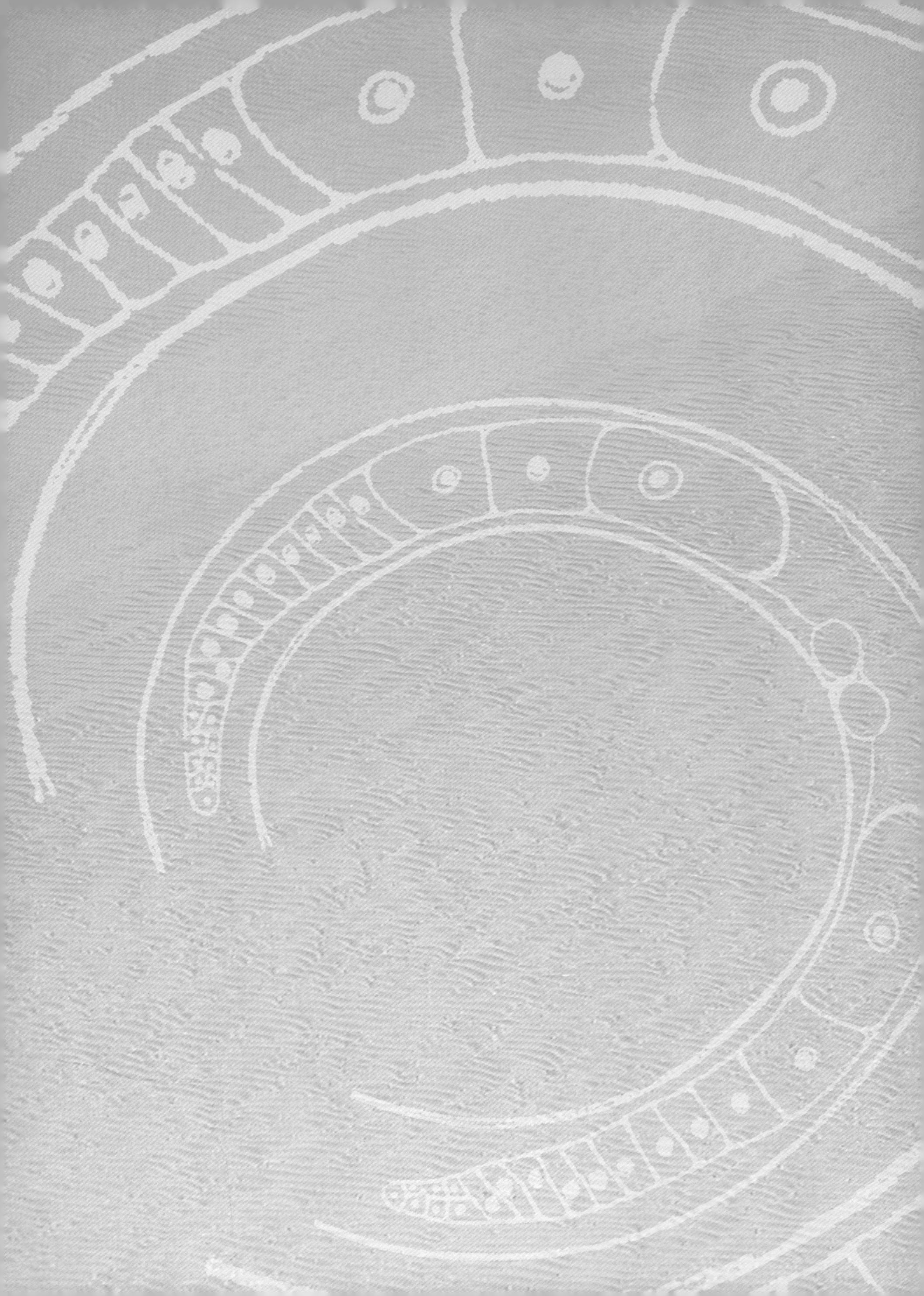

线虫动物门
Nematoda

嘴刺目 Enoplida
三孔线虫科 Tripyloididae Filipjev, 1918
三孔线虫属 *Tripyloides* de Man, 1886

红树三孔线虫
Tripyloides mangrovensis Fu, Zeng, Zhou, Tan & Cai, 2018

标本采集地： 福建厦门潮间带和红树林区。

形态特征： 体长 1095.4～1762.6μm，体圆柱形，体表光滑。头开口较大，体长与最大体直径比值（a值）16.5～21.7。内唇刚毛乳头状，6 根外唇刚毛（约 7μm），4 根头刚毛（5～7μm）。化感器小，环形，位于口部后侧。口器具有强角质化壁，并被横向角质环分成两室，前室呈不规则杯状并具有 1 个三角形的背齿，后室包括 1 个不规则的圆柱——圆锥形部分和侧面 2 个半球形的囊（lateral hemispherical pouche），交接刺微弯曲，37～42μm 长，引带平行于交接刺，微角质化，远端具 1 个半矩形结构。肛前有 3 根刚毛，尾部前 1/3 圆锥形，后 2/3 近末端圆柱形，圆柱形末端没有膨大。雄性单个睾丸，伸展。雌性具 2 个反折卵巢。

生态习性： 生活在潮间带泥沙滩和红树林中。

地理分布： 分布于台湾海峡。

参考文献： Fu et al., 2018。

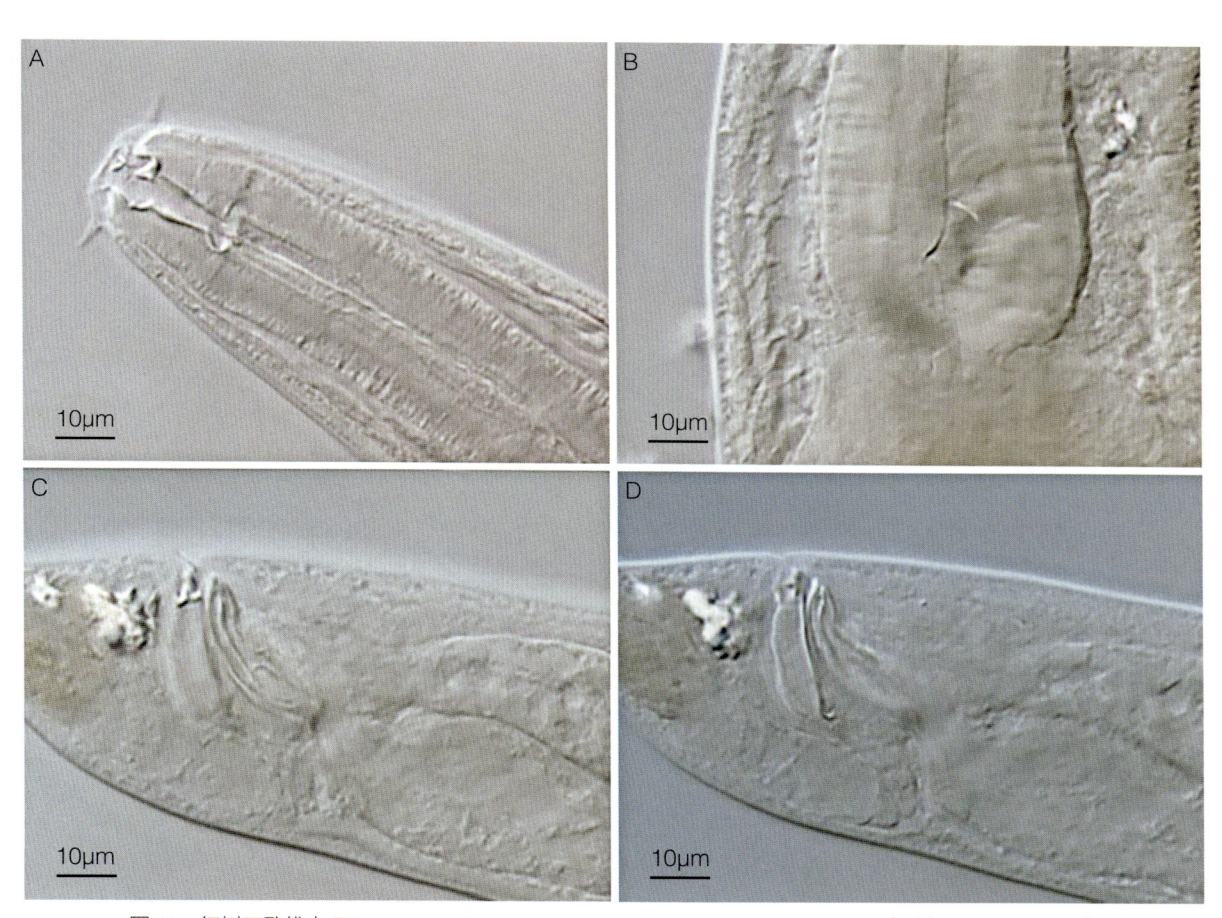

图 41　红树三孔线虫 *Tripyloides mangrovensis* Fu, Zeng, Zhou, Tan & Cai, 2018（引自 Fu et al., 2018）
A. 雄性头部结构；B. 雌性食道球；C. 交接刺；D. 引带

厦门三孔线虫
Tripyloides amoyanus Fu, Zeng, Zhou, Tan & Cai, 2018

标本采集地： 福建厦门潮间带和红树林区。

形态特征： 体圆形，体长 1410～1830μm，a 值 19.1～24.1，口开口狭窄，约 30μm 长，口器前端为圆柱形，后端圆锥形，具有小齿和明显的角质化壁，口器被隔成 3 室，内唇刚毛小乳头状，外唇刚毛粗大（长 9μm），两节，头刚毛约 6μm 长，外唇刚毛和头刚毛位于同一平面上。化感器较小，双环状，食道渐渐膨大，但未形成食道球。肠壁具有无色的颗粒物。交接器微微弯曲，长约 39μm，雄性没有肛前附器，引带腹侧有 4 个齿状结构，尾部圆锥 - 圆柱形，末端没有膨大。雄性单个伸展睾丸，雌性具有 2 个反折卵巢。

生态习性： 生活在潮间带泥沙滩和红树林中。

地理分布： 分布于台湾海峡。

参考文献： Fu et al., 2018。

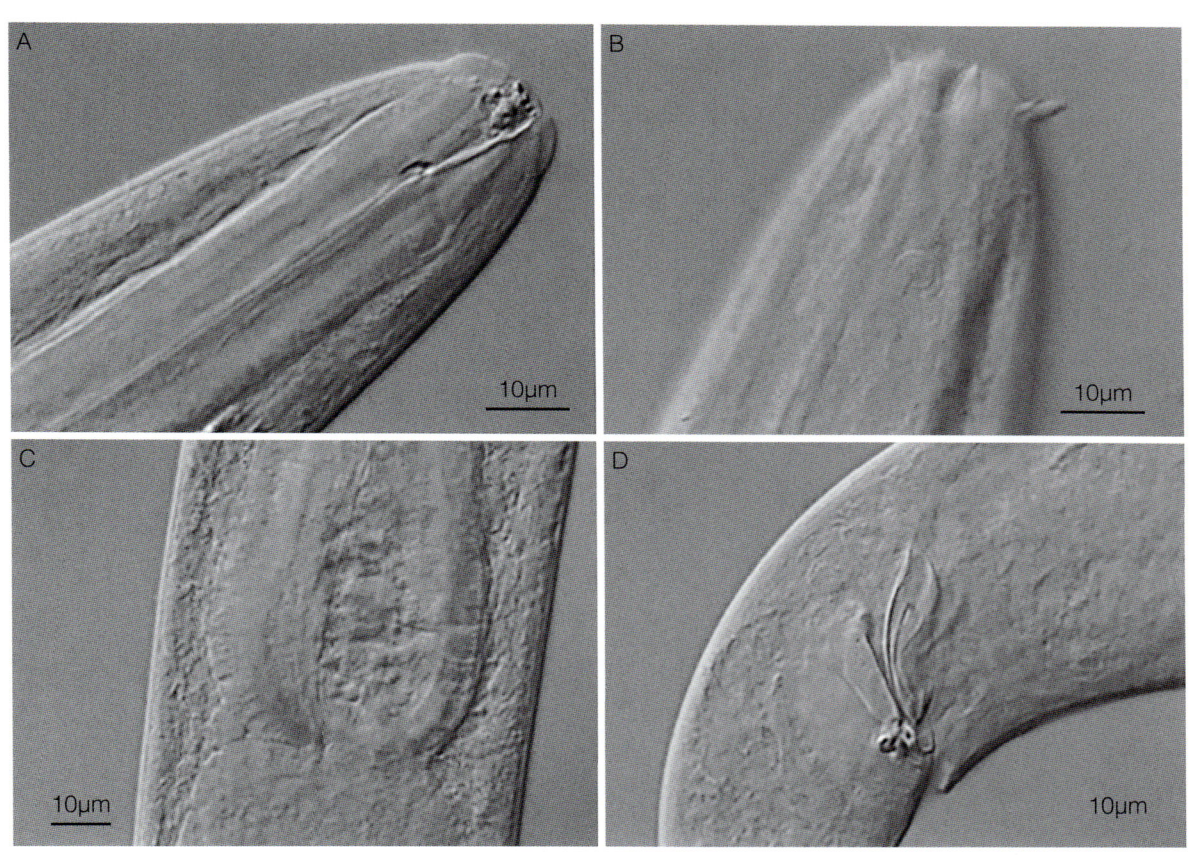

图 42　厦门三孔线虫 *Tripyloides amoyanus* Fu, Zeng, Zhou, Tan & Cai, 2018（引自 Fu et al., 2018）
A. 雄性头部；B. 雄性头部侧面观；C. 雄性食道球；D. 雄性交接刺

矛线虫科 Enchelidiidae Filipjev, 1918
拟多胃球线虫属 Polygastrophoides Sun & Huang, 2016

美丽拟多胃球线虫
Polygastrophoides elegans Sun & Huang, 2016

标本采集地： 广西北海潮间带沙滩。

形态特征： 身体纤细，体前端明显渐细。颈部细长。体宽从头到食道基部逐渐增大，从食道基部到肛门部位基本不变，表皮光滑。体毛较短（5～10μm），全身呈不均匀分布。口器约 15μm 长，基部约 6.3μm 宽，被横向环划分成 2 室。1 个大的右亚侧齿，2 个小的不明显的齿（背齿和左亚侧齿）。6 根内唇毛，6 根纤细的外唇毛（长 3μm）。4 根头刚毛，8μm 长。6 根外唇毛和 4 根头刚毛在同一环。2 个环形的眼点位于头部侧面，口器正下方。化感器未观察到。食道圆柱状，逐渐增大但未形成食道球。神经环位于距虫体前端 42% 食道位置。雄性生殖系统具有 2 个伸展睾丸。1 对交接器弯曲等长，纤细伸长，基部头状，总长约 150μm（是相应体宽的 3.2 倍）。引带简单，棒状，约 30μm 长，无突起。肛前具 1 粗短刚毛，11 个乳头状肛前附器，尾部圆锥-圆柱形，末端膨大，尾部具有一些不规则的体毛。雌虫有一对反折的卵巢。尾腺不明显。

生态习性： 潮间带、潮下带均有分布。

地理分布： 南海。

参考文献： Sun and Huang，2016。

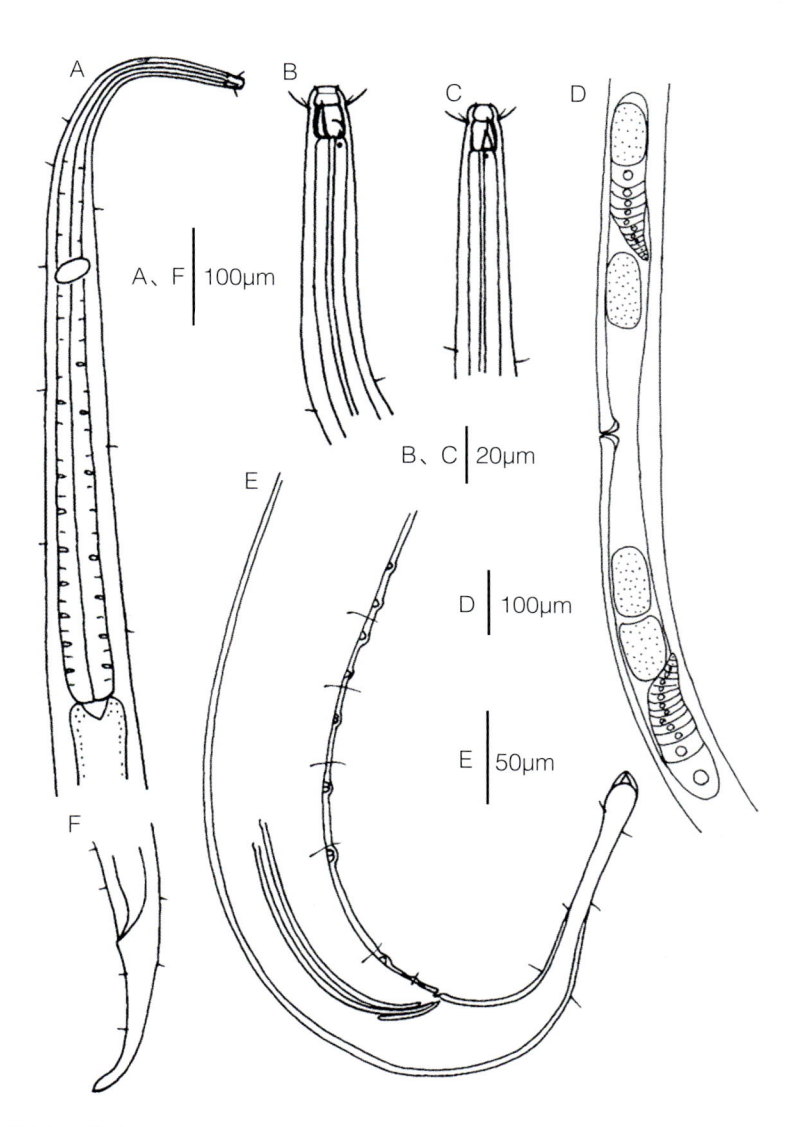

图 43 美丽拟多胃球线虫 *Polygastrophoides elegans* Sun & Huang, 2016（引自 Sun and Huang, 2016.）
A. 雌性食道侧面观；B. 雌性头部侧面观，示口器、齿和头刚毛；C. 雄性头部侧面观，示口器、齿和头刚毛；D. 雌性体中部侧面观，示生殖系统和阴孔；E. 雄性尾部侧面观，示交接器、引带和肛前附器；F. 雌性尾部侧面观

裸口线虫科 Anoplostomatidae Gerlach & Riemann, 1974
裸口线虫属 Anoplostoma Bütschli, 1874

膨大裸口线虫
Anoplostoma tumidum Li & Guo, 2016

标本采集地： 福建厦门潮间带红树林。

形态特征： 身体纺锤形，两端明显变细。表皮光滑，没有环纹和斑点。在口的周围存在着 6 个不明显的内唇乳突。6 根略微弯曲并且逐渐变细的外唇刚毛（长度为 6～7μm，头直径的 86%～100%）和 4 根更短的头刚毛围成一花冠似的一圈。另外，在距离虫体前端 1/3 口腔长度的位置有 3 个明显的角质化结构（muniment）。头部在头刚毛偏后位置有 1 个明显溢缩。斜偏丝（loxometaneme）可见。化感器（大小 3～4μm×6～8μm）在外形上呈延伸的杯状并且其前端有个小的横向卵形开口，位于距离虫体前端 19～23μm（头直径的 2.7～3.3 倍）的位置。大而平行的口腔由具有明显角质化口腔壁和末端圆锥体的部位组成。口腔基部没有被咽部肌肉组织包裹。无食道球存在。排泄孔和腹腺不明显。尾巴长度 194～230μm，其前端是圆锥形而在稍后的位置为圆柱形，并且在尾巴末端存在有 2 根刚毛（长度为 4～6μm）。雄性生殖系统具有 2 个精巢。交接器细长，中空管状，弧长为 94～101μm，远端尖锐且靠近远端的位置有一个明显的膨大。引带长 25～28μm。雌性生殖系统双卵巢结构。

生态习性： 栖息于潮间带。

地理分布： 南海。

参考文献： Li and Guo，2016a。

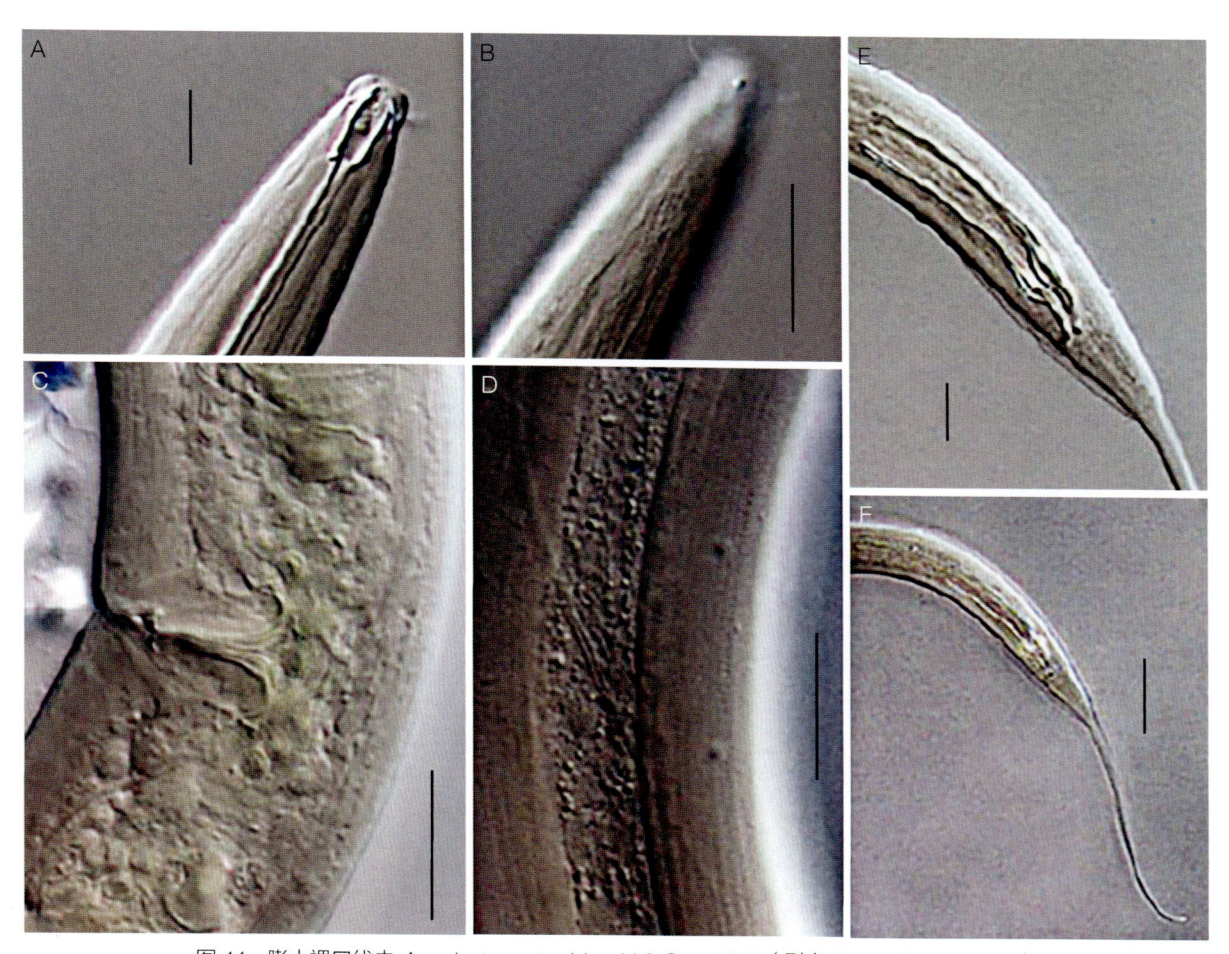

图 44　膨大裸口线虫 Anoplostoma tumidum Li & Guo, 2016（引自 Li and Guo, 2016a）
A. 雌性体前端，示口器；B. 雌性体前端，示化感器；C. 雌性阴门区域；D. 斜偏丝；E. 雄性肛门部位；F. 雄性体后端
比例尺：A = 10μm；B～E = 20μm；F = 50μm

拟胎生裸口线虫
Anoplostoma paraviviparum Li & Guo, 2016

标本采集地： 福建厦门潮间带红树林区。

形态特征： 身体纺锤形，两端明显变细。表皮光滑，没有环纹和斑点。在口的周围存在着 6 个不明显的内唇乳突。6 根略微弯曲并且逐渐变细的外唇刚毛和 4 根更短的头刚毛围成一花冠似的一圈。另外，在距离虫体前端 1/3 口腔长度的位置有 3 个明显的角质化结构。头部在头刚毛偏后位置有 1 个明显溢缩。斜偏丝可见。化感器（大小 3～4μm×6～9μm）在外形上呈延伸的杯状并且其前端有个小的横向卵形开口，位于距离虫体前端 20～29μm（头直径的 2.5～3.2 倍）的位置。大而平行的口腔长度为 12～14μm，由具有明显角质化口腔壁和末端圆锥体的部位组成。食道无食道球存在。雄性生殖系统具有 2 个精巢，2 个睾丸和输精管都位于肠的左侧。交接器细长，弧长为 46～69μm，近端为明显的瘤状而其远端尖锐。引带长 11～15μm，为条状，无引带突起。1 对后泄殖孔体刺（长度 4～6μm）位于尾巴圆锥部分和圆柱部分的连接处。交接刺囊发育良好并且包围泄殖孔，从后泄殖孔体刺稍微偏后的位置向前延伸，其前端到了交接器的近端附近就不明显了。雌性生殖系统双卵巢结构，2 个卵巢反向反折。

生态习性： 潮间带。

地理分布： 南海。

参考文献： Li and Guo, 2016a。

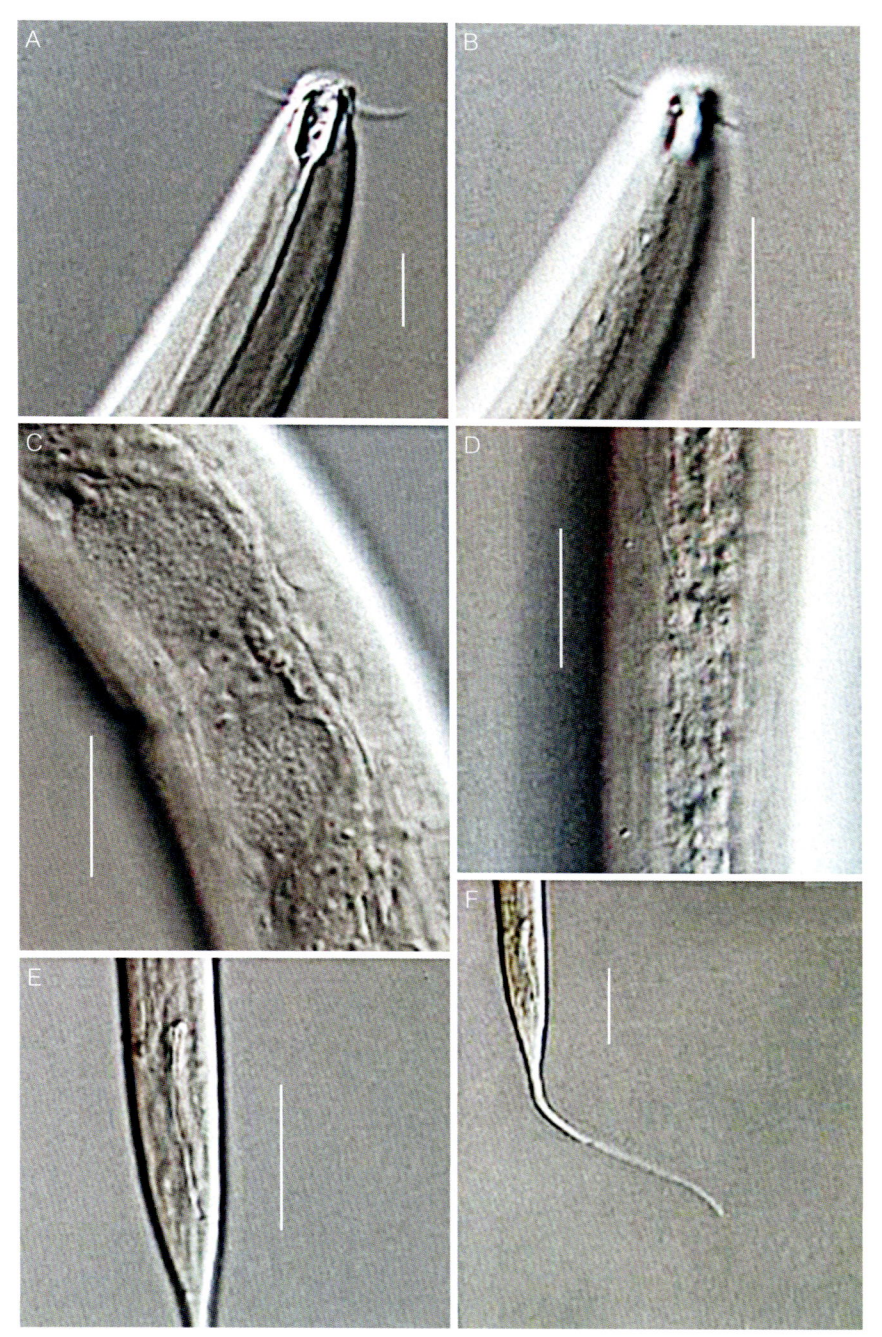

图45 拟胎生裸口线虫 *Anoplostoma paraviviparum* Li & Guo, 2016（引自 Li and Guo, 2016a）
A. 口腔；B. 化感器；C. 雌性阴门区域；D. 斜偏丝；E. 交接器；F. 雄性尾部
比例尺：A = 10μm；B～D = 20μm；E、F = 50μm

花冠线虫科 Lauratonematidae Gerlach, 1953
花冠线虫属 *Lauratonema* Gerlach, 1953

大口花冠线虫
Lauratonema macrostoma Chen & Guo, 2015

标本采集地： 福建漳州东山岛。

形态特征： 身体圆柱形，两端稍微变细。表皮从头刚毛基部到尾末端之间具有明显的细环纹，体表或多或少黏附着一些棒状的细菌。内唇刚毛不可见。6根外唇刚毛和4根头刚毛围成一圈，分别长13～17μm和9～12μm，位于口腔深度2/3的位置。化感器在一些标本中不清晰，但在一些标本中则清晰可见，为杯形，位于外唇刚毛的基部之后，直径大约为化感器所在体直径的1/3。食神经环位于食道长度的42%～47%处。排泄孔开口距前端77～91μm，位于神经环前49～65μm的位置。尾巴为长圆锥形，长度为肛门或泄殖孔所在体直径的4.6～5.7倍。尾末端无刚毛。喷丝头小，位于尾末端。雄性双精巢串联。交接器成对，刀片状，近端闭合，长度为肛门或泄殖孔所在体直径的55%～65%。无引带。雄性尾部的亚腹面具有两排刚毛。雌性尾部的亚腹面无刚毛。反折的单子宫位于肠道的右边。

生态习性： 生活在潮间带。

地理分布： 东海，南海。

参考文献： Chen and Guo, 2015a。

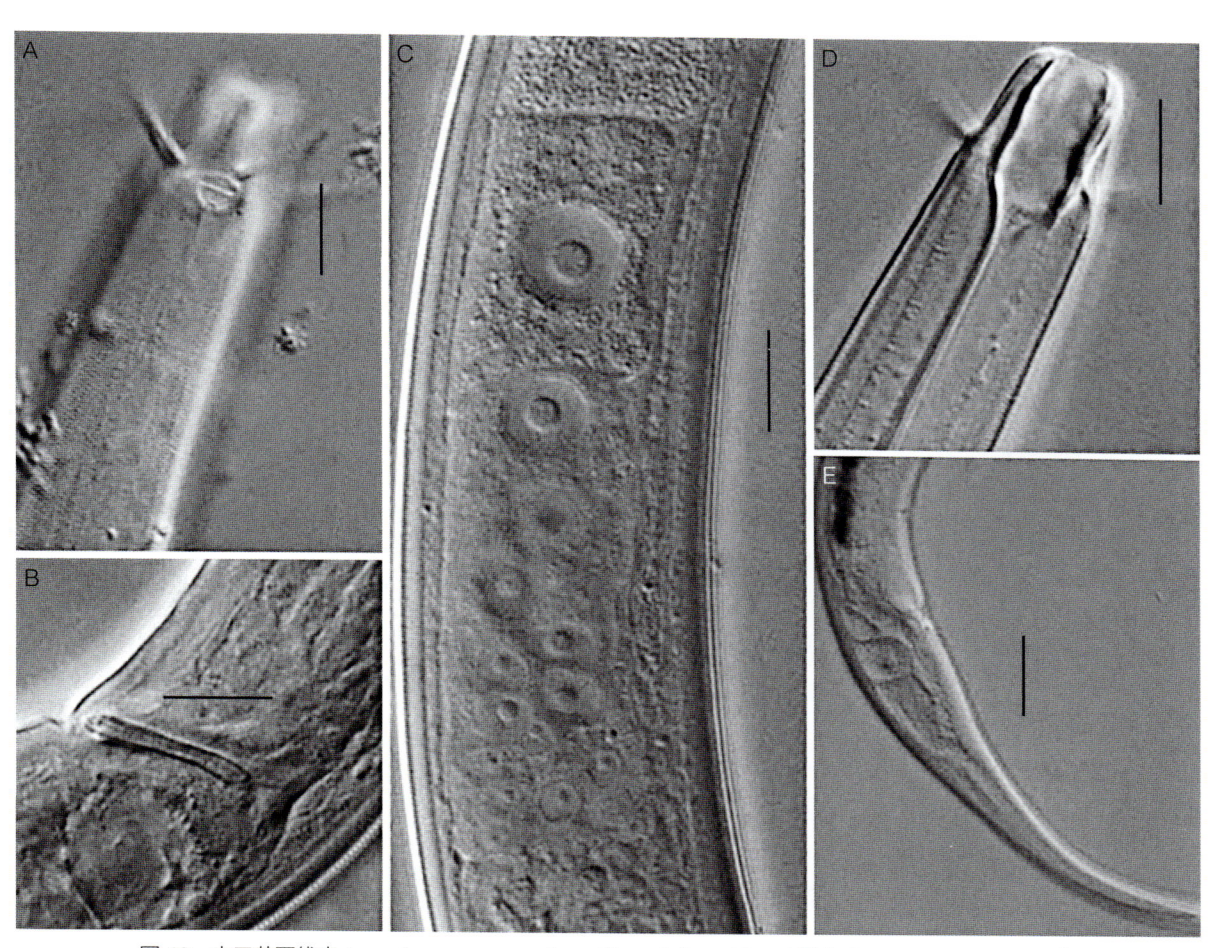

图 46 大口花冠线虫 *Lauratonema macrostoma* Chen & Guo, 2015（引自 Chen and Guo, 2015a）
A. 雄性头部；B. 雄性交接器；C. 雌性体内的卵；D. 雌性头部；E. 雄性尾部
比例尺：A～D = 10μm；E = 25μm

东山花冠线虫
Lauratonema dongshanense Chen & Guo, 2015

标本采集地： 福建漳州东山岛。

形态特征： 表皮从化感器后边缘到尾末端之间具有明显的细环纹，体表或多或少黏附着一些棒状的细菌。内唇刚毛不可见。6 根外唇刚毛和 4 根头刚毛围成一圈，分别长 8～10μm 和 5～7μm，位于距离体前端 8～10μm 的位置。口腔漏斗状，深度几乎与宽度相等，具有一个角质化的横带。化感器杯形，位于外唇刚毛基部之后，直径大约为化感器所在体直径的 32%～44%。食道-肠连接处较大，近乎心形，周围被肠道组织包围。神经环位于食道离体前端的 47%～51% 处。排泄管很短，排泄孔开口距体前端 54～73μm，腹腺位于神经环前 40～50μm 的位置。尾末端无刚毛。雄性尾部长圆锥形，长 123～126μm，5.3～5.6 倍肛门相应直径，亚腹面具有两排刚毛；双精巢串联；交接器刀片状，短且直，58%～67% 肛门相应直径；引带不存在。泄殖腔前大约 15μm 的位置有 1 个小的突起。雌性反折的单子宫位于肠道的右边，雌性生殖道与直肠连接形成泄殖腔。

生态习性： 生活在潮间带。

地理分布： 东海，南海。

参考文献： Chen and Guo，2015a。

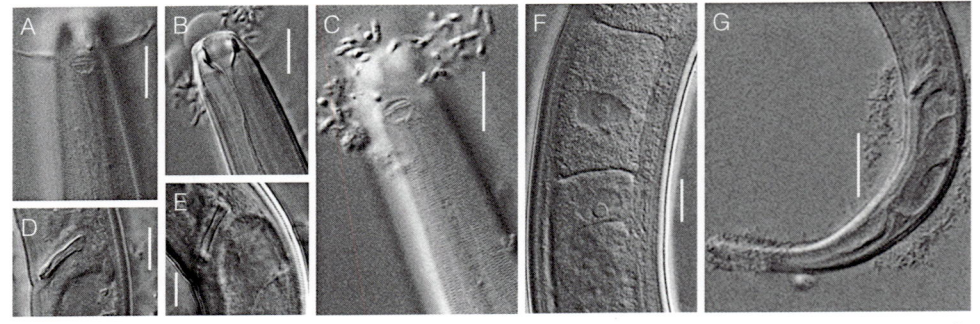

图 47　东山花冠线虫 *Lauratonema dongshanense* Chen & Guo, 2015（引自 Chen and Guo, 2015a）
A. 雄性头部侧面观，展示化感器和头刚毛；B. 雌性头部侧面观，展示口腔；C. 雌性头部侧面观，展示化感器和细菌；D. 雌性体部侧面观，展示卵；E、F. 雄性体部侧面观，展示交接刺；G. 雄性尾部侧面观
比例尺：A～F = 10μm；G = 10μm

烙线虫科 Ironidae de Man, 1876

柯尼丽线虫属 *Conilia* Gerlach, 1956

中华柯尼丽线虫
Conilia sinensis Chen & Guo, 2015

标本采集地： 福建漳州东山岛。

形态特征： 雄性身体细长，头端钝平，唇区膨大，外壁具有一些褶皱。6个内唇刚毛乳突状，6根外唇刚毛和4根头刚毛粗且钝，围成一圈。1个宽约4μm的环带将头部区域与身体剩余部分分隔开来。3个几乎等大的爪状齿位于口腔杯形部分和管状结构的交接处。口腔杯形部分的前边缘有一排小齿。化感器未观察到。尾巴圆锥-圆柱形，长为泄殖孔对应体宽的4.5～5.7倍长，向腹部弯曲，在尾巴中间的腹面部位有一个小的突起。3个尾腺延伸到泄殖腔前。喷丝头小。双精巢串联，位于肠道的右边。交接器只有1个，管状，弧长87～100μm，为泄殖孔对应体宽的3.5～4.2倍长，具有横向或略微倾斜的角质化横纹。引带成对，长25～28μm，翼状，前腹侧及背后侧具有角质化的脊，近端似乎可变，远端为两个钩状结构。引带为一个稍微弯曲的薄带，长18～22μm。肛前附器为一个腹部突起。雌性双卵巢。

生态习性： 生活在潮间带。

地理分布： 东海，南海。

参考文献： Chen and Guo，2015b。

图48 中华柯尼丽线虫 *Conilia sinensis* Chen & Guo, 2015（引自 Chen and Guo, 2015b）
A. 雌性前端区域；B. 雌性后端区域；C、D. 雄性尾部区域；E. 雄性生殖器官；F. 雄性头部区域；G. 雌性头部区域；H. 雄性前端区域
比例尺：20μm

费氏线虫属 *Pheronous* Inglis, 1966

东海费氏线虫
Pheronous donghaiensis Chen & Guo, 2015

标本采集地：福建厦门和漳州东山岛。

形态特征：雄性表皮光滑，零星散落着几颗乳突状结构。头部具有明显的溢缩。内唇感觉器很小，6 个外唇感觉器和 4 个头部感觉器围成一圈，粗且钝，位于头区的基部。外唇感觉器比头部感觉器略大。化感器口袋状，直径为相应体直径的 59%～62%，化感器前边缘恰好位于头部溢缩缝隙的后边缘。口腔分为杯形部分和强烈角质化的管状部分，分别长 5～8μm 和 55～56μm。杯形部分的内壁有许多小齿。1 个较小的背齿和 2 个较大的亚腹齿镶嵌在口腔两个部分的交界处。尾巴为尖锐的圆锥形，两列对称或者不对称的乳突状结构存在于泄殖腔后的尾部区域的亚腹面，每列包含 3 个乳突。泄殖腔前的尾部区域的亚腹面也存在两列乳突状结构，每列包含 8～9 个乳突。这些乳突状结构在表皮上表现为突起，在表皮下则表现为细管状。尾腺不存在。交接器成对，粗壮，近端中间具有 1 个隔膜。引带相对较短，近端相对较薄，远端较厚，形成 2 个钩状结构。雌性生殖系统为双卵巢，反向折叠。

生态习性：生活在潮间带。

地理分布：东海，南海。

参考文献：Chen and Guo, 2015b。

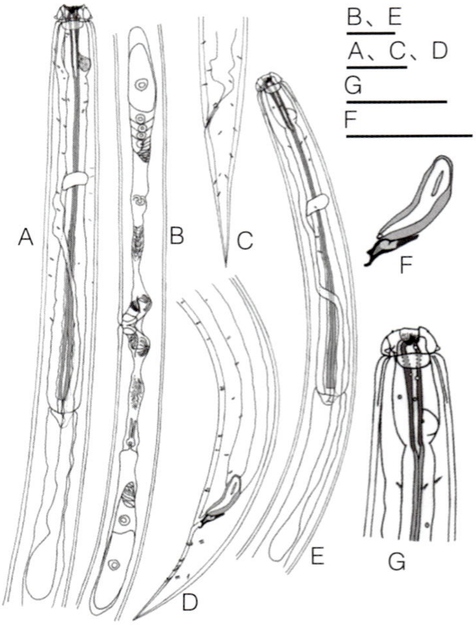

图 49 东海费氏线虫 *Pheronous donghaiensis* Chen & Guo, 2015（引自 Chen and Guo, 2015b）
A. 雌性前端区域；B. 雌性生殖系统；C. 雌性尾部区域；D. 雄性后端区域；E. 雄性前端区域；F. 雄性生殖器官；G. 雄性头部区域
比例尺：50μm

三齿线虫属 *Trissonchulus* Cobb, 1920

宽刺三齿线虫
Trissonchulus latispiculum Chen & Guo, 2015

标本采集地： 福建泉州湾红树林。

形态特征： 雄性表皮光滑无其他纹饰。头部圆锥形，无溢缩。6个内唇感觉器小，乳突状。6个外唇感觉器及4个相对较大的头部感觉器围成一圈。化感器小袋状，直径为相应体直径的31%～43%，位于侧边外唇感觉器之后。口腔为角质化的管状结构，同时具有1个前庭，分别长54～57μm和10～12μm。1个相对较大的背齿和2个几乎等大但较背齿小的爪状实齿镶嵌在管状结构及前庭的交界处。口腔前庭内壁上有许多小齿。腹腺小，位于食道长度55%～60%的位置。尾巴短，钝圆，有一些乳突存在。喷丝头开口在腹面。双精巢反向折叠。交接器成对，宽，中间具有1个隔膜，近端稍微头状。交接器中间区域向虫体侧边拱起。引带很短，近端相对较薄，远端较厚。雌性双卵巢反向折叠。

生态习性： 生活在潮间带。

地理分布： 东海，南海。

参考文献： Chen and Guo，2015b。

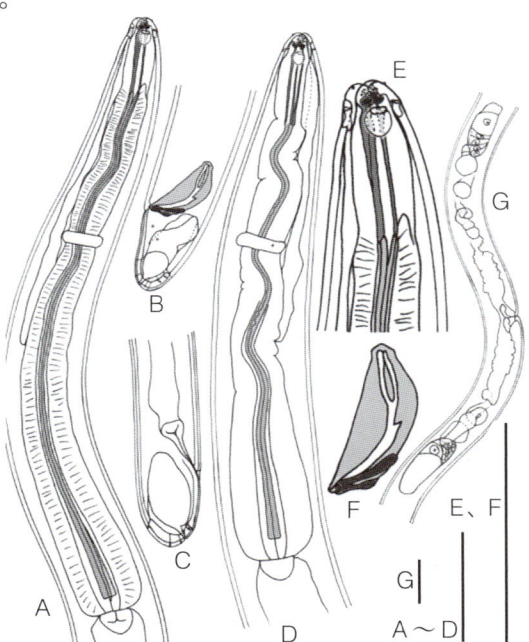

图50 宽刺三齿线虫 *Trissonchulus latispiculum* Chen & Guo, 2015（引自 Chen and Guo, 2015b）
A. 雄性前端区域；B. 雄性后端区域；C. 雌性后端区域；D. 雌性前端区域；E. 雄性头部区域；F. 雄性生殖器官；G. 雌性生殖系统
比例尺：100μm

乳突三齿线虫
Trissonchulus benepapillosus (Schulz, 1935)

标本采集地： 福建漳州东山岛。

形态特征： 雄性体表光滑，颈部区域具有几颗乳突。头部显著溢缩，6 个内唇感觉器小，乳突状。6 个外唇感觉器和 4 个头部感觉器粗短，长 2～3μm。外唇感觉器明显较头部感觉器粗。化感器口袋状，直径为相应体直径的 62%～74%，其前端边缘位于头部溢缩的缝之后。口腔包括 1 个杯形部分和 1 个角质化的管状结构，分别长 4～6μm 和 36～39μm。1 个相对较小的背齿和 2 个几乎等大但较背齿大的爪状实齿镶嵌在杯形部分与管状结构的交界处。尾巴钝圆锥形，3 对对称的乳突排成 2 列，散落在泄殖腔后尾巴的亚腹面部位。泄殖腔前亦有 2 列，每列有 3 个乳突，但 2 列不对称。这些乳突状结构在表皮上表现为突起，在表皮下则表现为细管状。尾腺细长，喷丝头开口于尾巴端点。双精巢反向折叠。交接器成对，近端宽，远端钝，中间具有 1 个隔膜。引带相对较短，近端相对较薄，远端较厚，具有 1 个短的引带突。雌性生殖系统为双卵巢，反向折叠。

生态习性： 生活在潮间带。

地理分布： 东海，南海。

参考文献： Chen and Guo，2015b。

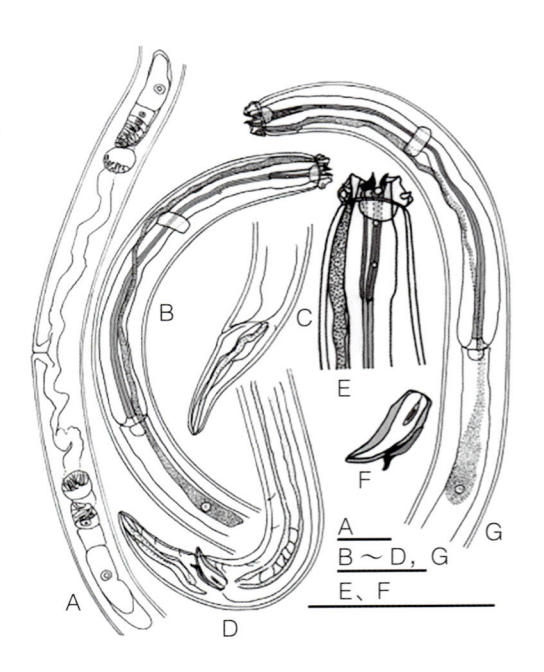

图 51 乳突三齿线虫 *Trissonchulus benepapillosus* (Schulz, 1935)（引自 Chen and Guo, 2015b）
A. 雌性生殖系统；B. 雄性前端区域；C. 雌性后端区域；D. 雄性后端区域；E. 雄性头部区域；F. 雄性生殖器官；G. 雌性前端区域
比例尺：50μm

海洋三齿线虫
Trissonchulus oceanus Cobb, 1920

标本采集地： 福建漳州东山岛。

形态特征： 雄性体表光滑。头部显著溢缩，6个内唇感觉器小，乳突状。6个外唇感觉器和4个头部感觉器乳突状。化感器小袋状，直径为相应体直径的38%～46%，其前端边缘位于头部溢缩的缝之后。口腔包括1个杯形部分和1个角质化的管状部分，分别长7～10μm和37～41μm。3个几乎等大的爪状实齿镶嵌在杯形部分与管状部分的交接处。口腔杯形部分内壁上有许多小齿。尾巴钝圆，稍微向腹面弯曲，有3对乳突散落在尾巴的侧面。喷丝头开口于腹面。泄殖腔前有1个小突起。雄性尾部具有2～4对肛前及1～2对肛后乳突。这些乳突状结构在表皮上表现为突起，在表皮下则表现为细管状。双精巢反向排列。交接器成对，宽，近端头状，中间具有1个隔膜。引带相对较短，具有1个短的引带突。雌性大部分特征与雄性相似，但尾巴更圆，无肛前或肛后乳突，尾巴侧面亦存在3对乳突；前卵巢退化，后卵巢发育良好，反折。

生态习性： 生活在潮间带。

地理分布： 东海，南海。

参考文献： Chen and Guo，2015b。

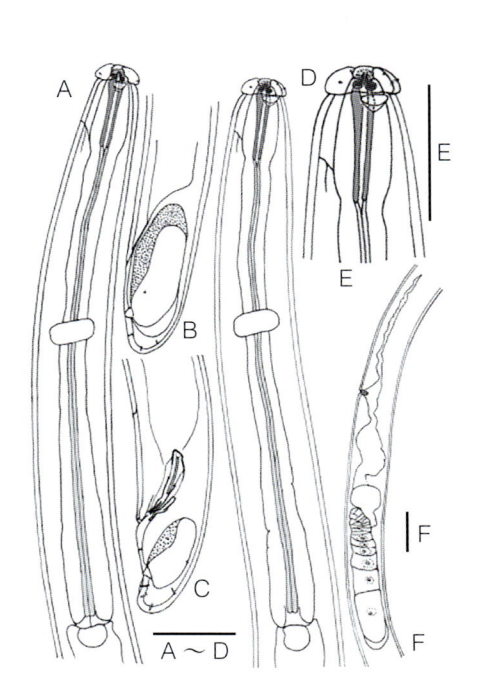

图52 海洋三齿线虫 *Trissonchulus oceanus* Cobb, 1920（引自 Chen and Guo, 2015b）
A. 雌性前端区域；B. 雌性后端区域；C. 雄性尾部区域和生殖器官；D. 雄性前部区域；E. 雄性头部区域；F. 雌性生殖系统
比例尺：50μm

烙线虫科分属检索表

1. 生殖器官具有短且成对、近端漏斗状的副引带 ·· 柯尼丽线虫属 *Conilia*
   生殖器官不具有副引带 ··· 2
2. 头部感觉器乳突状，尾巴尖，无尾腺 ··· 费氏线虫属 *Pheronous*
   头部感觉器很短或乳突状，无食道球，尾巴较短 ·· 三齿线虫属 *Trissonchulus*

三齿线虫属分种检索表

1. 头部无溢缩 ··· 宽刺三齿线虫 *Trissonchulus latispiculum*
   头部有溢缩 ··· 2
2. 喷丝头开口在腹面 ·· 海洋三齿线虫 *Trissonchulus oceanus*
   喷丝头开口在尾尖 ·· 乳突三齿线虫 *Trissonchulus benepapillosus*

色矛目 Chromadorida
色拉支线虫科 Selachinematidae Cobb, 1915
里氏线虫属 *Richtersia* Steiner, 1916

北部湾里氏线虫
Richtersia beibuwanensis Fu, Cai, Boucher, Cao & Wu, 2013

标本采集地： 北部湾北部。

形态特征： 身体呈棕黄色，体长约为 400μm，6 根内唇刚毛（约 6μm 长），6 根外唇刚毛（约 6μm 长）和 4 根头刚毛（约 4μm 长）位于同一平面上，体前端较圆，口部为三角形，无齿，部分被食道组织包围，最宽处在体中央部位，雄性化感器多螺旋状（3.5 环，宽度为相应体直径的 50%～70%），雌性化感器单环，宽度约为相应体直径的 36%，颈部体毛较多无规则，体中部体毛排列有规律，具两条长短不等交接器（左侧长约为 98μm，右侧长约为 44μm），引带有前端突起，尾部短。雄性具 2 个睾丸。雌性有 2 个反折卵巢。

生态习性： 生活在浅海潮下带。

地理分布： 北部湾。

参考文献： Fu et al., 2013。

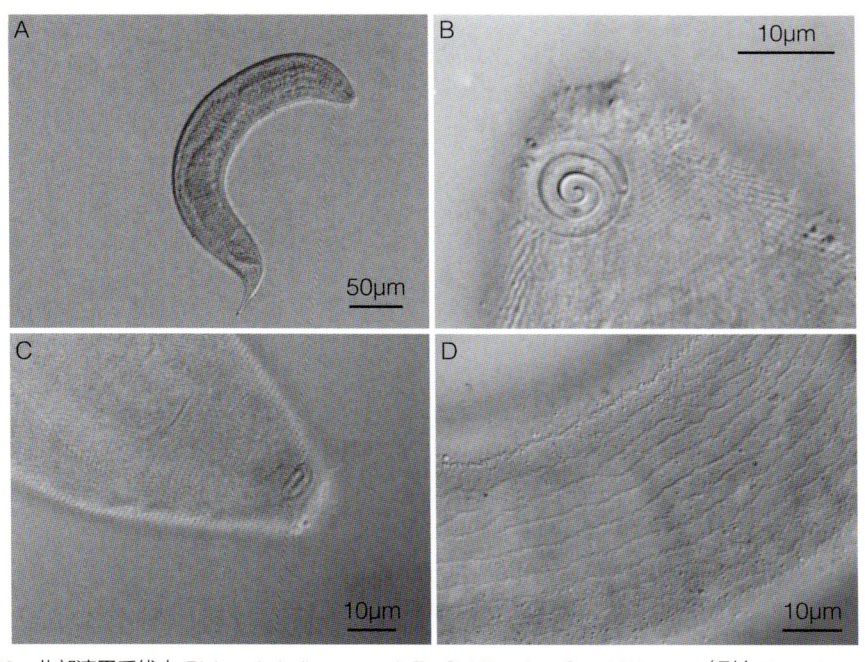

图 53　北部湾里氏线虫 *Richtersia beibuwanensis* Fu, Cai, Boucher, Cao & Wu, 2013（引自 Fu et al., 2013）
A. 雌性整体图；B. 雄性整体图；C. 雌性体前端；D. 雄性体中部

克夫索亚里氏线虫
Richtersia coifsoa Fu, Cai, Boucher, Cao & Wu, 2013

标本采集地： 北部湾北部。

形态特征： 圆柱形，体短，一般不超过 300μm，雄性 *a* 值小于 5，雌性 *a* 值约为 3。体最宽处位于食道末端。6 根内唇刚毛（长 4～6μm）位于唇膜基部，6 根外唇刚毛（长 4～7μm）和 4 根头刚毛（长 2.4～4μm）位于同一水平面上，口器长方形，无齿，后半部被食道组织包围着。尾部相对较长，纵列线具有规则的体刚毛，头部有 6 个突出的角，雄性化感器单环与体直径等长，雌性化感器单环较小，为对应体直径的 25%，交接器末端冠状，两条不等长（左侧约为 119μm 长，右侧约为 37μm 长）。引带无突起。雄性单个睾丸，雌性具 2 个反折卵巢。

生态习性： 生活在浅海潮下带。

地理分布： 北部湾。

参考文献： Fu et al., 2013。

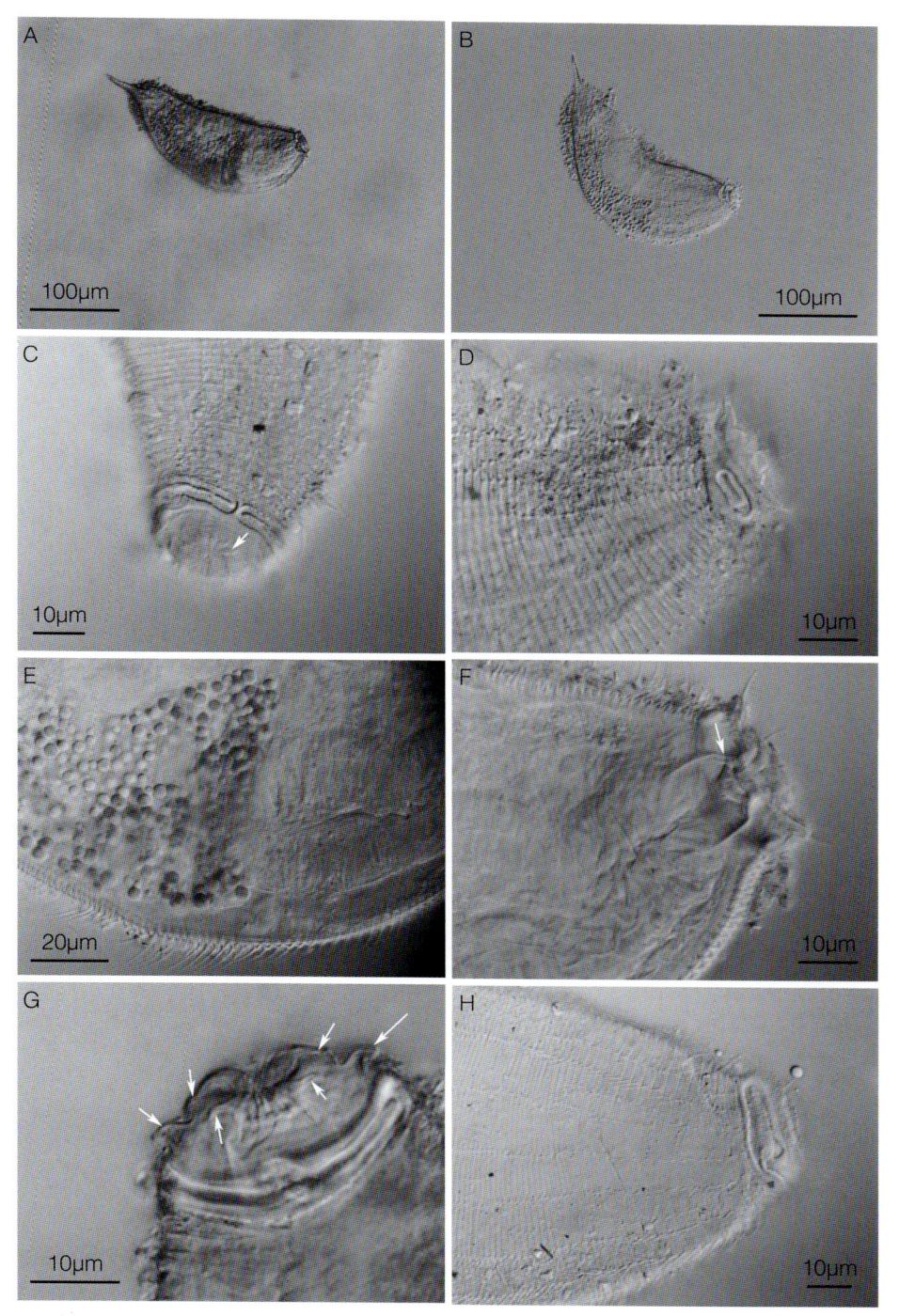

图54 克夫索亚里氏线虫 *Richtersia coifsoa* Fu, Cai, Boucher, Cao & Wu, 2013（引自 Fu et al., 2013）
A. 雌性整体图；B. 雄性整体图；C. 雄性体前部细管（箭头所示）；D. 雌性体前部；E. 雌性食道部；F. 雌性头部棱柱体（箭头所示）；G. 雄性头部6个突出的角（箭头所示）；H. 雄性体刚毛

本狄斯线虫属 *Bendiella* Leduc, 2013

卵胎生本狄斯线虫
Bendiella vivipara Fu, Boucher, Cai, 2017

标本采集地： 北部湾北部。

形态特征： 圆柱形，体长 1274～2031μm，雌虫比雄虫长，从化感器开始到尾部出现 2～4 个纵列的侧边分化（前端为 2 个纵列，从食道后端到肠道前端为 4 个纵列，之后到肛门位置为 3 个纵列），6 根乳突状内唇刚毛，外唇刚毛比内唇刚毛短，其与 4 根头刚毛位于同一平面上。化感器具有 5 环，口部前端有 12 根角质化的硬节结构，每根连接一对后端突起，在两腔之间形成 12 个牙齿。后腔有 3 对"V"字形角质化硬节。无食道球，尾部圆锥 - 圆柱形。肠道细胞含有大量颗粒。雄虫具有不等长弧形交接器（左侧为 56～69μm 长，右侧为 57～67μm 长），引带弧形，无突起，此外，雄虫具有 3 个乳突状肛前附器，具 2 个睾丸，雌虫为卵胎生，具 2 个反折卵巢。

生态习性： 生活在浅海潮下带。

地理分布： 北部湾。

参考文献： Fu et al., 2017。

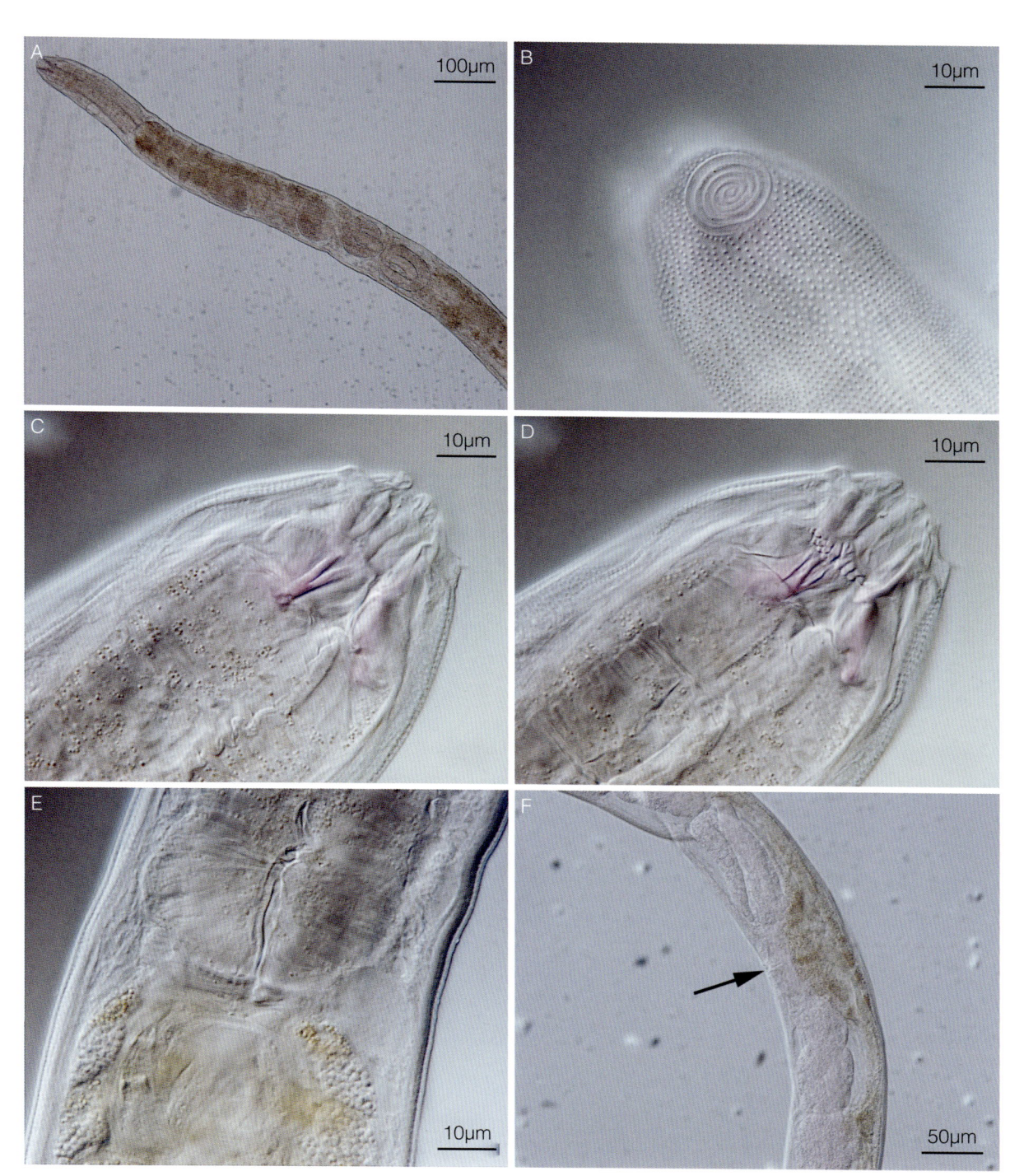

图 55　卵胎生本狄斯线虫 *Bendiella vivipara* Fu, Boucher, Cai, 2017（引自 Fu et al., 2017）
A. 雌虫体前端；B. 雌虫表皮；C. 雄虫尾部；D. 引带；E. 雄虫咽的后部；F. 雌虫阴门（箭头所示）

疏毛目 Araeolaimida
联体线虫科 Comesomatidae Filipjev, 1918
矛咽线虫属 *Dorylaimopsis* Ditlevsen, 1918

长刺矛咽线虫
Dorylaimopsis longispicula Fu, Leduc, Rao & Cai, 2019

标本采集地： 北部湾北部。

形态特征： 体长（1374～2252μm），纤细，体两端逐渐变窄。侧边分化从化感器开始至2/3圆锥尾处，侧边分化为点，在食道和尾部为4个纵列，其他地方为2个纵列。体毛少而稀疏，约5μm长，6根内唇刚毛，6根外唇刚毛，4根头刚毛。化感器螺旋状，有3环；口器前半部分呈杯状，后半部分圆柱形，角质化，3个角质化的大齿位于前半部分边缘，食道逐渐膨大，未形成真正的食道球。神经环位于近食道中间部位，排泄管位于胃后端，排泄孔位于神经环后端；交接器弯曲，长度179～196μm，是体直径的3.2～3.8倍，12～16个肛前附器，引带具突起，尾部末端有3根尾毛。雄性具有2个睾丸。雌性具有2个反折卵巢。尾部分布3个尾腺。

生态习性： 生活在北部湾潮下带。

地理分布： 南海。

参考文献： Fu et al., 2019。

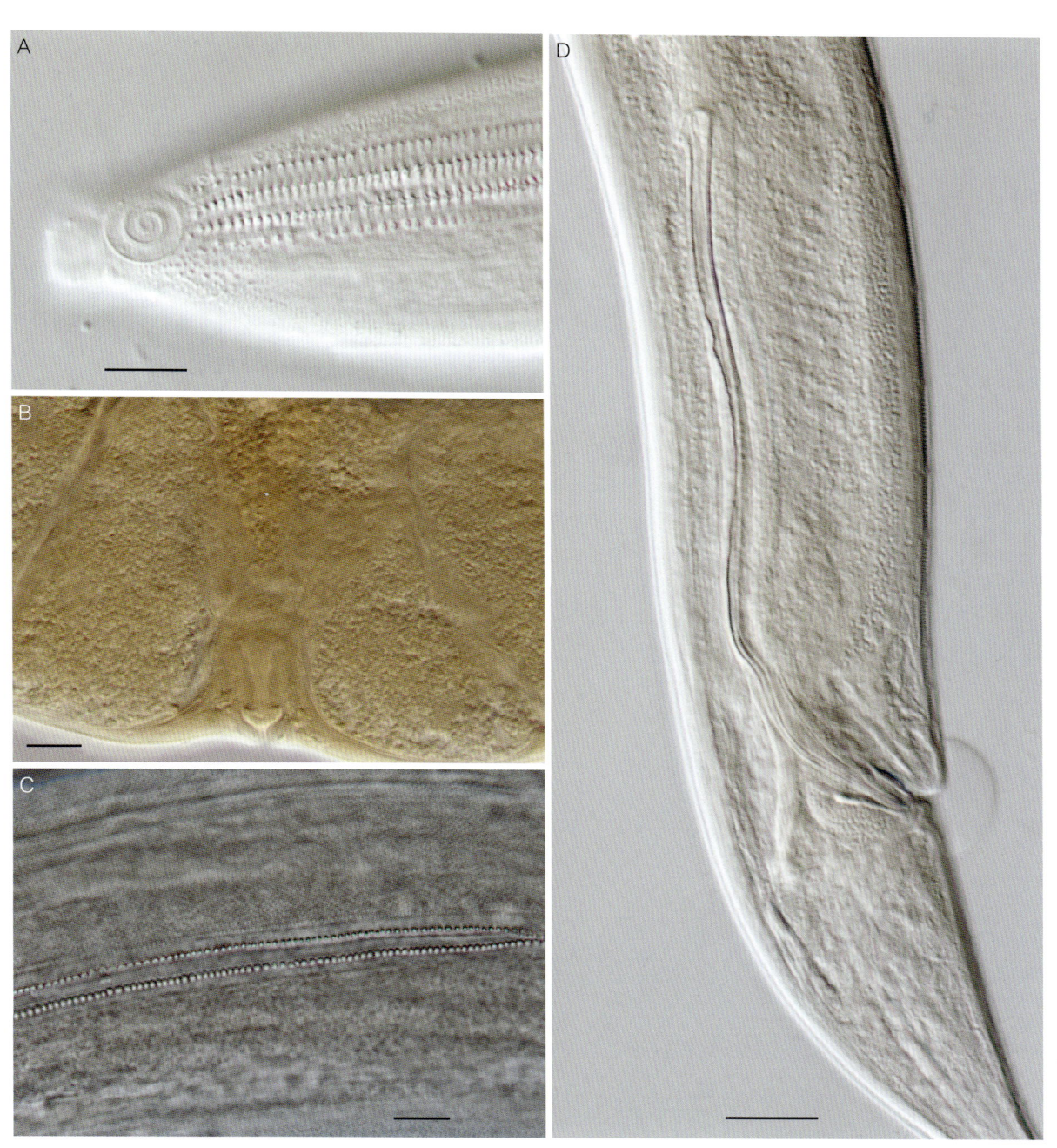

图 56　长刺矛咽线虫 *Dorylaimopsis longispicula* Fu, Leduc, Rao & Cai, 2019（引自 Fu et al., 2019）
A. 雌性头部；B. 雌性阴孔；C. 雌性侧面观；D. 雄性尾部
比例尺：A、B、C = 10μm；D = 20μm

布氏矛咽线虫
Dorylaimopsis boucheri Fu, Leduc, Rao & Cai, 2019

标本采集地： 北部湾北部，厦门鳄鱼屿。

形态特征： 体纤细（a 值为 34～43），两端逐渐变窄，侧边分化为点，从离化感器约 34μm 开始到尾部圆锥形部分侧边分化，雄性侧边分化为 3～4 个纵列，雌性分化为 4～6 个纵列。6 根内唇刚毛和 6 根外唇刚毛均为小乳突状，分别分布在两个平面，4 根头刚毛。化感器雄性个体有 2.5 环，雌性 2.75 环。口部前部为杯状，后部为管状，前后部之间有 3 个角质化齿。食道逐渐膨大，未形成真正的食道球。交接器弧形，44～48μm 长，13～16 个肛前附器，尾部圆锥-圆柱状，尾部末端无毛，无膨大。雄性具有 2 个睾丸，雌性具有 2 个反折卵巢。

生态习性： 生活在北部湾潮下带，台湾海峡潮间带。

地理分布： 东海，南海。

参考文献： Fu et al., 2019。

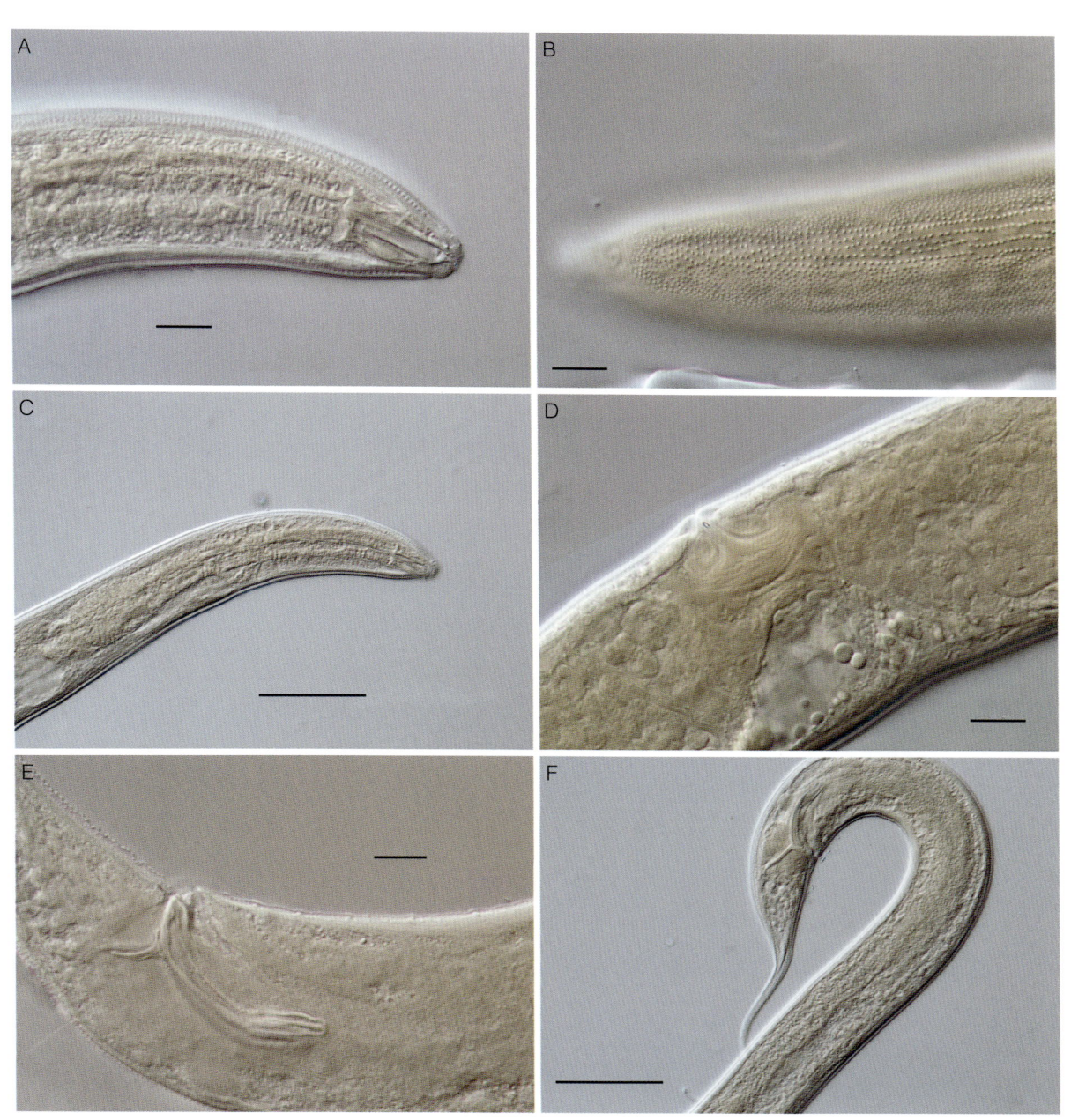

图 57　布氏矛咽线虫 *Dorylaimopsis boucheri* Fu, Leduc, Rao & Cai, 2019（引自 Fu et al., 2019）
A. 雄性头部；B. 雌性头部侧面观；C. 雄性体前部；D. 雌性生殖系统；E. 雄性生殖系统；F. 雄性尾部
比例尺：A、B、D、E = 50μm；C、F = 50μm

乳突矛咽线虫
Dorylaimopsis papilla Guo, Chang & Yang, 2018

标本采集地： 厦门红树林湿地。

形态特征： 体圆柱形，头刚毛短（长 3.7～4.2μm，是相应体宽的 22%～24%）。表皮侧边分化始于化感器位置，为 4～5 个纵列，体中部 2 个纵列，交接器位置又增加至 4 个纵列及以上，体中部纵列宽为 8～10μm，是相应体宽的 9%～10%。化感器螺旋状，约 2.5 环，刚好位于头部刚毛后方。口器管状，18～21μm 长，具有 3 个明显的三角状的齿。排泄孔约在食道 56% 的位置。尾部前半部圆柱状，后半部圆锥状，长 211～216μm。交接器弯曲，中央有一个角质化的条纹，长度是相应体宽的 1.5～1.8 倍，16～18 个小的乳突状肛前附器。引带长为 37～40μm，具一突起。雄性具 2 个睾丸，雌性具 1 对反折卵巢。

生态习性： 生活在潮间带。

地理分布： 台湾海峡。

参考文献： Guo et al., 2018。

矛咽线虫属分种检索表

1. 雌雄体中间的侧边分化多于 2 纵列 .... 布氏矛咽线虫 *Dorylaimopsis boucheri*
   雌雄体中间的侧边分化均为 2 纵列 2
2. 交接刺长，为泄殖孔相应体径的 3.2～3.8 倍 .... 长刺矛咽线虫 *Dorylaimopsis longispicula*
   交接刺短，为泄殖孔相应体径的 1.5～1.8 倍 .... 乳突矛咽线虫 *Dorylaimopsis papilla*

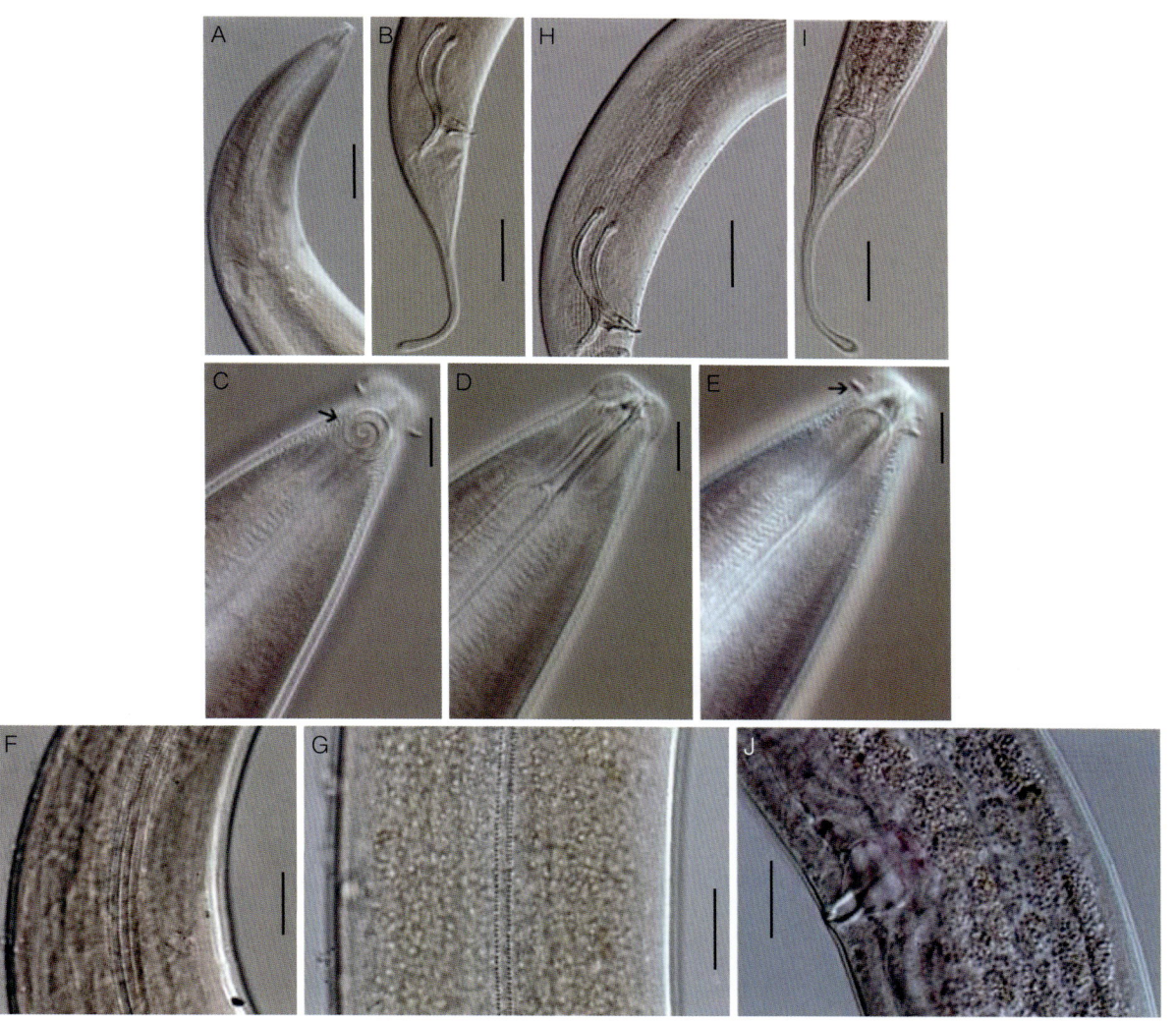

图 58 乳突矛咽线虫 *Dorylaimopsis papilla* Guo, Chang & Yang, 2018（引自 Guo, Chang & Yang, 2018）
A. 雄性咽区；B. 雄性交接器和尾巴；C. 雄性口腔；D. 雄性化感器；E. 雄性头刚毛；F. 雄性咽囊区；
G. 雄性咽囊区中部；H. 雄性交接器和泄殖腔；I. 雌性直肠区和尾；J. 雌性阴孔区
比例尺：A、B、H、I = 50μm；C～E = 10μm；F、G、J = 25μm

霍帕线虫属 *Hopperia* Vitiello, 1969

中华霍帕线虫
Hopperia sinensis Guo, Chang, Chen, Li & Liu, 2015

标本采集地： 福建泉州红树林。

形态特征： 体圆柱形，两端渐细。唇部膨大，外唇刚毛处有一缩紧处把头部和身体分开。从化感器到近尾部尖端体表呈细环状。化感器后 3～5 排开始表皮呈中间较大不规则点侧边分化结构。这些大的点主要分布在食道和尾部。其他部位侧边分化呈现比较规则的横行排列。6 根内唇刚毛乳头状，6 根外唇刚毛，约 2μm 长，4 根头刚毛，2.4～2.8μm 长（是相应体宽的 17%～20%），化感器螺旋状，2.25～2.5 环，位于头刚毛处，长是相应体宽的 53%～61%，离头部最前端约 5μm。杯状口器，口器后半部分为圆柱形，18～21μm 长，角质化结构，被食道肌肉包围。3 个齿。食道长圆柱状，后端渐渐膨大，未形成真正的食道球。神经环不明显，位于排泄孔前端，腹腺位于胃后端。雄性生殖系统有 2 个睾丸，交接器微微弯曲，41～45μm 长，是相应体宽的 1.3～1.5 倍，交接器腹侧有一层膜结构，交接器基部有 1 个短而明显的中央条带，引带有 1 条 11～16μm 长的突起。尾部末端没有尾毛。雌虫具 2 个伸展的卵巢，阴孔约在身体的 44%～47% 处。

生态习性： 潮间带。

地理分布： 台湾海峡。

参考文献： Guo et al., 2015。

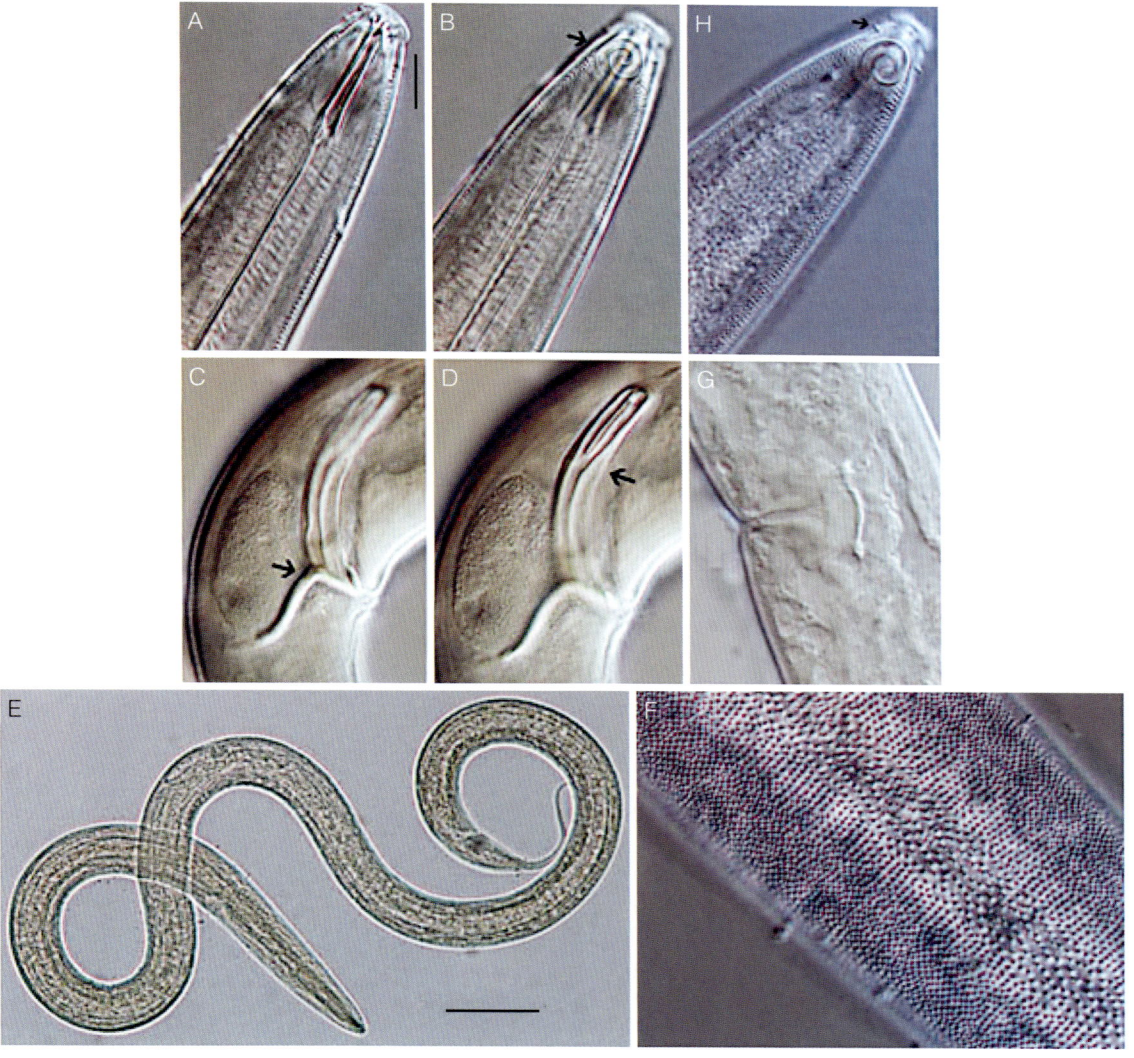

图 59　中华霍帕线虫 *Hopperia sinensis* Guo, Chang, Chen, Li & Liu, 2015（引自 Guo et al., 2015）
A. 雄性口腔；B. 雄性化感器；C、D. 雄性交接器；E. 雌性整体观；F. 雌性体中部咽囊区；G. 雌性阴孔区；H. 雌性头刚毛
比例尺：A～H = 10μm；E = 100μm

轴线虫科 Axonolaimidae Filipjev, 1918

拟齿线虫属 Parodontophora Timm, 1963

等化感器拟齿线虫
Parodontophora aequiramus Li & Guo, 2016

标本采集地： 厦门潮间带。

形态特征： 虫体的前端区域逐渐变窄。表皮的横向区域有不明显的细环纹。唇部饱满，近似半球形，分布着 6 个外唇乳突。4 根头刚毛长度 3～4μm（占头直径的 25%～40%），到前端距离为 6～7μm。头部在头刚毛偏后的位置有 1 个明显的溢缩。亚头刚毛长度为 2～3μm，排列模式为 1 对亚背侧纵向排列的 2 根刚毛和亚腹侧的 1 根刚毛，即（2D～1V）2。口腔长度为 22～25μm，宽度为 4～5μm，由明显的角质化口腔壁和末端圆锥形的部分构成。口腔前端有 6 个分叉的前端尖基部宽的牙齿。食道起始于口腔的基部，肌肉明显，其宽度到食道基部逐渐变宽。神经环位于食道长度的 63%～67%。排泄孔位于口腔的中部。尾巴末端明显膨大并有 3 根刚毛（长度 5～6μm）。雄性生殖系统有 2 个精巢，2 个睾丸反向伸展。1 对等长且弓形的交接器长度为 51～59μm。引带突起长度为 16～17μm，背-尾指向，边缘角质化增厚且延伸出 1 个小突起。大约有 16 个纤维状的肛前附器存在，从泄殖孔往前延伸 302～343μm，占体长的 18%～22%。雌性生殖系统双卵巢，2 个卵巢反向伸展。

生态习性： 生活在潮间带。

地理分布： 厦门、香港潮间带。

参考文献： Li and Guo，2016b。

图60 等化感器拟齿线虫 *Parodontophora aequiramus* Li & Guo, 2016（引自 Li and Guo，2016b）
A. 雄性前端区域；B. 雌性头部；C. 雄性生殖器官侧视图；D. 雄性尾部；E. 雌性尾部；F. 雌性生殖系统侧视图
比例尺：A～E = 20μm；F = 60μm

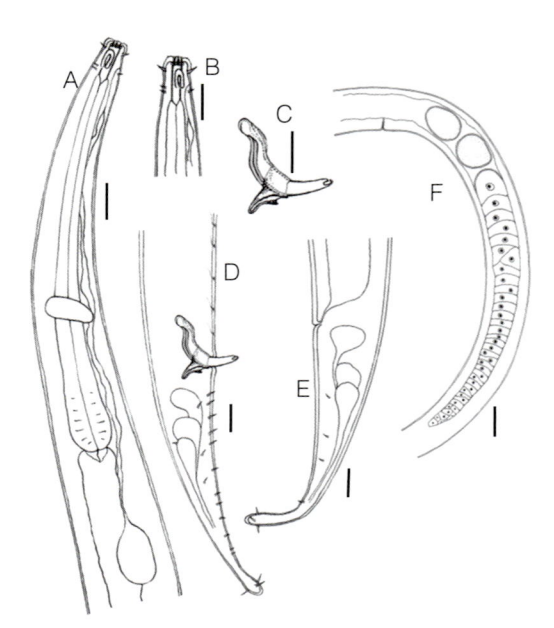

不规则拟齿线虫
Parodontophora irregularis Li & Guo, 2016

标本采集地： 福建漳州火山岛。

形态特征： 虫体的前端区域逐渐变窄。表皮的横向区域有不明显的细环纹。唇部饱满，近似半球形，分布着6个外唇乳突。4根头刚毛，长度3～4μm（占头直径的31%～42%），到前端距离为3～4μm。头部在头刚毛偏后的位置有一个明显的溢缩。口腔长度为27～30μm，宽度为4～6μm，由明显的角质化口腔壁和末端圆锥形的部分构成。口腔前端有6个分叉的前端尖基部宽的牙齿。钩状的化感器距离虫体前端2～3μm，其背支较短，而与之平行的腹支延伸到了口腔的基部。背支的长度为腹支的33%～41%，而化感器的长度与口腔长度相近。神经环位于食道长度的64%～67%。尾巴末端没有刚毛存在。雄性生殖系统有2个精巢，2个睾丸反向伸展。1对等长且弓形的交接器长度为33～36μm。交接器中，几个轻微加厚的隔板靠近交接器的背侧，其近端变大增厚并且有个前背侧的溢缩，其远端具有圆形的开口。引带突起长度为16～17μm，背-尾指向，边缘角质化增厚且延伸出2个小突起。大约有9个纤维状的肛前附器存在。雌性生殖系统双卵巢，2个卵巢反向伸展。

生态习性： 生活在潮间带。

地理分布： 漳州。

参考文献： Li and Guo，2016b。

图61 不规则拟齿线虫 *Parodontophora irregularis* Li & Guo, 2016（引自 Li and Guo，2016b）
A. 雄性前端区域；B. 雌性头部；C. 雄性生殖器官侧视图；D. 雄性尾部；E. 雌性尾部；F. 雌性生殖系统侧视图
比例尺：A～E = 20μm；F = 40μm

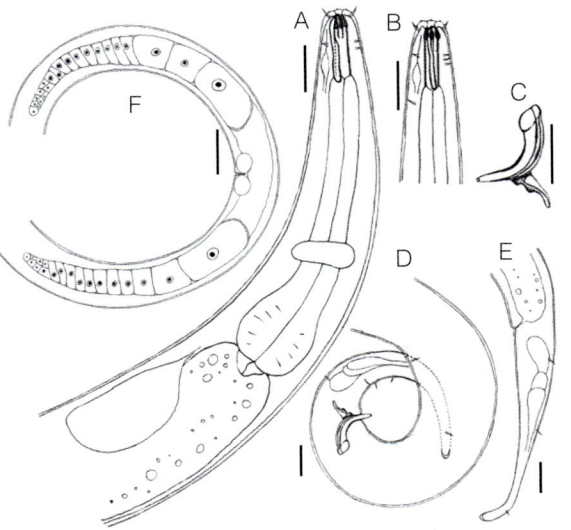

霍山拟齿线虫
Parodontophora huoshanensis Li & Guo, 2016

标本采集地： 福建漳州火山岛。

形态特征： 虫体的前端区域逐渐变窄。表皮的横向区域有不明显的细环纹。唇部饱满，近似半球形，分布着6个外唇乳突。4根头刚毛，长度3～4μm（占头直径的27%～33%），到前端距离为3μm。亚头刚毛长度为2～3μm，排列模式为1对亚背侧纵向排列的2根刚毛和亚腹侧的1根刚毛，即（2D～1V）2。口腔长度为26～29μm，宽度为4～6μm，由明显的角质化口腔壁和末端圆锥形的部分构成。口腔前端有6个分叉的前端尖基部宽的牙齿。钩状的化感器距离虫体前端3μm，其背支较短，而与之平行的腹支延伸到靠近口腔的基部。背支的长度为腹支的54%～65%，而化感器的长度为口腔长度的77%～83%。雄性生殖系统有2个精巢，2个睾丸反向伸展。1对等长且弓形的交接器长度为34～35μm。交接器中，几个轻微加厚的隔板靠近交接器的背侧，其近端变大增厚并且有个前背侧的溢缩，其远端具有圆形的开口。引带突起长度为11～13μm，边缘角质化增厚且延伸出2个小突起。存在6个纤维状的肛前附器。雌性生殖系统双卵巢，2个卵巢反向伸展。

生态习性： 生活在潮间带。

地理分布： 东海，南海。

参考文献： Li and Guo，2016b。

图62 霍山拟齿线虫 *Parodontophora huoshanensis* Li & Guo, 2016（引自 Li and Guo，2016b）
A. 雄性前端区域；B. 雌性头部；C. 雄性生殖器官侧视图；D. 雄性尾部；E. 雌性尾部；F. 雌性生殖系统侧视图
比例尺：A～E = 20μm；F = 40μm

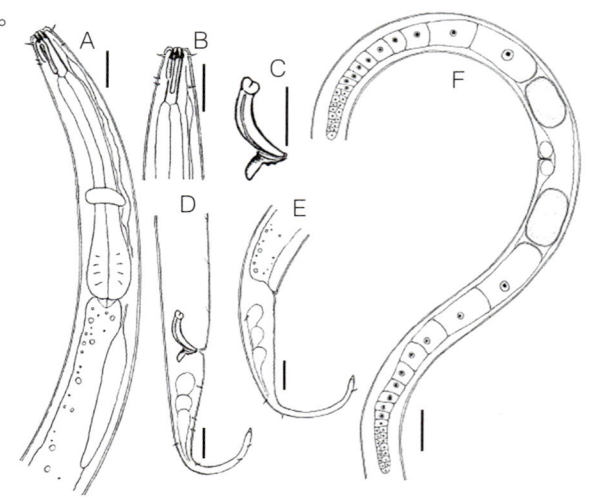

微毛拟齿线虫
Parodontophora microseta Li & Guo, 2016

标本采集地： 泉州、厦门和漳州红树林。

形态特征： 虫体的前端区域逐渐变窄。表皮的横向区域有明显的细环纹。唇部饱满，近似半球形，分布着6个外唇乳突。4根头刚毛，长度3～4μm（占头直径的19%～29%），到前端距离为3～4μm。亚头刚毛长度为1μm，排列模式为1对亚背侧的1根刚毛和亚腹侧的1根刚毛，即（1D～1V）2。口腔前端有6个分叉的前端尖基部宽的牙齿。钩状的化感器距离虫体前端3～4μm，其背支较短，而与之平行的腹支延伸超过口腔的基部很远。背支的长度为腹支的13%～16%。尾巴前端圆锥形，后面的部分为圆柱形，其末端尖且无刚毛存在。雄性生殖系统有2个精巢，2个睾丸反向伸展。1对等长且弓形的交接器长度为44～46μm。交接器中，几个轻微加厚的隔板分别靠近交接器的背侧和腹侧，其近端变大增厚并且有个前腹和前背侧的溢缩，其远端圆形的开口紧邻着稍微突起的腹肋。引带突起长度为14～16μm，边缘角质化增厚且延伸出2个明显的小突起。泄殖孔的前方存在1根刚毛，长度为3～4μm。而在它前面存在着13～15个纤维状的肛前附器。雌性生殖系统双卵巢，2个卵巢反向伸展。

生态习性： 生活在潮间带。

地理分布： 东海，南海。

参考文献： Li and Guo, 2016b。

图63 微毛拟齿线虫 *Parodontophora microseta* Li & Guo, 2016（引自 Li and Guo，2016b）
A. 雄性前端区域；B. 雌性头部；C. 雄性生殖器官侧视图；D. 雄性尾部；E. 雌性尾部；F. 雌性生殖系统侧视图
比例尺：A～E = 20μm；F = 50μm

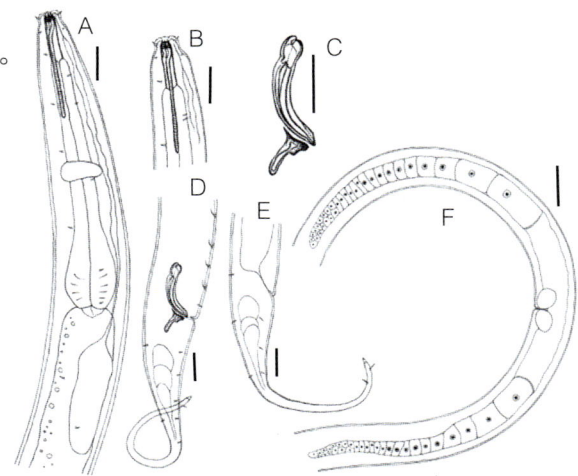

似微毛拟齿线虫
Parodontophora paramicroseta Li & Guo, 2016

标本采集地： 福建宁德港和漳州湾红树林。

形态特征： 唇部饱满，近似半球形，分布着6个外唇乳突。4根头刚毛，长度3～4μm（占头直径的20%～29%），到前端距离为3～4μm。亚头刚毛长度为1μm，排列模式为1对亚背侧的1根刚毛和亚腹侧的1根刚毛，即（1D～1V）2。体刚毛长度为2～3μm，有规律地排列在虫体对称的4条经线上，从口腔的末端延伸到尾部的圆锥形部分都有分布。口腔前端有6个分叉的前端尖基部宽的牙齿。钩状的化感器距离虫体前端3～4μm，其背支较短，而与之平行的腹支延伸到超过口腔基部一定距离。背支的长度为腹支的19%～21%。尾巴末端尖且无刚毛存在。尾腺明显。雄性生殖系统有2个精巢，2个睾丸反向伸展。1对等长且弓形的交接器长度为44～48μm。引带突起长度为14～15μm，边缘角质化增厚且延伸出2个明显的小突起。泄殖孔的前方存在1根刚毛。而在它前面存在着11～12个纤维状的肛前附器。雌性生殖系统双卵巢，2个卵巢反向伸展。

生态习性： 生活在潮间带。

地理分布： 东海，南海。

参考文献： Li and Guo, 2016b。

图64 似微毛拟齿线虫 *Parodontophora paramicroseta* Li & Guo, 2016（引自 Li and Guo，2016b）
A. 雄性前端区域；B. 雌性头部；C. 雄性生殖器官侧视图；D. 雄性尾部；E. 雌性尾部；F. 雌性生殖系统侧视图
比例尺：A～E = 20μm；F = 40μm

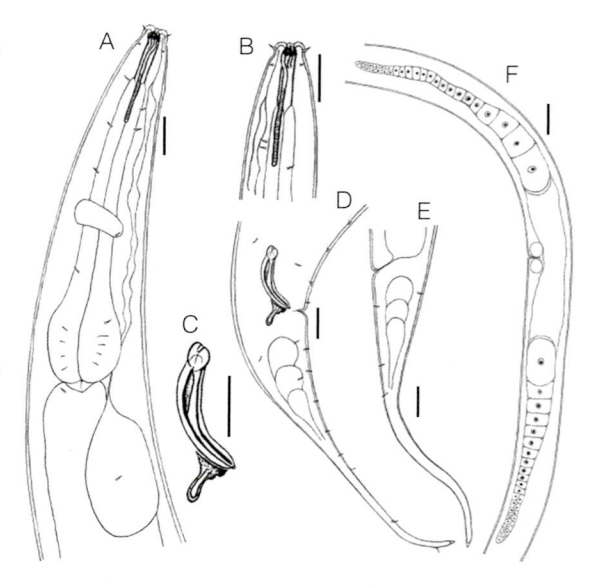

拟齿线虫属分种检索表

1. 亚头刚毛长度为 1μm，化感器腹支延伸到靠近口腔的基部..2
   亚头刚毛长度为 2～3μm，化感器腹支延伸超过口腔基部..3
2. 化感器背支长度为腹支长度的 13%～16%..................微毛拟齿线虫 *Paradontophora microseta*
   化感器背支长度为腹支长度的 19%～21%........似微毛拟齿线虫 *Paradontophora paramicroseta*
3. 化感器背支和腹支长度相同................................等化感器拟齿线虫 *Paradontophora aequiramus*
   化感器背支短于腹支..4
4. 头后刚毛不规则..不规则拟齿线虫 *Paradontophora irregularis*
   头后刚毛规则..霍山拟齿线虫 *Paradontophora huoshanensis*

单宫目 Monhysterida
囊咽线虫科 Sphaerolaimidae Filipjev, 1918
拟囊咽线虫属 *Parasphaerolaimus* Ditlevsen, 1918

谨天拟囊咽线虫
Parasphaerolaimus jintiani Fu, Boucher & Cai, 2017

标本采集地： 红树林区。

形态特征： 体较长（1286～2490μm），a 值为 11～22。体毛约 6μm 长，在食道部位有较多分布，其他部位比较稀疏。口器分成 2 部分，前半部分较大，约 93μm 长、73μm 宽，后半部分口器约 40μm 长、22μm 宽，具有 6 个角质化板状结构和角质化边缘，后半部分口器被食道组织包围。表皮具有纵向条带结构（从食道中间到尾部前端 2/3 处），单环化感器。交接器微微弯曲，基部略微膨大，约 109μm 长。引带无突起，引带与交接器平行，尾部圆锥 - 圆柱形，有 3 根较长的尾部刚毛。雄性具单睾丸，雌性具单个卵巢。

生态习性： 生活在潮间带。

地理分布： 海南岛、福建等。

参考文献： Fu et al., 2017。

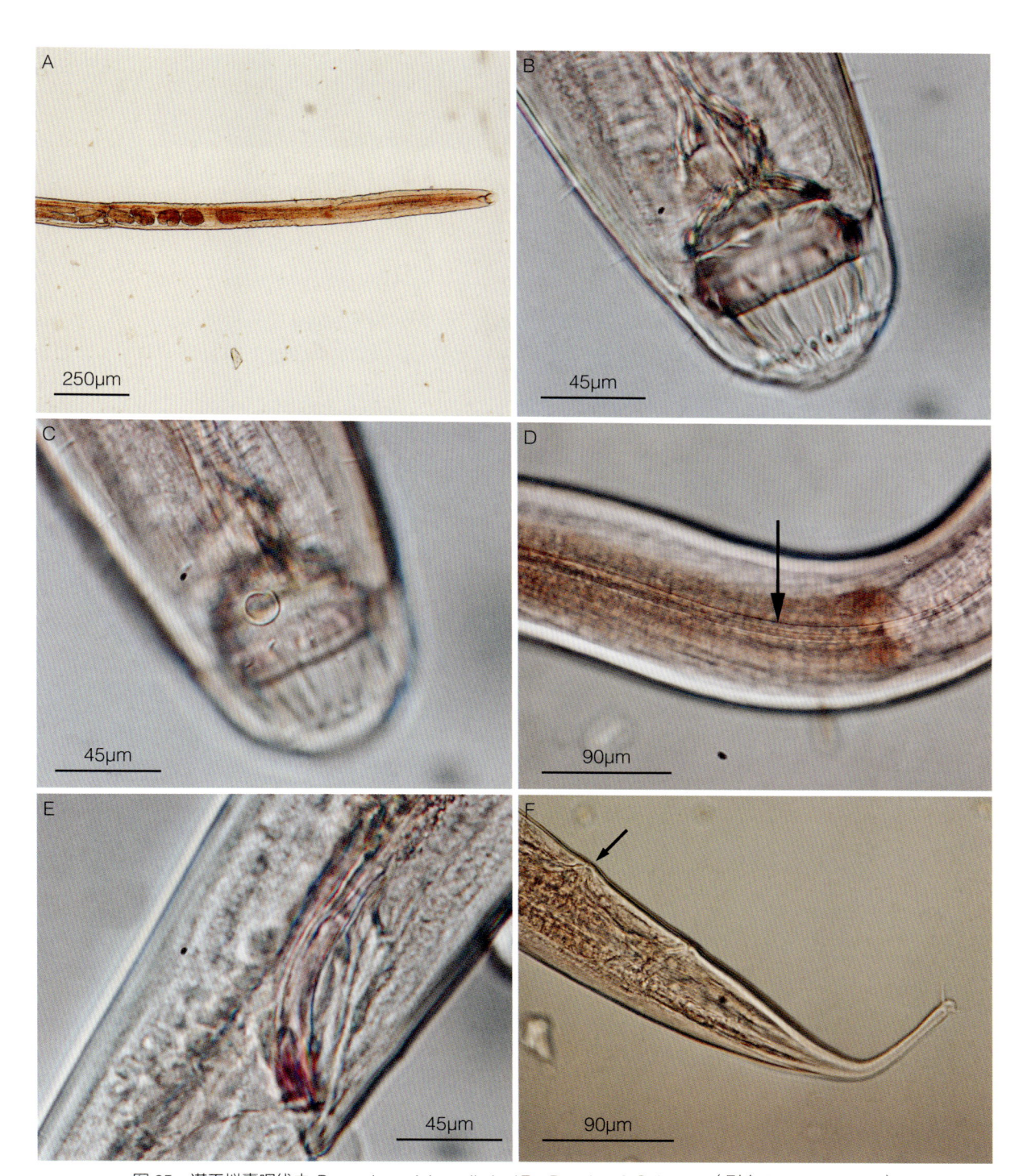

图 65　谨天拟囊咽线虫 *Parasphaerolaimus jintiani* Fu, Boucher & Cai, 2017（引自 Fu et al., 2017）
A. 雌虫体前端；B. 雄虫头部；C. 雄虫化感器；D. 体侧面观，示条带结构；E. 交接器结构；F. 雌虫后端，示阴孔结构

隆唇线虫科 Xyalidae Chitwood, 1951
后合咽线虫属 Metadesmolaimus Schuurmans Stekhoven, 1935

张氏后合咽线虫
Metadesmolaimus zhanggi Guo, Chen & Liu, 2016

标本采集地： 福建漳州东山岛。

形态特征： 身体棕黄色。表皮具环纹，身体的前部大约每 10μm 有 6.5 个环纹，后部大约每 10μm 有 7～8 个环纹。头部与身体具有明显的界限。唇部高，6 根内唇刚毛分节，长 3～4μm。6 根外唇刚毛和 4 根头刚毛围成一个圈。外唇刚毛粗且分节，长 14～17μm；头刚毛较细，不分节，长 12～13μm。在虫体侧面头刚毛与内唇刚毛之间的位置上存在 1～2 根刚毛状的结构。口腔梨形，具有一个明显向前延伸的圆柱形结构。雄性口腔深 15～17μm，宽 11～12μm。雄性化感器圆形或近乎圆形，直径为 8～10μm（相应体直径的 30%～40%），距离虫体前端距离为 14～16μm；雌性化感器圆形或椭圆形，直径为 6～7μm（相应体直径的 21%～25%），距离虫体前端距离为 17～18μm。一对长约 3～4μm 的刚毛恰好位于与化感器前端的位置上。尾部有些短的刚毛，尾巴纤细，圆锥-圆柱形。雄性尾端刚毛长 12～17μm；雌性尾端刚毛长约 5μm。交接器成对且等长，"L"形，弧长 24～29μm（相应体直径的 1.0～1.4 倍），近端头状膨大，远端稍尖。从侧面看，引带为 2 个环带，环绕着交接器的远端。未观察到引带突。精巢成对且反折。卵巢单个且伸展。

生态习性： 生活在潮间带。

地理分布： 东海，南海。

参考文献： Guo et al., 2016。

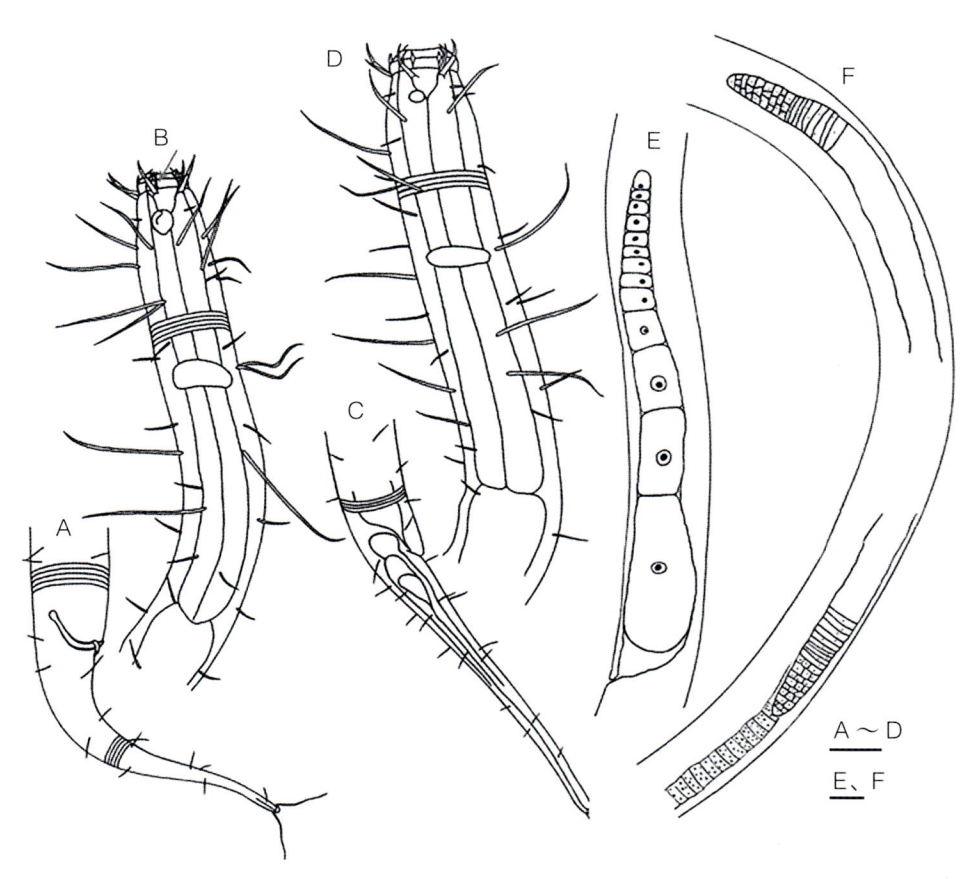

图66 张氏后合咽线虫 *Metadesmolaimus zhanggi* Guo, Chen & Liu, 2016（引自 Guo et al., 2016）
A. 雄性尾部区域；B. 雄性头部区域；C. 雌性尾部区域；D. 雌性头部区域；E. 雌虫侧面观，展示雌虫生殖系统；
F. 雄虫侧面观，展示雄虫生殖系统
比例尺：A～D = 20μm；E、F = 8.5μm

链环目 Desmodorida
单茎线虫科 Monoposthiidae Filipjev, 1934
莱茵线虫属 *Rhinema* Cobb, 1920

长刺莱茵线虫
Rhinema longispicula Zhai, Huang & Huang, 2020

标本采集地： 琼州海峡。

形态特征： 体圆柱状，头部和圆锥尾部渐细，840～886μm长。身体中间部位最宽，体直径44～57μm。体表有粗糙的环状结构，具有12个"V"形的脊。身体的第一节和第二节较宽，形成头囊结构。唇部较发达，内唇刚毛未发现，具有6个较短、乳突状外刚毛。4根刺状头刚毛，约7μm长，位于唇部基部。化感器环状，直径约9μm（相应体直径的41%），位于身体环节的第二节，不被密集的环节包围。口器圆柱形，角质化，32～33μm长，5μm宽。具1个大的背齿，2个小的亚侧齿。食道具有1个明显伸长的食道球。尾部圆锥形，具有1个手指状非环化的末端，98～105μm长，是肛门直径的2.9～3.2倍。两排纵向体刚毛，3～4对，位于尾部的亚腹部位，每根体刚毛约8μm长。雄性生殖系统具有2个睾丸。交接器长，明显弯曲，近端头状，远端伸长，120～138μm，是相应体宽的3.8～3.9倍。引带30～32μm，船状，无突起。有1根肛前刚毛，约10μm长。无肛前附器。雌性除了头刚毛只有约4μm长，比雄虫短外，其他大部分特征都类似雄虫，尾部比雄虫稍短（尾长74～86μm，是相应体宽的2.7～2.9倍），无尾刚毛。雌性的生殖系统2个，伸展。

生态习性： 潮下带。

地理分布： 南海。

参考文献： Zhai et al., 2020。

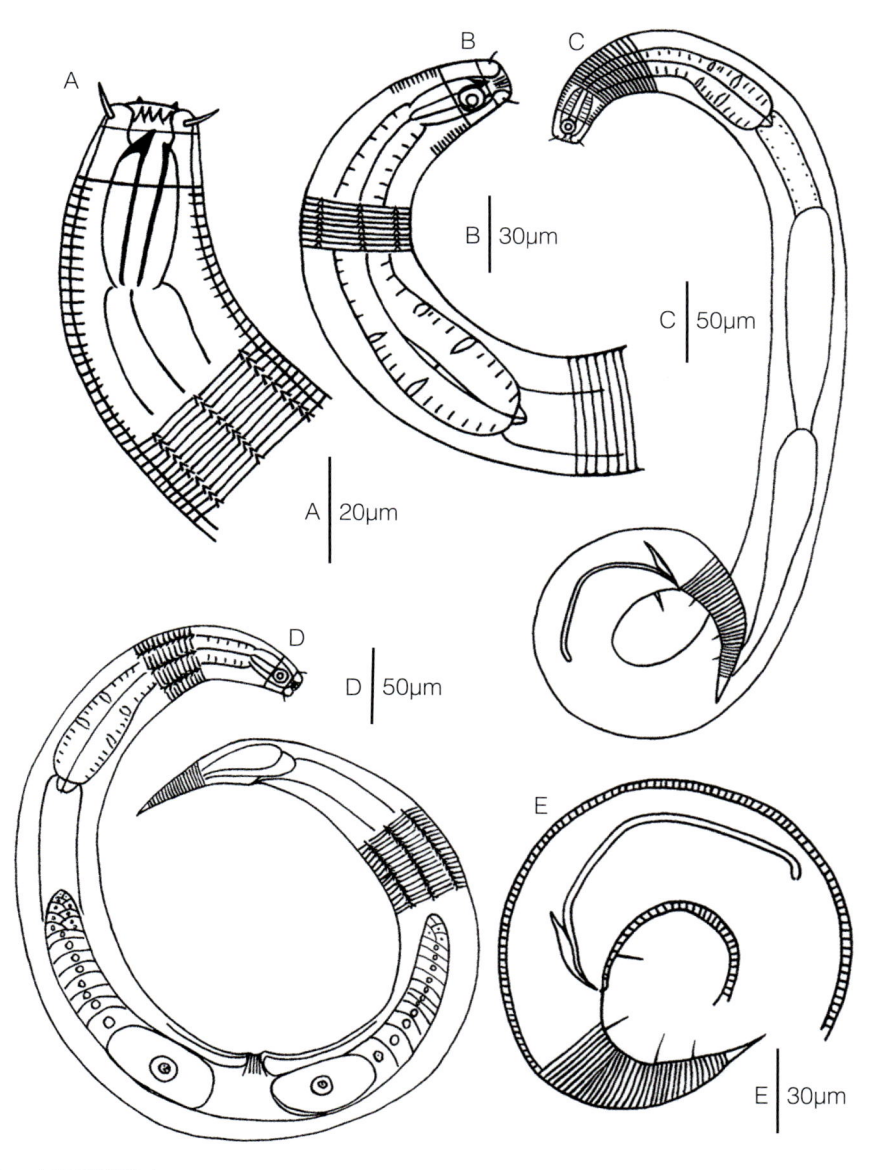

图 67 长刺莱茵线虫 *Rhinema longispicula* Zhai, Huang & Huang, 2020（引自 Zhai et al., 2020）
A. 雄性体前端侧面观，示口器和背齿结构；B. 雄性体前端侧面观，示化感器和食道球结构；C. 雄虫整体图，示 2 个睾丸结构；
D. 雌虫整体图；E. 雄虫体后端，示交接器和引带结构

117

线虫动物门参考文献

黄勇，张志南. 2019. 中国自由生活海洋线虫新种研究. 北京：科学出版社.

Chen Y Z, Guo Y Q. 2015a. Two new species of *Lauratonema* (Nematoda: Lauratonematidae) from the intertidal zone of the East China Sea. Journal of Natural History, 49(29-30): 1777-1788.

Chen Y Z, Guo Y Q. 2015b. Three new and two known free-living marine nematode species of the family Ironidae from the East China Sea. Zootaxa, 4018(2): 151-174.

Fu S J, Boucher G, Cai L Z. 2017. Two new ovoviviparous species of the family Selachinematidae and Sphaerolaimidae (Nematoda, Chromadorida & Monhysterida) from the northern South China Sea. Zootaxa, 4317(1): 95-110.

Fu S J, Cai L Z, Boucher G, et al. 2013. Two new *Richtersia* species from the northern Beibu Gulf, China. Journal of Natural History, 47(29-30): 1921-1931.

Fu S J, Leduc D, Rao Y Y, et al. 2019. Three new free-living marine nematode species of *Dorylaimopsis* (Nematoda: Araeolaimida: Comesomatidae) from the South China Sea and the Chukchi Sea. Zootaxa, 4608(3): 433-450.

Fu S J, Zeng J L, Zhou X P, et al. 2018. Two new species of free living nematodes of genus *Tripyloides* (Nematoda: Enoplida: Tripyloididae) from mangrove wetlands in the Xiamen Bay, China. Acta Oceanologica Sinica, 37(10): 168-174.

Guo Y Q, Chang Y, Chen Y Z, et al. 2015. Description of a marine nematode *Hopperia sinensis* sp. nov. (Comesomatidae) from mangrove forests of Quanzhou, China, with a Pictorial Key to *Hopperia* Species. Ocean University of China (Oceanic and Coastal Sea Research), 14(6): 1111-1115.

Guo Y Q, Chang Y, Yang P P. 2018. Two new free-living nematodes species (Comesomatidae) from the mangrove wetlands in Fujian Province, China. Acta Oceanologica Sinica, 37(10): 161-167.

Guo Y Q, Chen Y Z, Liu M D. 2016. *Metadesmolaimus zhanggi* sp. nov. (Nematoda, Xyalidae) from East China Sea, with a pictorial key to *Metadesmolaimus* species. Cahiers de Biologie Marine, 57(1): 73-79.

Li Y X, Guo Y Q. 2016a. Two new free-Living marine nematode species of the genus *Anoplostoma* (Anoplostomatidae) from the mangrove habitats of Xiamen Bay, East China Sea. Ocean University of China (Oceanic and Coastal Sea Research), 15(1): 11-18.

Li Y X, Guo Y Q. 2016b. Free living marine nematodes of the genus *Parodontophora*

(Axonolaimidae) from the East China Sea, with descriptions of five new species and a pictorial key. Zootaxa, 4109(4): 401-427.

Sun J, Huang Y. 2016. A new genus of free-living nematodes (Enoplida: Enchelidiidae) from the South China Sea. Cahiers de Biologie Marine, 57: 51-56.

Zhai H X, Huang M, Huang Y. 2020. A new free-living marine nematode species of *Rhinema* from the South China Sea. Journal of Oceanology and Limnology, 38(2): 545-549.

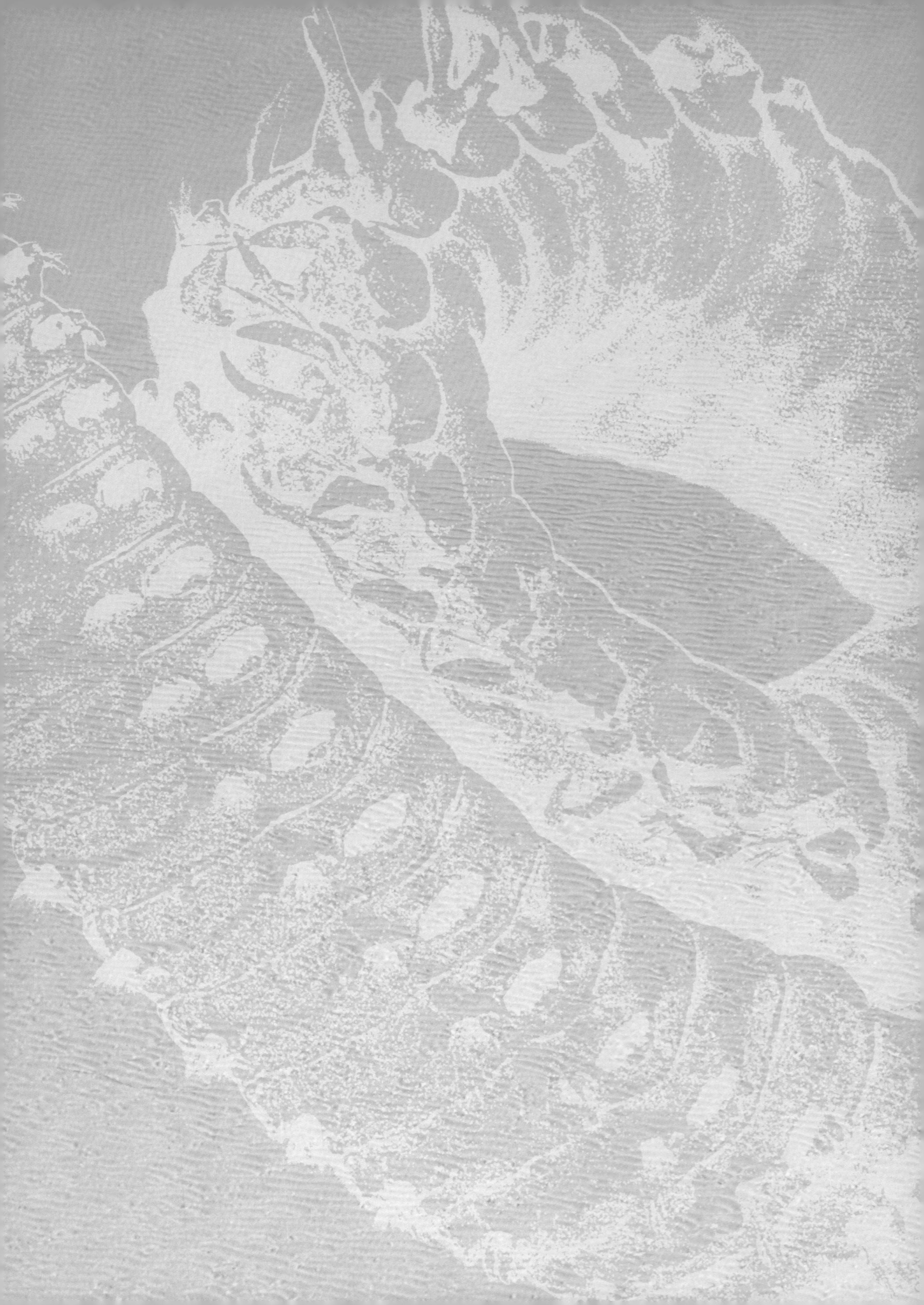

环节动物门
Annelida

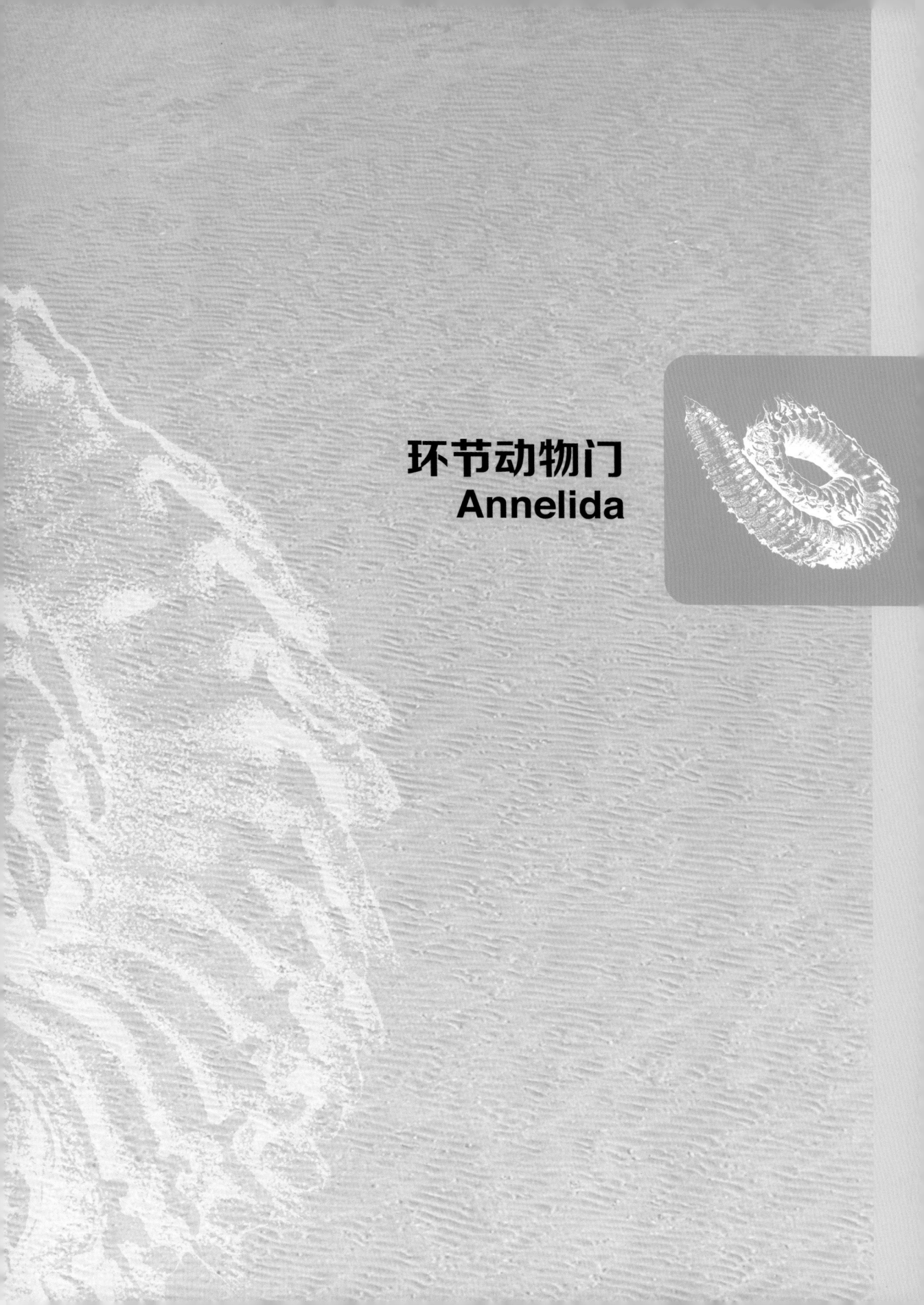

头节虫目 Scolecida
小头虫科 Capitellidae Grube, 1862
小头虫属 *Capitella* Blainville, 1828

小头虫
Capitella capitata (Fabricius, 1780)

标本采集地： 香港，广东深圳、大亚湾。

形态特征： 生活时为鲜红色，乙醇标本浅黄色。常有薄碎的泥质栖管。口前叶圆锥形。胸部9刚节，第1体节有刚毛，皆具2环轮，并有细皱纹。雄体前7刚节背、腹足叶仅具毛状刚毛，第8~9刚节背面各具2束黄色的生殖刺状刚毛，每束约2~4根，对生。生殖孔在2束生殖刺状刚毛之间。腹足叶仍具巾钩刚毛。雌体第8~9刚节背、腹足叶具巾钩刚毛。无鳃。腹部较光滑，每个刚节背、腹足叶均具巾钩刚毛，巾钩刚毛具3~4个小齿和1个大的主齿。

生态习性： 常年栖居于有淡水注入的黑色泥沙中，被作为海洋有机物污染区的指示种。小头虫雌、雄异体，几乎全年都可见到性成熟的个体，且世代更新快，周年能产生幼虫，既以浮游幼虫又以底栖幼虫进行种群补充，能在短期内大量繁殖。在扰动的软相海洋沉积物底栖群落演替中起主要作用，可连续聚集在有机物污染的沉积物上。

地理分布： 渤海，黄海，东海和南海潮间带有淡水注入的黑色泥沙中常见；世界性分布。

经济意义： 可作为近海沉积环境有机污染的指示种。

参考文献： 蔡立哲等，2000；林岿璇等，2008；蔡立哲，2015。

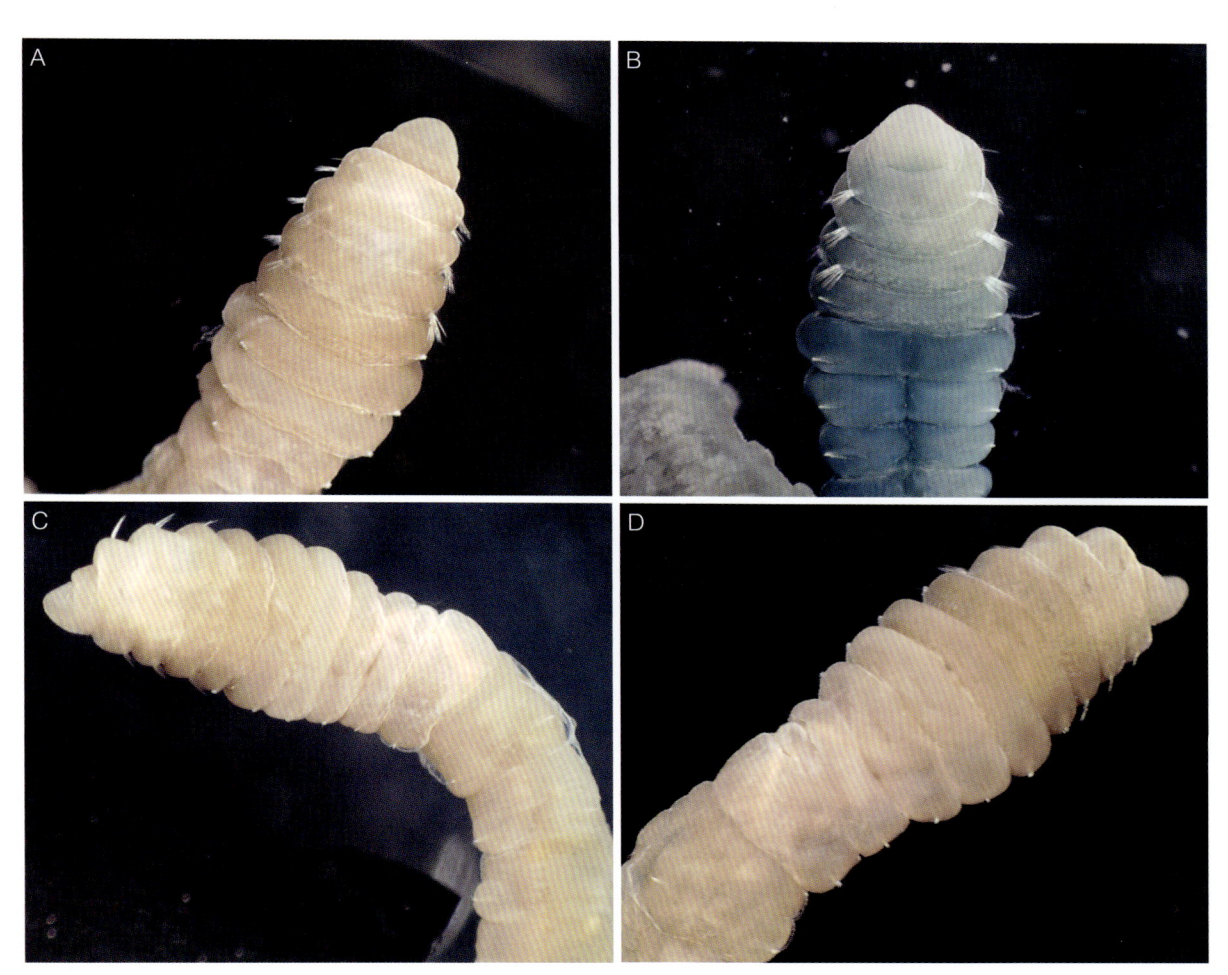

图 68　小头虫 *Capitella capitata* (Fabricius, 1780)（杨德援和蔡立哲供图）
A. 体前部背面观；B. 体前部腹面观；C、D. 体前部侧面观

中蚓虫属 *Mediomastus* Hartman, 1944

中国中蚓虫
Mediomastus chinensis Lin, Wang & Zheng, 2018

标本采集地： 广东大亚湾，深圳湾，厦门海域。

形态特征： 体线条状，体长约 40mm，体宽约 1.1mm。体表光滑，吻短，其上有小乳突。围口节无刚毛，宽为长的 2 倍。10 个胸刚节，第 6～9 刚节较长。第 1～9 刚节具环纹，刚节之间有清晰的节沟。第 1～4 刚节具毛状刚毛，第 5～10 刚节具巾钩刚毛。胸部与腹部之间的过渡带是体节的变长，腹部前端的体节较胸部长但较窄。腹部后面的体节有疣足脊（第 60 刚节后明显）。胸区的巾钩刚毛与腹区的巾钩刚毛明显不同，腹区的巾钩刚毛中间部分变窄。

生态习性： 常栖息于潮间带和潮下带泥沙与软泥底质。

地理分布： 渤海，黄海，东海，南海。

经济意义： 可作为近海沉积环境有机污染的指示种。

参考文献： Lin et al.，2018。

图 69 中国中蚓虫 *Mediomastus chinensis* Lin, Wang & Zheng, 2018（杨德援和蔡立哲供图）
A. 体前、中部侧面观；B. 尾部；C、D. 第 4 刚节刚毛；E、F. 第 9 刚节刚毛

背蚓虫属 *Notomastus* M. Sars, 1851

背毛背蚓虫
Notomastus aberans Day, 1957

标本采集地： 广东大亚湾，厦门海域。

形态特征： 乙醇标本呈肉黄色。口前叶尖锥状。胸部第 1 体节（围口节）无刚毛，第 2～12 体节背、腹足叶均具毛状刚毛。腹部体节背、腹足叶稍隆起，上具巾钩刚毛。鳃乳突位于腹部背、腹叶之间。巾钩刚毛的巾长约为宽的 2 倍，主齿上方有 2 排小齿。背毛背蚓虫（*Notomastus aberans*）与背蚓虫（*Notomastus latericeus*）形态上的差异是前者第 1 刚节无腹刚毛，后者第 1 刚节具腹刚毛。

生态习性： 常栖息于岩石和碎石下淤泥中。

地理分布： 南海。

经济意义： 一般的污染指示种。

参考文献： 杨德渐和孙瑞平，1988；Glasby et al.，2016。

图 70　背毛背蚓虫 *Notomastus aberans* Day, 1957（杨德援和蔡立哲供图）
A. 体大部整体观；B. 体前部侧面观；C. 胸、腹部交界处背面观；D. 胸、腹部交界处腹面观；E、F. 第 12 刚节刚毛

背蚓虫
Notomastus latericeus Sars, 1851

标本采集地： 台湾海峡。

形态特征： 口前叶尖锥形。胸部第 1 体节（围口节）无刚毛，第 2～12 体节背、腹足叶均具毛状刚毛。第 1～3 体节具 2～4 环轮，第 4～12 体节具 5 环轮。鳃为乳突状，位于腹部背、腹叶之间。性成熟个体生殖孔位于第 7～20 体节，腹足叶上方有大的三角形突起，背、腹足叶均具巾钩刚毛，腹巾钩刚毛排成横排，仅在腹面中央分开。巾钩刚毛的巾长不及宽的 2 倍，主齿上方有 4～5 个小齿。

生态习性： 常栖息于潮间带和潮下带泥沙与软泥底质。

地理分布： 渤海，黄海，东海，南海；世界广布。

经济意义： 一般的污染指示种。

参考文献： 杨德渐和孙瑞平，1988；舒黎明等，2015。

小头虫科分属检索表

1. 胸部第 1 体节（围口节）具刚毛，胸部 9 个刚节 ································· 小头虫属 *Capitella*
   胸部第 1 体节（围口节）无刚毛，胸部 10～11 个刚节 ··· 2
2. 胸部 10 个刚节 ··· 中蚓虫属 *Mediomastus*
   胸部 11 个刚节 ·· 背蚓虫属 *Notomastus*

图 71　背蚓虫 *Notomastus latericeus* Sars, 1851（杨德援和蔡立哲供图）
A. 体大部整体观；B. 体前部侧面观；C. 体前部腹面观；D. 胸部背面观；E. 胸部侧面观；F. 胸部腹面观

单指虫科 Cossuridae Day, 1963

单指虫属 *Cossura* Webster & Benedict, 1887

双形单指虫
Cossura dimorpha (Hartman, 1976)

标本采集地： 珠江口、厦门海域、深沪湾、乐清湾等。

形态特征： 虫体细长，口前叶圆锥形，无眼点。围口节 2 节，较短无附肢。1 根细长的鳃丝（触手）自第 3 刚节背前缘伸出。疣足叶退化，仅具刚毛，体前区（第 1～21 刚节）具 1 束毛状刚毛、第 2～21 刚节具 2 束有侧齿的毛状刚毛；体中后区仅具 2 根粗足刺状刚毛。

生态习性： 潮间带和潮下带均有分布，穴居于潮间带至深海的泥沙中，以翻吻摄食。

地理分布： 渤海，黄海，东海，南海。

经济意义： 矿山废水、陶瓷废水、填海、疏浚等造成淤泥沉积的环境指示种。

参考文献： 杨德渐和孙瑞平，1988；张敬怀等，2009；饶义勇，2020。

图 72 双形单指虫 *Cossura dimorpha* (Hartman, 1976)（杨德援和蔡立哲供图）
A. 体前端侧面观；B. 体前端背面观；C. 体前端腹面观；D. 体中、前部侧面观；E. 第 15 刚节疣足；F. 腹区疣足

竹节虫科 Maldanidae Malmgren, 1867
真节虫属 Euclymene Verrill, 1900

持真节虫
Euclymene annandalei Southern, 1921

标本采集地： 广东大亚湾。

形态特征： 固定标本肉黄色。头板中间有头脊，长直，为头板的 2/3，两侧具项裂。头板边缘两侧光滑，但背面有波状缺刻 8～10 个。体前节较短，约第 2～8 刚节长稍大于宽，后面体节长为宽的 3～4 倍。第 1～3 刚节各具 1 根粗的腹足刺刚毛，末端弯曲光滑，之后腹刚毛为鸟嘴状，具 1 个大主齿和逐渐变小的 5～6 个小齿，主齿下有束毛。背刚毛为毛状刚毛和较细的羽毛状刚毛。体后端具 2 个无刚毛肛前节，第 1 肛前节较长，第 2 肛前节分成 2 个短节。肛漏斗具 14～25 根约相等的肛须，仅腹面中央 1 根较长。肛锥低，不突出于肛漏斗外，肛门位于其末端，无腹瓣。约从第 7 刚节腹面中央开始有 1 条纹直通肛漏斗的较长的肛须。

生态习性： 常栖息于潮间带和潮下带泥沙、沙质泥和粉砂质沉积物中。栖管细泥沙质。

地理分布： 渤海，黄海，东海，南海；印度，太平洋。

经济意义： 大型底栖动物群落常见种。

参考文献： 杨德渐和孙瑞平，1988；林俊辉等，2015。

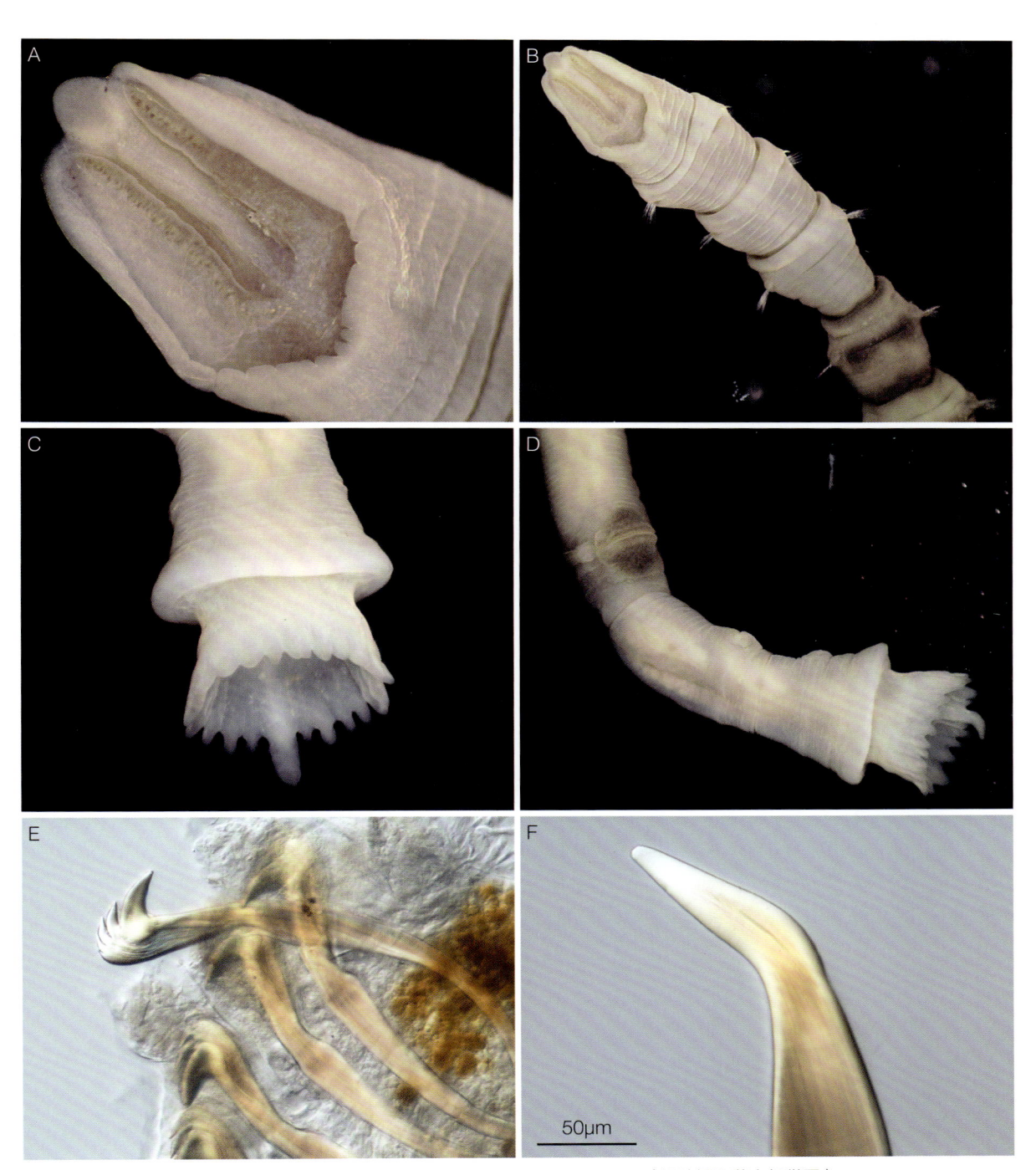

图 73　持真节虫 *Euclymene annandalei* Southern, 1921（杨德援和蔡立哲供图）
A. 头部口前叶；B. 体前部；C、D. 尾部；E. 第 4 疣足腹刚毛；F. 第 1 疣足腹刚毛

新短脊虫属 *Metasychis* Light, 1991

异齿新短脊虫
Metasychis disparidentatus (Moore, 1904)

标本采集地： 厦门海域，广东大亚湾。

形态特征： 头板近圆形，缘膜两侧各具一深裂，背缘无深裂，侧缘有 5～8 个波状缺刻，背缘有 15～25 个波状缺刻。头脊宽短直，项裂前弯向两侧。鸟嘴状腹刚毛始于第 2 刚节，有 4～8 根，之后约增加到 40 根，鸟嘴状体刚毛主齿上有 3～4 横排小齿，有束毛。具 1 个不明显肛前节，肛板背缘扩展成半圆形，两侧具深裂，腹缘内凹，其上有波状缺刻，肛门位于背面。

生态习性： 管栖，栖管泥沙质。

地理分布： 渤海，黄海，东海，南海。

参考文献： 杨德渐和孙瑞平，1988；孙瑞平和杨德渐，2004。

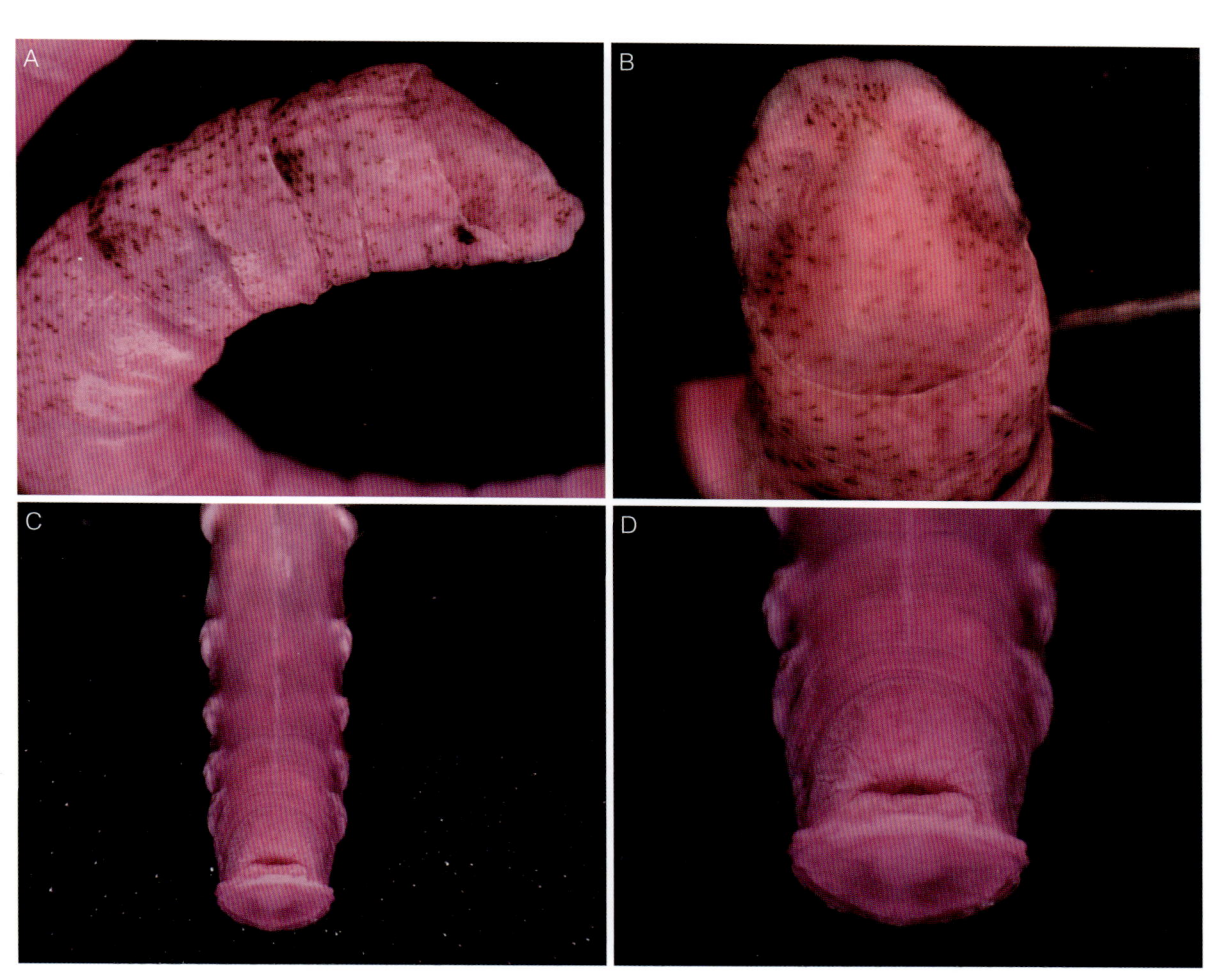

图74 异齿新短脊虫 Metasychis disparidentataus (Moore, 1904)（杨德援和蔡立哲供图）
A. 体前部侧面观（染色）；B. 头部前面观（染色）；C、D. 尾部（染色）

邦加竹节虫属 *Sabaco* Kinberg, 1866

中华邦加竹节虫
Sabaco sinicus Wang & Li, 2018

标本采集地： 厦门海域，广东大亚湾。

形态特征： 头板圆，斜截形。头板缘膜两侧有深裂，头脊宽扁、项裂弯曲。围口节两侧有深沟，缩在第 1 刚节前缘形成的领套中。腹钩状刚毛始于第 2 刚节，具 1 个主齿和数个小齿（背面观），且具束毛，以后刚节腹刚毛鸟嘴状，刚毛数目增加。背刚毛翅毛状、羽毛状和细毛状。无肛前节。肛板背面两叶宽圆，向外扩张，腹面叶宽短，中央具内凹的边缘。肛门位于背面。头板和前 3 刚节背面有块状色斑。

该种原来在中国被误鉴定为钩齿短脊虫 *Metasychis gangeticus* Fauvel, 1932，2018 年被更正。

生态习性： 管栖，附着泥沙的膜质栖管常黏在虫体上。栖息于泥质沙或软泥沉积物中。

地理分布： 南海潮下带；印度。

参考文献： 杨德渐和孙瑞平，1988；Wang and Li，2018。

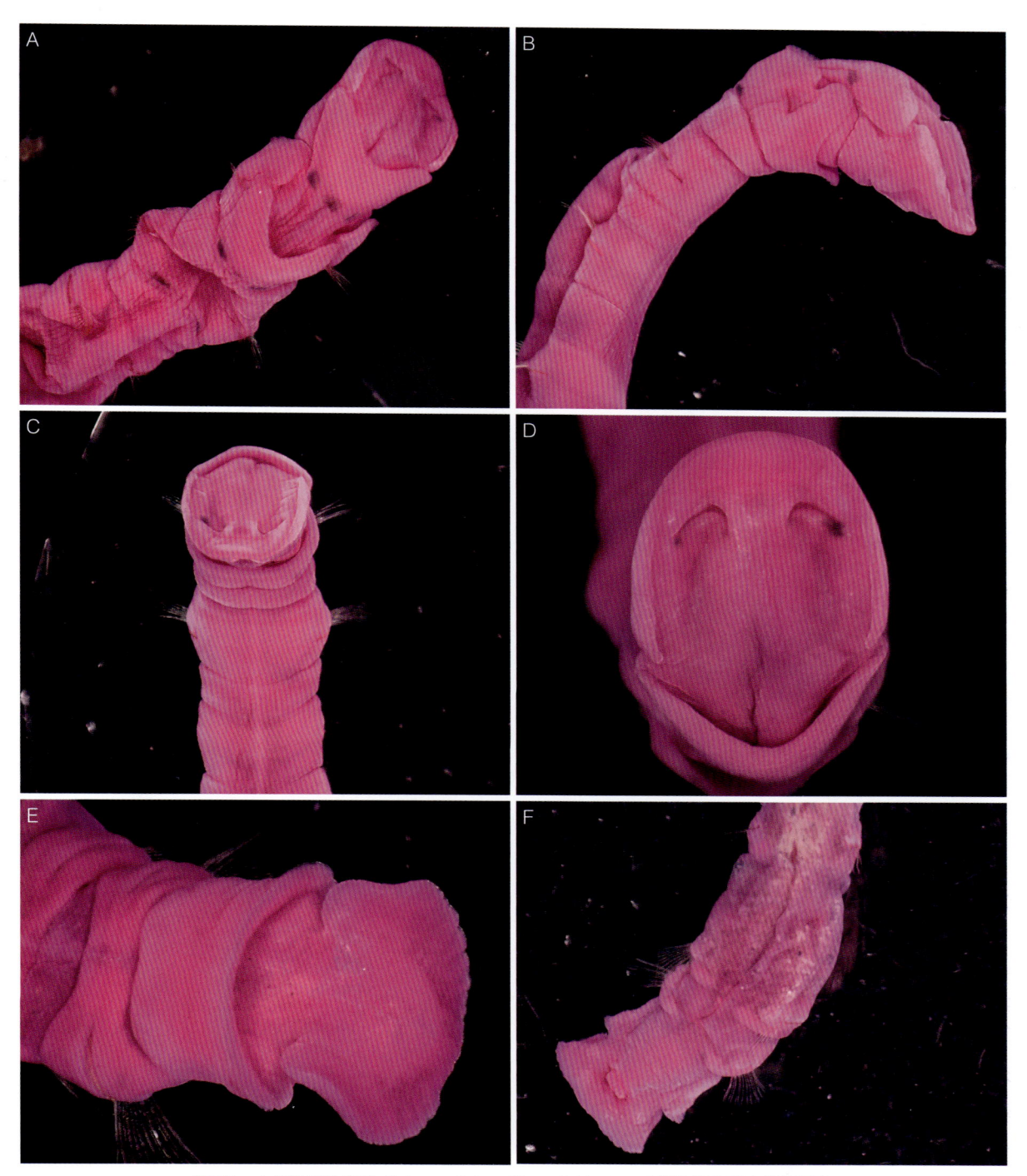

图 75　中华邦加竹节虫 *Sabaco sinicus* Wang & Li, 2018（杨德援和蔡立哲供图）
A. 体前部背面观（染色）；B. 体前部侧面观（染色）；C. 体前部腹面观（染色）；D. 头部前面观（染色）；
E. 尾部背面观（染色）；F. 尾部腹面观（染色）

拟节虫属 *Praxillella* Verrill, 1881

简毛拟节虫
Praxillella gracilis (M. Sars, 1861)

标本采集地： 厦门，广东大亚湾。

形态特征： 头板椭圆形，缘膜发达，其背面和两侧各具深裂。头脊前具一前伸的指状突起，项裂长直平行，几乎与头板等长，头脊较低。第 1～3 刚节具 1～2 根腹足刺刚毛，1 个主齿和 1～4 个小齿、无束毛。背刚毛为翅毛状和细毛状。具 4 个肛前节，肛漏斗具 20～24 个缘须，腹面中央 1 根最长。肛锥突出、肛门位于末端。

生态习性： 栖息于沙质泥或软泥沉积物中。

地理分布： 南海，台湾海峡；美国加利福尼亚北部-加拿大西部，北大西洋，欧洲西部，地中海，日本。

经济意义： 大型底栖动物群落常见种。

参考文献： 杨德渐和孙瑞平，1988；王跃云，2017。

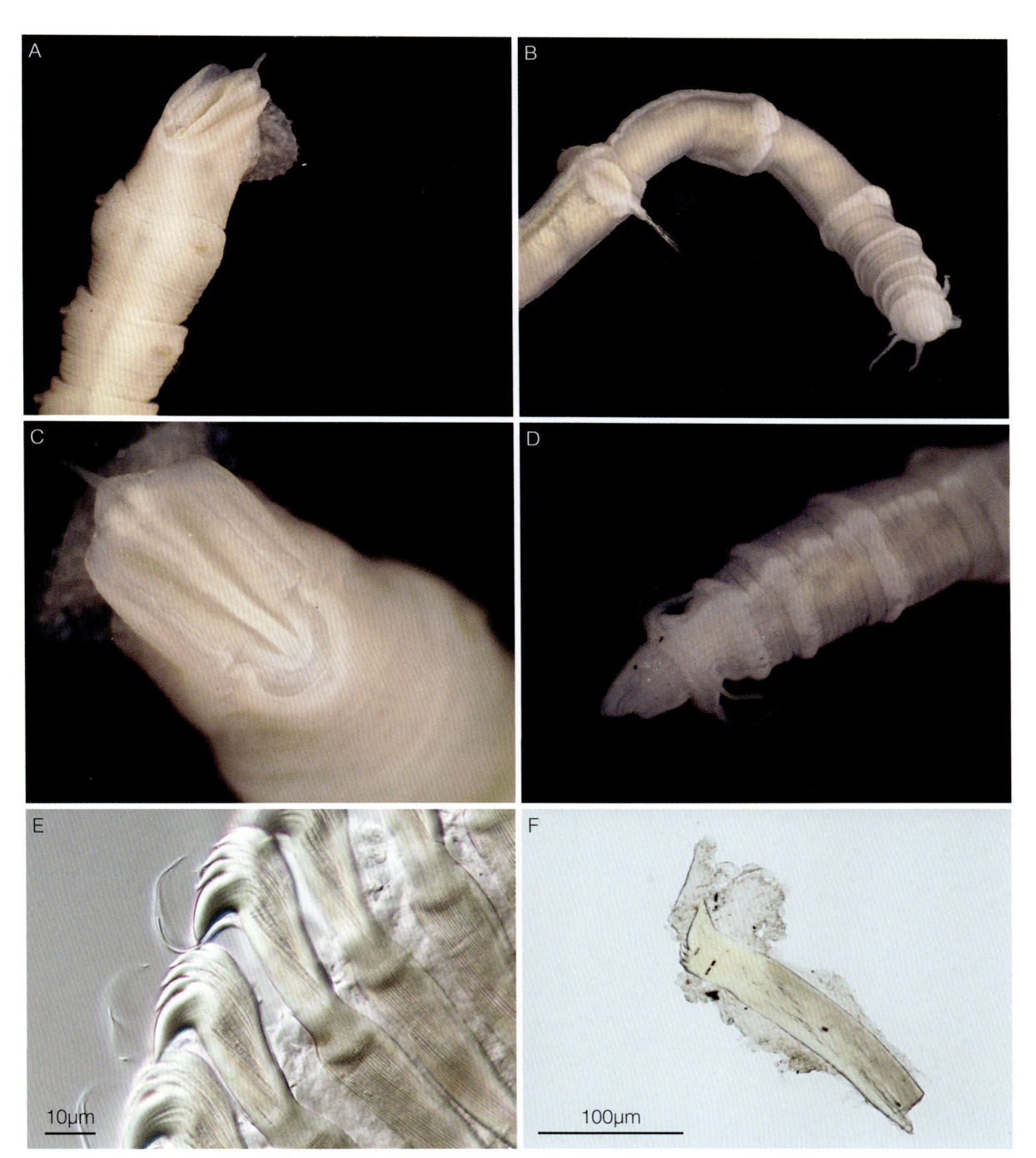

图 76 简毛拟节虫 *Praxillella gracilis* (M. Sars, 1861)（杨德援和蔡立哲供图）
A. 体前部腹面观；B. 尾部背面观；C. 头部；D. 尾部侧面观；E. 第 10 刚节腹刚毛；F. 第 1 刚节腹刚毛

太平洋拟节虫
Praxillella pacifica Berkeley, 1929

标本采集地： 福建湄洲湾、广东大亚湾。

形态特征： 头板半圆形，缘膜发达，其两侧和背面有深裂，头脊和项裂长直平行，头脊较扁平。前3刚节具1~2根粗足刺刚毛，末端弯曲几乎成直角，光滑（有的标本第1刚节腹足刺刚毛的弯曲面上有一不明显的小齿），其余刚节腹刚毛为鸟嘴状，约10~26根排成1排具1个主齿和5~6个小齿。具4个肛前节和漏斗状肛板（肛节），边缘有24~27根缘须，中腹面1根最长，肛锥突出，亚末端具肛门。

生态习性： 栖息于沙质泥沉积物中。栖管膜状附着于泥沙。

地理分布： 黄海南部，东海，南海；美国加利福尼亚北部-加拿大西部，日本。

经济意义： 大型底栖动物群落常见种。

参考文献： 杨德渐和孙瑞平，1988；王跃云，2017。

图 77 太平洋拟节虫 *Praxillella pacifica* Berkeley, 1929（杨德援和蔡立哲供图）
A. 体前部背面观；B. 体前部腹面观；C. 头部；D. 尾部；E. 第1刚节腹刚毛；F. 第6刚节腹刚毛

竹节虫科分亚科检索表

1. 无头板和肛板 2
   至少具肛板 3
2. 鸟头状齿片刚毛双排排列 .... 瑰节虫亚科 Rhodininae
   鸟头状齿片刚毛单排排列 .... 索节虫亚科 Lumbriclymeninae
3. 无头板，仅具肛板 .... 征节虫亚科 Nicomachinae
   具头板和肛板 4
4. 肛门位于体背面 5
   肛门位于体末端 .... 真节虫亚科 Euclymenininae
5. 尾板有缘膜；腹刚毛始于第 2 刚节 .... 竹节虫亚科 Maldaninae
   尾板没有缘膜；腹刚毛始于第 1 刚节 .... 背节虫亚科 Notoproctinae

真节虫亚科分属检索表

1. 第 4 刚节具有前伸的领状结构 .... 襟节虫属 Clymenella
   第 4 刚节不具前伸的领状结构 2
2. 第 8 刚节腹面具近三角形腹盾 .... 头节虫属 Clymenura
   第 8 刚节腹面不具腹盾 3
3. 前 3 刚节腹刚毛为足刺状；肛须等长 .... 等须虫属 Isocirrus
   前 3 刚节腹刚毛足刺状、退化的鸟喙状或齿片状；肛须不等长 4
4. 前 3 刚节腹刚毛为鸟喙状齿片刚毛 .... 辐乳虫属 Axiothella
   前 3 刚节腹刚毛为足刺状或退化的鸟喙状 5
5. 头缘膜发达，较宽；肛锥突出肛漏斗之外 .... 拟节虫属 Praxillella
   头缘膜通常较窄；肛锥不突出肛漏斗之外 .... 真节虫属 Euclymene

竹节虫亚科分属检索表

1. 前两个刚节无腹刚毛 ··· 深海短脊虫属 *Bathyasychis*
   仅第 1 刚节无腹刚毛 ·· 2
2. 第 6 刚节无领状的腺体环带 ·· 3
   第 6 刚节有领状的腺体环带 ··· 腰带竹节虫属 *Paramaldane*
3. 肛门具腹瓣 ·· 4
   肛门不具腹瓣 ·· 5
4. 项沟 U 形；口前叶宽圆；第 1 刚节具领 ··· 萧管虫属 *Chirimia*
   项沟 J 形；口前叶铲状；第 1 刚节一般无领 ··· 竹节虫属 *Maldane*
5. 第 1 刚节不具领 ·· 短脊虫属 *Asychis*
   第 1 刚节具领，完整或仅出现于腹面 ·· 6
6. 口前叶宽圆，蘑菇状；第 1 刚节的领通常在腹面 ··· 新短脊虫属 *Metasychis*
   口前叶不明显或铲形；第 1 刚节具完整的环领 ··· 邦加竹节虫属 *Sabaco*

海蛹科 Opheliidae Malmgren, 1867

阿曼吉虫属 *Armandia* Filippi, 1861

阿马阿曼吉虫
Armandia amakusaensis Saito, Tamaki & Imajima, 2000

标本采集地： 河北秦皇岛，广西北海铁山港。

形态特征： 体长梭形，口前叶尖圆锥状，具明显的口前叶前突。具 29 刚节，侧眼起始于第 7 刚节前，止于第 18 刚节，共计 12 对。鳃始于第 2 刚节，一直分布到体后。疣足前刚叶短，具 2 束毛状刚毛。肛漏斗较短、边缘具 10～13 对肛须，其中背乳突较细小、腹乳突较粗长，腹中线具一长的内须。Saito 等（2000）对日本海域的阿马阿曼吉虫描述为，其正模标本的特征是体长 13.14mm，具 32 刚节，第 2～31 刚节具鳃，第 7～17 刚节具侧眼。肛漏斗开口于背面，肛漏斗具 11 个缘乳突，肛漏斗长短于体后最后 3 刚节的长，肛漏斗基部具 1 个长的不成对肛须。

生态习性： 栖息于潮间带沙质底。

地理分布： 黄海，广西；美国关岛。

经济意义： 泥沙潮间带有机物循环的重要营力。

参考文献： Saito et al., 2000；杨德援，2019。

图78 阿马阿曼吉虫 *Armandia amakusaensis* Saito, Tamaki & Imajima, 2000（杨德援和蔡立哲供图）
A～C. 整体侧面观；D. 头部背面观；E. 头部侧面观；F. 尾部；G. 尾部背面观；H. 疣足和刚毛

145

双须阿曼吉虫
Armandia bipapillata Hartmann-Schröder, 1974

标本采集地： 海南，厦门。

形态特征： 体长约 30mm，具 32 个刚节。鳃分布于 2～32 刚节，侧眼分布于 7～18 刚节。口前叶圆锥状，前端具明显的口前叶前突，但形状稍有变化，从圆球状到椭圆状。口前叶后缘项器明显。尾部肛漏斗长宽相近，腹缘具叶片状乳突，背缘具须状乳突，具 1 根比较长的中腹须。肛漏斗开口斜截型。

生态习性： 栖息于沙质底。

地理分布： 南海。

经济意义： 泥沙潮间带有机物循环的重要营力。

参考文献： 杨德援，2019。

图 79 双须阿曼吉虫 *Armandia bipapillata* Hartmann-Schröder, 1974（杨德援和蔡立哲供图）
A. 整体侧面观；B. 体前部侧面观；C. 体前部背面观；D～G. 尾部侧面观

乐东阿曼吉虫
Armandia exigua Kükenthal, 1887

标本采集地： 厦门同安湾，广东大亚湾考洲洋。

形态特征： 体长 2mm 左右，具 38 刚节。口前叶圆锥状，具口前叶前突，口前叶后缘具项器，项器前后两侧无明显垂叶。鳃起始于第 2 刚节，一直出现到最后一刚节。侧眼起始于第 6 刚节与第 7 刚节之间，止于第 22 刚节。腹沟深，沿着整个虫体，口前叶上有延伸的痕迹。虫体两侧具侧沟。尾部特化为肛漏斗，开口周围（肛漏斗边缘）无乳突。肛漏斗开口于背面肛漏斗的 3/4 处，肛漏斗向背面弯曲。肛漏斗腹面具槽，槽的最前缘靠近开口位置有 2 个小叶状乳突，固定标本常脱落，具槽的腹面有很多斑点。

生态习性： 常栖息于沙质底质。

地理分布： 厦门，镇海角，广东大亚湾，海南岛。

经济意义： 泥沙潮间带有机物循环的重要营力。

参考文献： Dauvin and Bellan, 1994；Neave and Glasby, 2013；Moreira and Parapar, 2017；Magalhaes et al., 2019。

图 80　乐东阿曼吉虫 *Armandia exigua* Kükenthal, 1887（杨德援和蔡立哲供图）
A、B. 整体观；C. 体前部背面观；D. 体前部侧面观；E～H. 尾部侧面观；I～J. 尾部背面观

西莫达阿曼吉虫
Armandia simodaensis Takahasi, 1938

标本采集地： 海南青梅河口。

形态特征： 体长约 2.5cm，具 28 刚节，肛漏斗不具缘须。口前叶圆锥状，末端的口前叶前突圆球状，脑圆球状，上具侧眼（可见 1 个），项器位于口前叶后部。口开口于腹部，位于第 1 刚节的前部。腹沟除口前叶前部以及肛漏斗外，贯穿于整个虫体。鳃起始于第 2 刚节，止于体后最后 1 刚节处。侧眼起始于 6～7 刚节之间，终止于 16/17 刚节处，共 11 对。疣足叶三角形，具 2 束刚毛，疣足具腹须。肛漏斗不具缘乳突，开口于背面，肛漏斗最大长 3.5mm，基部宽约 1.2mm，肛漏斗腹面长约是背面长的 2 倍。

生态习性： 常见于沙质底。

地理分布： 海南岛。

经济意义： 泥沙潮间带有机物循环的重要营力。

参考文献： Dauvin and Bellan，1994；Neave and Glasby，2013；Moreira and Parapar，2017；Magalhaes et al.，2019。

阿曼吉虫属分种检索表

1. 刚节少于 30 个 2
   刚节多于 30 个 3
2. 具 28 个刚节；肛漏斗腹面长约是背面长的 2 倍..............西莫达阿曼吉虫 *Armandia simodaensis*
   具 29 个刚节；肛漏斗基部具 1 个长的肛须...................阿马阿曼吉虫 *Armandia amakusaensis*
3. 具 32 个刚节；肛漏斗长宽相似，腹缘具叶片状乳突..............双须阿曼吉虫 *Armandia bipapillata*
   具 38 个刚节；肛漏斗向背面弯曲，周围无乳突.........................乐东阿曼吉虫 *Armandia exigua*

图 81　西莫达阿曼吉虫 Armandia simodaensis Takahasi, 1938（杨德援和蔡立哲供图）
A. 整体腹面观（突出刚节数目）；B. 整体侧面观；C. 体前侧面观；D. 体前侧面观；E. 体后背面观；F. 体后腹面观

角海蛹属 *Ophelina* Örsted, 1843

华丽角海蛹
Ophelina grandis (Pillai, 1961)

标本采集地： 厦门，广东大亚湾，香港。

形态特征： 体长约 55mm，具 63～65 刚节，第 2 刚节至尾部均具鳃，肛漏斗勺状，肛漏斗两侧扁。口前叶圆锥状，端部具口前叶前突，前突与口前叶分界有时不明显，前突稍膨大，口前叶后缘具项器，项器前后两侧具侧叶。吻具乳突，在口环上具 7～8 个须状乳突。鳃起始于第 2 刚节至肛部，鳃须状，鳃背面具浓密的纤毛，腹面纤毛微弱或无，鳃可达虫体背面最顶端。第 1 刚节不具鳃，其前刚叶较随后刚节的前刚叶长，约是第 2 对鳃的 1/3。疣足具前刚叶和腹须，刚毛 2 束，刚毛简单毛状。虫体具深的腹侧沟，从口向后贯穿整个虫体。肛部勺状，开口向下，侧面扁平，边缘有许多小乳突，每侧约有 30 个。

生态习性： 多栖于泥质或泥沙底。

地理分布： 台湾海峡，厦门海域潮下带和潮间带，大亚湾潮下带和潮间带，香港海域潮下带。

经济意义： 潮间带和潮下带泥沙沉积环境有机物循环的重要营力。

参考文献： 杨德援，2019。

图 82 华丽角海蛹 *Ophelina grandis* (Pillai, 1961)（杨德援和蔡立哲供图）
A. 个体 1 整体；B. 个体 2 整体；C. 体前侧面观；D. 尾部侧面观；E. 体前侧面观；F. 疣足

棋盘角海蛹
Ophelina tessellata (Neave & Glasby, 2013)

标本采集地： 黄海，南海。

形态特征： 体长约 30mm，具 42～46 刚节，口前叶长大于宽，具口前叶前突，口前叶无眼。项器具后垂叶。有标本翻吻伸出，不具口触手，翻吻腹面具深沟，两侧具横褶。身体所有刚节前刚叶指状。腹须出现。刚毛简单毛状，鳃起始于第 2 刚节直到体后最后刚节。鳃须状。肛漏斗侧扁，开口于腹部，长约是深的 1.2～1.8 倍，具单根腹部肛乳突，两侧具较大的须状乳突。肛漏斗具 40～88 个缘须。

生态习性： 常见于沙质底。

地理分布： 黄海，南海；澳大利亚。

经济意义： 可促进潮间带泥沙沉积环境有机物的循环。

参考文献： Neave and Glasby，2013；杨德援，2019。

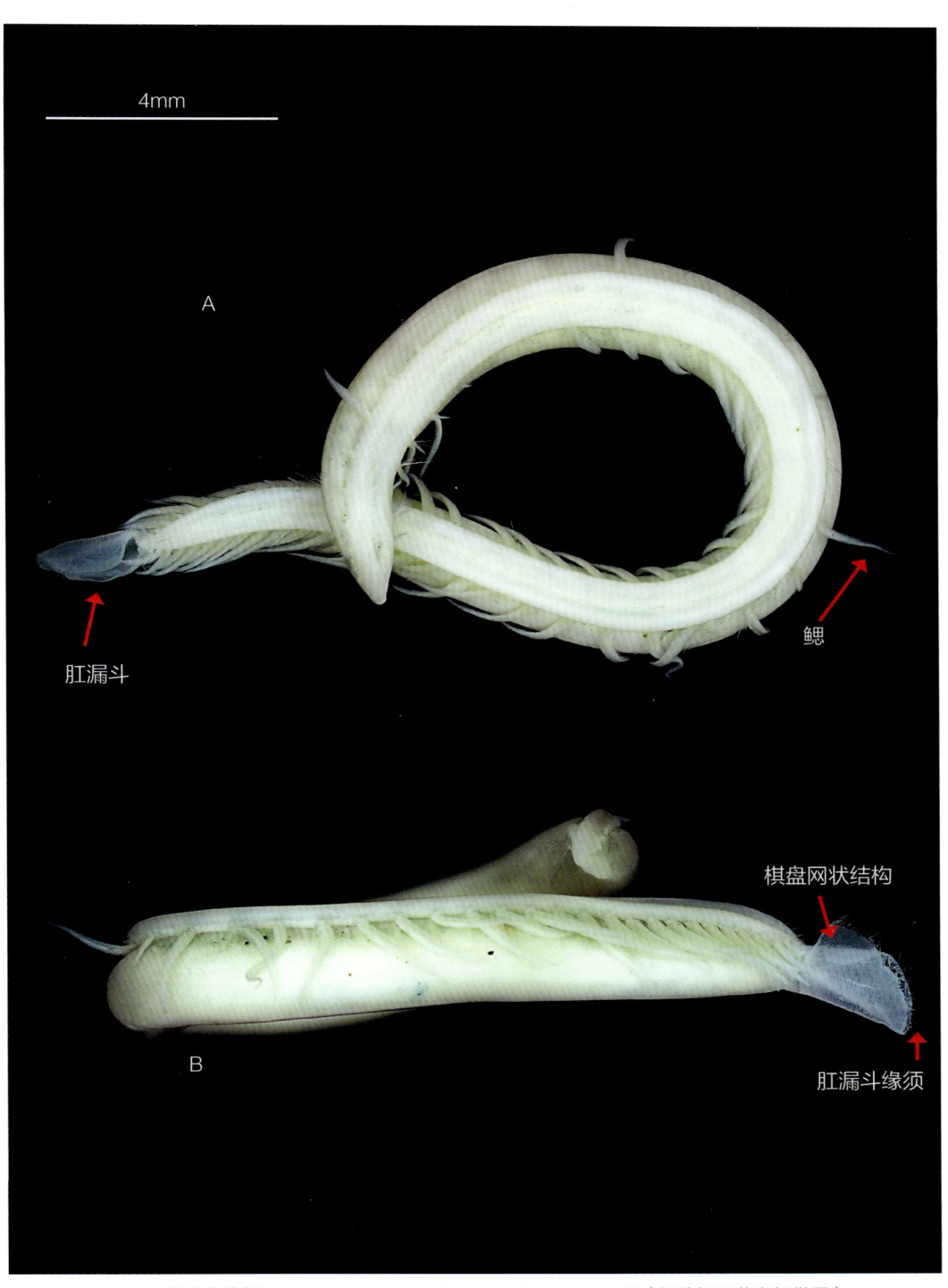

图 83 棋盘角海蛹 *Ophelina tessellata* (Neave & Glasby, 2013)（杨德援和蔡立哲供图）
A. 整体腹面观；B. 体后部侧面观

长尾角海蛹
Ophelina longicaudata (Caullery, 1944)

标本采集地： 海南万宁。

形态特征： 体长约 1.52cm，具 31 刚节，体后无鳃刚节，肛漏斗最大长是基部宽的 3 倍以上。口前叶圆锥状，前端具口前叶前突，前突圆球状项器位于口前叶的后缘，第 1 刚节的前部。鳃起始于第 2 刚节，止于体后。体前刚节叶很长，随后逐渐变短，第 1 刚节疣足叶很长，其形似鳃。肛漏斗长，斜截形，开口向下，肛漏斗基部两侧须呈细须状。

生态习性： 栖息于沙质底。

地理分布： 海南岛，广东大亚湾。

经济意义： 潮下带泥沙沉积环境有机物循环的重要营力。

参考文献： Dauvin and Bellan, 1994; Neave and Glasby, 2013; Moreira and Parapar, 2017; Magalhaes et al., 2019; 杨德援, 2019。

角海蛹属分种检索表

1. 肛漏斗最大长度是基部宽的 1.2～1.8 倍	棋盘角海蛹 *Ophelina tessellata*
肛漏斗最大长度是基部宽的 2 倍以上	2
2. 肛前节具数个无鳃体节	3
肛前节均具鳃	华丽角海蛹 *Ophelina grandis*
3. 具鳃体节数大于 48	角海蛹 *Ophelina acuminata*
具鳃体节数小于 48	长尾角海蛹 *Ophelina longicaudata*

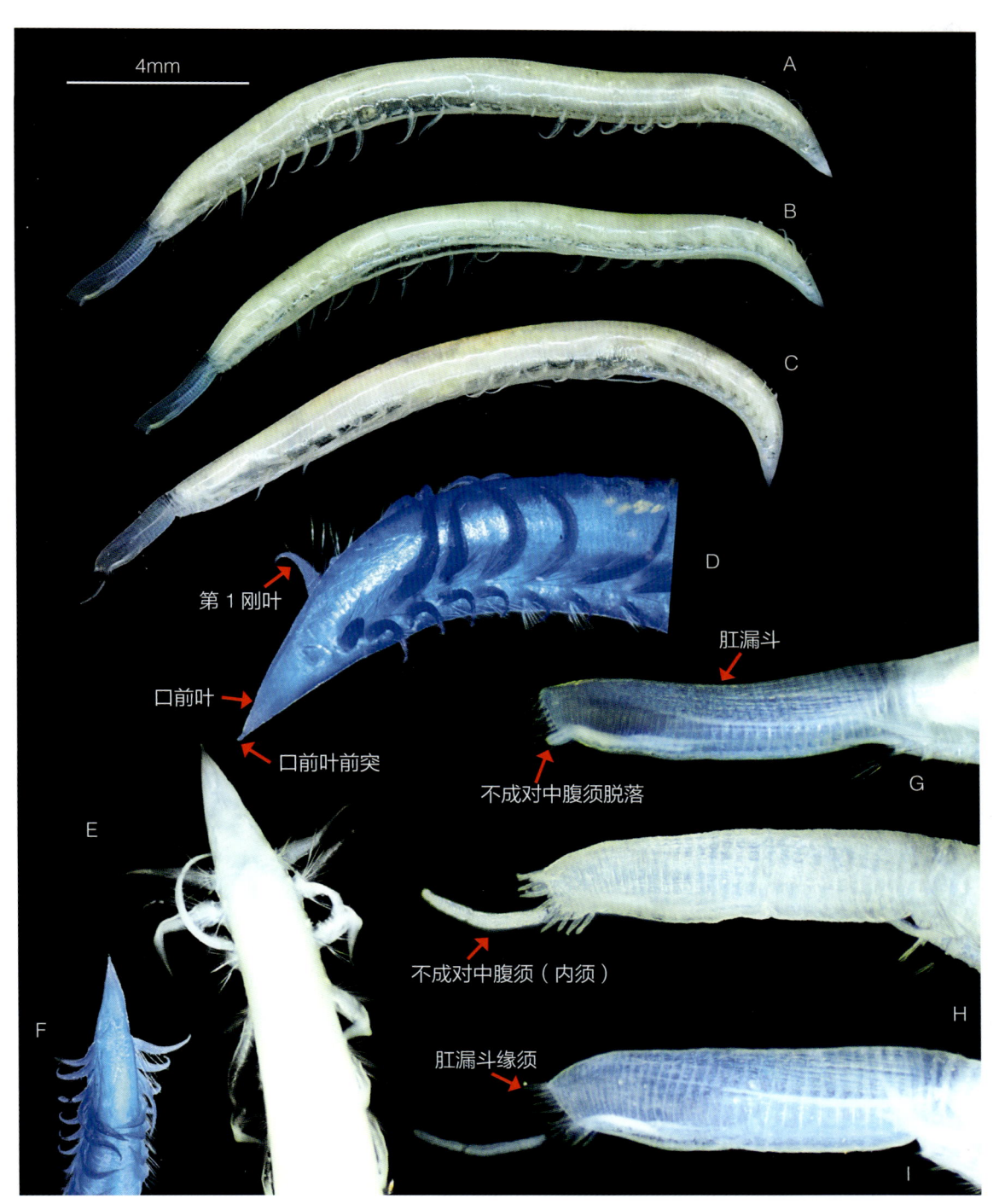

图 84　长尾角海蛹 *Ophelina longicaudata* (Caullery, 1944)（杨德援和蔡立哲供图）

A、B、C. 虫体整体侧面观；D. 体前观（甲基绿染色）；E、F. 体前背面观；G、H、I. 体后侧面观

多眼虫属 *Polyophthalmus* Quatrefages, 1850

多眼虫
Polyophthalmus pictus (Dujardin, 1839)

标本采集地： 海南新村海草床，平潭污损生物挂板。

形态特征： 腹沟位于整个体长腹面。口前叶尖圆锥形。体短梭形，不透明，背面具绿色色线或棕色色斑，具27～28个双环轮的体节，每节具2束很细短的毛状刚毛，每束2～3根，尤以近肛节者稍长。侧眼小，12～14对（固定标本往往不清楚）。肾孔位于8～11刚节。无鳃。疣足退化。无腹须。体后部具短的漏斗状肛部，边缘末端具乳突状肛须。

生态习性： 栖息于岩相和海草床以及藻类生境中。

地理分布： 渤海，黄海，海南岛。

经济意义： 常见于污损生物群落。

参考文献： 杨德渐和孙瑞平，1988；杨德援，2019。

海蛹科分属检索表

1. 腹沟出现，位于整个体长；虫体侧扁 .... 2（角海蛹亚科 Ophelininae）

   腹沟出现，仅位于体中后部；虫体非侧扁 .... 3（海蛹亚科 Opheliinae）

2. 体具鳃 4

   体无鳃 .... 多眼虫属 *Polyophthalmus*

3. 体无明显分区；第10刚节未变形；鳃多为简单状 .... 海蛹属 *Ophelia*

   体明显分成3部分；第10刚节变形；鳃多为分叉状 .... 软鳃海蛹属 *Thoracophelia*

4. 体具侧眼 .... 阿曼吉虫属 *Armandia*

   体无侧眼 .... 角海蛹属 *Ophelina*

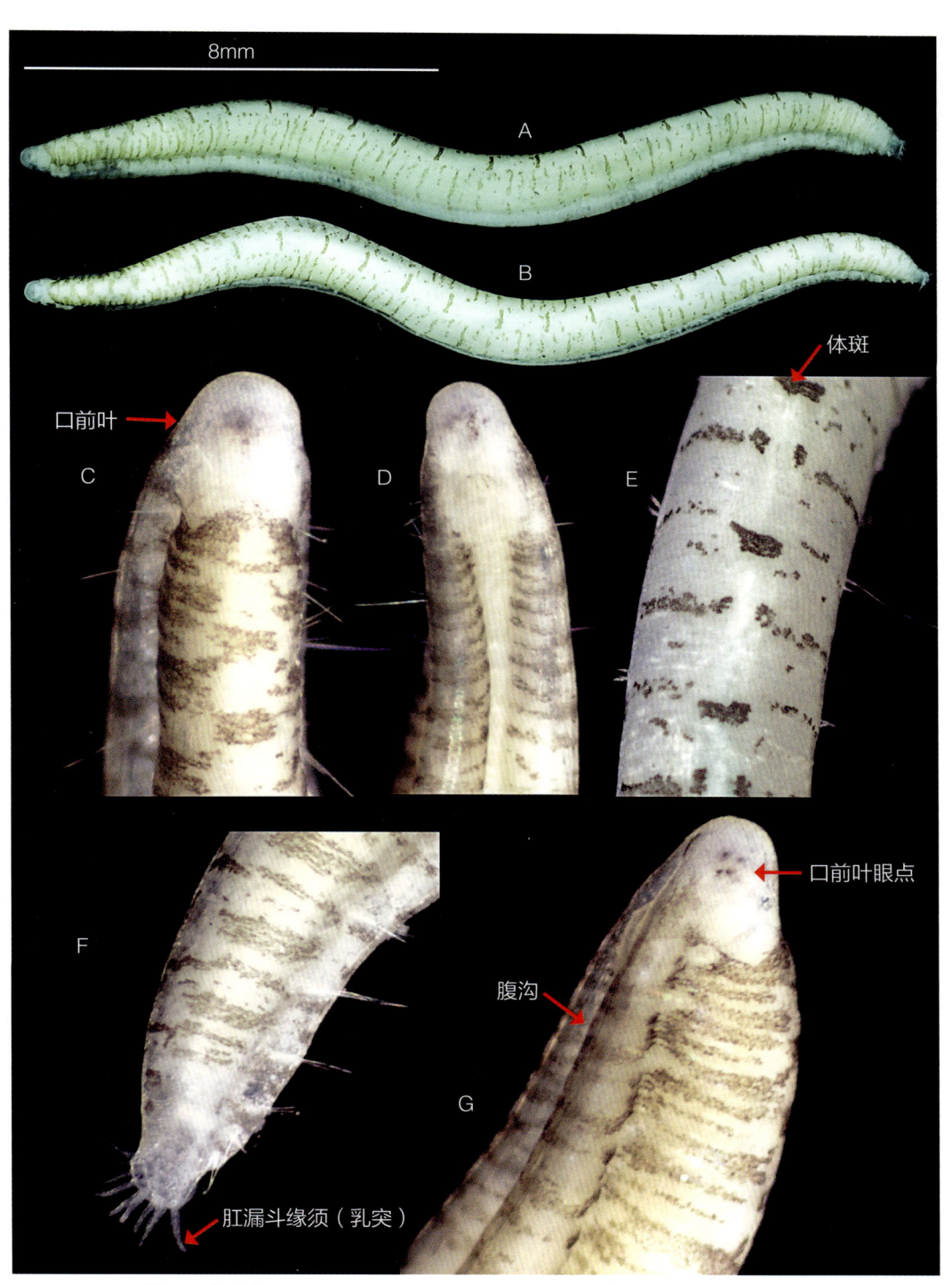

图 85　多眼虫 Polyophthalmus pictus (Dujardin, 1839)（杨德援和蔡立哲供图）
A、B. 整体观；C. 体前部背面观；D. 体前部腹面观；E. 体中部色斑；F. 尾部；G. 腹沟

锥头虫科 Orbiniidae Hartman, 1942

居虫属 Naineris Blainville, 1828

海南居虫
Naineris hainanensis (Wu, 1984)

同物异名： 海南截锥虫

标本采集地： 海南岛昌江核电站附近海域。

形态特征： 体长 50～60mm，宽 1～2mm。口前叶扁平，无眼，无任何附属物，背面观呈矩形，顶平直，为截状。胸部扁平，约 21 个体节，疣足位于两侧，但第 1 体节不具疣足；第 22～27 体节为过渡型体节；腹部开始于第 28 体节，略呈半圆筒状，背面平，疣足位于背面。鳃均为简单型，开始于第 7 体节，体后部的鳃比体前部的稍大，而且所有的鳃都比同一体节的后叶舌大，胸部没有腹乳突。疣足均为双肢型，有 3 种不同的刚毛：①有细齿的具巾钩刚毛，仅分布于胸部腹肢靠近腹侧，数量很多；②不具细齿的足刺状刚毛，仅分布于腹部和体后部的腹肢靠近腹侧，数量很少，一般只有 3 根；③具细齿的毛状刚毛，每个疣足的背、腹两肢均有分布，以胸部腹肢最密集（有 4～6 排）。

生态习性： 常栖息于潮间带混有碎珊瑚的中砂底质。

地理分布： 海南岛潮间带和潮下带。

参考文献： 吴启泉，1984。

图 86　海南居虫 *Naineris hainanensis* (Wu, 1984)（杨德援和蔡立哲供图）
A. 体前部背面观（染色）；B. 体前部腹面观（染色）；C、D. 第 18 刚节疣足（染色）

矛毛虫属 *Phylo* Kinberg, 1866

叉毛矛毛虫
Phylo ornatus (Verrill, 1873)

标本采集地： 广东大亚湾。

形态特征： 口前叶小，尖锥形，围口节两边有弧形下凹。鳃始于第 5 刚节，长锥状具缘须。胸部背足叶为叶片状、末端尖细，腹足叶具数个指状乳突；后胸部位于第 14～16 或第 17 刚节，其上具棕色矛状粗刚毛 3～4 根，还有细齿毛刚毛和有缺刻的钩状刚毛。腹部背足叶柳叶形、无内须；腹足叶指状，末端分叉成 2 叶，无腹须，但有腹面乳突。具细齿毛刚毛和 1～2 根足刺。腹面乳突分布在第 14～18 刚节，多在第 15～18 刚节，可达 12～15 个，乳突很小，不到腹面中线。

生态习性： 在潮间带和潮下带均有分布。

地理分布： 渤海，黄海，南海；新英格兰，美国佛罗里达、加利福尼亚南部，墨西哥湾。

参考文献： 杨德渐和孙瑞平，1988。

图 87　叉毛矛毛虫 *Phylo ornatus* (Verrill, 1873)（杨德援和蔡立哲供图）
A. 体前部；B. 体前部腹面观；C. 体前部背面观；D. 口前叶前面观；E. 第 5 刚节（胸部）疣足；F. 腹部疣足

刺尖锥虫属 *Leodamas* Kinberg, 1866

红刺尖锥虫
Leodamas rubra (Webster, 1879)

同物异名： *Scoloplos (Leodamas) rubra pacifica*（吴宝玲，1962）；*Scoloplos (Leodamas) rubra*

标本采集地： 台湾海峡。

形态特征： 虫体细长、扁平，胸区通常具 14～24 个刚节。口前叶尖锥形，长大于宽，基部两边到围口节前缘背侧具 1 对项器，狭缝状。鳃始于第 6 刚节，舌状，末端尖细，有缘须。胸区背疣足后刚叶指状，始于第 1 刚节，腹区背疣足后刚叶类似。胸区腹疣足后刚叶呈长的扁平枕状，腹区腹疣足后刚叶末端分为 2 叶，近背侧者钝圆、较短，近腹侧者细长、须状。腹疣足腹叶腹侧无凸缘及腹面乳突，无间须。胸区腹疣足具细齿毛刚毛，腹区背疣足具细齿毛刚毛和 2～3 根二叉刚毛，前腹区刚节具 3～4 根背足刺，其后多为 2 根。乙醇标本棕黄色或黄色。体长 15～42mm，宽约 1.5mm，具 100 多个胸节。

生态习性： 栖息于潮间带和潮下带沙、泥沙底质。

地理分布： 黄海，东海，南海；美国东部和南部。

参考文献： 吴宝玲，1962；杨德渐和孙瑞平，1988；方少华等，2011。

图 88 红刺尖锥虫 *Leodamas rubra* (Webster, 1879)（杨德援和蔡立哲供图）
A. 体前部背面观；B. 体前部侧面观；C. 腹区背面观；D. 胸部疣足；E. 吻；F. 腹部疣足

尖锥虫属 *Scoloplos* Blainville, 1828

肿胀尖锥虫
Scoloplos tumidus Mackie, 1991

标本采集地： 海南。

形态特征： 口前叶尖锥形，长大于宽，其基部两边到围口节各有一条弧形凹线。鳃始于第 6 刚节，舌状、末端尖细，有缘须。胸部第 19～23 刚节背足叶指状；腹足叶为长的横脊、无叶，具细齿毛刚毛和有缺刻钩状刚毛。腹部背足叶长叶片状，无内须；腹足叶分一大一小 2 叶，无腹须。具有齿毛刚毛、叉状刚毛和外露的足刺刚毛。

生态习性： 栖息于潮间带和潮下带沙、泥沙底质。

地理分布： 南海。

参考文献： 杨德渐和孙瑞平，1988；Glasby et al.，2016。

锥头虫科分属检索表

1. 口前叶前缘圆钝或截形 ··· 居虫属 *Naineris*
   口前叶前缘较尖，细圆锥状 ··· 2
2. 胸区分为前后 2 部分，后胸区具数根变形矛状刚毛 ··· 矛毛虫属 *Phylo*
   胸区不分区，无变形矛状刚毛 ··· 3
3. 胸区腹疣足钩状刚毛较细，伴有无数毛状刚毛 ··· 尖锥虫属 *Scoloplos*
   胸区腹疣足钩状刚毛粗大，成排分布，毛状刚毛少 ·· 刺尖锥虫属 *Leodamas*

图 89 肿胀尖锥虫 *Scoloplos tumidus* Mackie, 1991（杨德援和蔡立哲供图）
A. 体前部侧面观；B. 体大部（染色）；C. 前几节背面观；D. 前几节腹面观；E. 第 10 刚节疣足；F. 第 24 刚节疣足

异毛虫科 Paraonidae Cerruti, 1909
独指虫属 Aricidea Webster, 1879

独指虫
Aricidea (*Aricidea*) *fragilis* Webster, 1879

同物异名： Aricidea fragilis caeca

标本采集地： 厦门海域，香港海域。

形态特征： 口前叶圆锥形，顶端圆钝、无眼。口前叶后缘有一个长指状中触手，后伸可达第 2 体节。疣足双叶型。体可分为前区和后区：前区（有鳃区）鳃始于第 4 刚节，约 30～50 对，有鳃区体较宽扁，鳃柳叶状具纤毛，背叶前刚叶长指状，腹叶前刚叶为宽突起（后为指状突起），背、腹刚毛有光滑毛状和细毛毛状；后区无鳃，背叶须状，腹叶不明显，背刚毛同前区，腹刚毛为变形的伪复型刚毛，一侧有细毛。

生态习性： 栖息于潮间带到水深 50 多米的软泥和泥沙底质中。无选择地吞食泥沙，消化泥沙中的有机碎屑和小型底栖生物。

地理分布： 渤海，黄海，东海，南海。

参考文献： 杨德渐和孙瑞平，1988。

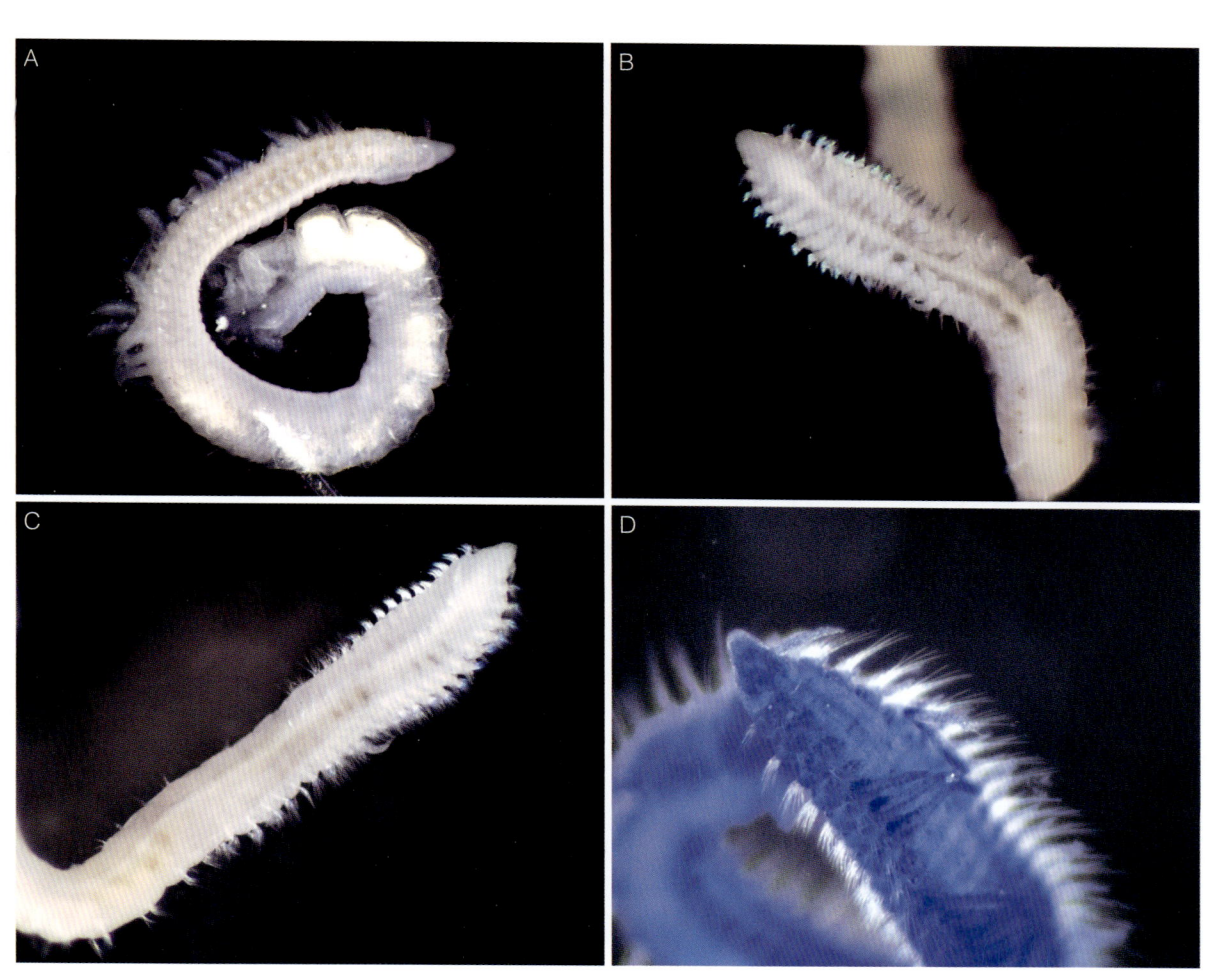

图 90 独指虫 *Aricidea* (*Aricidea*) *fragilis* Webster, 1879（杨德援和蔡立哲供图）
A. 整体侧面观（体后部断）；B. 体前部背面观；C. 体前部腹面观；D. 体前部背面观（染色）

卷须虫属 *Cirrophorus* Ehlers, 1908

叉毛卷须虫
Cirrophorus furcatus (Hartman, 1957)

标本采集地： 厦门海域，广东大亚湾。

形态特征： 虫体细线状，长可达 40mm 左右。口前叶近三角形，前端圆钝。无眼。项器近乎垂直分布，向后至口前叶后缘。口前叶背面具中触手，短棒状，向后不超过口前叶后缘。鳃始于第 4 刚节，具鳃区体节明显宽扁，鳃的数目随着个体大小的变化而变化，21～33 对，鳃柳叶状，边缘具纤毛；第 1 对鳃较小，其他对鳃的大小差别不大。第 4～5 刚节疣足背叶刚毛后叶结节状，鳃区疣足背叶刚毛后叶指状或纺锤状，从第 17 刚节开始逐步退化，体后部刚节上几乎不可见。体前部疣足背、腹叶皆为毛状刚毛，细长，在前 2 刚节疣足叶上排成 2 排，在鳃区颚疣足叶上排成 3 排；腹部疣足叶上刚毛的数量少于背部疣足叶，变形刚毛始于第 4～6 刚节疣足背叶，竖琴状，每束 1～3 根。

生态习性： 穴居于泥沙表层下，无选择地吞食泥沙，摄食泥沙中的有机碎屑和小型底栖生物。

地理分布： 渤海，黄海，东海，南海；美国。

经济意义： 在底栖食物链网中有较大作用。

参考文献： Zhou and Li，2007。

图 91　叉毛卷须虫 *Cirrophorus furcatus* (Hartman, 1957)（杨德援和蔡立哲供图）
A. 体前部背面观；B. 体前部腹面观；C. 体前部侧面观；D. 体前部背面观；E. 有鳃区疣足；F. 叉状刚毛

梯额虫科 Scalibregmatidae Malmgren, 1867

梯额虫属 *Scalibregma* Rathke, 1843

梯额虫
Scalibregma inflatum Rathke, 1843

标本采集地： 香港，北部湾潮下带。

形态特征： 口前叶"T"形。围口节无刚毛，体表具棋盘状方格。体前几节3环轮，其后为4环轮。鳃灌木丛状，位于第2～5刚节的背足上。前部体节的背、腹须为钝圆锥形，自第16～18刚节开始为圆锥状。刚毛简单型毛状和两臂不等长的叉状，无足刺状刚毛。具5根细长的肛须。

生态习性： 穴居于泥沙中。从北极到南极广泛分布。在热带分布至水下100m，在冷水区分布于几米以下的潮下带，穴居于泥沙中。

地理分布： 东海，南海。

参考文献： 杨德渐和孙瑞平，1988；蔡立哲和李复雪，1995。

图 92　梯额虫 *Scalibregma inflatum* Rathke, 1843（杨德援和蔡立哲供图）
A. 整体侧面观；B. 体前部背面观；C、D. 体前部腹面观；E. 第 1 刚节疣足；F. 第 29 刚节疣足

龙介虫科 *Serpulidae* Rafinesque, 1815
盘管虫属 *Hydroides* Gunnerus, 1768

内刺盘管虫
Hydroides ezoensis Okuda, 1934

标本采集地：福建东山，广东大亚湾。

形态特征：壳盖两层，均呈黄色几丁质漏斗状，下层漏斗缘有 45～50 个锯齿；上层壳冠有 24～30 个刺瓣，大小形状相同，每个刺瓣的里面有 4～6 个小内刺。鳃冠有 20～23 对鳃丝。7 个胸部刚节，领刚毛细毛状和枪刺状（其基部有 2 个刺突）。胸部背刚毛单翅毛状。腹部腹刚毛喇叭状，约有 20 多个小齿。胸部和腹部齿片相似，有 6～7 个齿。壳管白色，每个管常有 2 条平行纵脊。

生态习性：附着在石块、牡蛎、船底、铁浮筒、栉孔扇贝和解氏珠贝上。常与小刺盘管虫 *Hydroides fusicola* 混生在一起，管的缝隙中常有裂虫、沙蚕、多眼虫、纽虫、扁虫等生活。

地理分布：渤海，黄海，东海，南海；俄罗斯，日本。

经济意义：污损生物群落常见。

参考文献：陈木和吴宝玲，1980；吴宝玲和陈木，1981；孙瑞平和杨德渐，2014。

图 93　内刺盘管虫 *Hydroides ezoensis* Okuda, 1934（杨德援和蔡立哲供图）
A、B. 体前部；C、D. 鳃盖；E. 体前部侧面观（染色）；F. 侧面疣足（染色）

细爪盘管虫
Hydroides inornata Pillai, 1960

标本采集地： 广东大亚湾。

形态特征： 体长（包括鳃冠）10～20mm，体宽（胸区最宽处）1.0～1.3mm，具80多个刚节。鳃冠的鳃丝排在2个半圆形的鳃叶上，鳃叶各具12或13根鳃丝。壳盖柄光滑、圆柱状。与壳盖漏斗间具几丁质加厚的收缩部。壳盖为两层结构。壳盖漏斗具32～36个尖的缘齿。壳盖冠具7～9根褐黄色、末端内弯、基部内侧具1黑色小刺的棘刺，以背面一个棘刺为最大、末端最弯，其他棘刺等大。胸区具7个胸刚节，具胸膜。领刚节的领3叶，1个宽大的腹叶、边缘具褶皱，2个背叶。具光滑且弯曲的细毛状刚毛和基部具2个大齿和数个小刺的枪刺状刚毛。胸区其余6个胸刚节，具翅及无翅的毛状背刚毛和近四边形、具5或6个齿的锯状腹齿片。腹区刚节数多于胸区。腹区锯状背齿片近三角形，具11或12个齿。腹区喇叭状腹刚毛斜长三角形，具很多个齿。虫管白色，较厚，弯曲，表面具有2条平行的纵脊和较细的生长纹，管的横切面为近四边形，管口直径3.0～3.5mm。

生态习性： 附着在石块、船底、铁浮筒、贝类贝壳上。

地理分布： 东海，南海；印度-西太平洋。

经济意义： 污损生物群落常见。

参考文献： 陈木和吴宝玲，1980；吴宝玲和陈木，1981；孙瑞平和杨德渐，2014。

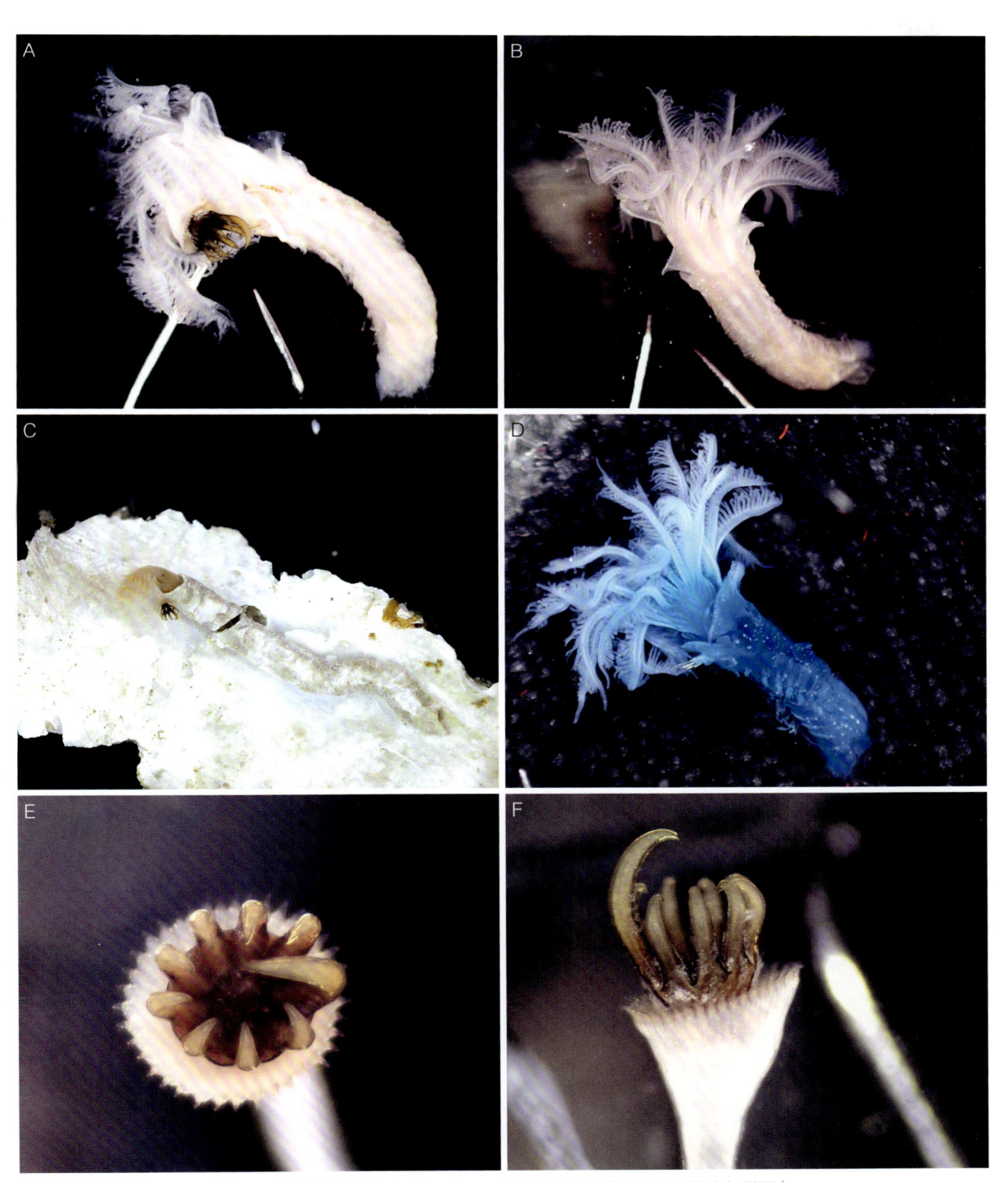

图 94　细爪盘管虫 *Hydroides inornata* Pillai, 1960（杨德援和蔡立哲供图）
A. 整体背面观；B. 整体腹面观；C. 石灰质管；D. 虫体（染色）；E. 壳盖上面观；F. 壳盖侧面观

中华盘管虫
Hydroides sinensis Zibrowius, 1972

标本采集地： 广东坡头。

形态特征： 体长 15～30mm，体宽 1.0～1.5mm，具 100 多个刚节，鳃冠的两鳃叶各具 16 根鳃丝。壳盖漏斗具 30～45 个钝锥形缘齿，壳盖冠有 8～12 根等大且同形、末端钝的瓶棒状棘刺，每个棘刺 1/3～1/2 处还具 3～5 个从大到小的内小刺，刺棘和内小刺为棕色或深黄色。胸区具 7 个胸刚节。具胸膜。领刚毛为毛状和枪刺状，其基部具 2 个齿。胸齿片和腹齿片相似，均具 6 个齿。虫管为不规则弯曲，管较厚，横切面椭圆形。

生态习性： 附着在石块和贝壳上。常与内刺盘管虫 *Hydroides ezoensis* 和小刺盘管虫 *Hydroides fusicola* 混生。

地理分布： 渤海，黄海，东海，南海；地中海。

经济意义： 污损生物。

参考文献： 陈木和吴宝玲，1980；吴宝玲和陈木，1981；孙瑞平和杨德渐，2014。

盘管虫属分种检索表

1. 壳盖冠棘刺具多根内小刺或基小刺 ························· 细爪盘管虫 *Hydroides inornata*
   壳盖冠棘刺仅具 1 根内小刺或基小刺 ··· 2
2. 壳盖冠棘刺尖锥状 ······································· 内刺盘管虫 *Hydroides ezoensis*
   壳盖冠棘刺瓶棒状 ······································· 中华盘管虫 *Hydroides sinensis*

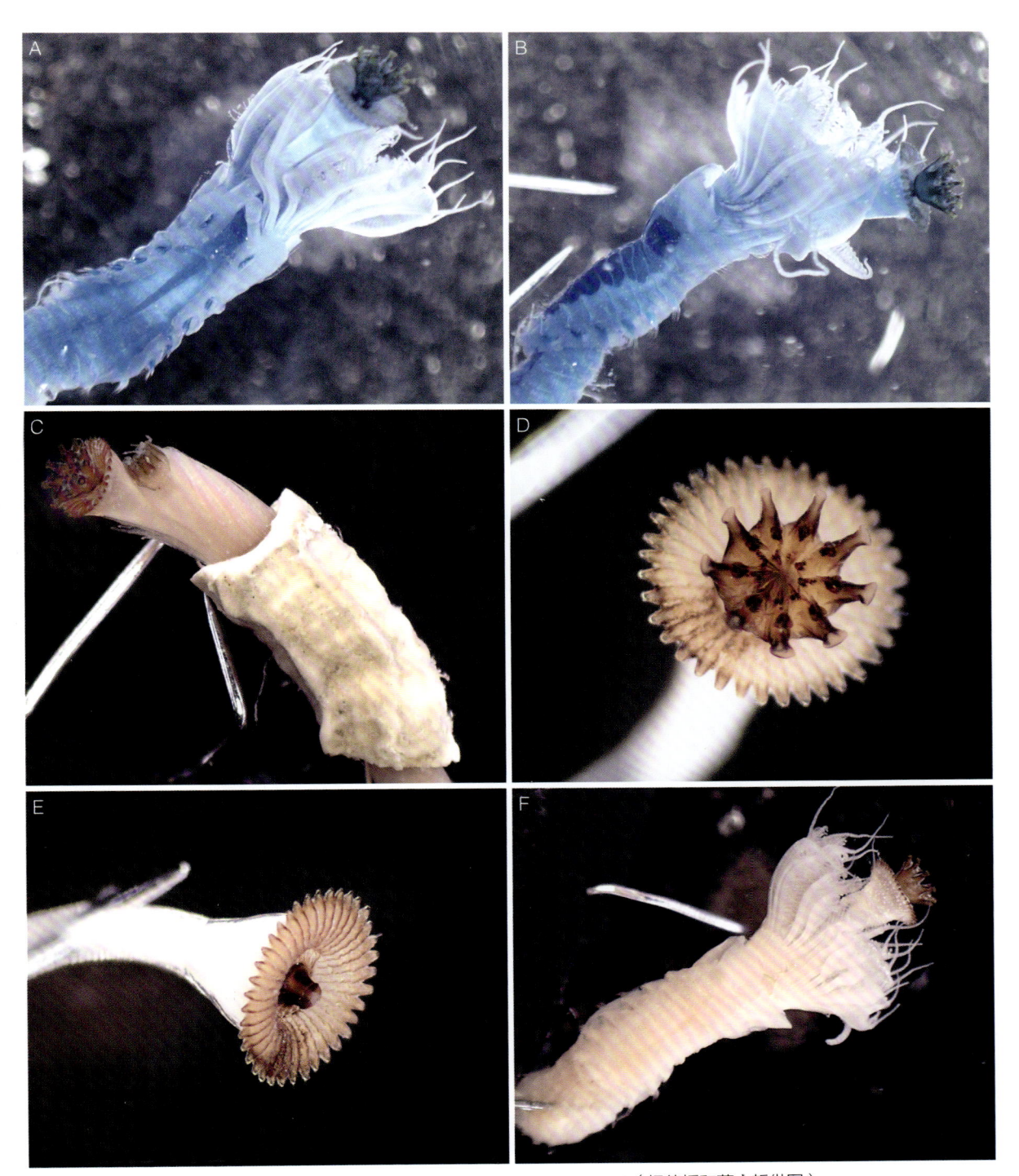

图 95 中华盘管虫 *Hydroides sinensis* Zibrowius, 1972（杨德援和蔡立哲供图）
A. 体前部背面观（染色）；B. 体前侧面观（染色）；C. 石灰质管；D. 鳃盖上面观；E. 鳃盖侧面观；F. 体前部腹面观

179

缨鳃虫科 Sabellidae Latreille, 1825

鳍缨虫属 Branchiomma Kölliker, 1858

斑鳍缨虫
Branchiomma cingulatum (Grube, 1870)

同物异名： *Dasychone cingulata*

标本采集地： 南海潮下带、珊瑚礁和岩石岸潮间带。

形态特征： 鳃丝螺旋排列，有 19～22 对，其上有白色带和紫红色眼点轮替排列，外侧具成对须状外突起。领部背面低、离得较宽，腹面有 1 对较宽的三角形叶。胸区具 8 个刚节、其背刚毛翅毛状，腹刚毛为"Z"形齿片，上具 1 个主齿和 1 个小齿。腹区 60 多刚节，刚毛分布与胸区相反，其背刚毛为"Z"形齿片，腹刚毛翅毛状。固定标本有不规则紫褐色或棕褐色色斑。

生态习性： 栖息于泥沙质沉积物中，潮间带和潮下带均有分布。

地理分布： 南海；日本，印度 - 西太平洋，澳大利亚。

参考文献： 杨德渐和孙瑞平，1988；孙瑞平和杨德渐，2014。

图 96 斑鳍缨虫 Branchiomma cingulatum (Grube, 1870)（杨德援和蔡立哲供图）
A. 体前部腹面；B. 领部；C. 尾部；D. 鳃丝；E. 鳃冠；F. 体前部疣足

珠鳍缨虫
Branchiomma cingulatum pererai De Silva, 1965

标本采集地： 海南岩石岸潮间带。

形态特征： 体长（含鳃冠）18～42mm，鳃冠长8～13mm，体宽4mm，具50～60个刚节。身体呈圆柱形，尾部呈钝圆锥形。虫体红褐色，体表具有零散分布的褐色色斑。除了领刚节外，其余刚节的背、腹足间均具有1内肢眼点。鳃冠的两鳃叶背面愈合，呈2个半圆形，具17～23对鳃丝。鳃丝间具有鳃膜，鳃丝外侧具有10～15对不等长的指状外凸起。第一对小，第二对大，第三对或第四对小，第五对大。其后大小指状外凸起不规则轮替出现，且在每对指状凸起附近有1栗色复眼和1块环状的紫褐色斑。胸、腹区都具有腹腺盾。疣足基部具有内肢眼点。胸区具有8个刚节。第1～8刚节的疣足位于体两侧，不斜排于虫体的背面。领刚节的领，背面裂隙宽，腹面具有1对三角形小片。领刚毛为单翅毛状。胸区的背刚毛与领刚毛相似，为单翅刚毛。腹齿片枕的腹齿片为"Z"形鸟头状，主齿上具有3横排等大的小齿、无巾、胸突发达、斜的短柄。腹区具有很多密集的刚节。腹区的齿片像胸区的齿片，但较小且颈较短。腹区的腹刚毛为单翅毛状。尾刚节末端钝圆。虫管角膜状，其上附有很多泥沙。

生态习性： 栖息于岩石岸，潮间带和潮下带均有分布。

地理分布： 东海，南海。

参考文献： 孙瑞平和类彦立，2007；孙瑞平和杨德渐，2014。

图 97 珠鳍缨虫 *Branchiomma cingulatum pererai* De Silva, 1965（杨德援和蔡立哲供图）
A. 体前部背面观；B. 体前部腹面观；C. 鳃冠；D. 尾部；E. 鳃丝

石缨虫属 *Laonome* Malmgren, 1866

白带石缨虫
Laonome albicingillum Hsieh, 1995

标本采集地： 珠江口，广东大亚湾。

形态特征： 体长 13～57mm（含鳃冠长 2～6mm），体宽（胸区最宽处）0.45～1.60mm。具有 54～79 个刚节。鳃冠的两个鳃叶背面愈合，排列成 2 个半圆形，具 5～12 对鳃丝。鳃丝表面光滑，具鳃丝 1/10 长的鳃膜（薄而透明）。鳃丝无外凸起、鳃丝镶边和眼点。鳃丝横切面近四边形，具 2 个骨轴细胞。胸区具有 8 个胸刚节，具不明显的腹腺盾。第 1 胸刚节（领刚节）具有 1 条窄的白色腺带。领具 2 个背叶和 2 个三角形的腹叶，腹叶的高约为背叶的一半。领刚毛稍斜排，为双翅叶和单翅毛状。其余胸刚节，疣足背足叶上部除具单翅毛状背刚毛外还具有光滑的毛状背刚毛，疣足背足叶下部具 14～17 根宽短而尖顶的附片状背刚毛。腹足叶腹齿片枕上具有 2 排腹刚毛，一排具 38～79 根无柄、主齿稍微长于基部、主齿上具有 4～6 横排小齿的"C"形鸟头状齿片，另一排具 34～54 根末端尖细的水滴状伴随腹刚毛。腹区的刚节多。腹区的背齿片与胸区的腹齿片相似，但较小。无伴随腹刚毛。前腹区的腹刚毛为 2 个横排，后腹区的腹刚毛为 1 个横排，为稍弯曲的双翅和单翅毛状。尾节无刚毛，圆锥状，肛门位于腹面。虫管由黏液、泥沙和碎屑形成。

生态习性： 栖息于泥沙质沉积物中，红树林沼泽泥沙滩也有发现。

地理分布： 深圳湾，台湾岛；日本。

参考文献： 孙瑞平和类彦立，2007；类彦立和孙瑞平，2007；孙瑞平和杨德渐，2014。

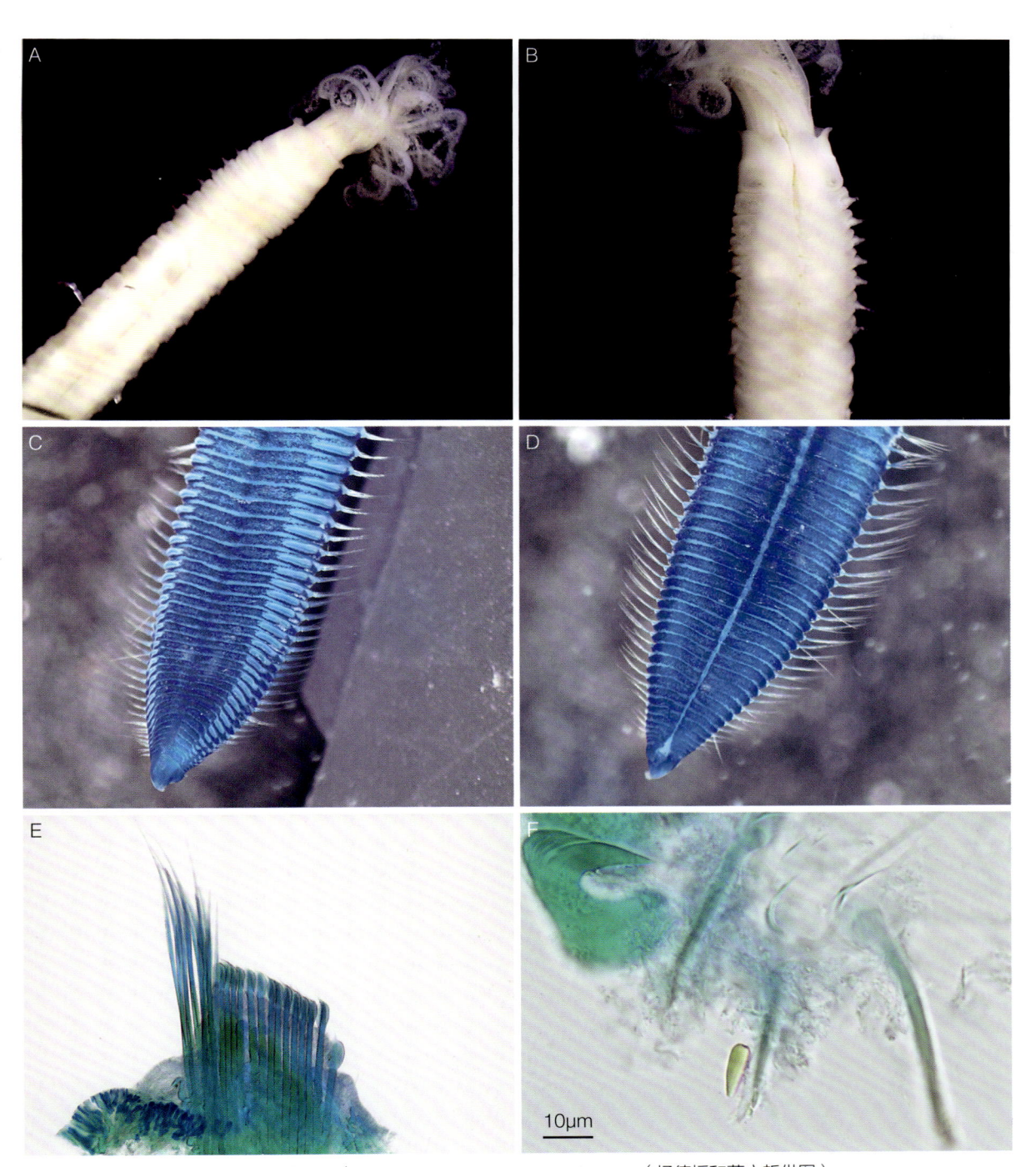

图 98 白带石缨虫 *Laonome albicingillum* Hsieh, 1995（杨德援和蔡立哲供图）
A. 体前部；B. 体前部背面观；C. 尾部背面观（染色）；D. 尾部腹面观（染色）；E. 第 7 刚节背刚毛；F. 第 7 刚节腹刚毛

刺缨虫属 *Potamilla* Malmgren, 1866

结节刺缨虫
Potamilla torelli Malmgren, 1866

标本采集地： 深圳湾，广东大亚湾。

形态特征： 鳃冠具 10～15 对鳃丝，鳃丝无眼点，有长而分散的棕色斑。胸区具 8 个胸刚节。领的背面较低，中央具凹。领的腹面较高，中间具缺口。胸区疣足的背上刚毛为单翅状，疣足的背下刚毛为柄长、末端尖的桴片状。胸区腹齿片枕上具 2 排腹刚毛，一排为胸突发达、主齿上具很多小齿纹、柄中等长的"Z"形鸟头状腹齿片，另一排为顶端细长、叶片状的伴随腹刚毛。腹区的刚节多。腹区背齿片似胸区腹齿片，但较小。腹区腹刚毛为单翅毛状。

生态习性： 管栖，栖管角质半透明。栖息于泥沙沉积物中的砾石或石块上。

地理分布： 黄海，东海，南海；地中海，南非，日本。

参考文献： 杨德渐和孙瑞平，1988；孙瑞平和杨德渐，2014。

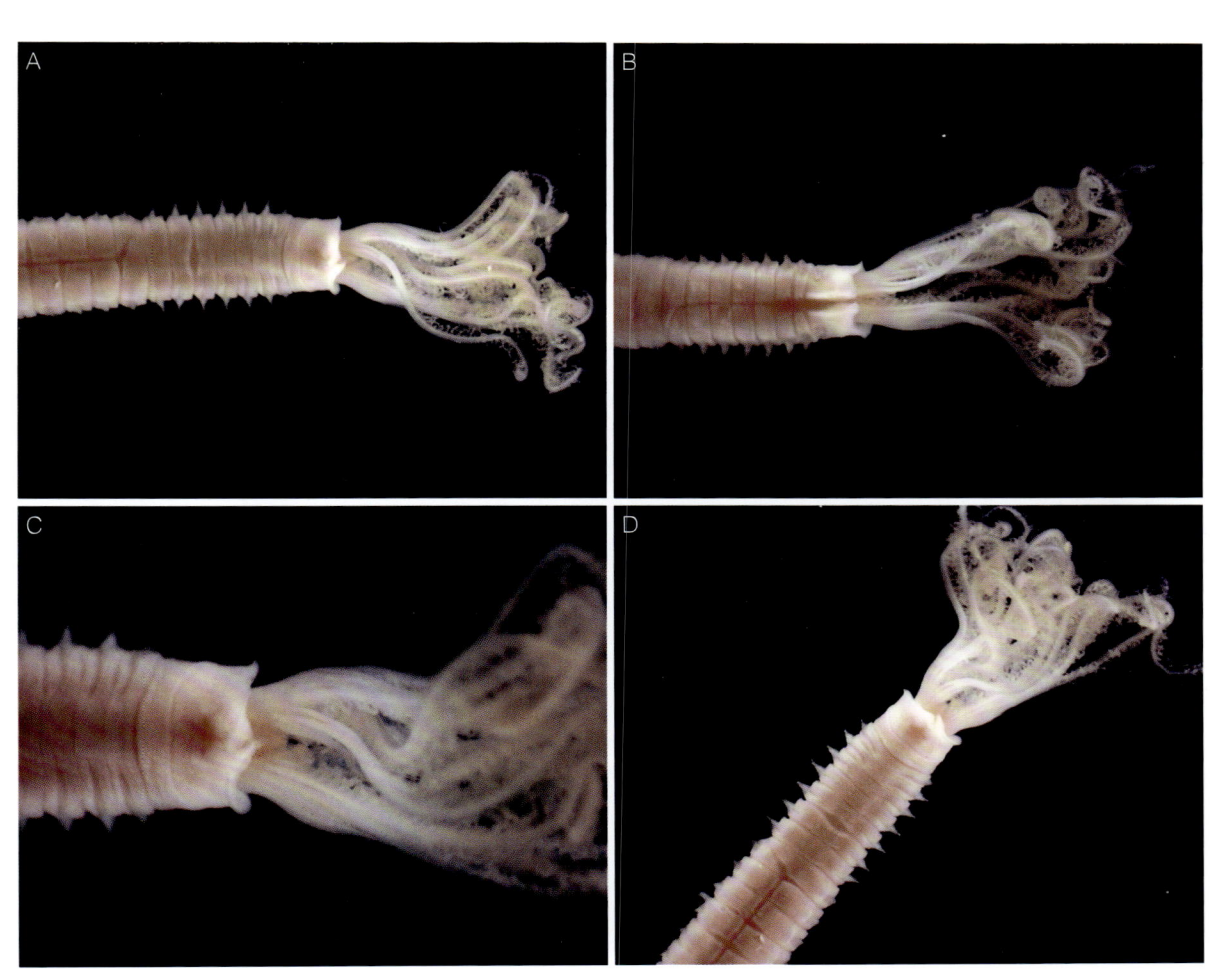

图 99　结节刺缨虫 *Potamilla torelli* Malmgren, 1866（杨德援和蔡立哲供图）
A、C、D. 体前部背面观；B. 体前部腹面观

光缨鳃虫属 *Sabellastarte* Krøyer, 1856

日本光缨虫
Sabellastarte japonica (Marenzeller, 1884)

同物异名： 印度光缨虫 *Sabellastarte indica* (Savigny, 1818)
标本采集地： 北部湾潮下带。
形态特征： 体大而粗。鳃丝螺旋状排列，鳃丝数目约 40 对，无眼点，但具咖啡色色斑。领发达，共 4 叶，即 2 个半圆形背叶和 2 个大的近三角形腹叶。胸区背刚毛翅毛状、无匙状稃片，腹刚毛为鸟头状齿片，无掘斧状伴随刚毛。腹区背齿片同胸区腹齿片，腹刚毛同胸区背翅毛刚毛。固定标本浅褐色，常有小紫色斑。
生态习性： 常栖息于泥沙底质。
地理分布： 南海；日本，印度 - 西太平洋，澳大利亚。
参考文献： 杨德渐和孙瑞平，1988；孙瑞平和杨德渐，2014。

头节虫目分科检索表

1. 体前端（包括部分口前叶）变为触手冠 2
   体前端不变为触手冠 3
2. 管钙质；具胸膜；身体对称；胸刚节 4 个以上 .... 龙介虫科 Serpulidae
   管胶质或角质常覆有沙粒；无胸膜；疣足具竖排齿片 .... 缨鳃虫科 Sabellidae
3. 在 1 个前刚节（常为 3～6 刚节）上具 1 个中背触角 .... 单指虫科 Cossuridae
   在 1 个前刚节（常为 3～6 刚节）上无 1 个中背触角 4
4. 口前叶为一斜板，常以突缘镶边 .... 竹节虫科 Maldanidae
   口前叶尖、圆或钝 5
5. 体分为具不同刚毛的胸、腹两区 6
   体不分区；刚毛分布和疣足形态变化不大 7
6. 胸区具侧疣足、腹区疣足背、腹叶都在背面 .... 锥头虫科 Orbiniidae
   胸、腹均具侧疣足；胸区和前几个腹区刚节仅具细毛状刚毛 .... 小头虫科 Capitellidae
7. 口前叶无中触手 8
   口前叶具中触手，鳃位于 4～18 刚节 .... 异毛虫科 Paranoidae
8. 口前叶完整、尖或圆形、从无环轮；如具鳃，为须状、梳状 .... 海蛹科 Opheliidae
   口前叶梯形或分叉，若具鳃，仅出现于前端，为树枝状 .... 梯额虫科 Scalibregmatidae

图 100　日本光缨虫 *Sabellastarte japonica* (Marenzeller, 1884)（杨德援和蔡立哲供图）
A. 胸区侧面观；B. 胸区腹面观；C. 体中部疣足；D. 尾部；E. 第 5 刚节腹刚毛；F. 第 5 刚节背刚毛

粗壮光缨鳃虫
Sabellastarte spectabilis (Grube, 1878)

同物异名： *Laonome punctata* Treadwell, 1906；*Sabella grandis* Savigny, 1822；*Sabella indica* Savigny, 1822

标本采集地： 厦门海域潮间带泥沙滩。

形态特征： 鳃丝具 5 或 6 条色斑，领的背腹面的侧缘均具紫色色斑。有的标本鳃冠基部具棕色色斑。鳃冠的鳃叶呈螺旋状，鳃叶内卷 2 圈，具 70～80 根鳃丝，交错对插排列。鳃丝前端无鳃羽枝的裸露部较短，上具色斑。鳃丝无鳃丝镶边、外突起和眼点。鳃冠内具平行叶。胸区和腹区的腹面具腹腺盾。胸区第 1 腹腺盾前缘不内凹。疣足基部具内肢眼点。胸区具 8 个胸刚节。领刚节长且宽。领的背叶高，领袋及其间的窄沟明显，领的腹面中间具裂隙和 2 个半圆形的腹叶。具单翅毛状领刚毛。其余胸刚节，疣足从近背中部向外斜排，至最后 1 胸刚节疣足始于体两侧。疣足背上刚毛为单翅毛状和光滑基部较宽的毛状，背下刚毛为单翅毛状。胸区腹齿片枕具 1 排齿片，为胸突发达、无巾、主齿上具很多等大的小齿、柄长的"S"形（或"Z"形）鸟头状腹齿片。无伴随腹刚毛。腹区的刚节多。腹区的背齿片似胸区的腹齿片，具长柄。腹区的腹刚毛为单翅膝状。

生态习性： 管栖，虫管为硬膜质，上附有较厚的泥沙。

地理分布： 东海，南海；日本，印度太平洋，印度尼西亚，菲律宾，夏威夷，澳大利亚等。

参考文献： 杨德渐和孙瑞平，1988；孙瑞平和杨德渐，2014。

缨鳃虫科分属检索表

1. 鳃丝具外突起 .... 鳍缨虫属 *Branchiomma*
   鳃丝无外突起 2
2. 胸区腹齿片和腹区背齿片全为无柄 C 形 .... 石缨虫属 *Laonome*
   胸区腹齿片和腹区背齿片非无柄 C 形 3
3. 鳃丝具鳃膜 .... 刺缨虫属 *Potamilla*
   鳃丝无鳃膜 .... 光缨鳃虫属 *Sabellastarte*

图 101　粗壮光缨鳃虫 *Sabellastarte spectabilis* (Grube, 1878)（杨德援和蔡立哲供图）
A. 体前部腹面观；B. 体前部侧面观；C. 体中部侧面观；D. 尾部；E. 第 5 刚节背刚毛；F. 第 5 刚节腹刚毛

海稚虫目 Spionida
杂毛虫科 Poecilochaetidae Hannerz, 1956
杂毛虫属 *Poecilochaetus* Claparède in Ehlers, 1875

豪猪杂毛虫
Poecilochaetus hystricosus Mackie, 1990

同物异名： 与约氏杂毛虫 *Poecilochaetus johnsoni* 形态上较接近

标本采集地： 香港海域。

形态特征： 体前部背面光滑。口前叶小，圆锥状，具2对暗红棕色眼，前对大，条形至肾形；后对小，圆形。围口节小。中项器长，后伸可达第3～4刚节；两侧项器退化，不明显。第2刚节疣足背舌叶比第1刚节腹舌叶长。第3～5刚节疣足背舌叶略短。第7～13刚节后刚叶瓶状，背舌叶略长。第14～16刚节疣足后刚叶矛状，等长。第1～5刚节和第9～13刚节具感光乳突，第6～8刚节没有感光乳突。

生态习性： 成体穴居于泥沙中，体表常附有孔虫壳，幼体常见于浮游生物样品中。

地理分布： 南海。

参考文献： Mackie，1990。

图 102 豪猪杂毛虫 *Poecilochaetus hystricosus* Mackie, 1990（杨德援和蔡立哲供图）
A. 体前、中部；B. 体前部背面观（染色）；C. 头部背面观（染色）；D. 第 2 刚节疣足；E. 第 13 刚节疣足；F. 第 60 刚节疣足

小刺杂毛虫
Poecilochaetus spinulosus Mackie, 1990

标本采集地： 香港海域。

形态特征： 口前叶小，亚直角到梯形，2对眼位于表皮下，第1对稍大，第2对眼靠得较近。3个大的项器后伸，项器基部融合，中间的项器较长，后伸可达第4刚节，有的标本可达第5刚节。第1刚节疣足腹舌叶长，须状；背舌叶退化，三角形。第2和第5刚节疣足背舌叶长，须状；第3、第4和第6刚节疣足背舌叶短针状。第1～5刚节和第10～16刚节具感光乳突，第6～9刚节没有感光乳突。2对鳃出现在第17～18刚节。

生态习性： 成体穴居于泥沙中，体表常附有孔虫壳，幼体常见于浮游生物样品中。

地理分布： 南海。

参考文献： Mackie，1990。

图 103　小刺杂毛虫 *Poecilochaetus spinulosus* Mackie, 1990（杨德援和蔡立哲供图）
A. 体前部背面观；B. 体前部侧面观（染色）；C. 体前部腹面观；D. 第 2 刚节疣足；E. 第 13 刚节疣足；F. 第 17 刚节疣足

三须杂毛虫
Poecilochaetus tricirratus Mackie, 1990

标本采集地： 香港，广东大亚湾。

形态特征： 体前部背面光滑。口前叶小，圆锥状，2 对眼位于表皮下，前对略大，后对眼靠得较近。围口节小。中项器长，后伸可达第 4 刚节；两侧项器退化，不明显。第 2 刚节和第 5 刚节疣足背舌叶长，第 4 刚节和第 6 刚节疣足背舌叶较短，第 2～6 刚节腹舌叶等长，均比背舌叶短。第 7～11 刚节后刚叶瓶状，背舌叶略长。第 12～18 刚节疣足后刚叶矛状，背舌叶较长。第 1～5 刚节和第 10（或 11）～16 刚节具感光乳突，第 6～9（或 10）刚节没有感光乳突。鳃可见于第 13 刚节背舌叶和第 17 刚节腹舌叶。

生态习性： 成体穴居于泥沙中，体表常附有孔虫壳，幼体常见于浮游生物样品中。

地理分布： 南海。

参考文献： Mackie，1990。

杂毛虫属分种检索表

1. 体具鳃；第 12～13 刚节具瓶状卷须 2
   体无鳃；第 12～13 刚节无瓶状卷须 ....豪猪杂毛虫 *Poecilochaetus hystricosus*
2. 鳃可见于第 13 刚节背舌叶和第 17 刚节腹舌叶 .... 三须杂毛虫 *Poecilochaetus tricirratus*
   鳃 2 对，出现在第 17～18 刚节 ....小刺杂毛虫 *Poecilochaetus spinulosus*

图 104　三须杂毛虫 *Poecilochaetus tricirratus* Mackie, 1990（杨德援和蔡立哲供图）
A. 体前部背面观；B. 体前部腹面观；C. 体前部和体中部；D. 体前部侧面观；E. 第 9 刚节疣足；F. 第 2 刚节疣足

海稚虫科 Spionidae Grube, 1850
后稚虫属 *Laonice* Malmgren, 1867

后稚虫
Laonice cirrata (M. Sars, 1851)

同物异名： 后指虫

标本采集地： 厦门海域，香港。

形态特征： 口前叶前缘钝，后伸为脑后脊，上具一个后头触手，脑后脊后伸达第 9～10 刚节。鳃 34～41 对，始于第 2 刚节，第 2～4 刚节鳃不发达，不与背足叶相连；从第 5 刚节开始鳃长于背足叶，有鳃的背足叶很大，叶片状，以后慢慢变小，腹足叶椭圆形。腹巾钩刚毛始于第 35～43 刚节，双齿。肛须 8 对。

生态习性： 栖息于泥沙或碎贝壳沉积物中。

地理分布： 渤海，黄海，东海，南海；世界性分布。

经济意义： 大型底栖动物群落常见种。

参考文献： 杨德渐和孙瑞平，1988；周进，2008。

图 105　后稚虫 *Laonice cirrata* (M. Sars, 1851)（杨德援和蔡立哲供图）
A. 体前部背面观；B. 体前部侧面观；C. 口前叶；D. 第 10 刚节疣足；E. 第 22 刚节疣足；F. 第 40 刚节疣足

奇异稚齿虫属 *Paraprionospio* Caullery, 1914

冠奇异稚齿虫
Paraprionospio cristata Zhou, Yokoyama & Li, 2008

标本采集地： 厦门海域，广东大亚湾。

形态特征： 口前叶前端圆钝，向后形成不明显的脑后脊至第1刚节。2对眼，等大，梯形排列，前对眼常被围口节遮盖，之间间距宽。围口节发达，在两侧呈侧翼状包围着口前叶，两侧后缘无乳突。触手表面有沟槽，基部有鞘，常脱落。鳃3对，始于第1刚节，皆羽状。前两对鳃较长，向后至第9刚节；第3对鳃较短，向后至第6刚节。鳃表面有很多羽片，几乎覆盖整个鳃，鳃前侧和基部裸露，基部羽片为双叶型，中部、端部羽片为扇形。第1对鳃基部无附加羽片，第3对鳃的基部各有1根细长的附属鳃。前4刚节上疣足背叶刚毛后叶发达，长三角形，顶端尖，随后刚节上疣足背叶刚毛后叶变小，圆钝，第22刚节以后，疣足背叶刚毛后叶毛状。第1刚节疣足背叶刚毛后叶基部连接成横脊，第1～3刚节上疣足腹叶刚毛后叶矛形，第4～8刚节上逐渐宽圆，横脊状，随后刚节上逐步退化，第21～29刚节上背前刚叶基部相互连接，形成明显腹褶结构。冠奇异稚齿虫是中国海域较为常见的多毛类，但该种长期被误认为奇异稚齿虫 *Paraprionospio pinnata*。

生态习性： 常见于泥沙沉积环境。

地理分布： 黄海，东海，南海；安哥拉，美国，智利。

经济意义： 环境有机质污染指示种。

参考文献： Zhou et al., 2008；周进，2008。

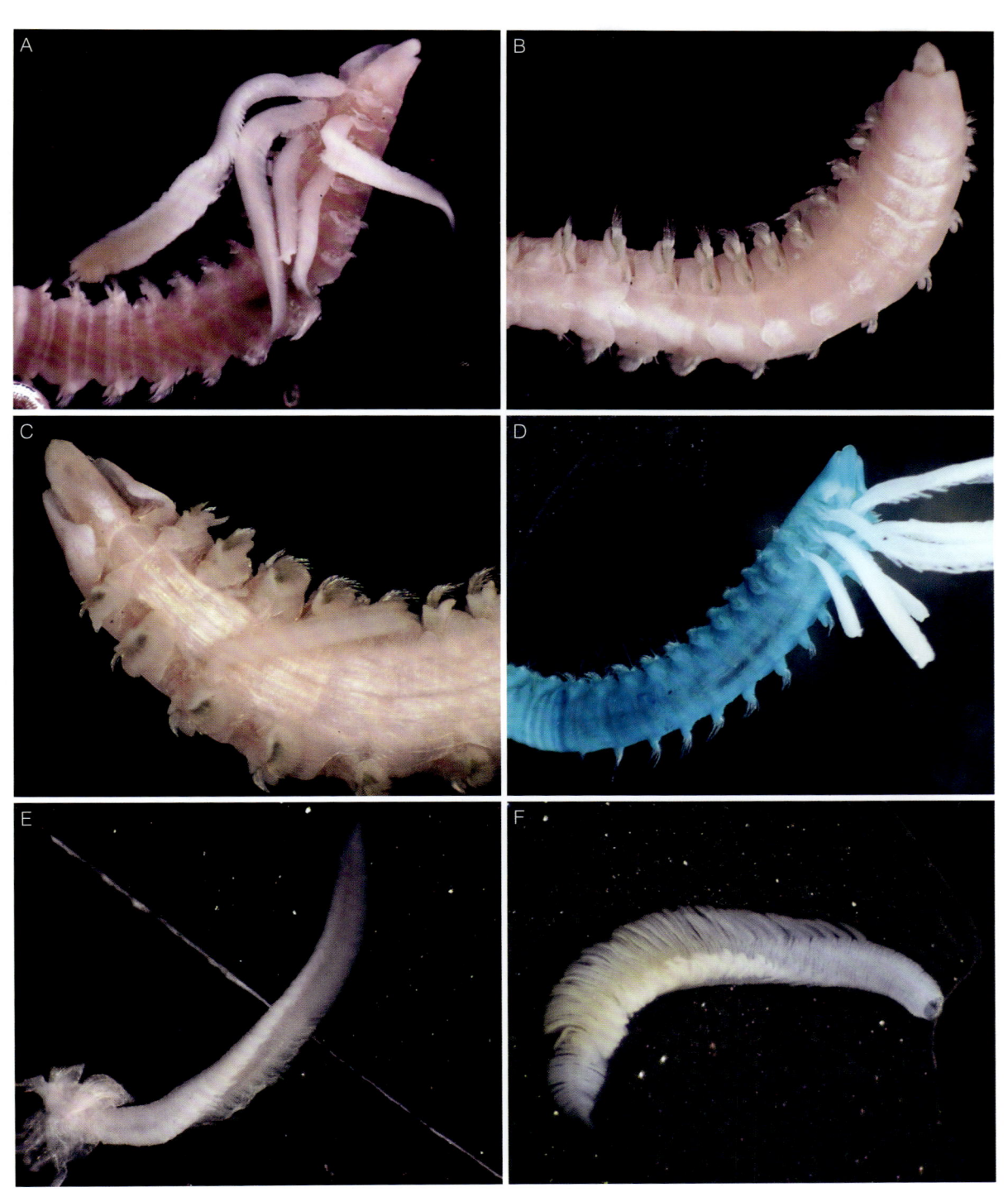

图 106　冠奇异稚齿虫 *Paraprionospio cristata* Zhou, Yokoyama & Li, 2008（杨德援和蔡立哲供图）
A. 体前部侧面观；B. 体前部腹面观；C. 体前部背面观；D. 体前部背面观（染色）；E、F. 第 2 对鳃

稚齿虫属 *Prionospio* Malmgren, 1867

太平洋稚齿虫
Prionospio pacifica Zhou & Li, 2009

标本采集地： 广东大亚湾，香港。

形态特征： 口前叶前端有小缺刻，前端和眼之间有一定的收缩，正中部和前端部近等宽，向后形成脑后脊，细窄，达第 2 刚节的末端。2 对眼，前一对小圆点状，之间间距较大，后一对弯月形，由很多眼点组成，之间间距较小。围口节不发达，未形成侧翼状结构，和第 1 刚节分离。鳃 4 对，始于第 2 刚节，第 1、第 4 对羽状，后侧面上有很多较长的羽片，第 2、第 3 对须状，其侧面具浓密纤毛。第 1、第 4 对鳃较长，长度是第 2、第 3 对的 2～3 倍。第 1 刚节和围口节分离，疣足背叶刚毛后叶最小，鳃区上疣足背叶刚毛后叶最发达，近三角形，有尖的顶端，随后的刚节上较宽，形状从近三角形逐步变化为宽圆。背叶刚毛叶在前端刚节上明显，宽圆。从第 10 刚节开始，背叶刚毛后叶在体背部愈合，形成横褶结构，向后至第 20 刚节处不明显，至第 25 刚节处消失。体前部刚毛毛状，有较窄的边缘，在疣足背叶上排成 3 排，最前排的刚毛最短，腹叶上排成 2 排，前排刚毛短于后排。杂色刚毛始于第 10～12 刚节疣足腹叶，每束 1～2 根。巾钩刚毛始于第 13～15 刚节疣足腹叶和第 34 刚节疣足背叶，有伴随的毛状刚毛，主齿上方 4～5 小齿，腹叶巾钩刚毛每束 12～16 根，背叶巾钩刚毛每束 5～8 根。

生态习性： 常栖息于潮下带泥沙沉积环境。

地理分布： 长江口，东海，南海。

经济意义： 大型底栖动物群落常见种。

参考文献： Zhou and Li, 2009。

图 107 太平洋稚齿虫 *Prionospio pacifica* Zhou & Li, 2009（杨德援和蔡立哲供图）
A. 体前部背面观；B. 体前部腹面观；C. 口前叶；D. 尾部；E. 第 11 刚节疣足；F. 第 15 刚节疣足

小囊稚齿虫
Prionospio saccifera Mackie & Hartley, 1990

标本采集地： 香港。

形态特征： 口前叶瓶形，前端宽圆或平截形，后端尖细，向后形成脑后脊至第 2 刚节；脑后脊两侧各有 1 个三角形状的项器；具 1～2 对眼，前对点状，较小，间距较大，后对较大，月牙形，间距较小，眼埋在表皮下常不清楚。围口节和第 1 刚节部分愈合。触手位于第 1 刚节和口前叶之间，较长，上有沟槽，有鳞片状的基部，常脱落。鳃 4 对，始于第 2 刚节，第 1 对羽状，后侧面上有很多较长的羽片，第 2～4 对鳃须状，其侧面具浓密纤毛，第 1、第 4 对鳃明显较中间 2 对长，第 1 对鳃向后可达第 8 或第 9 刚节，第 4 对鳃向后可达第 10～12 刚节，第 1、第 4 对鳃的基部有膜状结构连接。第 1 刚节和围口节愈合，体前部疣足背叶刚毛后叶叶状，在第 3、第 4 刚节上面较大，随后的刚节上较宽，形状从近三角形逐步变化为宽圆。体前部刚毛毛状，有较窄的边缘，在疣足背叶上排成 3 排，最前排的刚毛最短，腹叶上排成 2 排，前排刚毛短于后排。

生态习性： 常栖息于潮下带泥沙沉积环境。

地理分布： 南海。

经济意义： 大型底栖动物群落常见种。

参考文献： Mackie and Hartley, 1990; Zhou and Li, 2009。

图 108　小囊稚齿虫 Prionospio saccifera Mackie & Hartley, 1990（杨德援和蔡立哲供图）
A. 体前部背面观；B. 体前部侧面观；C. 口前叶；D. 体前部腹面观；E. 第 21 刚节疣足；F. 第 21 刚节疣足刚毛

腹沟虫属 *Scolelepis* Blainville, 1828

鳞腹沟虫
Scolelepis (*Scolelepis*) *squamata* (O. F. Muller, 1806)

标本采集地： 厦门海域，广东大亚湾。

形态特征： 乙醇标本为黄色，有的背面有咖啡色横斑。体长 25～40mm，宽 1～2mm。口前叶前端尖，脑后脊可达第 2 刚节，无后头触手，4～6 对眼（有的标本眼不清楚）。围口节形成侧翼围着口前叶。鳃始于第 2 刚节，部分与背足后刚叶愈合。体中后部鳃与背足后刚叶稍分离。双齿巾钩刚毛始于第 70 多刚节后的背足叶和第 35～41 刚节腹足叶上。背、腹毛状刚毛具窄边。肛部盘状，宽大于长，边缘中间有凹裂。

生态习性： 栖息于高潮带至 25m 深的泥沙、细砂或石块下沉积物中。

地理分布： 渤海，黄海，南海；北大西洋，加拿大，美国。

经济意义： 大型底栖动物群落常见种。

参考文献： 杨德渐和孙瑞平，1988。

海稚虫科分属检索表

1. 口前叶前端尖 .... 腹沟虫属 *Scolelepis*
   口前叶前端圆或具缺刻 2
2. 大部分体节具鳃 .... 后稚虫属 *Laonice*
   仅体前几节具鳃 3
3. 3 对羽状鳃 .... 奇异稚齿虫属 *Paraprionospio*
   4 对羽状鳃或须状鳃 .... 稚齿虫属 *Prionospio*

图 109 鳞腹沟虫 Scolelepis (Scolelepis) squamata (O. F. Muller, 1806)（杨德援和蔡立哲供图）
A. 体前部背面观（染色）；B. 体前部背面观；C. 体前部侧面观；D. 第 21 刚节疣足；E. 第 39 刚节疣足；F. 体后部疣足刚毛

轮毛虫科 Trochochaetidae Pettibone, 1963
轮毛虫属 Trochochaeta Levinsen, 1884

分叉轮毛虫
Trochochaeta diverapoda (Hoagland, 1920)

同物异名： 与源轮毛虫 *Trochochaeta orissae* (Fauvel, 1932) 可能同物异名

标本采集地： 香港，深圳大鹏湾，广东大亚湾。

形态特征： 口前叶椭圆形，前端截形，后端变窄；细长的肉冠后伸达第 3 刚节。2 对黑色小眼，位于皮下，梯形排列，前对稍大。突出的三角形中触手位于肉冠前端。胸部具 10 刚节，第 1～3 刚节特殊，第 4～10 刚节疣足后刚叶有些厚。疣足背刚毛光滑细长，腹刚毛短且少。

生态习性： 栖息于潮下带泥沙底质。

地理分布： 南海；印度。

参考文献： Shin, 1980; Mackie, 1990。

海稚虫目分科检索表

1. 体中部疣足单叶型 ··· 轮毛虫科 Trochochaetidae
   所有疣足双叶型 ··· 2
2. 口前叶小，球形嵌入到第一刚节，有的刚节具瓶状背须 ················ 杂毛虫科 Poecilochaetidae
   口前叶圆钝或具前突起或叉状，背须须状或叶状 ··································· 海稚虫科 Spionidae

图 110　分叉轮毛虫 Trochochaeta diverapoda (Hoagland, 1920)（杨德援和蔡立哲供图）
A. 体前部背面观；B. 体前部腹面观；C. 体前、中部腹面观；D. 体前部侧面观；E. 第3刚节疣足；F. 体后部疣足

蛰龙介目 Terebellida
丝鳃虫科 Cirratulidae Ryckholt, 1851
丝鳃虫属 *Cirratulus* Lamarck, 1818

丝鳃虫
Cirratulus cirratus (O. F. Müller, 1776)

标本采集地： 厦门海域。

形态特征： 体细长，圆柱状，两端尖。口前叶钝圆锥形，2～4对眼点斜排于口前叶两侧。围口节3环轮。触角和鳃丝均始于第1刚节。鳃丝可分布至体后部。体中部鳃丝具背刚叶的距离比背、腹刚叶的间距短。毛状刚毛分布于所有疣足的2刚叶上，腹足刺刚毛始于第10～12刚节，背足刺刚毛始于第20～25刚节，1～2根，较粗，黄色。

生态习性： 不喜动的动物，虫体栖息于沉积物内，只伸出鳃丝或触须。

地理分布： 渤海，黄海，东海，南海。

经济意义： 可作为排污口污染指标种。

参考文献： 杨德渐和孙瑞平，1988。

图 113 多丝双指虫 *Aphelochaeta multifilis* (Moore, 1909)（杨德援和蔡立哲供图）
A、B. 整体图；C. 体前部背面观（染色）；D. 体前部腹面观（染色）；E. 体前部侧面观（染色）；F. 尾部侧面观（染色）

扇毛虫科 Flabelligeridae de Saint-Joseph, 1894

足丝肾扇虫属 Bradabyssa Hartman, 1867

绒毛足丝肾扇虫
Bradabyssa villosa (Rathke, 1843)

同物异名： *Brada villosa* (Rathke, 1843)

标本采集地： 厦门海域，广东大亚湾。

形态特征： 体长 20～40mm，具 29～35 个体节，体表黏附着泥沙，去掉泥沙表层可看到密集的鳃，背部的鳃比腹部的厚而长，体表的鳃很长并且多为圆筒形。头触手 30 对，细长。第 1 体节的刚毛细长，形成头笼。第 2 刚节开始背刚毛较短，翅状。腹部钩状刚毛比背部钩状刚毛厚，且具有分节。疣足双叶型但仅具背、腹两束刚毛，背、腹刚毛均光滑或具横环纹。

生态习性： 栖息于泥沙底质。

地理分布： 黄海，东海，南海。

参考文献： 杨德渐和孙瑞平，1988。

图 114　绒毛足丝肾扇虫 Bradabyssa villosa (Rathke, 1843)（杨德援和蔡立哲供图）
A. 整体背面观；B. 整体侧面观；C. 体前部侧面观；D. 头部腹面观

双栉虫科 Ampharetidae Malmgren, 1866
等栉虫属 *Isolda* Müller, 1858

等栉虫
Isolda pulchella Müller in Grube, 1858

标本采集地： 深圳湾，厦门海域。

形态特征： 口前叶吻状，具 3 裂瓣。口触手光滑，从口顶部伸出，单侧具沟。边缘平滑的背脊位于第 6 体节。鳃 4 对，分 2 组，中间 2 对羽状，外侧 2 对光滑棒状。第 3～5 体节具腹刚毛，第 6 体节无腹刚毛。鳃后钩刚毛位于第 4 体节。第 5～6 体节具很小的疣足和背刚毛。腹齿片始于第 7 体节，共 13 个齿片刚节，腹齿片枕具小的背须。胸部齿片具单排齿，每排 5～6 个小齿。

生态习性： 栖息于潮间带和潮下带泥沙底质。

地理分布： 东海，南海。

参考文献： 隋吉星，2013；蔡立哲，2015。

图 115　等栉虫 *Isolda pulchella* Müller in Grube, 1858（杨德援和蔡立哲供图）
A. 体大部侧面观；B. 鳃和鳃冠背面观；C. 体大部背面观；D. 胸部疣足；E. 整体侧面观；F. 整体观

米列虫属 *Melinna* Malmgren, 1866

米列虫
Melinna cristata (M. Sars, 1851)

标本采集地：厦门海域。

形态特征：体长 45～85mm，宽 4～5mm。口触手光滑具侧沟。鳃 4 对，须状光滑，4 个一组约在一半处愈合。前 3～6 体节愈合，细腹足刺刚毛埋入表皮里。1 对粗的鳃后钩刚毛位于第 4 体节（第 2 刚节），背刚毛始于第 5 刚节；具 14 个胸齿片枕，胸区腹齿片始于第 7 体节（第 5 刚节）。横的背脊位于第 6 节，锯齿状。胸区腹齿片有 3～4 个齿，排成 1 排。腹区有 30～50 节，有腹齿片枕和小的背足叶。尾节无肛须。

生态习性：常栖息于软泥或沙质泥沉积物中。

地理分布：黄海，南海；北大西洋，格陵兰岛，挪威-英吉利海峡，美国北加利福尼亚，北太平洋，美国阿拉斯加-日本。

参考文献：杨德渐和孙瑞平，1988；隋吉星，2013。

图 116 米列虫 *Melinna cristata* (M. Sars, 1851)（杨德援和蔡立哲供图）
A. 体前部背面观；B. 体前部侧面观；C. 体前部腹面观；D. 头部

笔帽虫科 Pectinariidae Quatrefages, 1866
双边帽虫属 Amphictene Savigny, 1822

日本双边帽虫
Amphictene japonica (Nilsson, 1928)

标本采集地： 厦门海域，广东大亚湾。

形态特征： 头膜与壳盖板完全分离，壳盖板中央每侧具 10～12 根金黄色稃刚毛。壳盖背脊具 21～25 个不规则缺刻。胸区鳃位于第 3～4 节，薄瓣状板排成书状，第 5～7 节为单叶型疣足，仅有短棒状背叶，其上具毛状刚毛。腹区第 8～20 节双叶型疣足，背足叶同胸区，腹足叶为隆起脊，上具排成横排的齿片刚毛，计 13 个具齿片刚节。齿片具主齿 2 排，每排 7 个或数个小齿。肛门舟状，与腹区有明显界限，长大于宽。在肛区和腹区交界处背面有 2 个相对排列的肛钩刚毛，每侧 19～24 根，黄色或棕色。栖管由沙粒、碎贝壳构成。

生态习性： 常栖息于潮间带和潮下带软泥底质。管栖为上粗下细圆柱形，两端开口，由沙粒、海绵骨针、有孔虫或碎贝壳有规则地建造而成。

地理分布： 黄海，东海，南海；日本。

参考文献： 杨德渐和孙瑞平，1988。

图 117　日本双边帽虫 *Amphictene japonica* (Nilsson, 1928)（杨德援和蔡立哲供图）
A. 整体腹面观；B. 体前部腹面观；C. 体前部背面观；D. 领部背面观；E. 领部腹面观；F. 尾部

蛰龙介科 Terebellidae Johnston, 1846
似蛰虫属 Amaeana Hartman, 1959

似蛰虫
Amaeana trilobata (Sars, 1863)

标本采集地： 厦门海域，广东大亚湾。

形态特征： 体背面凸起，腹面具一纵向的深沟。触手脊明显叠起，形成2个侧叶；中间叶边缘较薄，平展。具大量口触手，分2种类型：一种是较细长的，末端稍稍变粗，另一种明显粗大，末端具大的膨大端，顶端具尖。背刚毛始于第2体节，共10个胸刚节。疣足圆柱状，前3对疣足较短，后面的疣足非常长。胸部无腹刚毛，腹部前5～6刚节无刚毛。腹部后面的体节具很小的疣足。肾乳突位于第3～12体节。体长可达72刚节。尾节末端光滑。背刚毛末端具小刺，腹刚毛针状。

生态习性： 常栖息于潮下带泥沙底质。

地理分布： 黄海，东海，南海。

参考文献： 隋吉星，2013。

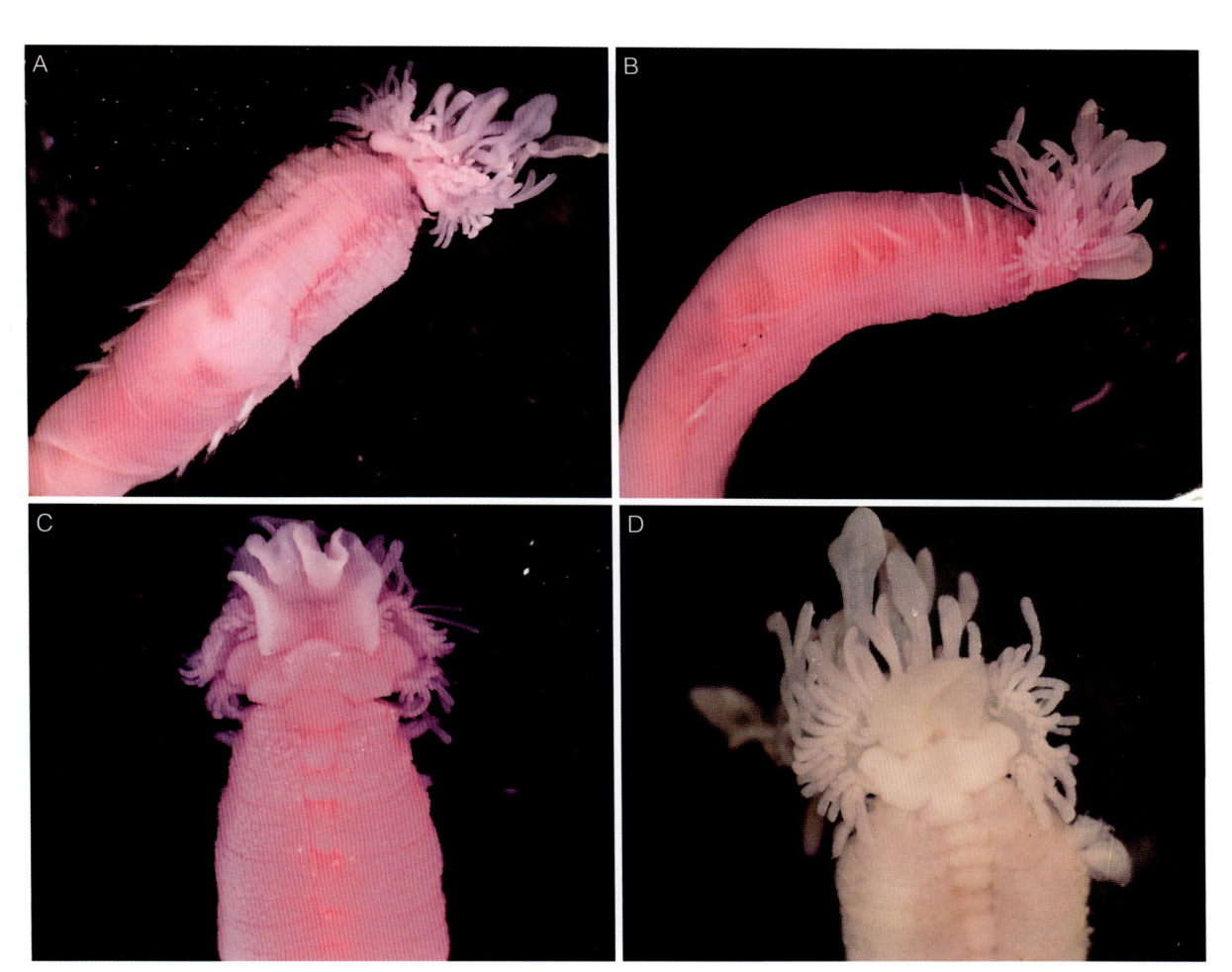

图 118 似蛰虫 *Amaeana trilobata* (Sars, 1863)（杨德援和蔡立哲供图）
A. 体前部背面观（染色）；B. 体前部侧面观（染色）；C. 体前部腹面观（染色）；D. 体前部腹面观

琴蛰虫属 *Lanice* Malmgren, 1866

琴蛰虫
Lanice conchilega (Pallas, 1766)

标本采集地： 广东大亚湾。

形态特征： 触手常有眼点（固定标本有时不明显）。围口节上具长舌状的侧瓣，形成筒状触手鞘。第2体节无侧瓣，第3节侧瓣盖在第2节上。3对鳃具短柄，树枝状，位于第2～4体节。17个胸刚节，腹腺垫位于第10～20个刚节上，以后不明显。肾乳突位于第3和第6～9体节上。齿片鸟嘴状，1个大齿和数个小齿。齿片双排，背靠背排列。

生态习性： 常栖息于泥沙和岩石岸潮间带。栖管为砂和碎壳构成，有时有少量泥，管口扩张似触手状分枝。

地理分布： 黄海，南海；大西洋，地中海，波斯湾，美国南加利福尼亚。

参考文献： 杨德渐和孙瑞平，1988；隋吉星，2013。

图 119 琴蛰虫 Lanice conchilega (Pallas, 1766)（杨德援和蔡立哲供图）
A. 体前部背面观；B. 体前部侧面观；C. 体前部腹面观；D. 第 1 刚节腹刚毛；E. 第 7 刚节腹刚毛；F. 第 18 刚节腹刚毛

扁蛰虫属 *Loimia* Malmgren, 1866

扁蛰虫
Loimia medusa (Savigny, 1822)

标本采集地： 厦门海域，广东大亚湾。

形态特征： 触手叶短领状，有眼点，触手须状。鳃 3 对，树枝状，位于第 2～4 体节（第 1 刚节），第 1 对鳃最大。围口节膜叶状，第 2、第 3 节具愈合的侧瓣。胸区 17 个刚节，背刚毛翅毛状，末端光滑。在 15 节前有明显的腹腺垫。胸区腹齿片始于第 2 刚节，排成一排，约从第 7～16 刚节齿片排成双排，背靠背排列，每个齿片约有 5～6 个齿呈梳状。腹区齿片位于方形腹枕上，齿片形状同胸区。生活时触手为紫红色，鳃为鲜红色。

生态习性： 管栖，栖管膜质，管外附有泥沙、碎石和碎贝壳等。栖息于潮间带和潮下带软泥或泥沙沉积物中。

地理分布： 黄海，东海，南海。

参考文献： 杨德渐和孙瑞平，1988；隋吉星，2013。

图 120　扁蛰虫 *Loimia medusa* (Savigny, 1822)（杨德援和蔡立哲供图）
A. 体前部背面观；B、C. 体前部腹面观；D. 鳃

树蛰虫属 *Pista* Malmgren, 1866

树蛰虫
Pista cristata (Müller, 1776)

标本采集地： 厦门海域，广东大亚湾。

形态特征： 口前叶边缘卷曲，在腹面形成一"V"形结构。触手叶领状，具很多触手，无眼点。2对鳃位于第2、第3体节，每个鳃都大小不同，最大和最小的鳃均位于第2体节，次大的鳃位于第3体节。鳃具柄，椭球型。侧瓣位于第2～4体节，第3体节侧瓣最发达。背刚毛末端光滑，始于第4体节，共17个胸刚节。腹齿片位于第5体节（第2刚节），体前部齿片枕单排排列，从第7齿片枕开始双排排列一直到胸部末端，腹部齿片枕单排排列。肾乳突位于第6～12体节。齿片鸟嘴状，前胸齿片具长柄（前6～10排），后胸和腹区齿片无柄。

生态习性： 常栖息于潮下带软泥、泥沙、贝壳沉积物中。

地理分布： 黄海，东海，南海；大西洋，墨西哥湾，北太平洋，日本海-白令海。

参考文献： 杨德渐和孙瑞平，1988；隋吉星，2013。

图 121　树蛰虫 *Pista cristata* (Müller, 1776)（杨德援和蔡立哲供图）
A. 体大部背面观；B. 体前部背面观；C. 鳃冠背面观；D. 体前部侧面观；E. 体前部腹面观；F. 鳃冠腹面观

烟树树蛰虫
Pista typha (Grube, 1878)

标本采集地： 厦门海域，广东大亚湾。

形态特征： 触手叶领状，具很多触手，无眼点。2 对鳃明显不等大。前 4 节有侧叶，第 3 体节侧叶把第 2 节覆盖，致第 2 节仅显出部分侧叶。17 胸刚节具翅毛状背刚毛，顶端光滑。约 17～20 节有腹腺垫，肾乳突位于第 6～7 节。齿片为鸟嘴状，前胸齿片具长柄（前 6～10 排），后胸和腹区齿片无柄。

生态习性： 常栖息于潮下带软泥、泥沙、贝壳沉积物中。

地理分布： 黄海，东海，南海。

参考文献： 杨德渐和孙瑞平，1988。

蛰龙介科分属检索表

1. 齿片单排或无齿片 .... 似蛰虫属 *Amaeana*
   齿片双排 2
2. 胸区齿片具柄 .... 树蛰虫属 *Pista*
   胸区齿片无柄 3
3. 齿片为梳状，背靠背排列 .... 扁蛰虫属 *Loimia*
   齿片为鸟嘴状，1 个大齿和数个小齿 .... 琴蛰虫属 *Lanice*

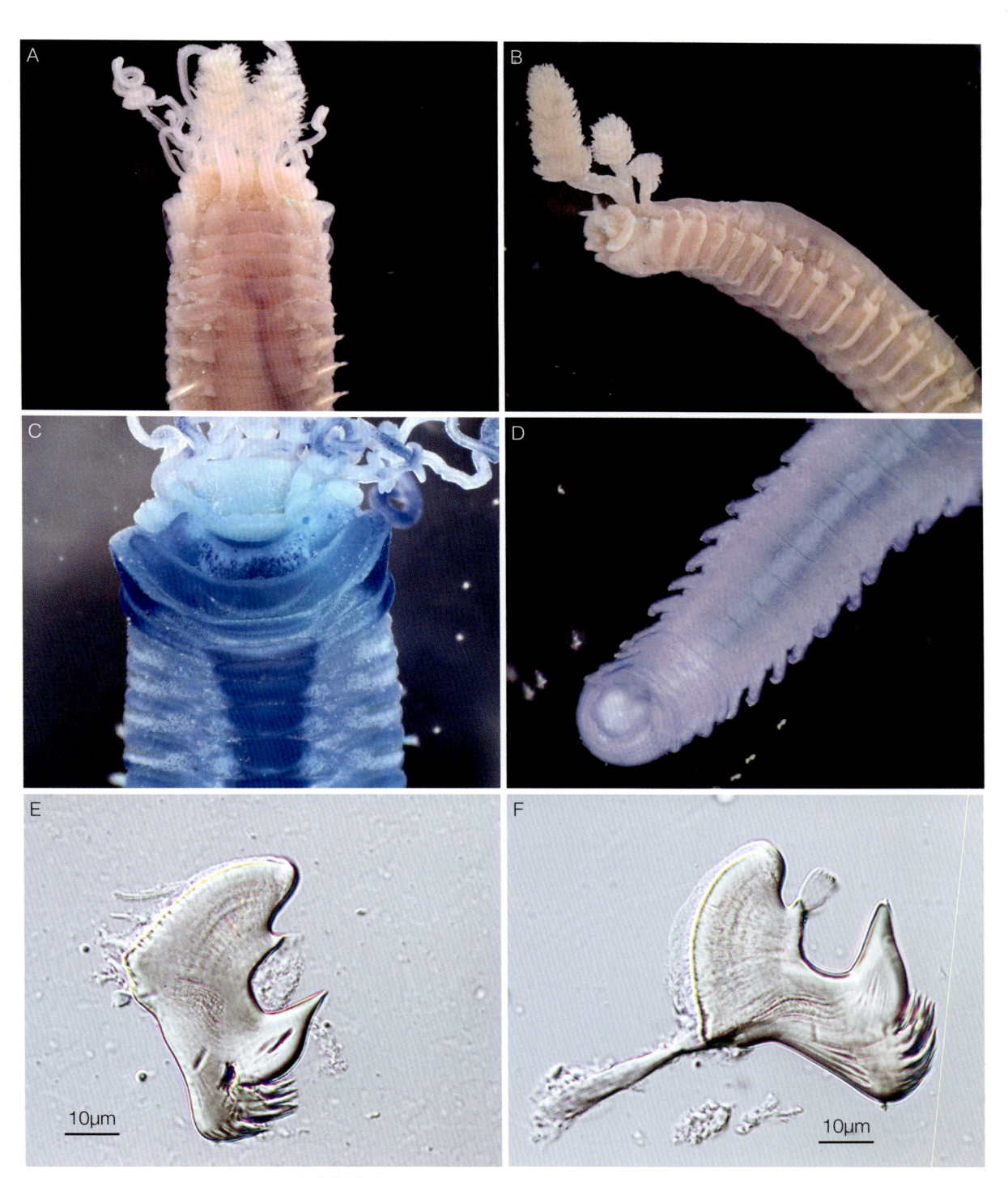

图 122　烟树树蛰虫 *Pista typha* (Grube, 1878)（杨德援和蔡立哲供图）
A. 体前部背面观；B. 体前部侧面观；C. 体前部腹面观（染色）；D. 尾部腹面观（染色）；E. 胸区齿片；F. 腹区齿片

毛鳃虫科 Trichobranchidae Malmgren, 1866
梳鳃虫属 Terebellides Sars, 1835

广东梳鳃虫
Terebellides guangdongensis Zhang & Hutchings, 2018

同物异名： 2018 年报道中国沿海毛鳃虫科梳鳃虫属有 3 种，分别是广东梳鳃虫 *Terebellides guangdongensis* Zhang & Hutchings, 2018、杨氏梳鳃虫 *Terebellides yangi* Zhang & Hutchings, 2018 和异位梳鳃虫 *Terebellides ectopium* Zhang & Hutchings, 2018 (Zhang and Hutchings, 2018)。早期在中国海域报道的梳鳃虫 *Terebellides stroemii* Sars, 1835 可能是上述 3 种之一

标本采集地： 厦门海域，广东大亚湾。

形态特征： 体长、蛆状，前端宽扁、后端尖。口前叶与围口节愈合形成一个大的皱褶状的头罩（触手叶）。头罩直立，具皱褶，其背面有很多须状触手，腹面愈合成领状唇。无眼。1 个粗柄的鳃位于 2～4 体节间，柄上有 4 个梳状瓣鳃。胸区具 18 刚节，第 1 刚节开始于第 3 体节，背刚毛为翅毛状，腹刚毛单齿足刺状，末端弯曲，其后腹刚毛具长柄，主齿弯曲，其上有数个小齿。腹区齿片鸟嘴状，主齿上具多行小齿。

生态习性： 常栖息于潮下带软泥或泥沙底质中。

地理分布： 渤海，黄海，南海。

参考文献： 杨德渐和孙瑞平，1988；Zhang and Hutchings，2018。

图 123　广东梳鳃虫 *Terebellides guangdongensis* Zhang & Hutchings, 2018（杨德援和蔡立哲供图）
A. 体前部背面观（染色）；B. 体前部侧面观；C. 头部；D. 鳃；E. 体前部疣足；F. 头罩

不倒翁虫科 Sternaspidae Carus, 1863

彼得不倒翁属 Petersenaspis Sendall & Salazar-Vallejo, 2013

萨拉彼得不倒翁虫
Petersenaspis salazari Wu & Xu, 2017

标本采集地： 南海浅海（水深 100～200m）。

形态特征： 口前叶呈突出半球形，半透明白色。眼点看不到。围口节呈圆形，光滑，乳突稀少，几乎不向侧面和腹侧延伸到第 1 刚毛束的前缘。口呈圆形突出，比口前叶更宽，覆有细小乳突。前 3 束刚毛每束的两侧具 8～13 个棕色或深棕色钩，其远端膨大，形成带中央沟的矛头状结构，向腹部逐渐缩短。具向内的乳突簇，乳突呈黑褐色，数量众多，在前段排列成 4 个带。生殖乳突被微小的沉积物颗粒覆盖，从第 7 体节和第 8 体节之间的沟向腹侧突出。前腹部具 8 体节。微小乳突均匀分布在腹侧；从第 10 体节开始，乳突簇呈横向排列，从侧面到背部环绕体节。楯板呈淡蓝色，中间区域较暗；不具同心线，侧板上具放射状条纹。楯板前缘呈圆形，具有深凹陷，被半透明的覆盖层所覆盖。缝线延伸至整个楯板结构，其后部变宽。其侧缘呈光滑圆形，向内扩大，后端缩小。楯板后缘呈扇形，平滑，中部凹口颇深，呈平坦至稍凸状，包围有丝状乳突。边缘刚毛呈金黄色，具有金属光泽，包括 12 个外侧束和 7 个后束。外侧束从前到后依次增长，以稍微弯曲的顺序排列。后束几乎与楯板的长度等同，每束具 2～4 根刚毛。具丰富鳃丝，鳃丝纤细，呈卷曲或盘旋状，附着有细小的沉积物颗粒；鳃盘长，几乎呈平行或稍有交叉，具有牢固附着的沉积物颗粒。

生态习性： 栖息于沙泥底质。

地理分布： 南海。

参考文献： 杨德渐和孙瑞平，1988；Wu and Xu, 2017。

图 124　萨拉彼得不倒翁虫 *Petersenaspis salazari* Wu & Xu, 2017（引自 Wu and Xu, 2017）
A. 整体腹面观，箭头为生殖乳突；B. 内弯的钩和 4 条乳突带；C. 鳃板；D、E. 楯板形态；F. 内弯的钩（箭头所示）；G. 腹部侧面观
比例尺：A = 5mm；B～E = 1mm；F = 0.2mm；G = 2mm

不倒翁虫属 *Sternaspis* Otto, 1820

辐射不倒翁虫
Sternaspis radiata Wu & Xu, 2017

同物异名： 以前认为中国海域不倒翁虫科不倒翁虫属只有 1 种，误判为 *Sternaspis sculata* (Ranzani, 1817)

标本采集地： 南海浅海（水深 0～50m）。

形态特征： 体色苍白至发白，色素沉着于腹部。口前叶呈白色突出半球形。眼点看不到。口前叶侧边与后侧界限清晰。口前叶呈球形，几乎无乳突覆盖。口呈圆形突出状，比口前叶稍宽，覆有少量乳突。前 3 束刚毛每束的两侧具 14～17 个棕色或深棕色钩，钩逐渐变尖，颜色变暗，向腹侧逐渐变短。内侧被细乳突覆盖，生殖乳突呈指状，从第 7 体节和第 8 体节之间的节段间沟向腹外侧突出。前腹部有 7 个体节，腹侧被微小的乳突覆盖。腹部到尾部具砖红色楯板，中部较暗；侧板上具清晰径向条纹，同心线在边缘附近清晰可见。楯板宽度约是长度的 2 倍（宽度与长度之比：2.06～2.32）。楯板前缘有角，前缘具有深凹陷，被半透明的覆盖层所覆盖。整个楯板结构具可见缝线，其仅在后部交叉。楯板侧缘呈圆形，光滑，向内逐渐扩大。边缘刚毛包括 10 个侧束和 5 个后束；侧束刚毛从前向后依次增长，最后 2 束彼此靠近，呈卵圆形排列。后束刚毛的长度相似，呈线性排列。具丰富鳃丝，插于两鳃板之上，鳃丝纤细，呈卷曲或束状；分支鳃丝具卷曲乳突，常有细小的沉积物颗粒。鳃板短，稍发散，远端呈钝状。

生态习性： 栖息于泥沙、软泥底质。

地理分布： 南海。

参考文献： 杨德渐和孙瑞平，1988；Wu and Xu, 2017。

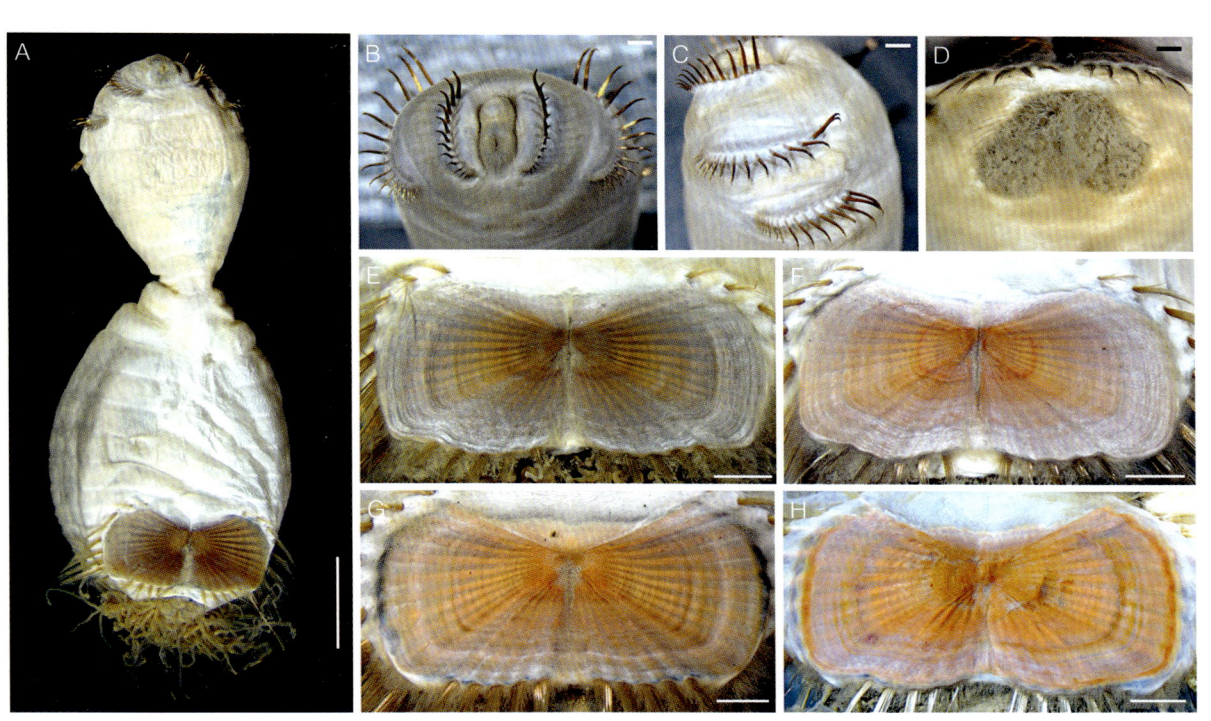

图 125　辐射不倒翁虫 *Sternaspis radiata* Wu & Xu, 2017（引自 Wu and Xu，2017）

A. 整体腹面观；B. 体前部前面观；C. 前 3 刚节内弯的钩；D. 除去鳃的鳃板；E～H. 楯板形态

多刺不倒翁虫
Sternaspis spinosa Sluiter, 1882

同物异名： 以前认为中国海域不倒翁虫科不倒翁虫属只有 1 种，误判为 *Sternaspis sculata* (Ranzani, 1817)

标本采集地： 南海浅海（水深 0～50m）。

形态特征： 体色苍白或微黄，色素沉着于腹部。口前叶呈白色突出半球形。眼点不可见。口前叶侧边与后侧界限清晰。口前叶发白，扁平状。口呈圆形突出状，比口前叶稍宽，覆有少量乳突。前 3 束刚毛每束的两侧具 18～25 个棕色或深棕色钩，钩尖逐渐变尖，近端变暗，朝腹侧逐渐变短。内侧覆有少量乳突。乳突呈圆锥形，从第 7 和第 8 体节间沟向腹侧突出。前腹部有 7 个体节，均匀分布有少量乳突。腹部到尾部具砖红色楯板，中部较暗，长度至少为宽度的 2 倍；同心线在边缘附近清晰。楯板前缘有角，前凹陷深；前缘被半透明的覆盖层覆盖。缝线仅在前部区域可见，向后融合到浅沟中。楯板侧缘呈圆形，光滑，侧向扩大，后部缩小。边缘刚毛包括 10 个侧束和 5 个后束；外侧束从前到后依次增长，最后 3 束并列于一处，呈浅色弯曲状。后束刚毛的长度相似，呈线性排列。刚毛桩基部粗壮，端部逐渐变细。楯板边缘长有 1 束非常轻而纤细的刚毛，其长度是最短后外侧刚毛束长度的 2～3 倍。具丰富鳃丝，插于两鳃板之上，鳃丝纤细，呈卷曲或盘旋状；分枝鳃丝具卷曲乳突，常有细小的沉积物颗粒。鳃板长，发散较宽，远端较窄。

生态习性： 栖息于泥沙、软泥底质。

地理分布： 南海。

参考文献： 杨德渐和孙瑞平，1988；Wu and Xu, 2017。

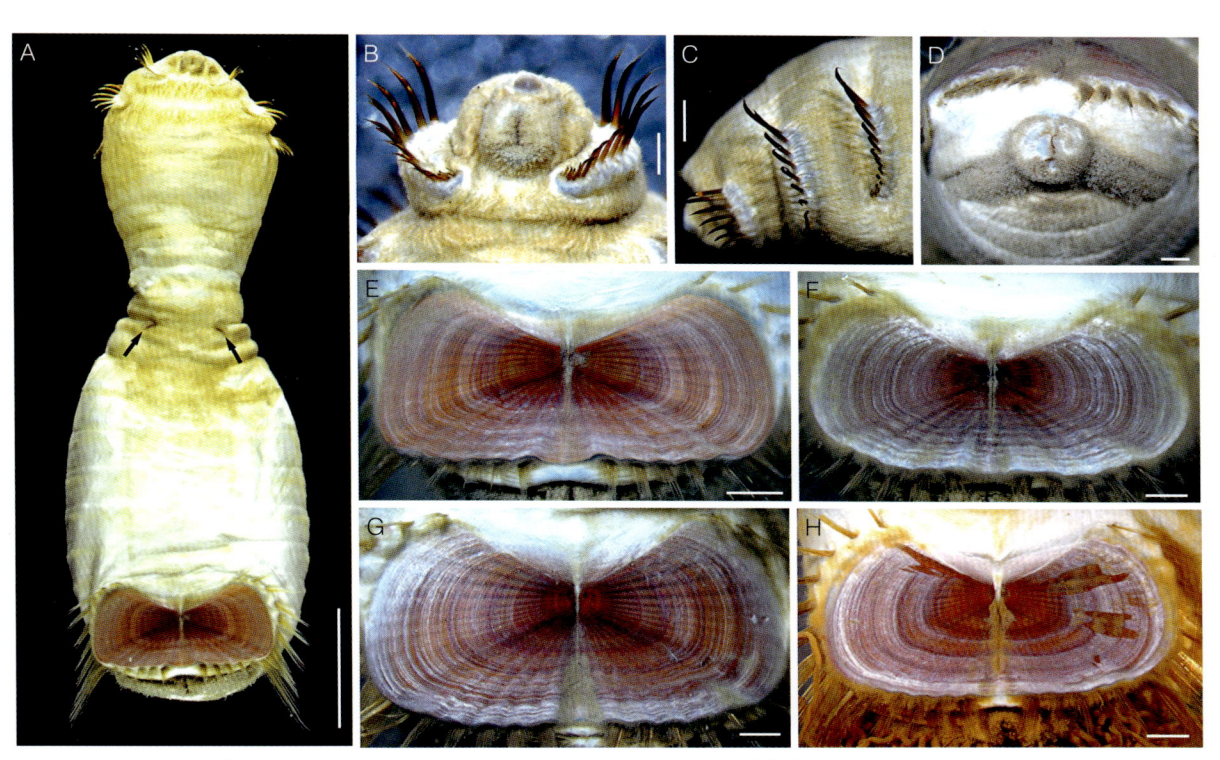

图 126　多刺不倒翁虫 *Sternaspis spinosa* Sluiter, 1882（引自 Wu and Xu, 2017）
A. 除去鳃的整体腹面观（箭头所指为生殖乳突）；B. 体前部腹面观；C. 体前部侧面观；D. 除去鳃的鳃板；E～H. 楯板形态
比例尺：A = 5mm；B = 0.5mm；C～H = 1mm

孙氏不倒翁虫
Sternaspis sunae Wu & Xu, 2017

同物异名： 以前认为中国海域不倒翁虫科不倒翁虫属只有 1 种，误判为 *Sternaspis sculata* (Ranzani, 1817)

标本采集地： 南海浅海（水深 0 ～ 50m）。

形态特征： 体色苍白或微黄，色素沉着于腹部。口前叶呈白色突出半球形。眼点不可见。口前叶侧边与后侧界限清晰。口前叶发白，扁平状，具少量乳突，几乎不横向和腹侧延伸到第 1 束刚毛簇的前缘。口呈圆形突出状，比口前叶稍宽，覆有少量乳突。前 3 束刚毛每束的两侧具 14 ～ 17 个浅褐色钩，呈矛状，向近端扩大。钩逐渐向腹部收缩，内侧覆有少量乳突。生殖乳突呈圆锥形，有不清晰的环形圈，从第 7 和第 8 体节之间的腹沟向外突出。前腹部有 7 个体节，部分被沉积物覆盖，均有乳突。楯板呈砖红色，在边缘附近有明显的同心线，楯板近矩形，宽度是长度的 2.33 ～ 2.37 倍。楯板前缘有角，呈稍圆形，前端凹陷浅，前缘被半透明的覆盖层覆盖。缝线仅出现于前区，后融于沟内。侧缘笔直、光滑，向后扩大。主肋分开，在侧板和扇板之间形成浅槽。边缘刚毛包括 10 个侧束和 6 个后束；外侧束从前到后依次变长，呈半圆形排列。后束刚毛的长度相似，呈线性排列。刚毛桩基部粗壮，端部逐渐变细。其上缘长有 1 束非常轻而纤细的刚毛，刚毛桩与最外缘的刚毛簇间长有 1 束毛细血管，其长度是最短后外侧刚毛束长度的 3 倍。具丰富鳃丝，插于两鳃板之上，鳃丝纤细，呈卷曲或盘旋状；分枝鳃丝具卷曲乳突，常有细小的沉积物颗粒。鳃板呈椭圆形，具不清晰边界。

生态习性： 潮下带常见。虫体以前 3 节的足刺刚毛在泥沙中掘穴取食，以体后的楯板盖于穴口，鳃外伸以进行呼吸。

地理分布： 南海。

参考文献： 杨德渐和孙瑞平，1988；Wu and Xu, 2017。

图 127　孙氏不倒翁虫 Sternaspis sunae Wu & Xu, 2017（引自 Wu and Xu, 2017）
A. 除去鳃的整体腹面观；B. 体前部前面观；C. 前 3 刚节内弯的钩；D. 内弯的钩（箭头所示）；E. 腹部侧面观；
F. 除去鳃的鳃板；G、H. 楯板形态
比例尺：A = 5mm；B、C、F～H = 1mm；D = 0.2mm；E = 2mm

蛰龙介目分科检索表

1. 体后端被腹盾覆盖 ....不倒翁虫科 Sternaspidae
   体后端无腹盾 2
2. 体前端具一竖排特殊刚毛、形成一壳盖、或为一列长的稃片 3
   体前端不具特殊的刚毛（注意：可能有短且粗的钩状刚毛） 5
3. 特殊的前刚毛长，形成一保护前端头笼；体具许多上皮乳突 ....扇毛虫科 Flabelligeridae
   特殊的前刚毛不形成一保护性头笼；前端不缩入；上皮乳突少、小或无 4
4. 特殊刚毛粗，前端不弯曲；口前叶无附肢或具许多触手；特殊刚毛横排 .... 笔帽虫科 Pectinariidae
   特殊刚毛通常在前端两侧形成扇形稃片，前端具 2～4 对鳃 ....双栉虫科 Ampharetidae
5. 虫体具许多长而细的鳃丝、触手和背须（常丧失仅具痕迹） 6
   特殊刚毛通常在前端两侧形成扇形稃片，前端具 2～4 对鳃 ....双栉虫科 Ampharetidae
6. 鳃丝遍布于体前部或其后体节的背侧 ....丝鳃虫科 Cirratulidae
   鳃丝没有遍布于体前部或其后体节的背侧 7
7. 胸部齿片柄长 ....毛鳃虫科 Trichobranchidae
   胸部齿片柄短，有时胸部齿片具一后延长部 ....蛰龙介科 Terebellidae

吴氏不倒翁虫
Sternaspis wui Wu & Xu, 2017

同物异名： 以前认为中国海域不倒翁虫科不倒翁虫属只有 1 种，误判为 *Sternaspis sculata* (Ranzani, 1817)

标本采集地： 南海浅海（水深 0 ～ 50m）。

形态特征： 体色苍白至发白，内侧充分暴露，色素沉着于腹部。口前叶呈白色突出半球形。眼点不可见。口前叶侧边与后侧界限清晰。口前叶发白，扁平状，具少量乳突。口呈圆形突出状，比口前叶稍宽，覆有少量乳突。前 3 束刚毛每束的两侧具 15 ～ 17 个棕色或深棕色钩，钩逐渐变细，近端变暗，向腹侧逐渐变短。内侧覆有少量乳突。乳突呈圆锥形，远端截断，从第 7 和第 8 体节之间的腹沟向外突出。前腹部有 7 个节段，均匀分布有少量乳突。楯板呈砖红色，楯板近矩形，宽度比长度大得多（宽长比：2.19 ～ 2.40）。从边缘到中心的轮廓线清晰。楯板前缘有角，呈稍圆形，前端凹陷浅；前缘被半透明的覆盖层覆盖。缝线延伸至整个楯板。侧缘平直，光滑。主肋板分开，在侧板和扇板之间形成边界。边缘刚毛包括 10 个侧束和 6 个后束；外侧束从前到后依次变长，最后 2 束并列在一起，呈微曲线排列。后束刚毛的长度相似，呈线性排列。刚毛桩基部粗壮，端部逐渐变细。其上缘长有 1 束非常轻而纤细的刚毛，刚毛桩与最外缘的刚毛簇间长有 1 束毛细血管，其长度是最短后外侧刚毛束长度的 2 ～ 3 倍。具丰富鳃丝，插于两鳃板之上，鳃丝纤细，呈卷曲或盘旋状；分枝鳃丝具卷曲乳突，常有细小的沉积物颗粒。鳃板短，发散较宽，远端呈圆形。

生态习性： 潮下带常见。虫体以前 3 节的足刺刚毛在泥沙中掘穴取食，以体后的楯板盖于穴口，鳃外伸以进行呼吸。

地理分布： 南海。

参考文献： 杨德渐和孙瑞平，1988；Wu and Xu, 2017。

图 128 吴氏不倒翁虫 *Sternaspis wui* Wu & Xu, 2017（引自 Wu and Xu, 2017）
A. 整体腹面观，箭头指示生殖乳突；B. 体前端前面观；C. 前 2 刚节内弯的钩；D. 内弯的钩；E. 腹部侧面观；
F. 除去鳃的鳃板；G、H. 楯板形态
比例尺：A = 5mm；B、C、F～H = 1mm；D = 0.2mm；E = 2mm

不倒翁虫属分种检索表

1. 楯板侧缘和后缘截平，楯板直角明显...2
   楯板侧缘和后缘圆，楯板无直角...3
2. 内弯的钩锥形；楯板具有界限明显的同心线...........................吴氏不倒翁虫 *Sternaspis wui*
   内弯的钩矛形，中央具犁沟；楯板仅近边缘具同心线...............孙氏不倒翁虫 *Sternaspis sunae*
3. 前 3 刚节每节具 18～25 个棕色或深棕色的钩.......................多刺不倒翁虫 *Sternaspis spinosa*
   前 3 刚节每节具 14～17 个棕色或深棕色的钩.......................辐射不倒翁虫 *Sternaspis radiata*

矶沙蚕目 Eunicida
豆维虫科 Dorvilleidae Chamberlin, 1919
叉毛豆维虫属 Schistomeringos Jumars, 1974

叉毛豆维虫
Schistomeringos rudolphi (Delle Chiaje, 1828)

标本采集地： 广东大亚湾。

形态特征： 口前叶宽、扁圆，具 2 对黑色眼，前对稍大于后对。触角触手近等长，触角具明显的端节，触手环轮多达 6～11 个。2 个围口节，无任何附肢。除第 1 对疣足无背须外，其余疣足皆具 2 节的背须和内足刺、1 个前刚叶和 2 个后刚叶。第 1 刚节无叉状刚毛，其余刚节足刺上方具 3～4 根有细侧齿的毛状刚毛、2～3 根两臂不等的叉状刚毛；足刺下方具端片较长双齿复型镰刀状刚毛。

生态习性： 常栖息于碎贝壳或潮间带石块下的淤泥中，常被发现在水族箱的玻璃壁上。

地理分布： 南海。

参考文献： 杨德渐和孙瑞平，1988。

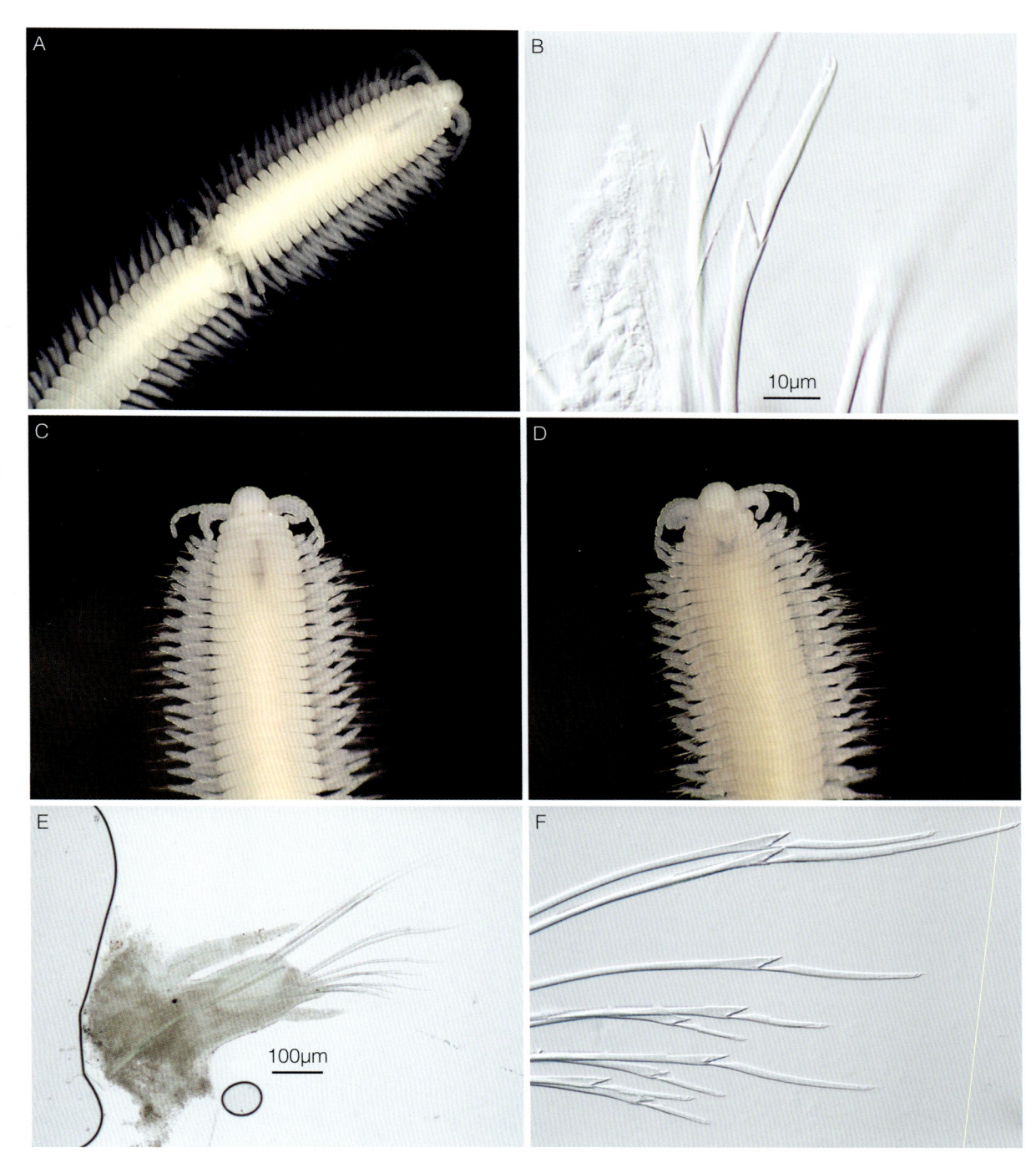

图 129 叉毛豆维虫 *Schistomeringos rudolphi* (Delle Chiaje, 1828)（杨德援和蔡立哲供图）
A. 体前、中部；B. 第 1 刚节疣足刚毛；C. 体前部背面观；D. 体前部腹面观；E. 第 30 刚节疣足；F. 第 30 刚节疣足刚毛

247

矶沙蚕科 Eunicidae Berthold, 1827

矶沙蚕属 *Eunice* Cuvier, 1817

滑指矶沙蚕
Eunice indica Kinberg, 1865

标本采集地： 广东大亚湾，厦门海域。

形态特征： 口前叶双叶型，5个后头触手排成新月形，具不清楚的环轮，中央触手后伸可达第17刚节，内侧触手后伸达第10刚节。触须1对，后伸可达第5刚节。疣足单叶型，鳃始于第3刚节（1或2根鳃丝）止于第26～28刚节（1或4根鳃丝），鳃丝最多达13根。每个疣足具亚足刺钩状刚毛3根（多至6根）。足刺黄色，前端稍弯曲且钝。

生态习性： 易碎断、再生能力强。常栖息于较硬的泥沙底质中，潮间带和潮下带大型底栖动物群落常见种。

地理分布： 东海，南海；红海，印度洋，太平洋，日本。

参考文献： 杨德渐和孙瑞平，1988；吴旭文，2013。

图 130　滑指矶沙蚕 *Eunice indica* Kinberg, 1865（杨德援和蔡立哲供图）
A. 整体图；B. 体前部背面观；C. 体前部腹面观；D. 第 3 刚节疣足；E. 第 17 刚节疣足；F. 第 17 刚节疣足刚毛

哥城矶沙蚕
Eunice kobiensis McIntosh, 1885

标本采集地： 广东大亚湾。

形态特征： 口前叶宽大于长，前端具缺刻。5个后头触手具环轮，但非念珠状，中央触手后伸可达第8刚节，内侧触手后伸达第6刚节。2个大眼位于其基部外侧。第1围口节宽约为第2围口节的2倍，2根触须位于第2围口节的后缘，具5～6个环轮。疣足背须在体前部为指状，至体后部细长；腹须在体前部为圆锥状，在鳃区具膨大的基垫，在体后部为圆柱状。鳃始于第3刚节，具鳃丝1根，至第15刚节鳃丝达13根，约在第44刚节消失。亚足刺钩状刚毛黄色，始于第30刚节，每个疣足仅具1根；刷状刚毛具6个内齿，外齿不对称；复镰刚毛双齿，具圆巾；毛状刚毛一侧具细齿。

生态习性： 常栖息于软泥底质。

地理分布： 东海，南海；美国阿拉斯加，日本。

参考文献： 杨德渐和孙瑞平，1988；吴旭文，2013。

图 131　哥城矶沙蚕 *Eunice kobiensis* McIntosh, 1885（杨德援和蔡立哲供图）
A. 整体图；B. 体前部背面观；C. 体前部腹面观；D. 第 18 刚节疣足

特矶沙蚕属 *Euniphysa* Wesenberg-Lund, 1949

廉刺特矶沙蚕
Euniphysa falciseta (Shen & Wu, 1991)

标本采集地： 厦门海域，广东大亚湾。

形态特征： 口前叶附肢光滑、细长，触角可伸至第 3 刚节，侧触手至第 8 刚节，中央触手至第 15 刚节，相邻附肢间隔不等，触角和侧触手相距较近，无眼。围口节触须较长、光滑，向前可伸至围口节前缘，具有 1 对黑色的附加颚片，鳃始于第 18 刚节，鳃丝较短，多达 4 根。疣足在体前部较宽，末端截形或圆形。体前部疣足的足刺上方有一瘤状凸起。背须基部收缩，中间膨大，末端尖细，基部附近有一明显的指状凸起，腹须仅在前 3 刚节为锥形，从第 4 刚节始其基部膨大、端部游离；腹须在前 10 刚节与疣足后面相连。前 10 刚节无复型刚毛，全为简单翅毛状刚毛，且翅毛状刚毛在足刺的前腹侧为 2 排，后背侧为 1 排，翅毛状刚毛均细长，位于所有疣足的后背侧。从第 11 刚节开始前腹侧的翅毛状刚毛消失，取而代之的是 3～4 排复型刺状刚毛，后背侧为 2 排翅毛状刚毛。复型刺状刚毛柄部末端稍微膨大，边缘具有细小锯齿。梳状刚毛细小，卷起，位于后背侧的翅毛状刚毛的基部，具 7～10 个小齿。一侧边缘齿较其他齿长，复型镰刀状刚毛始于第 31 刚节，柄部边缘光滑，端片具双齿和圆巾，边缘光滑。足刺黄色，体前部每疣足具 2～3 根，体后部每疣足具 1 根。亚足刺钩状刚毛双齿、具圆巾，始于第 28 刚节，多达 6 根，其近端齿远大于远端齿，指向侧面方向，远端齿细小，斜向上指。

生态习性： 栖息于潮下带泥沙底质。

地理分布： 南海。

参考文献： Shen and Wu, 1991; 吴旭文, 2013。

图 132 廉刺特矶沙蚕 *Euniphysa falciseta* (Shen & Wu, 1991)（杨德援和蔡立哲供图）
A. 体前部背面观（染色）；B. 体前部腹面观（染色）；C. 第 11 刚节疣足；D. 第 53 刚节疣足；E. 上颚；F. 下颚

岩虫属 *Marphysa* Quatrefages, 1865

莫三鼻给岩虫
Marphysa mossambica (Peters, 1854)

标本采集地： 海南岛潮间带。

形态特征： 围口节和体前 3~4 刚节为圆柱形，其后背腹扁平。体表具有明显的虹彩。口前叶双叶型，中央沟明显，两侧前唇圆，口前叶附肢光滑，末端较细。中央触手可伸至第 2 刚节，侧触手至围口节末端。相邻附肢间隔不等，触角、侧触手相距较近，1 对眼位于触手、侧触手之间，围口节具有 2 个环轮，二者分界处在背、腹面均比较明显，第 1 围口节长为第 2 围口节的 2 倍。鳃分布较广，鳃丝指状，长为背须 6 倍，多达 3~5 根。背须锥形，在体前 13 刚节较长，其后逐渐变短。腹须短粗，基部膨大，端部较细，为锥形。足刺褐色，体前每个疣足具有 3~5 根，体中后部还具有扇状刚毛。扇状刚毛端片宽大、不对称，具有数量较多的细齿。亚足刺钩状刚毛双齿，颜色较足刺浅，其远端齿指向末端，近端齿圆钝，指向侧面。

生态习性： 常穴居于泥沙和石块间的泥沙中。

地理分布： 南海。

参考文献： 吴旭文，2013。

图 133 莫三鼻给岩虫 Marphysa mossambica (Peters, 1854)（杨德援和蔡立哲供图）
A. 体前部背面观；B. 体前部腹面观；C. 尾部；D. 第 15 刚节疣足；E. 第 63 刚节疣足；F. 上颚

寡枝虫属 *Paucibranchia* Molina-Acevedo, 2018

中华寡枝虫
Paucibranchia sinensis (Monro, 1934)

同物异名： 中华岩虫 *Marphysa sinensis* (Monro, 1934)

标本采集地： 海南岛潮间带。

形态特征： 口前叶卵圆形或亚圆锥形，无中央沟。口前叶附肢光滑、指状。触角可伸至第 1 刚节，侧触手伸至第 3 刚节，中央触手至第 4 刚节。相邻附肢间隔不等，触角、侧触手相距较近。未观察到明显的眼。第 1 围口节长为第 2 围口节的 2 倍。体末具 2 对肛须。鳃密集分布于体前部的背面，始于第 13～17 刚节，止于第 18～32 刚节；鳃丝发达，梳状排列，多达 12～15 根。背须在体中部细长、丝状，基部有凸起；后鳃区的背须变细，丝状。腹须短圆锥形，末端圆钝。体前部后刚叶较长，游离为锥形。足刺褐色、末端圆钝，体前 20 刚节每疣足具 2 根，其后刚节每疣足具 1 根。足刺上方为细长的翅毛状刚毛，下方为复型刺状刚毛和复型镰刀状刚毛：前者始于第 1 刚节，止于第 39 刚节，后者始于第 35 刚节附近，至第 39 刚节复型刺状刚毛消失，复型镰刀状刚毛取而代之。复型镰刀状刚毛端片小，双齿不明显。梳状刚毛对称，具 7 个小齿，两侧边缘齿较长。亚足刺钩状刚毛黄色，双齿，较足刺稍粗，始于第 32～35 刚节，每疣足具 1 根，中央部分颜色较深，为褐色；其近端齿三角形，较远端齿大，指向侧面。

生态习性： 常穴居于泥沙和石块间的泥沙中。

地理分布： 东海，南海。

参考文献： Liu et al., 2017；Monro, 1934；吴旭文，2013。

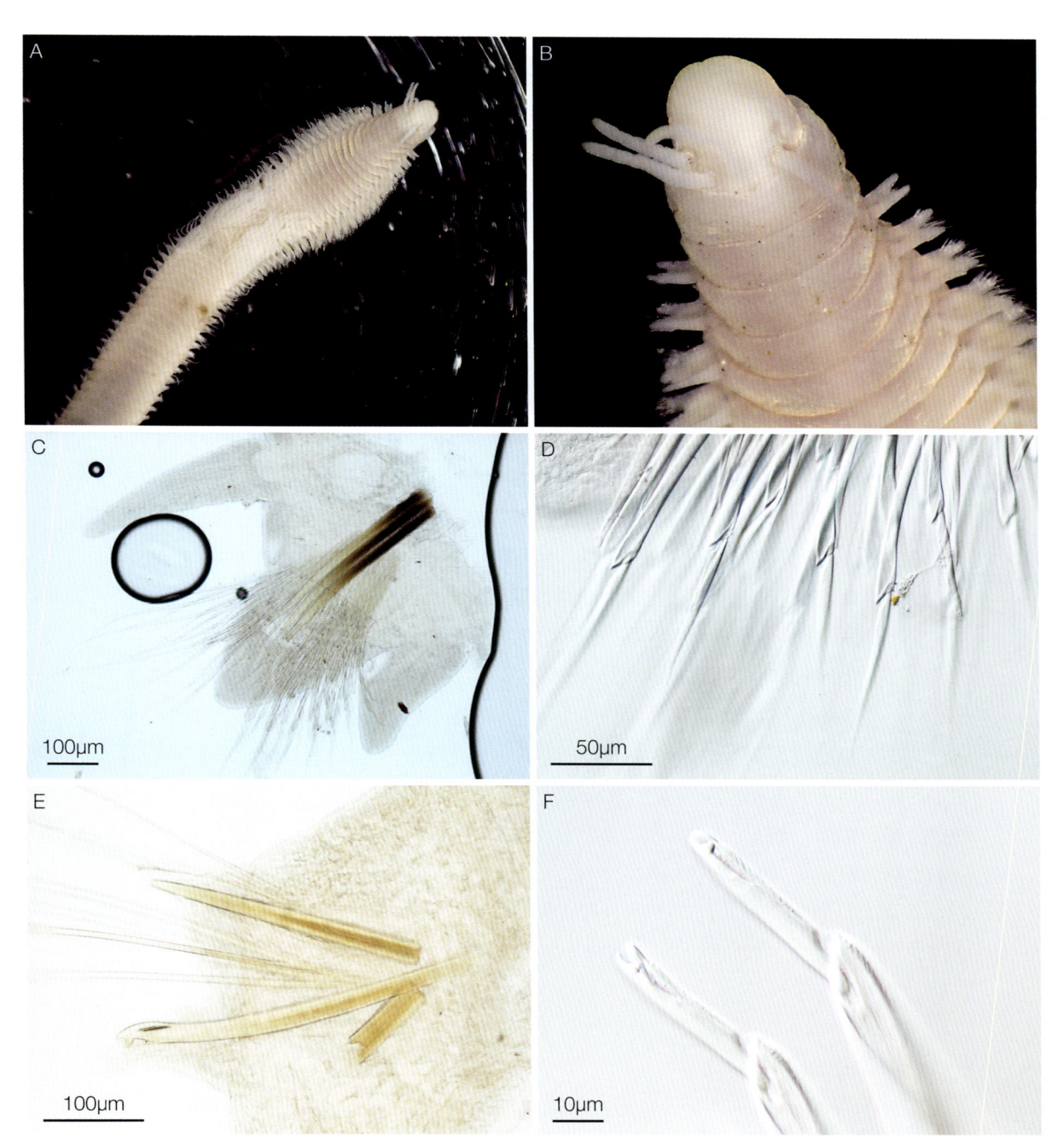

图 134　中华寡枝虫 *Paucibranchia sinensis* (Monro, 1934)（杨德援和蔡立哲供图）
A. 体前、中部背面观；B. 体前部背面观；C. 第 6 刚节疣足；D. 第 6 刚节疣足刚毛；E. 第 80 刚节疣足；F. 第 80 刚节疣足刚毛

毡毛寡枝虫
Paucibranchia stragulum (Grube, 1878)

同物异名： 毡毛岩虫 *Marphysa stragulum* (Grube, 1878)

标本采集地： 厦门海域。

形态特征： 口前叶卵圆形，无中央沟。口前叶附肢光滑、指状，触角可伸至第1围口节后缘，侧触手至第2围口节后缘，中央触手短，相邻附肢间隔不等，触角、侧触手相距较近，1对眼位于两者之间。第1围口节长为第2围口节的1～2倍。体末具有2对肛须。鳃密集分布于体前部的背面，呈毡毛状，鳃丝发达，排列成梳状，多达12～17根。背须在鳃前区细长，末端较细，其基部腹侧有一瘤状凸起；鳃后区的背须变细，呈丝状。背须短圆锥形。体前部后刚叶较长，游离为锥形。足刺黄色，在鳃前刚节和鳃前区每疣足3根，鳃区中后段每疣足1～2根，鳃后刚节每疣足1根，足刺上方为细长的翅毛状刚毛，下方为复型刺状和镰刀状刚毛。复型刺状刚毛分布于所有的疣足中，其柄部末端稍微膨大，复型镰刀状刚毛仅位于体后部疣足，双齿、具巾，柄部和巾的边缘均有细小锯齿。梳状刚毛具5～6个小齿。亚足刺钩状刚毛浅黄色，单齿，形状似足刺，始于第25～28刚节，每疣足具有1根。

生态习性： 栖息于岩石岸潮间带、潮下带泥沙底质。

地理分布： 东海，南海。

参考文献： 吴旭文，2013。

矶沙蚕科分属检索表

1. 无触须 2
   具触须 3
2. 无复型刚毛 .... 岩虫属 *Marphysa*
   具复型刚毛 .... 寡枝虫属 *Paucibranchia*
3. 具复型刺状刚毛 .... 特矶沙蚕属 *Euniphysa*
   仅具复型镰刀状刚毛 .... 矶沙蚕属 *Eunice*

图 135　毡毛寡枝虫 Paucibranchia stragulum (Grube, 1878)（杨德援和蔡立哲供图）
A、B. 体前部背面观（染色）；C. 体前部腹面观（染色）；D. 第 7 刚节疣足（染色）；E. 第 12 刚节疣足（染色）；F. 第 23 刚节疣足（染色）

索沙蚕科 Lumbrineridae Schmarda, 1861
科索沙蚕属 *Kuwaita* Mohammad, 1973

异足科索沙蚕
Kuwaita heteropoda (Marenzeller, 1879)

同物异名： 异足索沙蚕 *Lumbrineris heteropoda* (Marenzeller, 1879)

标本采集地： 厦门海域，广东大亚湾。

形态特征： 口前叶圆锥形，长稍大于宽。第 1 围口节稍长于第 2 围口节。下颚黑褐色，前端切断缘宽直，后端细长。上颚基长且宽，基部稍尖具侧缺刻。体前几节疣足小，具圆或斜截形的前叶和稍大的圆锥形后叶，体中部疣足前后叶皆发达，几乎等大，体后部疣足变长。体中部疣足背部近体壁具乳突状突起。第 35 刚节前仅具翅毛状刚毛，第 36 刚节后具简单多齿巾钩刚毛。足刺淡黄色。肛节具 4 根肛须。

生态习性： 自由生活，常栖息于沙泥或海洋植物丛中。

地理分布： 中国海域潮间带和潮下带；世界性广布。

经济意义： 可制作农药。

参考文献： 杨德渐和孙瑞平，1988；蔡文倩，2010。

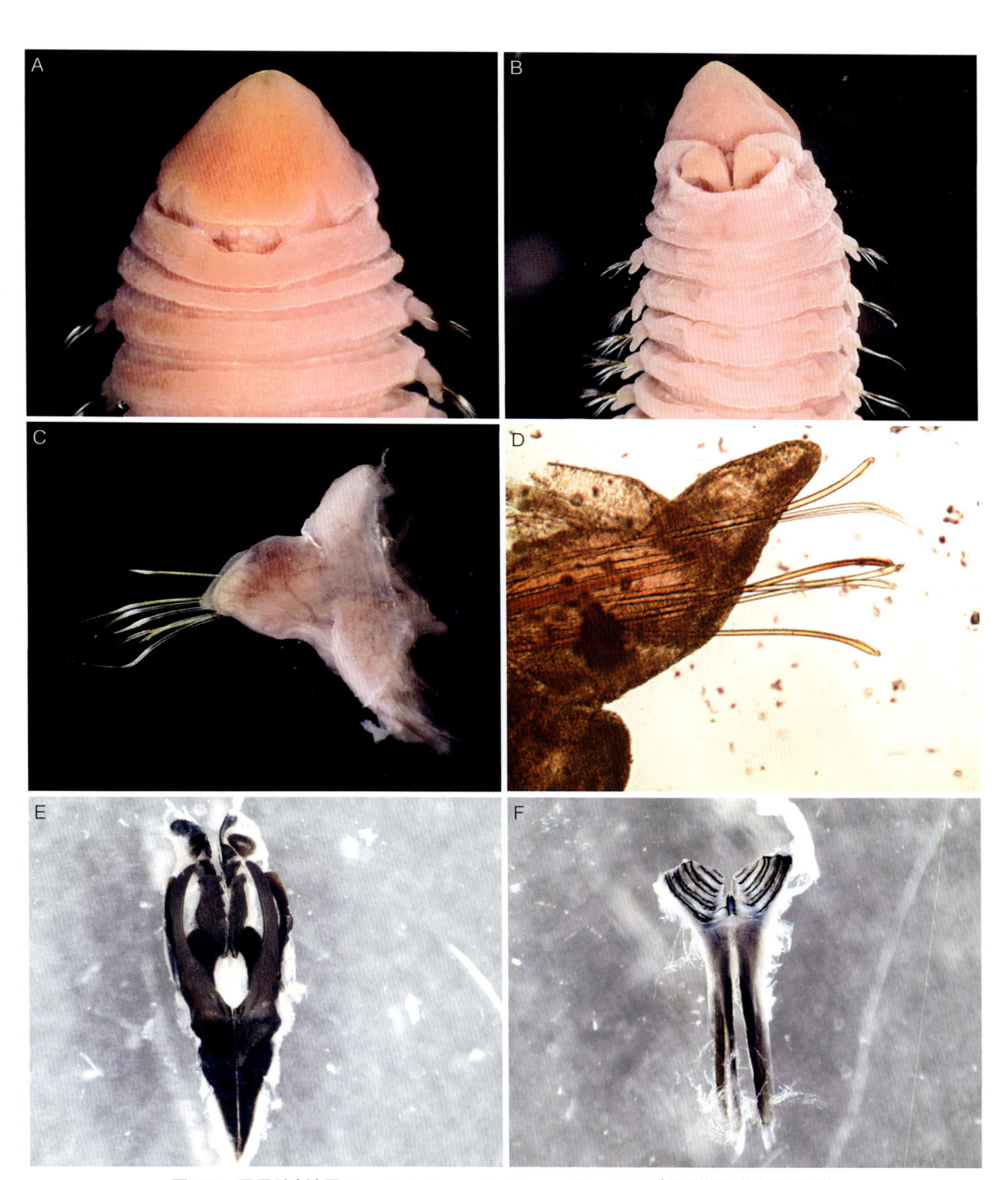

图 136　异足科索沙蚕 *Kuwaita heteropoda* (Marenzeller, 1879)（杨德援和蔡立哲供图）
A. 体前部背面观；B. 体前部腹面观；C. 第 30 刚节疣足；D. 体后部疣足；E. 上颚；F. 下颚

索沙蚕属 *Lumbrineris* Blainville, 1828

圆头索沙蚕
Lumbrineris inflata Moore, 1911

标本采集地： 广东大亚湾。

形态特征： 口前叶扁圆形。第 1 与第 2 围口节近等长。上颚基长大于宽，具侧缺刻；下颚薄半透明，前部宽扁，约在长的 2/3 处分开。疣足叶短指状，后叶较圆，大于前叶，体后疣足后叶稍斜伸。复型巾钩刚毛具 8 个小齿，位于第 1～26 刚节，伴有翅状毛刚毛。简单毛状刚毛约在第 40 刚节后消失，为 4～6 根简单型巾钩刚毛替代。足刺 1～3 根，褐黑色。

生态习性： 自由生活，常栖息于潮下带。

地理分布： 黄海，南海；北太平洋南 - 加利福尼亚湾，墨西哥湾，白令海，南非，日本。

参考文献： 杨德渐和孙瑞平，1988；蔡文倩，2010。

图 137 圆头索沙蚕 *Lumbrineris inflata* Moore, 1911（杨德援和蔡立哲供图）
A. 整体图；B. 体前部背面观；C. 体前部腹面观；D. 尾部；E. 上颚；F. 下颚

中国索沙蚕
Lumbrineris sinensis Cai & Li, 2011

同物异名： 在中国一直被误定为双唇索沙蚕 *Lumbrineris cruzensis* Hartman, 1944

标本采集地： 广东大亚湾，海南昌江。

形态特征： 口前叶圆锥形，长稍大于宽。具两个无刚毛的围口节。体前部体节宽为长的 5～7 倍。上颚细而长，下颚为长 "Y" 形，具不明显的中线。疣足圆锥形，前 24 刚节无前叶，自第 25 刚节起出现球形前叶。前 70 刚节皆具简单型翅毛状刚毛，每刚节约 7 根，无巾钩刚毛，具足刺 3 根。

生态习性： 常栖息于粉砂质泥或软泥沉积物中。

地理分布： 渤海，黄海，北部湾，南海；越南。

参考文献： 杨德渐和孙瑞平，1988；蔡文倩，2010；Cai and Li, 2011。

图 138　中国索沙蚕 *Lumbrineris sinensis* Cai & Li, 2011（杨德援和蔡立哲供图）
A. 体前部背面观；B. 体前部腹面观；C. 颚齿；D. 第 1 刚节疣足和刚毛；E. 第 31 刚节疣足和刚毛；F. 第 31 刚节疣足刚毛

斯索沙蚕属 *Sergioneris* Carrera-Parra, 2006

纳加斯索沙蚕
Sergioneris nagae Gallardo, 1968

同物异名： 纳加索沙蚕 *Lumbrineris nagae* Gallardo, 1968

标本采集地： 厦门海域，广东大亚湾。

形态特征： 口前叶圆锥形，长稍大于宽。具 2 个无刚毛的围口节。体前部体节宽为长的 5～7 倍。上颚细而长，下颚为长"Y"形，具不明显的中线。疣足圆锥形，前 24 刚节无前叶，自第 25 刚节起出现球形前叶。前 70 刚节皆具简单型翅毛状刚毛，每刚节约 7 根，无巾钩刚毛，每刚节具足刺 3 根。

生态习性： 常栖息于粉砂质泥或软泥沉积物中。

地理分布： 北部湾，南海；越南。

参考文献： 杨德渐和孙瑞平，1988；蔡文倩，2010。

索沙蚕科分属检索表

1. 具巾钩刚毛和翅毛状刚毛 2
   仅具翅毛状刚毛 .... 斯索沙蚕属 *Sergioneris*
2. 具简单型巾钩刚毛；M_{III} 两齿 .... 科索沙蚕属 *Kuwaita*
   具复型巾钩刚毛；M_{III} 单齿或多齿 .... 索沙蚕属 *Lumbrineris*

图 139 纳加斯索沙蚕 Sergioneris nagae Gallardo, 1968（杨德援和蔡立哲供图）
A. 体前部背面观；B. 体前部腹面观；C. 口前叶背面观（染色）；D. 颚齿；E. 第 135 刚节疣足；F. 第 14 刚节疣足刚毛

花索沙蚕科 Oenonidae Kinberg, 1865

线沙蚕属 *Drilonereis* Claparède, 1870

丝线沙蚕
Drilonereis filum Claparède, 1868

同物异名： Imajima 和 Hartman（1964）曾将 M_I 基部 6 个小齿者定为粗壮线沙蚕 *Drilonereis robustus* (Moore, 1903)，把 M_I 基部无齿者定为丝线沙蚕 *Drilonereis filum*，但 Ramos 在地中海研究了许多标本后，发现有的有齿有的无齿，故仍定为丝线沙蚕 *Drilonereis filum*

标本采集地： 厦门海域，广东大亚湾。

形态特征： 口前叶扁平圆锥形，腹面稍凹，背面具 1 中纵沟，无眼。上颚基具 2 片长而细的背片和 1 个不成对的短腹片，无下颚。疣足发达单叶型，具圆形的前刚叶和向外直伸的指状后刚叶。具简单的翅毛状刚毛和简单的粗足刺刚毛（约始于第 18 体节）。

生态习性： 常栖息于潮间带和潮下带泥沙底质中。

地理分布： 黄海，台湾海峡，南海；日本。

参考文献： 杨德渐和孙瑞平，1988。

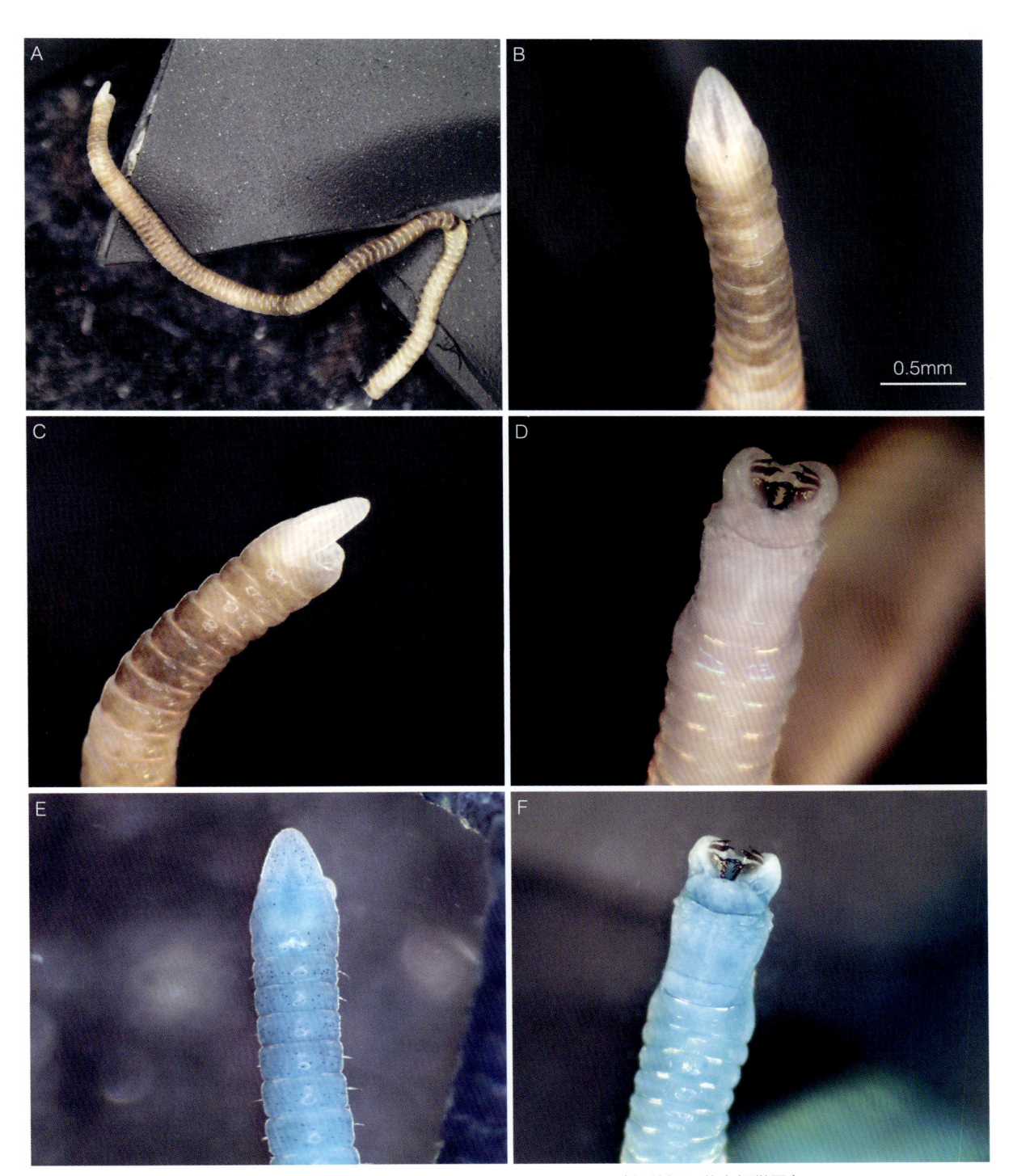

图 140　丝线沙蚕 *Drilonereis filum* Claparède, 1868（杨德援和蔡立哲供图）
A. 体前、中部；B. 体前部背面观；C. 体前部侧面观；D. 体前部腹面观；E. 体前部背面观（染色）；F. 体前部腹面观（染色）

欧努菲虫科 Onuphidae Kinberg, 1865
巢沙蚕属 *Diopatra* Audouin & Milne Edwards, 1833

日本巢沙蚕
Diopatra sugokai Izuka, 1907

标本采集地： 厦门海域，广东大亚湾。

形态特征： 口前叶前端圆，前唇锥形。触手和触角的基节具有 8～9 个近端环轮与 1 个较长的远端环轮。端节具有 20～22 列不规则纵向排列的感觉乳突；触角端节较短，触手端节约等长。项器呈 3/4 圆。围口节触须长约为围口节的 1.7 倍。下颚和上颚均钙化明显；下颚切割板末端中央各具一凹痕。体前部疣足的前刚叶分裂为双叶型，背侧部分较大，向腹侧部分延伸，腹侧部分圆形或锥形；前刚叶从第 6～8 刚节逐渐开始变小，第 10～15 刚节逐渐消失。具有 2 个锥形后刚叶，上方后刚叶较大，至体末段仍明显；下方后刚叶仅分布于前 5～6 刚节。鳃始于第 4～5 刚节，在体前部较为发达，鳃丝围绕鳃径排列成螺旋状，腹须在前 5～6 刚节为触须状。背须锥形，在体后部细长。前 5 对疣足为变形疣足，具有 1～2 根位于背侧的细长毛状刚毛和双齿钩状刚毛；后者柄光滑，具有圆巾，包括 1～2 根简单的中间钩状刚毛、2～3 根稍细的伪复型钩状刚毛、2～3 根位于腹侧更细的伪复型钩状刚毛。非变形疣足始于第 6 刚节，具翅毛状刚毛和梳状刚毛。梳状刚毛柄粗，端片具有 7～18 个小齿，排成斜排。翅毛状刚毛边缘光滑，其腹侧刚毛从第 18 刚节开始被双齿具巾的亚足刺钩状刚毛取代。

生态习性： 具栖管，栖管外黏有泥沙粒、碎贝壳、碎海胆壳、海绵骨针或有孔虫壳。

地理分布： 台湾海峡，南海。

参考文献： 孙瑞平和杨德渐，2004；吴旭文，2013。

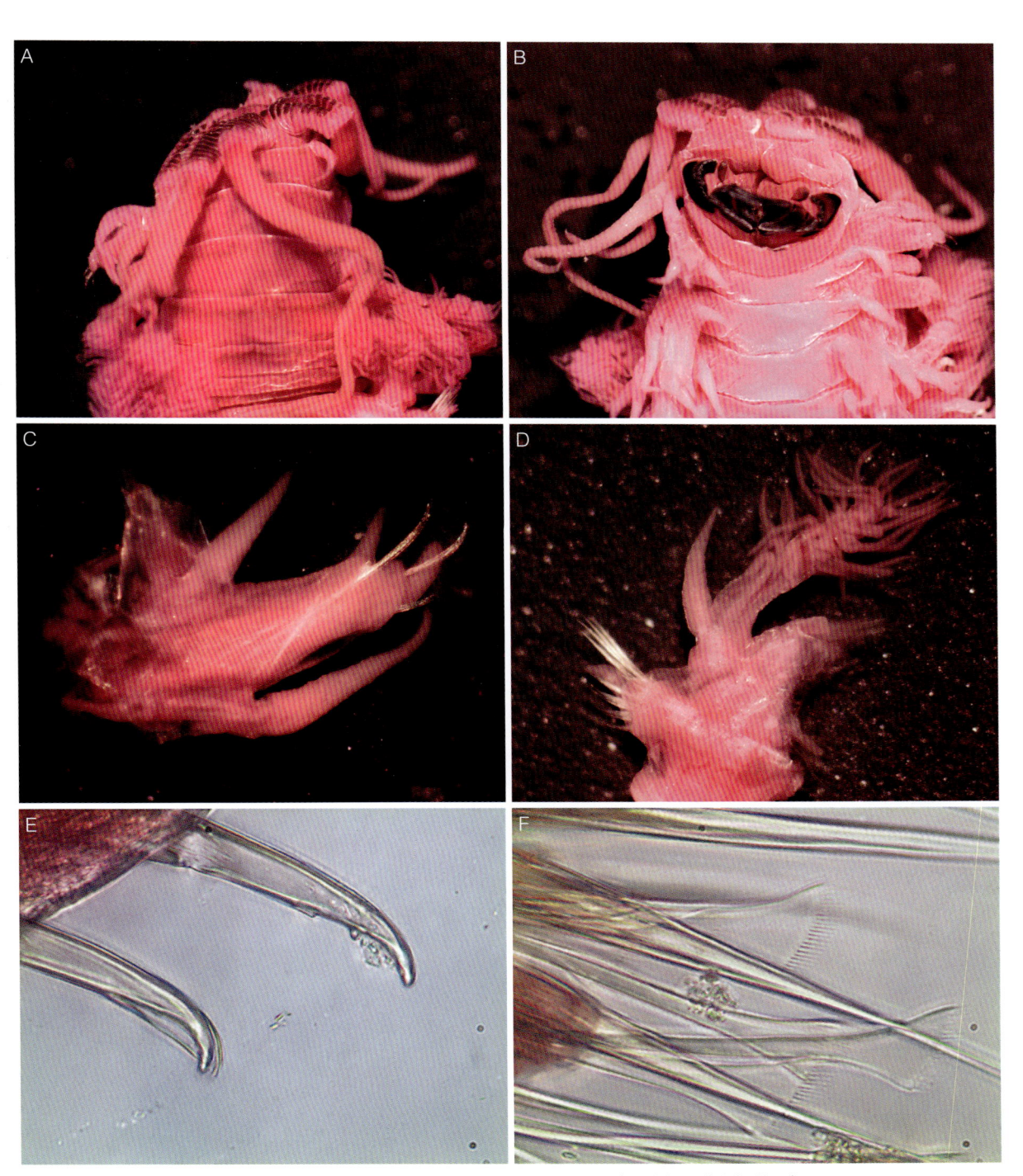

图 141 日本巢沙蚕 *Diopatra sugokai* Izuka, 1907（杨德援和蔡立哲供图）
A. 体前部背面观（染色）；B. 体前部腹面观（染色）；C. 第 3 刚节疣足（染色）；D. 第 9 刚节疣足（染色）；
E. 第 3 刚节疣足刚毛；F. 第 20 刚节疣足刷状刚毛

明管虫属 *Hyalinoecia* Malmgren, 1867

明管虫
Hyalinoecia tubicola (O. F. Müller, 1776)

标本采集地： 海南昌江，北部湾。

形态特征： 完整标本管透明角质，芦笛状两端具膜状活动瓣，管长约 34mm，直径约 2mm。虫体肉黄色，体长约 30mm，体宽约 1.7mm，具 75 刚节。口前叶具短的前触手和球状触角，5 个后头触手基节具 3～5 个环轮，中触手最长后伸可达第 8 刚节。鳃简单须状，始于第 25 刚节止于体后。体前 3 对疣足具须状腹须，第 4 对疣足腹须球形，以后为枕垫状，指状后刚叶止于第 20 刚节。双齿伪复型巾钩刚毛始于第 1 刚节。具亚足刺钩状刚毛、翅毛状刚毛和多齿梳状刚毛。

生态习性： 虫体可携管在沉积物内活动。

地理分布： 南海；红海，新西兰，日本。

参考文献： 杨德渐和孙瑞平，1988；吴旭文，2013。

图 142 明管虫 *Hyalinoecia tubicola* (O. F. Müller, 1776)（杨德援和蔡立哲供图）
A. 体前部背面观；B. 体前部腹面观；C. 尾部背面观；D. 尾部腹面观；E. 第 1 刚节疣足；F. 第 1 刚节疣足钩状刚毛

欧努菲虫属 *Onuphis* Audouin & Milne Edwards, 1833

欧努菲虫
Onuphis eremita Audouin & Milne Edwards, 1833

标本采集地： 厦门海域，广东大亚湾。

形态特征： 5个后头触手的基节明显长于口前叶，尤以内侧触手最长，后伸可达第7刚节，具16环轮；外侧触手最短，后伸达第2刚节，具12环轮；中触手后伸达第4刚节，具9环轮。前部疣足具长须状背须、腹须和1尖叶状后刚叶。须状腹须位于第1～6刚节。鳃始于第1刚节至第30刚节，6个鳃丝呈梳状。亚足刺钩刚毛双齿、始于第8～11刚节，伪复型巾钩刚毛3齿，始于第1刚节。

生态习性： 常栖息于潮间带和潮下带泥沙底质中。

地理分布： 黄海，东海，南海；地中海，大西洋，美国南加利福尼亚，印度。

经济意义： 大型底栖动物群落常见种。

参考文献： 杨德渐和孙瑞平，1988；吴旭文，2013。

矶沙蚕目分科检索表

1. 口前叶具触手和触角 2
   口前叶无触手和触角 3
2. 口前叶具5个附肢（后头触手），附肢的基节通常具明显的环轮 .... 欧努菲虫科 Onuphidae
   口前叶具1个、3个或5个附肢（后头触手），附肢光滑或具环轮 .... 矶沙蚕科 Eunicidae
3. 颚由2个或3个颚基组成 4
   颚由许多成排的小齿片组成 .... 豆维虫科 Dorvilleidae
4. 具3个颚基，无巾钩刚毛，口前叶常具眼 .... 花索沙蚕科 Arabellidae
   具2个（1对）颚基，有的体节具巾钩刚毛，口前叶无眼 .... 索沙蚕科 Lumbrineridae

---

欧努菲虫科分属检索表

1. 鳃梳状、简单或无 2
   部分鳃螺旋状 .... 巢沙蚕属 *Diopatra*
2. 具触须 .... 欧努菲虫属 *Onuphis*
   无触须 .... 明管虫属 *Hyalinoecia*

图 143 欧努菲虫 Onuphis eremita Audouin & Milne Edwards, 1833（杨德援和蔡立哲供图）
A. 体前部背面观；B. 体前部腹面观；C. 虫管；D. 头部触手；E. 体前部背面观（染色）；F. 体前部腹面观（染色）

叶须虫目 Phyllodocida
蠕鳞虫科 Acoetidae Kinberg, 1856
蠕鳞虫属 Acoetes Audouin & Milne Edwards, 1832

黑斑蠕鳞虫
Acoetes melanonota (Grube, 1876)

同物异名： 黑斑多齿鳞虫 *Polyodontes melanonota* (Grube, 1876)

标本采集地： 厦门海域，广东大亚湾。

形态特征： 口前叶2叶，具眼2对，前对眼大豆形、具眼柄，后对眼小、无柄。中触手位于口前叶缺刻处，与口前叶近等长；侧触手位于眼柄下方、稍短。触手和触角皆具黑色斑。鳞片褐色、平滑卵圆形，外侧卷曲成小袋，在体中部不相连。疣足双叶型，第1刚节疣足具2根足刺，背、腹须比中央触手粗而长。第2刚节具第1对鳞片，腹须与第1刚节相似。第3刚节具1对背须，背叶具成束的毛状刚毛；腹叶除具毛状刚毛外，还有带芒刺的粗足刺状刚毛。从第8刚节起锥形纺绩腺开口在疣足背、腹叶间的裂隙处。从第9刚节起，疣足背叶变得宽而圆，具足刺、纺绩腺和1排短刚毛；腹叶上部刚毛有2种，一种是带锯齿的长毛状刚毛，另一种为较粗短的足刺状刚毛。腹叶中部和下部刚毛与前几刚节相似。体后部疣足具简单指状囊鳃。肛节具1对肛须，肛门位于肛节末端。

生态习性： 常栖于含纤维的黏泥和沙质管中。

地理分布： 黄海，东海，台湾海峡，北部湾，南海；菲律宾，泰国，印度尼西亚，印度洋。

参考文献： 杨德渐和孙瑞平，1988；吴宝玲等，1997。

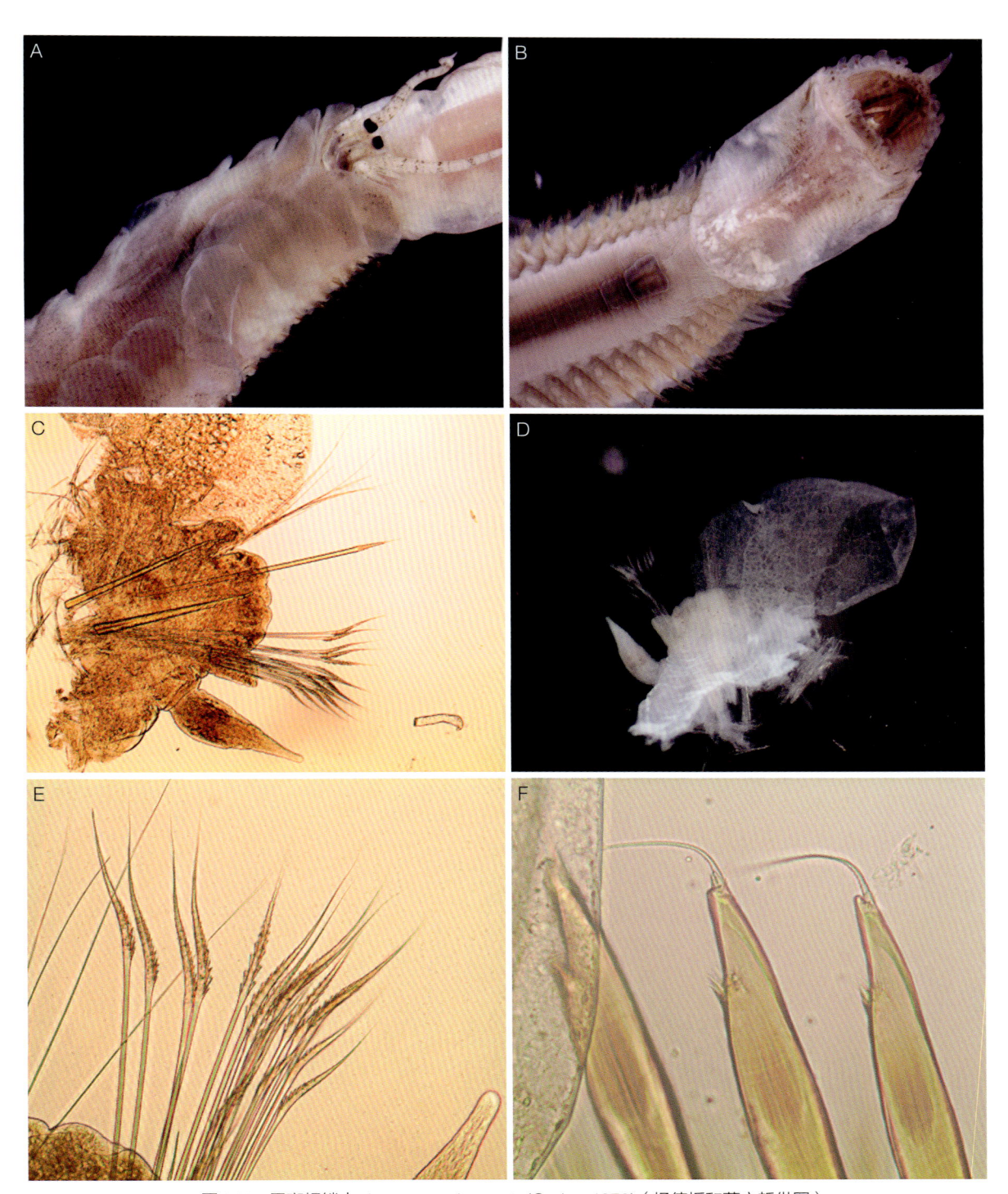

图 144　黑斑蠕鳞虫 Acoetes melanonota (Grube, 1876)（杨德援和蔡立哲供图）
A. 体前部背面观；B. 体前部腹面观；C. 第 2 刚节疣足；D. 第 2 刚节疣足鳞片；E. 第 2 刚节疣足腹刚毛；F. 体后部刚毛

真鳞虫科 Eulepethidae Chamberlin, 1919
真鳞虫属 Eulepethus Chamberlin, 1919

南海真鳞虫
Eulepethus nanhaiensis Zhang, Zhang, Osborn & Qiu, 2017

标本采集地： 广东大亚湾，珠江口，汕头海域。

形态特征： 体长 10.8～56.0mm，体宽 2.5～6.8mm（含刚毛），具 39～70 刚节。足刺锤头状。疣足多对，表面光滑，前 12 对向后延伸并且边缘具有凹痕或者有 1～2 对铲状凹痕。左侧位于第 2、第 3、第 4、第 6 刚节的疣足具有凹痕，右侧刚节的疣足均具凹痕。位于第 8、第 10、第 12、第 14、第 16、第 18、第 20、第 22、第 23、第 25、第 26、第 27 刚节的 12 对鳃在背部较膨大。第 3、第 6 刚节无鳃但具呈锥形的背刚毛。始于第 28 刚节的背部刚节具 1 对较小的不重叠疣足。口前叶可达第 2 刚节，具 3 对较短的呈锥状触角（约为口前叶的 1/3 到 1/2），位于口前叶中部的触须可至体中部背侧，一对腹须可向后延伸至第 1 对疣足。具 2 对黑眼，前一对位于口前叶中后部，后一对位于口前叶边缘。第 1 刚节疣足具呈锥形的刚毛，腹侧刚毛稍长于背侧刚毛，背侧刚毛出现于第 3、第 6 对疣足的上缘后侧，疣足双叶型，第 1 对疣足仅具 2 对刚毛，第 2 刚节疣足具有 3 种类型的刚毛，背侧具 2 种梳状刚毛和 1 种表面光滑的扇状刚毛，前 3 刚节具 3 种类型刚毛，尾部具 2 对肛须，左侧稍短、光滑，右侧较长、基部具乳状凸起。

生态习性： 栖息于潮下带 13～30m 泥沙底质。

地理分布： 南海近岸。

参考文献： 孙瑞平和杨德渐，2004；Zhang et al.，2017。

图 145　南海真鳞虫 *Eulepethus nanhaiensis* Zhang, Zhang, Osborn & Qiu, 2017（杨德援和蔡立哲供图）
A. 体前部背面观；B. 体前部腹面观；C. 整体图；D. 第 25 刚节疣足；E. 第 1 对鳞片；F. 第 5 对鳞片

多鳞虫科 Polynoidae Kinberg, 1856

哈鳞虫属 *Harmothoe* Kinberg, 1856

亚洲哈鳞虫
Harmothoe asiatica Uschakov & Wu, 1962

标本采集地： 广东大亚湾。

形态特征： 口前叶具明显的额角。前一对眼比后一对眼大，位于头部中央最宽处的两侧；后一对眼相距较近，位于头部后缘并且部分被第2节的半圆形突起掩盖。头触手和触须密覆有长的乳突，其末端光滑并且很长。背鳞特殊，在体前部为圆形，其后变为肾形，背鳞外侧缘和后面覆满长丝形突起，这种突起末端稍膨大。背鳞结实，其前端光滑，半透明；背鳞的其他部分则覆有小刺，小刺的基部为圆形，其顶端大多数分叉，位于背鳞外侧的刺最大。背鳞表面分成很多小的多角形部分，似蜂窝一般，此种小的多角形部分在背鳞的后缘最为显著，在每一个小的多角形上面都有一或数根小刺；多角形的边缘部分具有极其显著的颜色。疣足双叶型，背须具长丝状突起，背刚毛数目多，具侧锯齿；腹刚毛比背刚毛长，末端双齿。大型的背突位于具背须节上。腹须尖锐，短于疣足叶，上面具短的乳突。

生态习性： 栖息于潮下带泥沙质。

地理分布： 黄海，东海，南海。

参考文献： 杨德渐和孙瑞平，1988；吴宝铃等，1997。

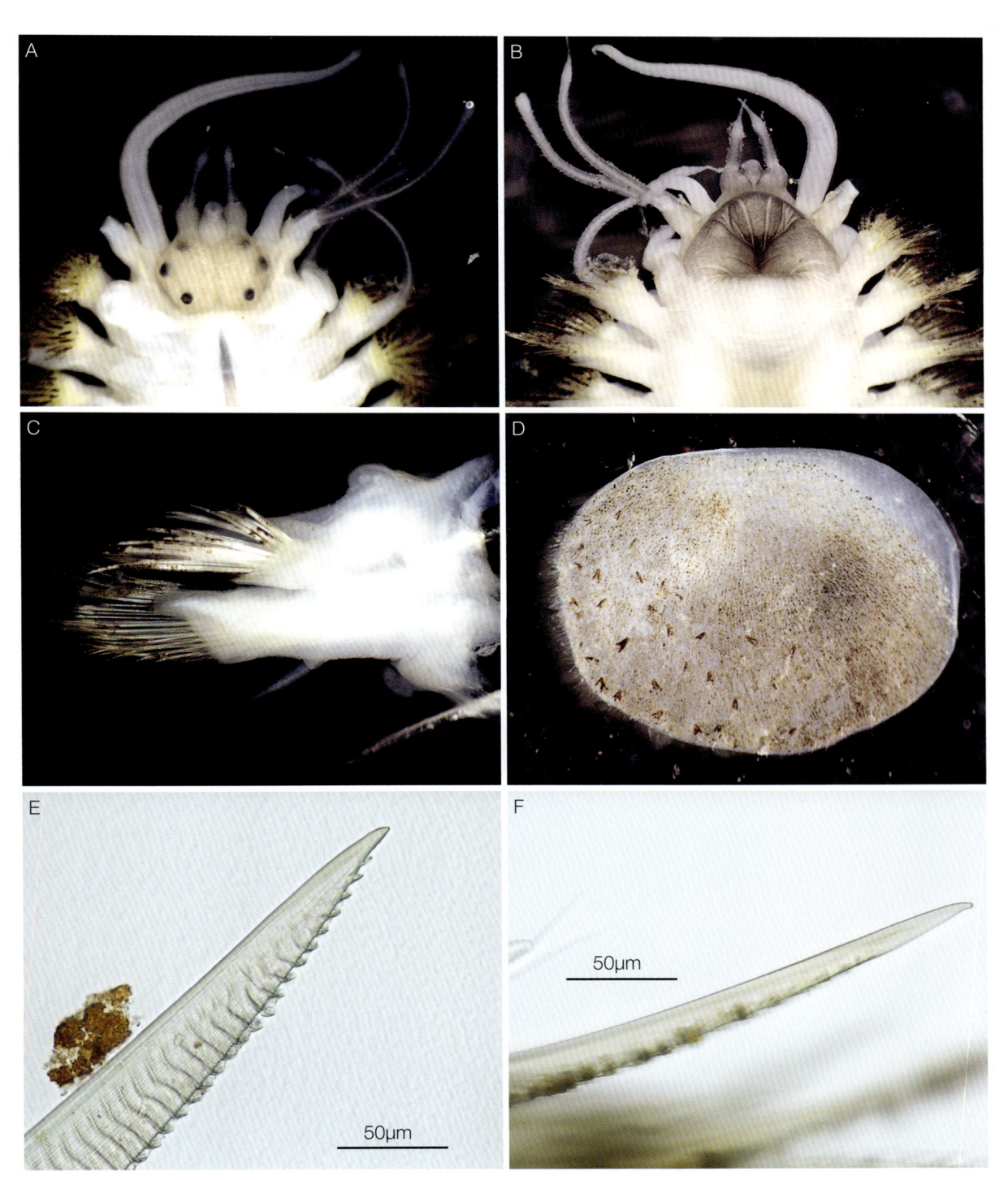

图 146 亚洲哈鳞虫 *Harmothoe asiatica* Uschakov & Wu, 1962（杨德援和蔡立哲供图）
A. 体前部背面观；B. 体前部腹面观；C. 第 12 刚节疣足；D. 第 1 对鳞片；E. 第 12 刚节疣足背刚毛；F. 第 12 刚节疣足双齿刚毛

背鳞虫属 *Lepidonotus* Leach, 1816

软背鳞虫
Lepidonotus helotypus (Grube, 1877)

标本采集地： 厦门海域，广东大亚湾。

形态特征： 口前叶长宽近相等，背鳞虫型。外翻的吻具 13～15 对端乳突，具 12 对黑色或浅褐色的鳞片，鳞片软而肥厚，于疣足附着处有一圆形白斑，表面具小的软乳突，无硬结节亦无缘穗，具明显的脉纹。触手、触须和疣足背须近末端具明显的膨大部，触手和触须呈暗灰色，背须膨大部稍往里有 1 暗灰色横带。疣足背叶除具内足刺外，亦具细毛状刚毛，腹叶刚毛具侧齿和 1 个长端片。

生态习性： 常栖息于潮间带的岩石岸和砾石岸。

地理分布： 黄海，东海，南海。

参考文献： 杨德渐和孙瑞平，1988；吴宝铃等，1997。

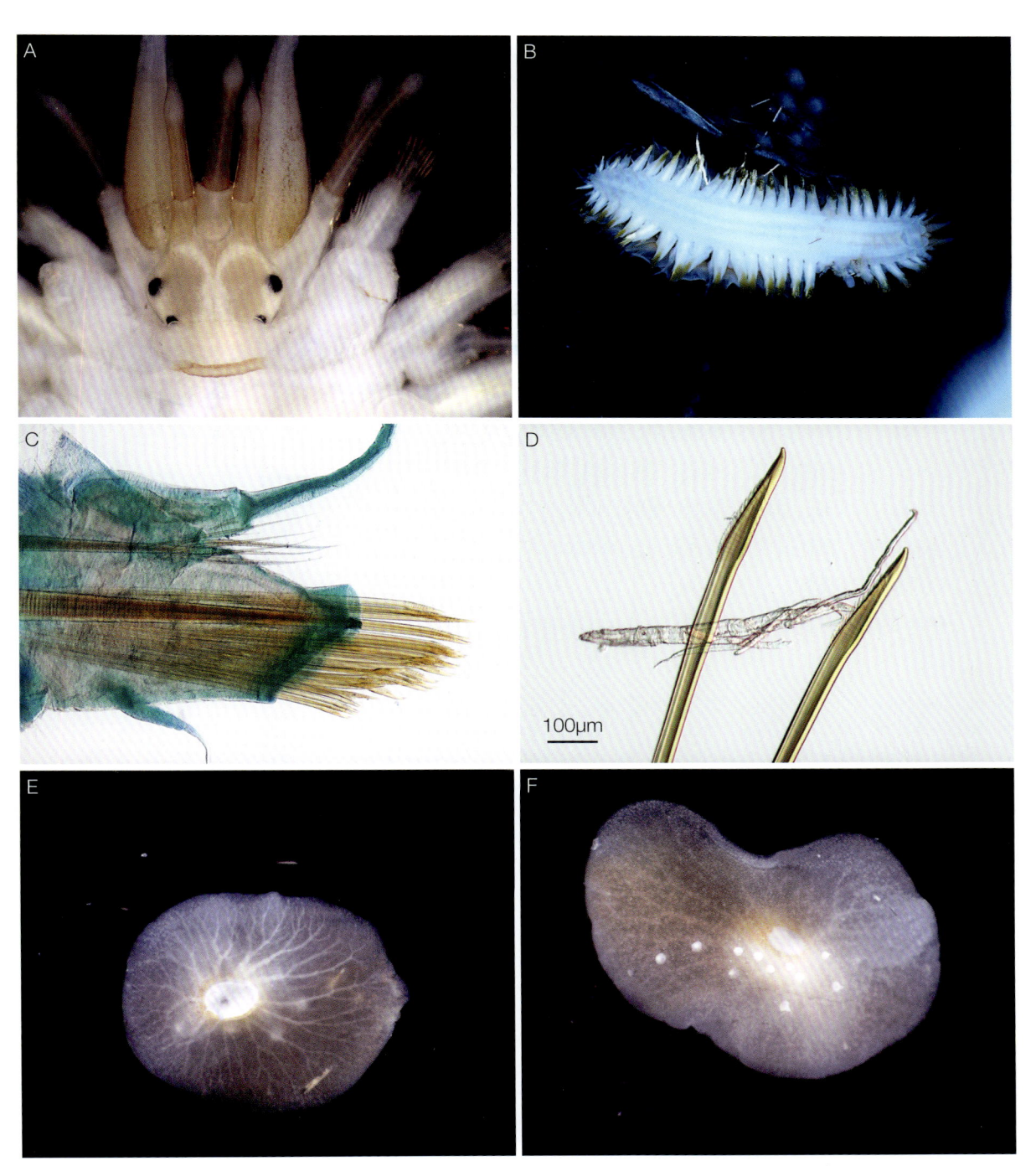

图 147　软背鳞虫 *Lepidonotus helotypus* (Grube, 1877)（杨德援和蔡立哲供图）
A. 头部背面观；B. 整体腹面观；C. 第 14 刚节疣足；D. 第 14 刚节疣足腹刚毛；E. 第 1 对鳞片；F. 第 2 对鳞片

锡鳞虫科 Sigalionidae Kinberg, 1856

埃刺梳鳞虫属 *Ehlersileanira* Pettibone, 1970

埃刺梳鳞虫
Ehlersileanira incisa (Grube, 1877)

标本采集地： 广东大亚湾，东海浅海。

形态特征： 口前叶卵圆形，与第 1 对疣足节部分愈合，中触手较短于口前叶，基节具侧耳突，侧触手位于第 1 疣足基部。眼有或无。触角长，后伸达第 10～23 刚节。第 3 对疣足无背须和背瘤。鳃始于第 13～30 刚节，开始很小，以后变大。背足叶呈棒状，具平滑的茎状突起。背刚毛毛状，上有细刺；腹足叶具圆锥形的后刚叶和钝圆的前刚叶，腹刚毛排成 3 束，均为复型刺状，端片上具横纹。腹须细指状，比腹足叶短。鳞片光滑不具缘穗，约第 27 刚节后每节皆有，开始为卵圆形以后增大为梨形，体中部鳞片一侧有凹裂。

生态习性： 栖息于软泥和泥沙沉积物中。

地理分布： 黄海，东海，南海。

参考文献： 杨德渐和孙瑞平，1988；吴宝铃等，1997。

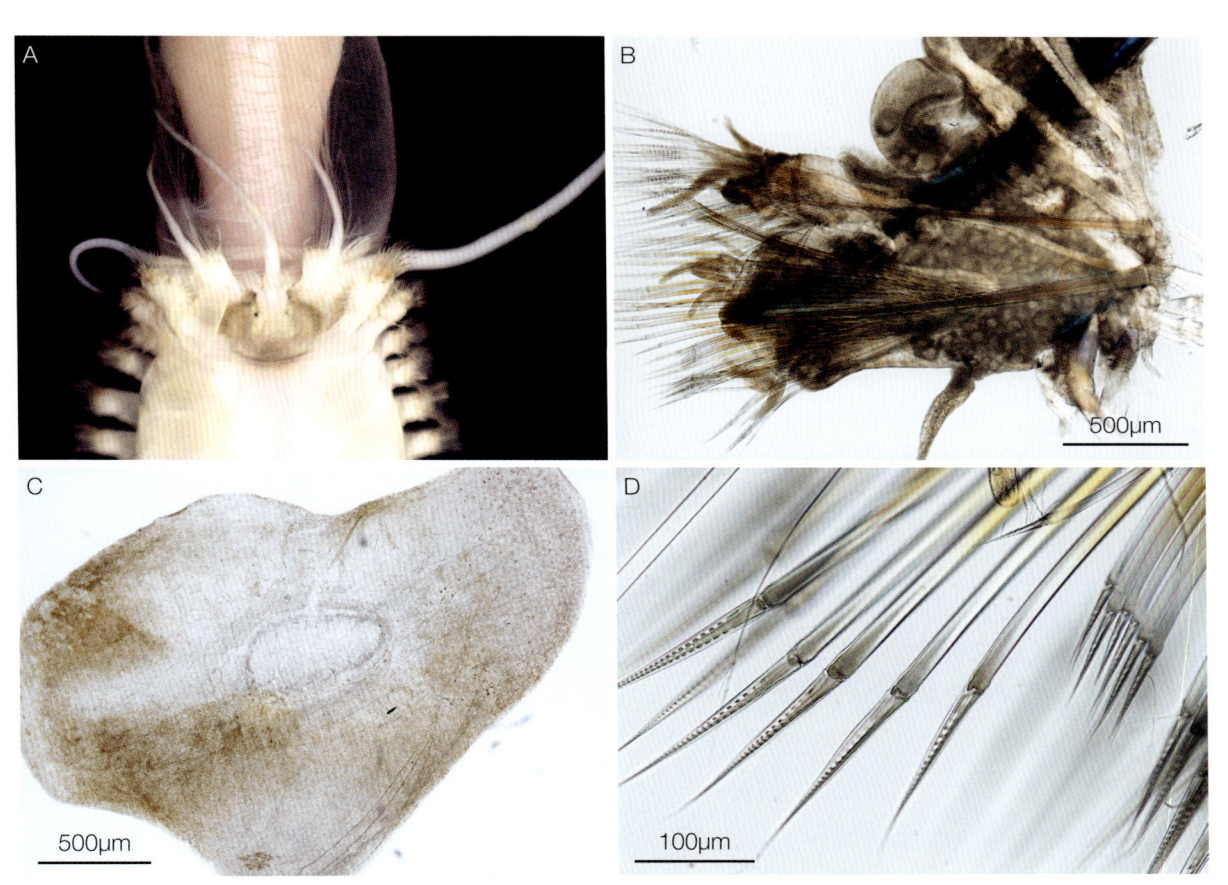

图 148　埃刺梳鳞虫 *Ehlersileanira incisa* (Grube, 1877)（杨德援和蔡立哲供图）
A. 体前部背面观；B. 第 32 刚节疣足；C. 第 32 对鳞片；D. 第 32 刚节疣足腹刚毛

真三指鳞虫属 *Euthalenessa* Darboux, 1899

真三指鳞虫
Euthalenessa digitata (McIntosh, 1885)

标本采集地： 台湾海峡西部海域，海南岛潮下带。

形态特征： 体长扁形，无色。鳞片多，体前部小而圆，体后部大，呈亚四边形或亚心形，除第 1 对鳞片边缘光滑外，其余鳞片的边缘都具有缘突，前部鳞片缘突 11～15 个，后部鳞片缘突 8～12 个；每 1 个缘突具 1～5 个分枝。口前叶与第 1 体节愈合；两对眼中等大小，位于口前叶两侧；中央触手从口前叶中部向前伸出，基节较长；侧触手 1 对，位于口前叶前缘，基节较短；中央触手基节和侧触手基节都与第 1 体节疣足背面愈合；3 个触手游离端都比较短；1 对触角长，向后可延伸至第 11～16 节。第 1 节背须短而细，腹须粗，长约为背须的 2 倍，刚毛少量或无。前部体节的背腹叶具发达的唇，背须短，腹须较背须长。背唇具 1～3 个小叶，边缘具 10～14 个指状凸起；腹唇具 3～4 个小叶，边缘具 12～19 个指状凸起。后部体节的前唇叶变小，后唇叶加长，呈亚锥状；指状突减少，最后消失。背刚毛为呈小束的毛状刚毛；腹刚毛为复型镰刀状，鳞片长短不一，某些端片分若干节。鳃始于 4～6 节，疣足具有 3 个杯状突。体长可达 150mm，宽约 6mm，多于 100 刚节。

生态习性： 栖息于泥沙底质。

地理分布： 东海，台湾海峡，南海；红海，印度洋，印度 - 西太平洋，西非洲。

参考文献： 杨德渐和孙瑞平，1988；吴宝铃等，1997。

图 149　真三指鳞虫 *Euthalenessa digitata* (McIntosh, 1885)（杨德援和蔡立哲供图）
A. 体前部背面观；B. 体前部腹面观；C. 第 2 刚节疣足背刚叶；D. 第 2 刚节疣足腹刚叶；E. 第 2 刚节疣足；F. 体后部刚毛

吻沙蚕科 Glyceridae Grube, 1850
吻沙蚕属 *Glycera* Lamarck, 1818

长吻沙蚕
Glycera chirori Izuka, 1912

标本采集地： 厦门海域，广东大亚湾。

形态特征： 体大而粗，最大的标本体长可达 350mm 以上，体节数目为 200 个左右，每一体节具有 2 个环轮。口前叶呈短圆锥形，具 10 环轮，末端具 4 个短而小的触手。吻部短而粗，上面具有稀疏的叶状和圆锥状乳突。典型疣足具 2 个前刚叶和 2 个后刚叶，2 个前刚叶等长，基部宽圆，前端突然收缩，背后刚叶与前刚叶相似但稍短，而腹后刚叶短而圆。背须瘤状，位于疣足基部上方。鳃简单 1 个，可伸缩，位于疣足前方。

生态习性： 肉食性。栖息于泥沙底质。

地理分布： 渤海，黄海，东海，南海；中国和日本沿岸的特有地方种。

参考文献： 杨德渐和孙瑞平，1988；吴宝铃等，1997。

图 150　长吻沙蚕 *Glycera chirori* Izuka, 1912（杨德援和蔡立哲供图）
A. 整体图（来自香港城市大学）；B. 体前部侧面观（染色）；C. 体前部疣足（染色）；D. 体中部疣足（染色）；
E. 体中、后部疣足（染色）；F. 尾部（染色）

锥唇吻沙蚕
Glycera onomichiensis Izuka, 1912

标本采集地： 厦门海域，广东大亚湾。

形态特征： 体长 125～170mm，体中部较宽，约 4mm，体节 150～200 个，每一体节具有 2 个环轮。口前叶具有 10 个环轮。吻部上覆盖有不具足的圆锥状或球状的乳突。典型疣足长大于高，具 2 个圆锥形的前刚叶和 2 个稍短的圆锥形后刚叶，圆锥状背须位于疣足上基部。无鳃。背叶上具有简单型刚毛；腹叶具有复型刚毛，其末端上带有细细的锯齿。

生态习性： 肉食性。栖息于泥沙底质。

地理分布： 渤海，黄海，东海，南海；中国和日本沿岸的特有地方种。

参考文献： 杨德渐和孙瑞平，1988；吴宝铃等，1997。

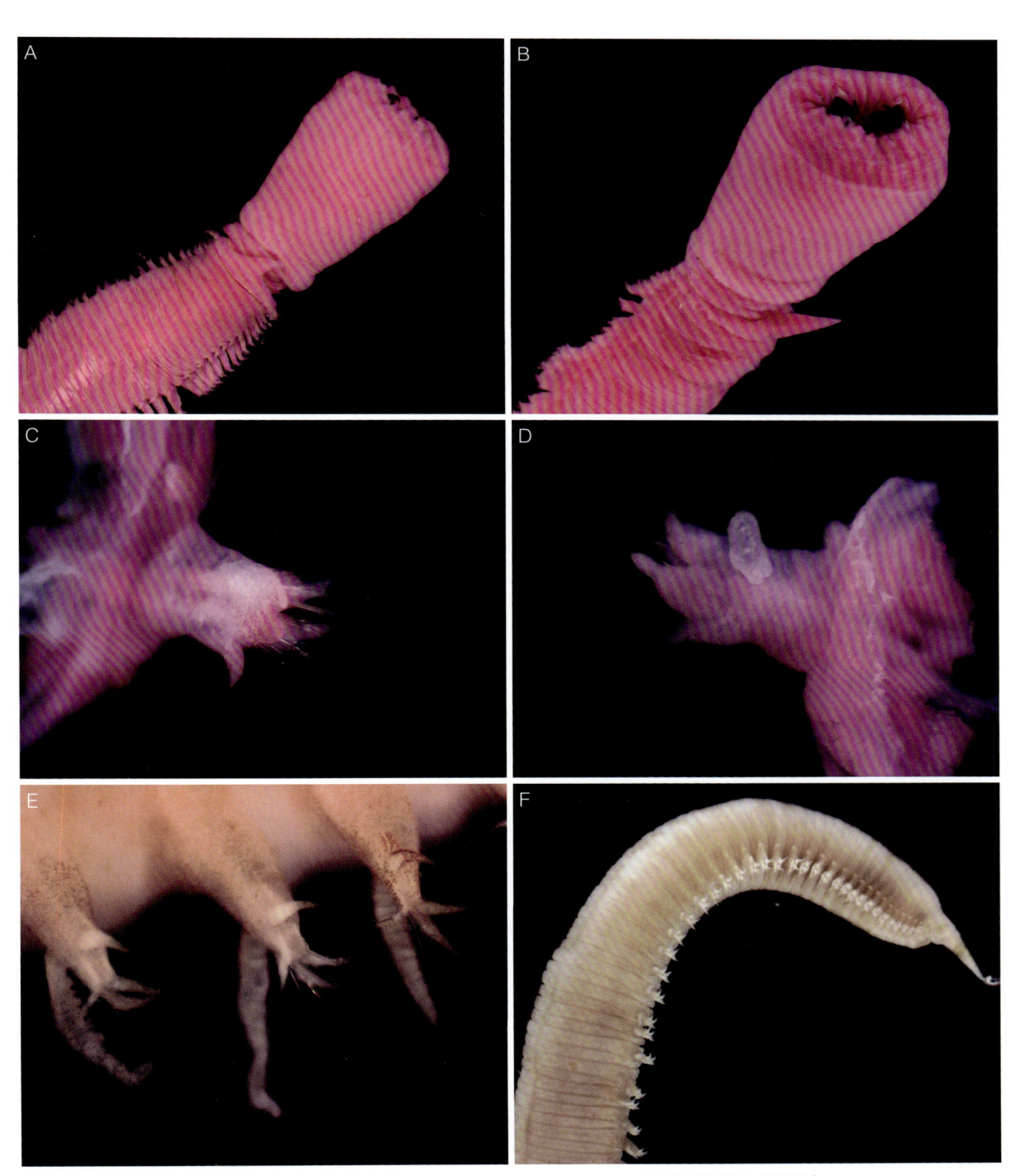

图 151 锥唇吻沙蚕 *Glycera onomichiensis* Izuka, 1912（杨德援和蔡立哲供图）
A. 体前部背面观（染色）；B. 体前部侧面观（染色）；C. 体前部疣足（染色）；D. 体中部疣足（染色）；E. 体中部疣足；F. 尾部

角吻沙蚕科 Goniadidae Kinberg, 1866
甘吻沙蚕属 Glycinde Müller, 1858

寡节甘吻沙蚕
Glycinde bonhourei Gravier, 1904

标本采集地：厦门海域，广东大亚湾。

形态特征：口前叶尖锥形，具有 8～9 个环轮，末端具有 4 个小的头触手。口前叶基部有 1 对小眼，前端部无眼。吻长柱状，前端具软乳突，2 个位于腹面的大颚，在每个大颚的内缘具有 5 个小齿。小颚齿 4～14 个，位于吻的背面，排成半圆形。体前部有 19～22 个具单叶疣足的体节。体后部的疣足均为双叶型。前部体节的单叶疣足的前、后刚叶末端窄细，后刚叶又比前刚叶稍大及长。后部体节上疣足的腹叶具有 2 个很大的唇瓣，其中前唇瓣具有 1 个窄的末端部分。背刚毛数目少（2～3 个），呈瘤刺状，腹刚毛复型，具一长的端节。体节数一般超过 90 个，乙醇标本的体色为灰褐色或浅灰褐色，在背面具深色斑。大标本长约 28mm，宽（包括疣足）约为 1mm。

生态习性：栖息于泥沙底质。

地理分布：渤海，黄海，东海，南海。

经济意义：大型底栖动物群落常见种。

参考文献：杨德渐和孙瑞平，1988；吴宝铃等，1997。

图 152 寡节甘吻沙蚕 *Glycinde bonhourei* Gravier, 1904（杨德援和蔡立哲供图）
A. 体前部背面观；B. 第 16 刚节疣足；C. 第 24 刚节疣足；D. 第 24 刚节疣足刚毛；E. 体后部疣足；F. 体后部疣足刚毛

角吻沙蚕属 *Goniada* Audouin & H Milne Edwards, 1833

日本角吻沙蚕
Goniada japonica Izuka, 1912

标本采集地： 厦门海域。

形态特征： 口前叶圆锥形，具9个环轮和4个小触手。吻基部两侧具有13～22个"V"形齿片，吻前端具有16～18个软乳突，2个大颚、16个背小颚和11个腹小颚。吻器心形。体前部76～80个刚节具单叶型疣足；体后部具双叶型疣足：上背舌叶三角形、长为腹叶的1/2，腹叶具2个前刚叶和1个后刚叶。背须三角形，腹须指状。具2～3根粗刺状背刚毛和1束复刺状腹刚毛。体黄褐色或深棕色，具珠光。最大的标本长178mm、宽3mm，约200刚节。

生态习性： 栖息于泥沙底质。

地理分布： 渤海，黄海，东海，南海；日本。

参考文献： 杨德渐和孙瑞平，1988；吴宝铃等，1997。

图 153　日本角吻沙蚕 *Goniada japonica* Izuka, 1912（杨德援和蔡立哲供图）
A. 口前叶触手（染色）；B. 体前部和吻侧面观（染色）；C. 吻上的"V"形齿（染色）；D. 第 1 刚节疣足；
E. 第 21 刚节疣足；F. 第 43 刚节疣足

拟特须虫科 *Paralacydoniidae* Pettibone, 1963
拟特须虫属 *Paralacydonia* Fauvel, 1913

拟特须虫
Paralacydonia paradoxa Fauvel, 1913

标本采集地： 厦门鳄鱼屿潮间带。

形态特征： 体细长，体色浅黄。口前叶椭圆形，长约为宽的 2 倍。头触手 2 节，口前叶背侧具 2 条纵沟。无眼。口前叶后缘具一小的盾片状物，且延伸至第 3 体节。吻短，平滑无乳突。第 1 体节无疣足，第 2 体节疣足不发达，仅具 1 束刚毛，其余疣足皆为双叶型，具相距很宽的背、腹刚叶，背、腹前刚叶椭圆形，具缺刻，内具足刺，背、腹后刚叶圆，背刚叶稍短于腹刚叶。背刚毛简单型，腹刚毛复型，其刚毛束下方具 1～2 根简单型刚毛（易脱落）。肛部桶状，具 2 根长肛须。

生态习性： 常栖息于潮间带和潮下带泥沙底质。

地理分布： 渤海，黄海，东海，南海；地中海，摩洛哥，南非，大西洋，太平洋，印度，印度尼西亚，新西兰北部。

经济意义： 潮间带和潮下带大型底栖动物群落常见种。

参考文献： 杨德渐和孙瑞平，1988；吴宝铃等，1997；蔡立哲，2015。

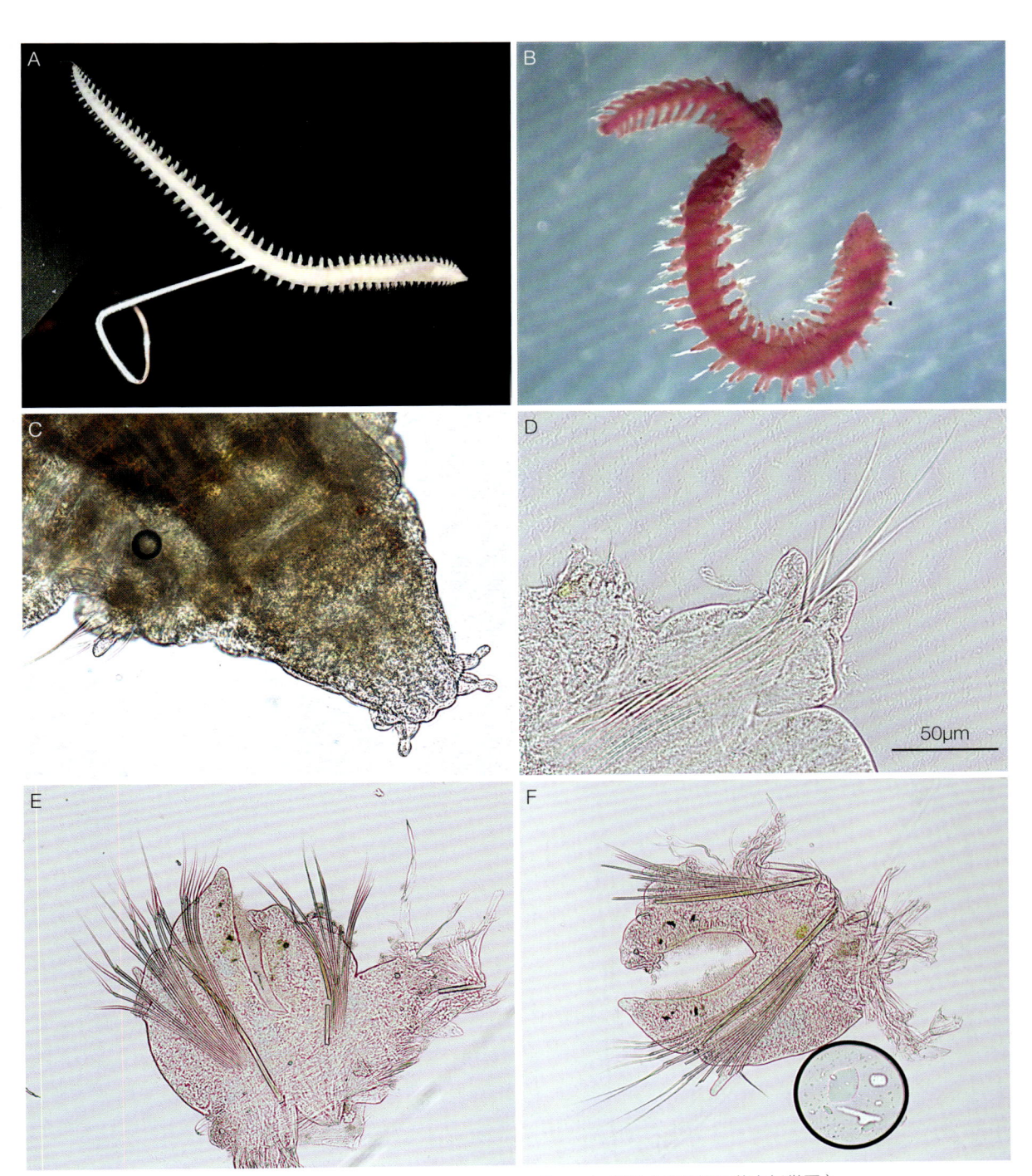

图 154 拟特须虫 *Paralacydonia paradoxa* Fauvel, 1913（杨德援和蔡立哲供图）
A、B. 整体图；C. 头部背面观；D. 第 1 刚节疣足；E. 第 15 刚节疣足；F. 第 22 刚节疣足

金扇虫科 Chrysopetalidae Ehlers, 1864

卷虫属 *Paleaequor* Watson Russell, 1986

短卷虫
Paleaequor breve (Gallardo, 1968)

标本采集地： 广东大亚湾，北部湾。

形态特征： 体长可达 20mm，宽约 1.5mm，少于 150 体节。体背面完全为金黄色稃刚毛覆盖。口前叶小，隐藏在体前几个刚节两边的背稃刚毛之间。疣足双叶型，背、腹须均为指状，背须常缩于背须囊中。背稃刚毛长宽叶片状，末端凹入，每节约 18～20 根，呈复瓦状排成一行。这些背稃刚毛约有 15～17 条纵纹和很多细横纹。在背须基部有 1 小束不发达的背稃刚毛。腹刚叶圆锥状，位于足刺上方有复型异齿状刚毛；位于足刺下方有复型异齿刺状刚毛和复型异齿镰刀状刚毛，这些镰刀状刚毛的末端光滑，基部具粗锯齿。

生态习性： 栖息于潮下带泥沙底质。

地理分布： 大亚湾、北部湾。

参考文献： 杨德渐和孙瑞平，1988；吴宝铃等，1997。

图 155 短卷虫 *Paleaequor breve* (Gallardo, 1968)（杨德援和蔡立哲供图）
A. 整体图；B. 体前部腹面观；C. 体前部背面观；D. 体后部疣足

海女虫科 Hesionidae Grube, 1850
海女虫属 Hesione Lamarck, 1818

横斑海女虫
Hesione genetta Grube, 1866

标本采集地： 西沙群岛。

形态特征： 体长约 14.5mm，体宽（含疣足）5～7mm，具 16 个刚节。活体标本色彩鲜艳有金属光泽，第 2 刚节背面具 1 褐色色斑，其后每节背面具 5～6 个褐色圆形斑。乙醇固定的标本，体前部色斑仍有保留，尤其是第 2 体节的色斑。该种最主要特征是第 2 体节具明显的色斑，腹足刚毛端片双齿，最大长是最大宽的 2～5 倍，第 2 齿（亚末端齿）较大，似第 1 齿（端齿），端片刺接近亚端齿。

生态习性： 生活在潮间带中潮区和低潮区的泥沙滩中。

地理分布： 南海，西沙群岛；菲律宾，印度，斯里兰卡，萨摩亚群岛，澳大利亚，新西兰，马达加斯加，新喀里多尼亚，加利福尼亚。

参考文献： 杨德渐和孙瑞平，1988；孙瑞平和杨德渐，2004；Salazar-Vallejo，2018。

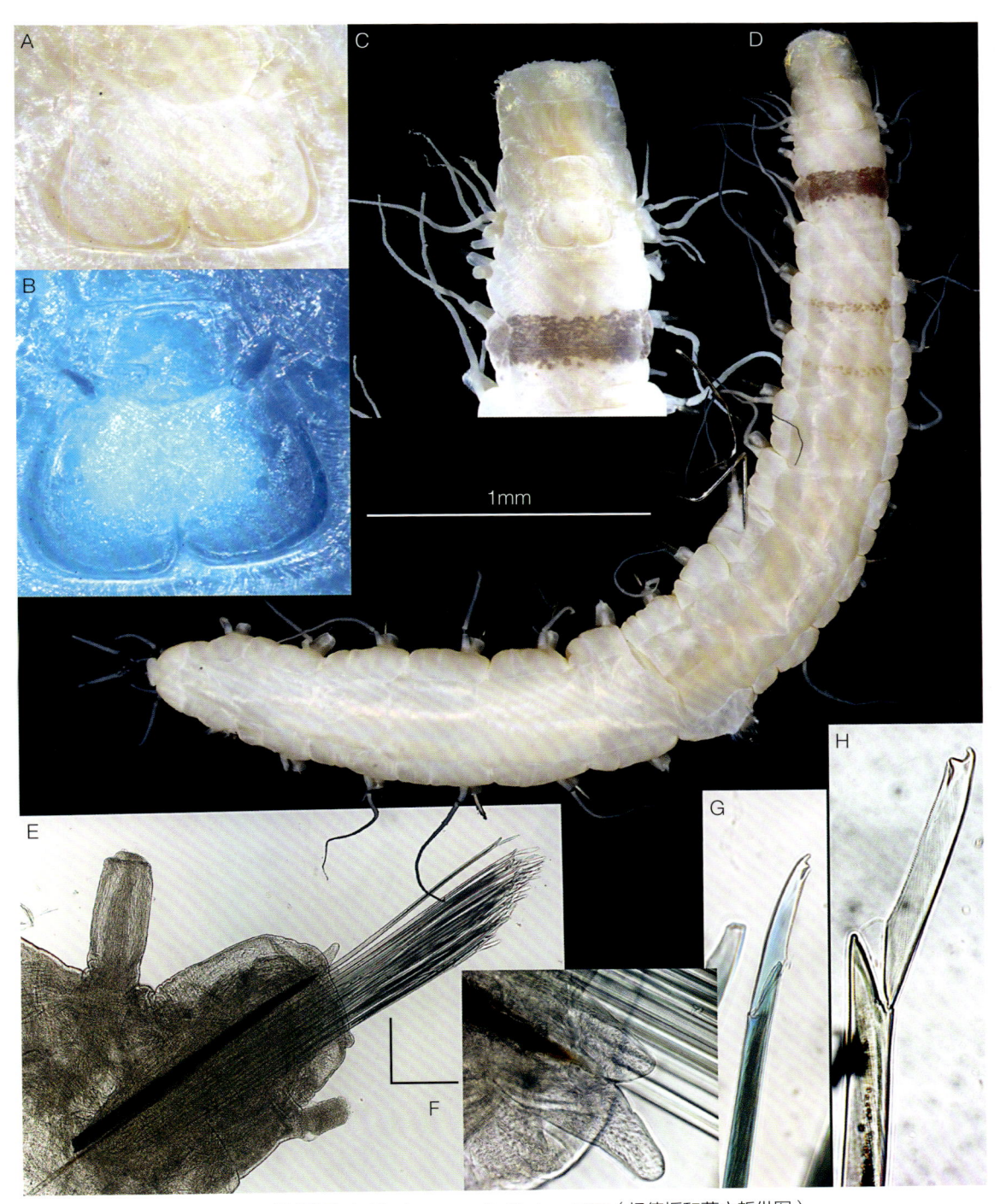

图 156 横斑海女虫 *Hesione genetta* Grube, 1866（杨德援和蔡立哲供图）
A. 口前叶背面观（原色）；B. 口前叶背面观（甲基绿染色）；C. 体前部；D. 整体背面观；E. 体中疣足；F. 足刺叶放大；G. 腹足刚毛束中部刚毛；H. 腹中刚毛束中部刚毛（E、F 为吴旭文博士协助拍摄）

301

纵纹海女虫
Hesione intertexta Grube, 1878

标本采集地： 福建，西沙群岛潮间带。

形态特征： 体长 40 ~ 70mm，体宽（含疣足）5 ~ 10mm，具 16 个刚节。活体标本色彩鲜艳具金属光泽。体圆柱状，后端变窄，为圆锥状。口前叶心形，宽大于长，其后缘具窄的项器。2 对圆形眼，似矩形排列，前对稍大于后对。无触角。8 对触须细长，具短的环轮。疣足亚双叶型，背须细长，仅具内足刺，无背刚毛，腹须指状，皆具短的环轮。腹刚叶圆柱状，前刚叶稍短于后刚叶，在前刚叶顶端具一大一小 2 个指状突起。腹刚毛复型镰状双齿，端片细长，端片刺与第 1 齿相接。

生态习性： 生活在潮间带泥沙底质中。

地理分布： 东海，南海；菲律宾，澳大利亚，新西兰，太平洋，印度洋，巴拿马，新喀里多尼亚。

参考文献： 杨德渐和孙瑞平，1988；孙瑞平和杨德渐，2004；Salazar-Vallejo，2020。

图 157 纵纹海女虫 *Hesione intertexta* Grube, 1878（引自 Salaza-Vallejo，2018）
A. 整体背面观；B. 口前叶背面观；C. 体前部背面观；D. 第 8 疣足前面观（8st：第 8 刚节疣足；刚毛自左向右分别为刚毛束上部、中部、下部刚毛）；E. 体前部背面观；F. 体后尾部背面观（白色箭头突出表皮颗粒状结构）
比例尺：A = 3.1mm；B、D = 0.8mm；C = 1.8mm；E = 0.7mm；F = 2.5mm

海女虫
Hesione splendida Lamarck, 1818

标本采集地： 广西，西沙群岛（中国科学院馆藏标本）。

形态特征： 体长 35～40mm，体宽（含疣足）4～6mm，具 16 个刚节。活体标本色彩鲜艳具金属光泽。乙醇固定标本，有时色斑褪色，但仍留有印记。体圆柱状，后端圆锥状。口前叶为心形，宽大于长，其后缘具窄的项脊。具 2 对眼，似矩形排列，前对大于后对。无触角。2 个侧触手很小，乳突状位于口前叶前缘背面两边。8 对触须细长，具短的环轮。翻吻圆锥状，末端光滑，无颚齿，背面近基部有 1 个乳突状的面结瘤。疣足亚双叶型。背须细长，具内足刺无刚毛，腹须指状。腹刚叶为圆柱状，前刚叶短于后刚叶，在刚叶上顶端仅具 1 个指状突起。腹刚毛为复型镰状双齿刚毛，端片细长，端片刺在第 2 齿上方。

生态习性： 生活在潮间带泥沙底质中。

地理分布： 南海；所罗门群岛，澳大利亚，新西兰，地中海，红海，非洲西部。

参考文献： 杨德渐和孙瑞平，1988；孙瑞平和杨德渐，2004；Salazar-Vallejo，2018。

海女虫属分种检索表

1. 疣足刚叶上方具 1 个指状突起 ....海女虫 *Hesione splendida*
   疣足刚叶上方具 2 个指状突起 2
2. 体背面具许多棕色纵条纹斑；刚毛的端片刺与第 1 端齿相接 ....纵纹海女虫 *Hesione intertexta*
   体背面具褐色横斑带；刚毛的端片刺仅达第 2 端齿 ....横斑海女虫 *Hesione genetta*

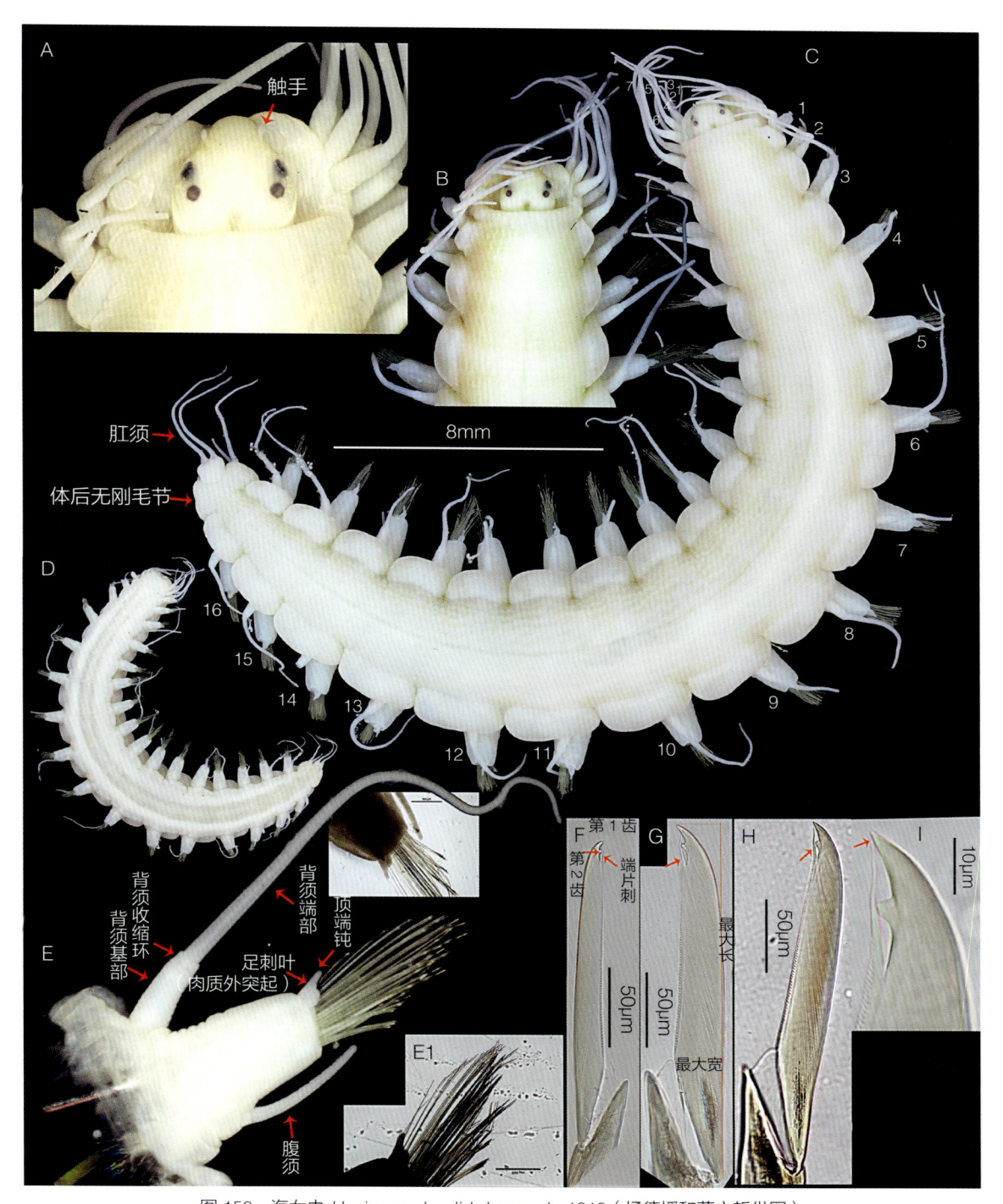

图 158　海女虫 *Hesione splendida* Lamarck, 1818（杨德援和蔡立哲供图）
A、B. 体前部背面观；C. 整体刚毛束；D. 整体腹面观；E. 第 8 疣足；E1. 第 8 疣足刚毛束；F. 第 8 疣足腹足刺上方刚毛；G. 第 8 疣足腹足刚毛束中部刚毛；H. 第 8 疣足腹足刚毛束下方刚毛；I. 第 8 疣足刚毛末端

305

海结虫属 *Leocrates* Kinberg, 1866

中华海结虫
Leocrates chinensis Kinberg, 1866

标本采集地： 厦门海域，广东大亚湾。

形态特征： 口前叶近矩形，具明显口前叶后缘缺口，项器翼状。中触手短，位于口前叶后缺的前部，侧触手长，须状，长于触角。2 对眼，前对约是后对的 2 倍大。吻的基部乳突（面结瘤）圆锥状。吻内背面具 1 对扇形的背颚齿，吻的内腹面具 1 个腹颚齿。第 1 刚节的背须基节很大，随后的疣足背须基节很小。腹须须状，长度超过疣足顶端。体前腹足刚毛端片板由短到长，但是没有特别长的，体后腹足刚毛端片板比较短，端片刺长不超过第 2 齿。腹刚毛末端具 2 齿。

生态习性： 栖息于泥沙底质内。

地理分布： 东海，南海；日本中部和南部，南太平洋，澳大利亚，新西兰，夏威夷群岛，所罗门群岛，地中海。

参考文献： 杨德渐和孙瑞平，1988；孙瑞平和杨德渐，2004；Wang et al.，2018；Salazar-Vallejo，2020。

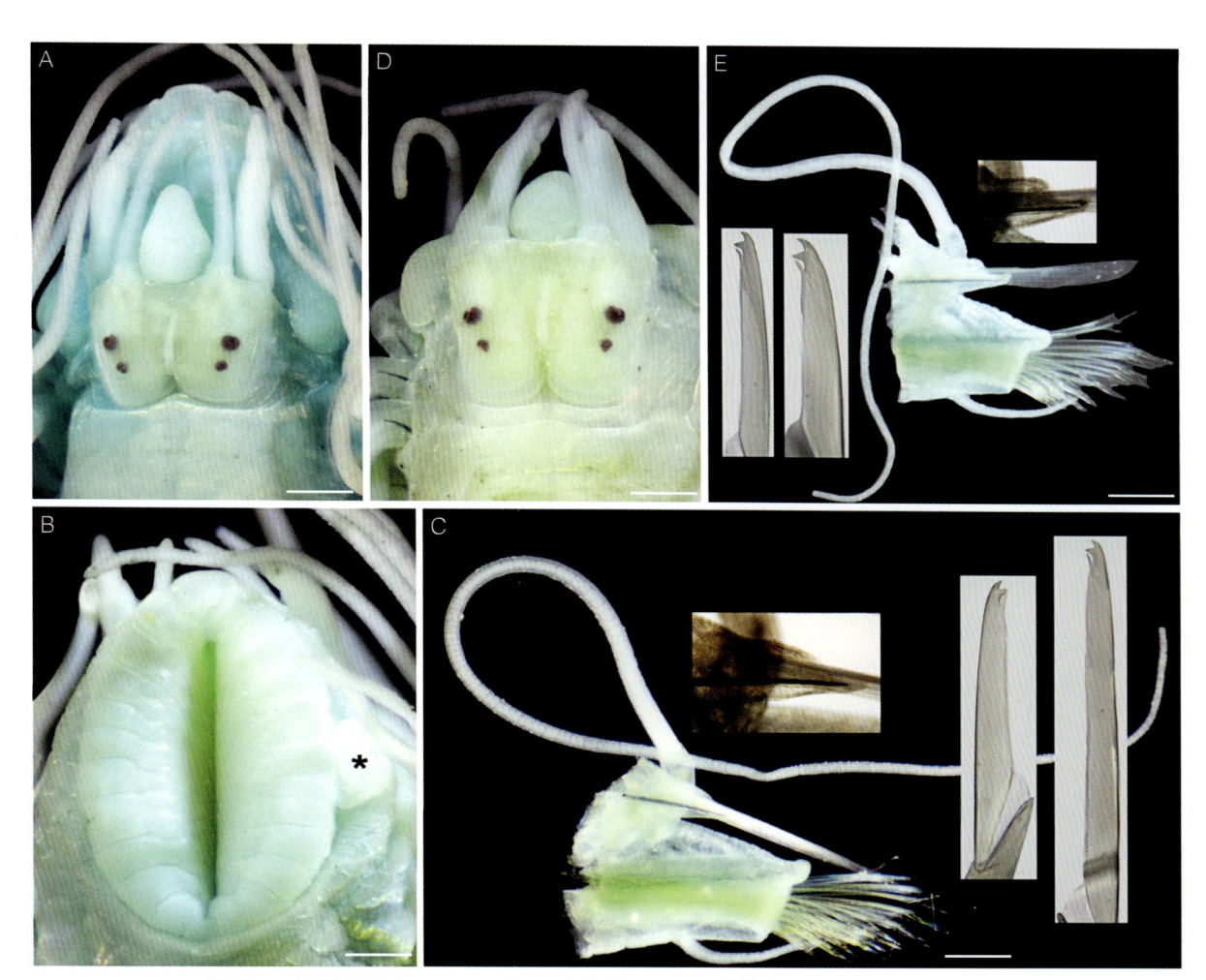

图 159　中华海结虫 *Leocrates chinensis* Kinberg, 1866（引自 Salazar-Vallejo，2020）
A. 体前部背面观（吻伸出）；B. 咽正面观（＊：左侧囊泡）；C、E. 第 8 刚节疣足；D. 体前部背面观（吻未伸出）
比例尺：A、C = 0.4mm；B、D = 0.3mm；E = 0.5mm

无疣海结虫
Leocrates claparedii (Costa in Claparède, 1868)

同物异名： *Castalia claparedii* Costa in Claparède, 1868；*Tyrrhena claparedii* Costa in Claparède, 1868

标本采集地： 厦门海域，广东大亚湾。

形态特征： 乙醇固定标本肉色或浅棕色。体短圆柱状，后端圆锥形。口前叶心形，宽稍大于长。2对眼近倒梯形排列，前对椭圆形，稍大于圆形的后对。1对触角，分节。3个触手，中央触手位于口前叶后缘，2个侧触手位于口前叶前缘。8对触须细长，具短的环轮。翻吻圆柱状，前端背、腹面各具1锥状颚齿，两侧无球状乳突。前4对疣足亚双叶型，背须细长具短的环轮。从第5体节开始疣足为双叶型，背刚叶圆锥状，腹须细小、指状无环轮，腹刚叶为圆柱状，前腹刚叶稍短于后腹刚叶。背刚毛简单型，单侧有锯齿。腹刚毛为复型镰状双齿，端片细长，端片刺在第2端齿下方。尾部具3对须状有短环轮的肛须。

生态习性： 栖息于泥沙底质内。

地理分布： 东海，南海；日本，印度，地中海，红海。

参考文献： 孙瑞平和杨德渐，2004；Salazar-Vallejo，2020。

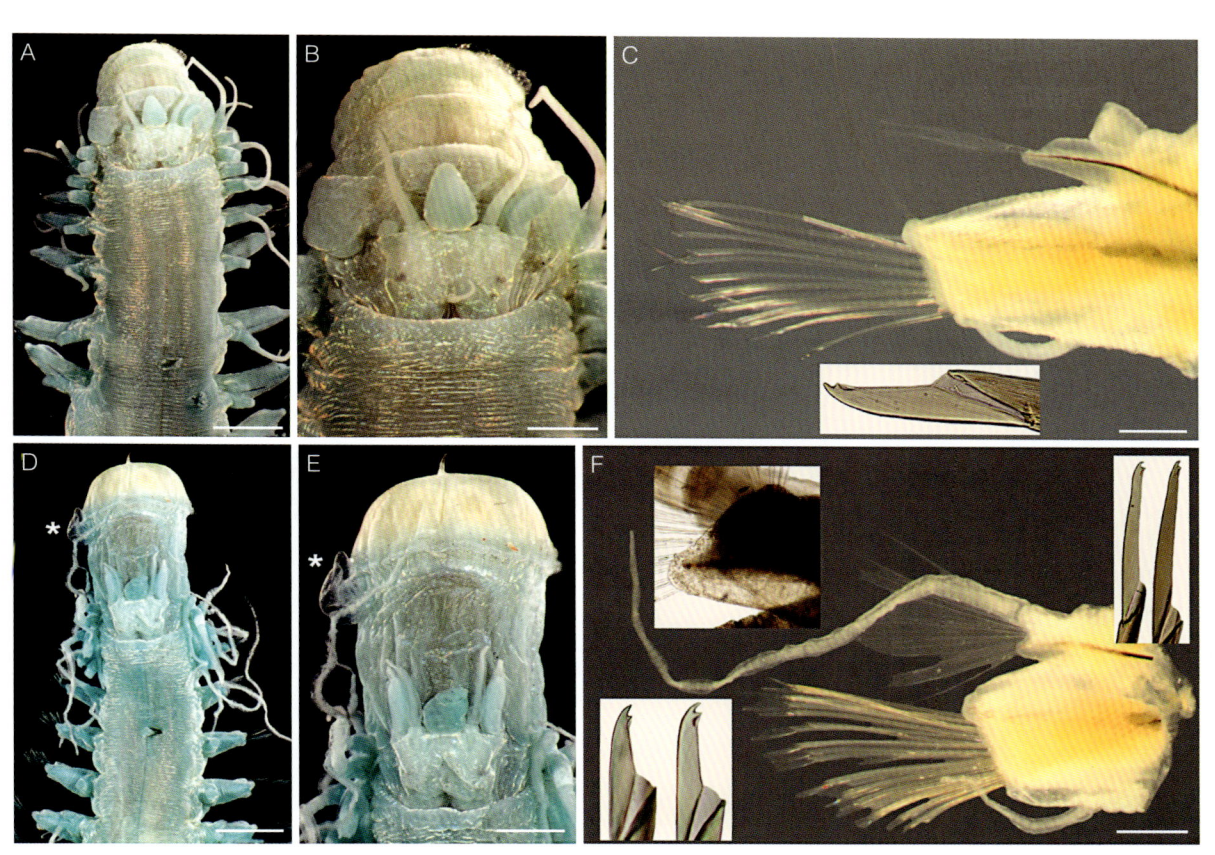

图 160　无疣海结虫 *Leocrates claparedii* (Costa in Claparède, 1868)（引自 Salazar-Vallejo, 2020）
A、B. 体前部背面观；C. 第 8 刚节疣足；D、E. 体前部背面观（*：左侧囊泡）；F. 第 8 或第 9 刚节疣足
比例尺：A、D = 1.6mm；B = 0.7mm；C、F = 0.5mm；E = 0.8mm

拟海结虫属 *Paraleocrates* Salazar-Vallejo, 2020

威森拟海结虫
Paraleocrates wesenberglundae (Pettibone, 1970)

标本采集地： 厦门海域，广东大亚湾。

形态特征： 体长 15～40mm，体宽（含疣足）4～6mm，具 16 刚节。乙醇加虎红保存的标本，红色，无明显色斑。体短圆柱状，后端圆锥形，口前叶近四边形，宽大于长。2 对眼倒梯形排列，椭圆形的前对是后对的 2 倍大。1 对具分节的触角，位于口前叶腹面前缘，基节长约是端节的 3 倍。3 个触手，中央触手靠近口前叶后缘凹槽的前部。2 个侧触手位于口前叶前缘。8 对触须，触须细长，具短的环轮。翻吻圆柱形，前端背、腹面各具 1 个小的锥状颚齿，背面基部还具 1 个小三角形的面结瘤。前 3 对疣足亚双叶形（背叶仅具足刺、无刚毛），背须细长具短的环轮。从第 4 刚节开始疣足为双叶型。背刚叶具双侧和单侧有锯齿的简单刚毛。腹刚叶具复型刺状刚毛，腹刚毛无端齿，末端细长。肛前具退化的疣足（无疣足叶），两侧仅各具 1 对背腹须，肛门具 1 对肛须。腹足刚毛复型刺状，和背刚毛均始于第 4 刚节。

生态习性： 肉食性，栖息于泥沙底质内。

地理分布： 南海。

参考文献： Pettibone，1970；Salazar-Vallejo，2020。

图 161 威森拟海结虫 *Paraleocrates wesenberglundae* (Pettibone, 1970)（杨德援和蔡立哲供图）
A. 体前背面观；B. 整体观（小个体长约 1cm）；C. 头部观（引自 Pettibone, 1970）；D. 整体背面观；
E. 第 8 疣足腹足刚毛（最左边为腹足上方刚毛，中间为腹足刚毛，最右边为腹足下方刚毛）；F. 第 8 疣足后面观；
G. 体前侧面观（1～8 为触须基部数，1st～4st 为第几刚节数）

311

小健足虫属 *Micropodarke* Okuda, 1938

双小健足虫
Micropodarke dubia (Hessle, 1925)

同物异名： Pleijel 和 Rouse（2007）有过系统的研究，将 *Micropodarke trilobata* Hartmann-Schröder (1983) 视为双小健足虫新的同物异名

标本采集地： 香港，广东大亚湾。

形态特征： 口前叶为横长方形，前缘平滑，后缘稍凹。具 2 对红眼，彼此相距较近，前对豆瓣形，后对椭圆形。1 对触角分节，位于口前叶腹面的两侧。2 个侧触手位于口前叶前缘背面两边，与触角近等长。6 对触须位于前 3 个体节上。吻末端具 20～21 个乳突，无颚齿。疣足亚双叶型，背须细长有皱褶，基部具 1～2 根内足刺，腹须短小指状，腹刚叶圆锥状，后刚叶稍大于前刚叶。腹刚叶具多根复型镰状双齿刚毛，端片长短不一，刚毛束中部具 1～2 根刚毛的端片基部具 3～4 个大锯齿。

生态习性： 生活在潮间带和潮下带泥沙底质或岩石底质。

地理分布： 黄海，东海，南海。

参考文献： 杨德渐和孙瑞平，1988；孙瑞平和杨德渐，2004；蔡立哲，2015。

图 162　双小健足虫 *Micropodarke dubia* (Hessle, 1925)（杨德援和蔡立哲供图）
A. 整体背面观（染色）；B. 体前部背面观（染色）；C. 体前部背面观；D. 体前部腹面观；E. 第 13 刚节疣足；F. 第 13 刚节刚毛

蛇潜虫属 *Oxydromus* Grube, 1855

狭细蛇潜虫
Oxydromus angustifrons (Grube, 1878)

标本采集地： 厦门海域，广东大亚湾。

形态特征： 个体较短，体长 8～16mm。口前叶长方形。3 个头触手，中触手很短，位于口前叶中部凹处。触角 1 对，每个触角各 2 节。2 对深褐色大眼，前对肾形。6 对触须光滑，位于前 3 体节。翻吻末端具一环长乳突。疣足亚双叶型，背须长而光滑，基部有 4～5 根很细的叉状刚毛，一侧有细锯齿，腹刚叶圆锥形，前叶宽短后叶窄长，具很多复镰状刚毛，端片长短不一，端片末端双齿。

生态习性： 在潮间带和潮下带泥沙底质或岩石底质迅速爬行。

地理分布： 黄海，南海；日本南部，越南沿海，菲律宾，斯里兰卡，红海，印度，孟加拉湾，澳大利亚，新西兰，南非。

参考文献： 杨德渐和孙瑞平，1988；孙瑞平和杨德渐，2004。

图 163 狭细蛇潜虫 *Oxydromus angustifrons* (Grube, 1878)（杨德援和蔡立哲供图）
A. 体前部背面观；B. 体前部腹面观；C. 体中部疣足；D. 近尾部疣足；E. 近尾部疣足腹足刺下刚毛；F. 整体图

无背毛蛇潜虫
Oxydromus berrisfordi (Day, 1967)

标本采集地： 厦门海域，广东大亚湾。

形态特征： 体长 28～39mm，体宽（含疣足）3～5mm，具 60～90 个刚节。标本易断裂成数段。乙醇固定标本浅黄色或苍白色。口前叶近横椭圆形（其形受吻伸出长度的影响）。2 对红眼为倒梯形排列，前对椭圆形，后对圆形。1 对触角具 2 环轮，触角基部略膨大，触角端部渐尖。3 个触手，中央触手很小，位于口前叶前缘中间，侧触手位于中央触手的两边。6 对触须，位于前 3 个体节。吻无颚齿，有短乳突。疣足亚双叶型。背须细长光滑具长的基节，仅具内足刺，无背刚毛。腹前刚叶宽短，腹后刚叶长锥状，具很多端片长短不一的复型镰状双齿刚毛。

生态习性： 在潮间带和潮下带泥沙底质或岩石底质迅速爬行。

地理分布： 南海；非洲南部。

参考文献： 孙瑞平和杨德渐，2004。

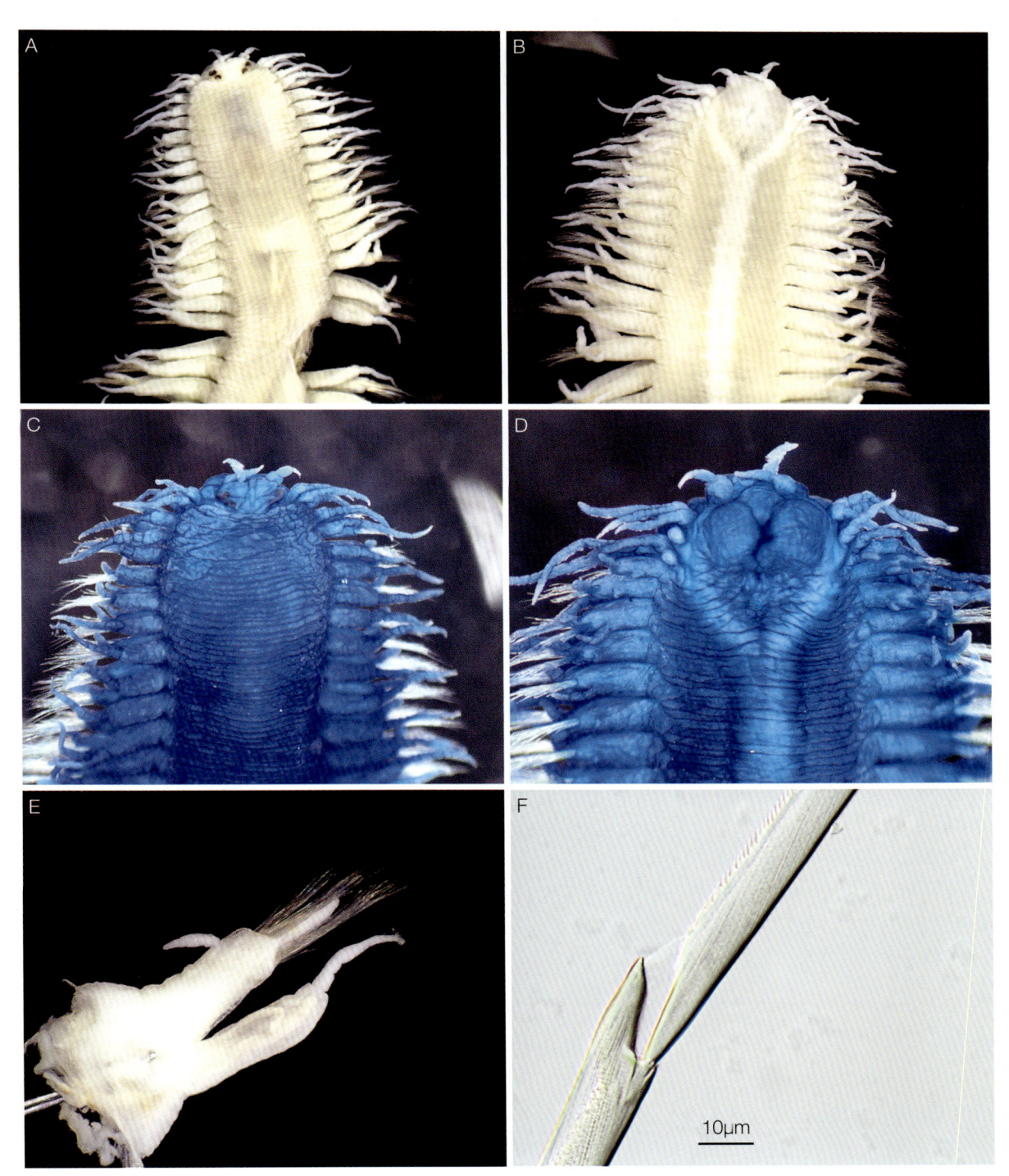

图 164 无背毛蛇潜虫 *Oxydromus berrisfordi* (Day, 1967)（杨德援和蔡立哲供图）
A. 体前部背面观；B. 体前部腹面观；C. 体前部背面观（染色）；D. 体前部腹面观（染色）；E. 第 26 疣足前面观；F. 第 26 疣足刚毛

福氏蛇潜虫
Oxydromus fauveli (Uchida, 2004)

标本采集地： 广东大亚湾。

形态特征： 口前叶近矩形（吻未伸出状态），口前叶近椭圆形（吻伸出状态）。2对眼呈矩形排列，前对月牙形，后对椭圆形。1对腹位的触角具2环轮。3个触手，中央触手很小，乳突状，位于口前叶前缘中间，侧触手位于口前叶前缘两边，远比中央触手长，6对触须位于前3个体节上。吻无颚齿，具须状端乳突。疣足双叶型，背须细长，背须基节短于足刺叶，在背须基节端部具收缩环，腹须细指状，背刚叶退化，腹足前刚叶圆钝，后刚叶三角形。背须基部具1根内足刺和4～5根简单型叉状刚毛。腹刚叶具很多复型镰状刚毛，端片长短不一。该种最主要特征是体背具白色条斑。

生态习性： 在潮间带和潮下带泥沙底质或岩石底质迅速爬行。

地理分布： 东海，南海；日本。

参考文献： Uchida et al., 2019。

蛇潜虫属分种检索表

1. 具叉状背刚毛...2
   无背刚毛...无背毛蛇潜虫 *Oxydromus berrisfordi*
2. 口前叶椭圆形；体背面具色斑..狭细蛇潜虫 *Oxydromus angustifrons*
   口前叶近矩形；体背面具白色条斑...福氏蛇潜虫 *Oxydromus fauveli*

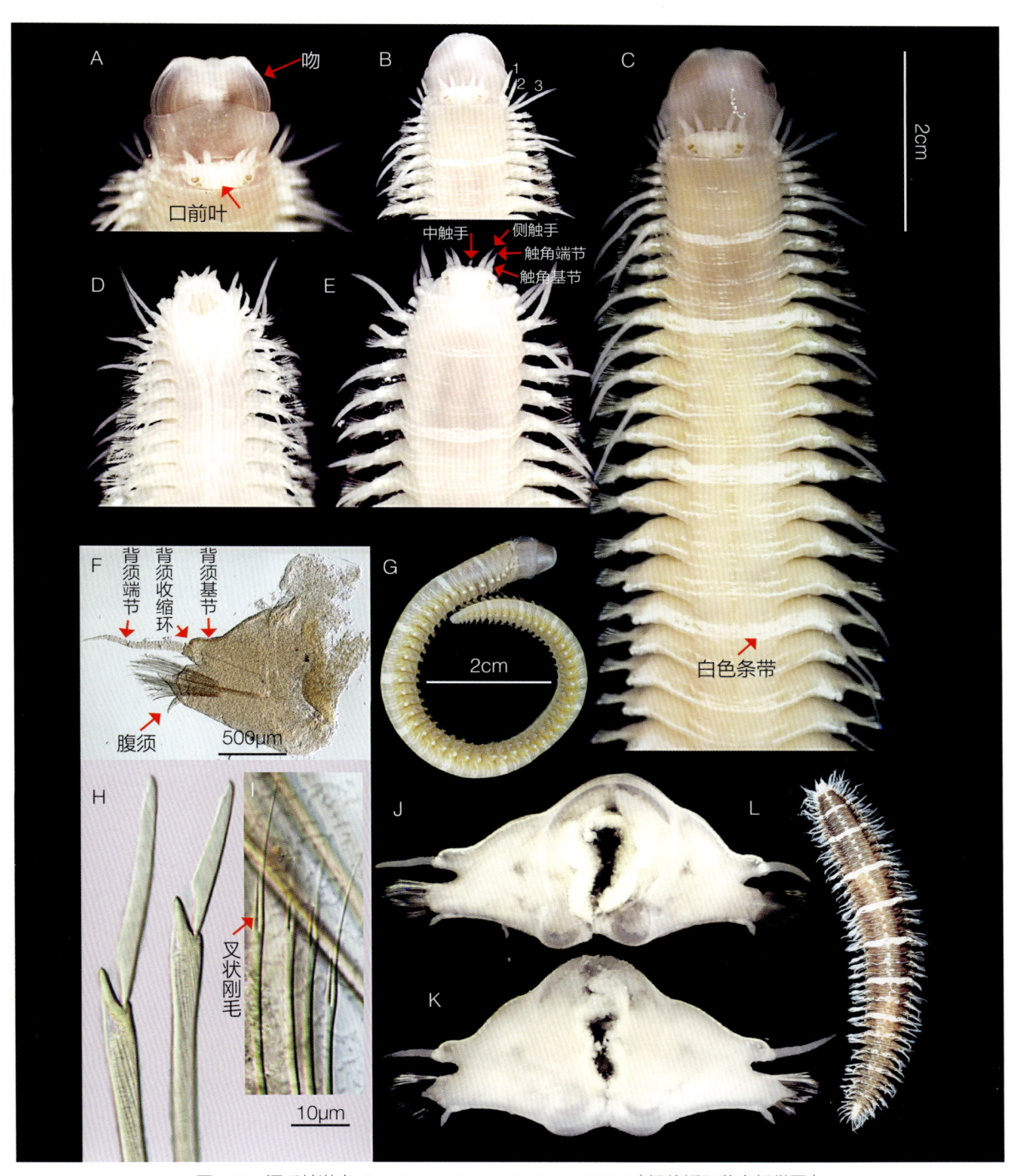

图 165 福氏蛇潜虫 *Oxydromus fauveli* (Uchida, 2004)（杨德援和蔡立哲供图）
A、B、C、E. 体前背面观；D. 体前腹面观；F. 体中部疣足后面观；G. 整体侧面观；H. 近尾部疣足腹足刺下方刚毛；I. 近尾部疣足背足刚毛；
J. 体中疣足后面观；K. 体中疣足前面观；L. 整体观（引自 Uchida et al., 2019）

海裂虫属 *Syllidia* Quatrefages, 1865

锚鄂海裂虫
Syllidia anchoragnatha (Sun & Yang, 2004)

标本采集地： 广东潮间带。

形态特征： 乙醇标本浅黄色，不透明，虫体腹面，体中后部具纵向暗棕色条带。口前叶近四边形，上有两对附肢，口前叶前缘背面为不分节的 2 个指状触须，1 对 2 环轮的触角位于口前叶前缘腹面。口前叶上 2 对眼呈倒梯形排列于口前叶中部。6 对围口节触须，位于前部 2 个无刚毛的体节上。翻吻的前缘具 10 个端乳突，腹面中央 2 个，两边各 4 个，1 对黑色锚状大颚位于乳突后面（吻的腹侧面），切割面具锯齿，大颚内、外突起不等长，吻的腹面具小的中腹齿。疣足亚双叶型。背须细长、近光滑（环轮不明显）、具内足刺、无刚毛，腹刚毛起始于第 3 体节，腹刚叶具 1 根内足刺和 15～25 根复型镰状双齿刚毛。体后部疣足变小退化。尾部圆锥状，无明显的肛须和乳突。

生态习性： 在潮间带泥沙底质或岩石底质迅速爬行。

地理分布： 南海。

参考文献： 孙瑞平和杨德渐，2004。

海女虫科分属检索表

1. 无触角（具 2 个触手和 8 对触须） ··· 海女虫属 *Hesione*
   具触角 ··· 2
2. 具 3 个触手 ·· 3
   具 2 个触手 ·· 4
3. 中央触手位于口前叶前缘 ··· 蛇潜虫属 *Oxydromus*
   中央触手位于口前叶中后部或后缘 ·· 5
4. 吻无大颚 ··· 小健足虫属 *Micropodarke*
   吻具大颚 ··· 海裂虫属 *Syllidia*
5. 腹刚毛末端双齿 ··· 海结虫属 *Leocrates*
   腹刚毛末端不双齿，细长 ··· 拟海结虫属 *Paraleocrates*

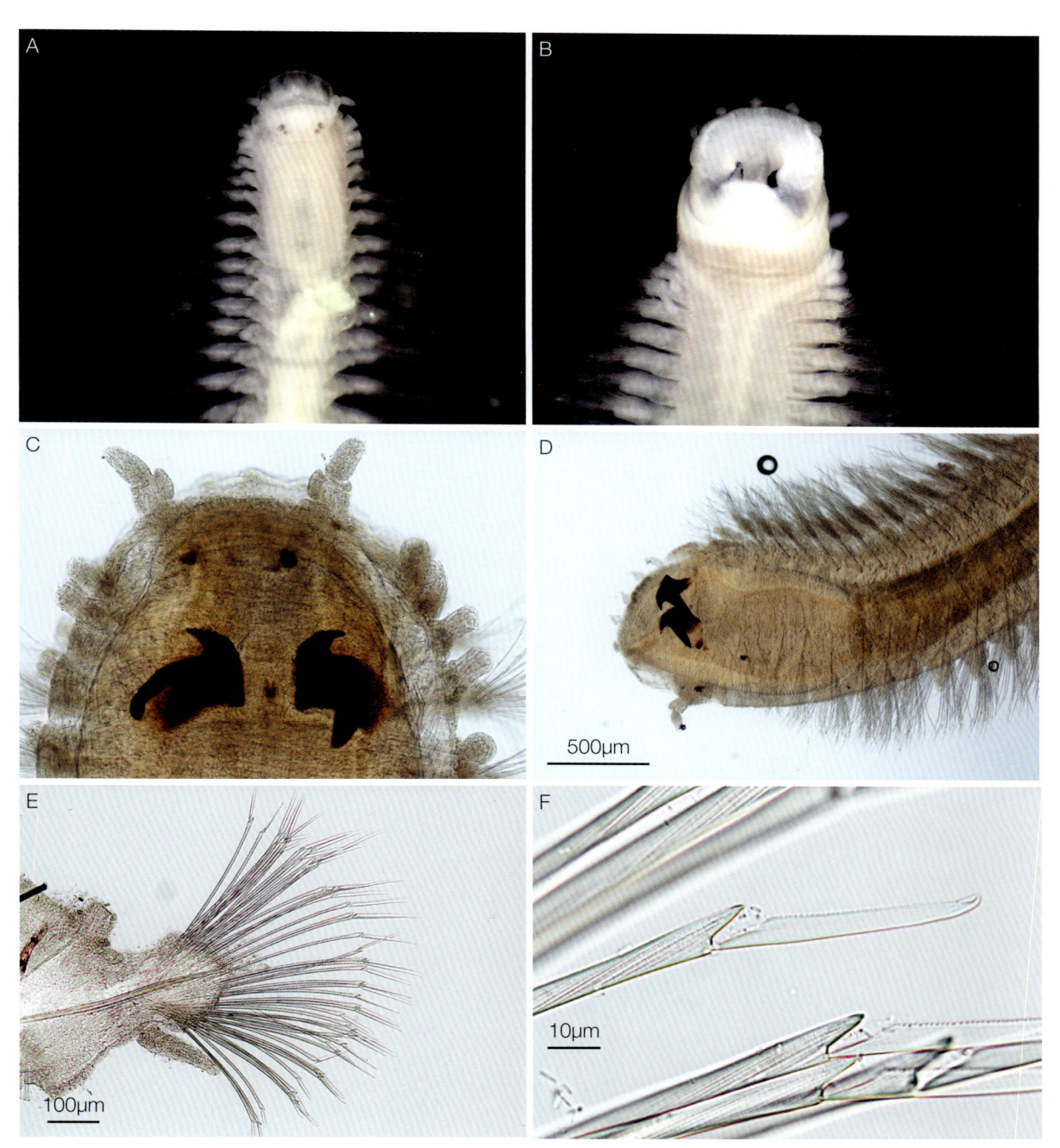

图 166　锚鄂海裂虫 *Syllidia anchoragnatha* (Sun & Yang, 2004)（杨德援和蔡立哲供图）
A. 体前部背面观；B. 体前部腹面观；C. 体前部背面观和颚齿；D. 体前部腹面观和颚齿；E. 第 13 刚节疣足；F. 第 13 刚节疣足刚毛

沙蚕科 Nereididae Blainville, 1818
翼形沙蚕属 Alitta Kinberg, 1865

琥珀翼形沙蚕
Alitta succinea (Leuckart, 1847)

同物异名： 琥珀刺沙蚕 *Neanthes succinea* (Leuckart, 1847); *Nereis succinea* Leuckart, 1847

标本采集地： 厦门海域，广东大亚湾。

形态特征： 口前叶、触角和体背面均有咖啡色色斑，至体后部色斑消失，体中部和体后部舌叶具浅的色斑。吻各区均具颚齿，颚齿在各区的数目排列为：Ⅰ区3～6个为1堆，Ⅱ区18～24个排成2弯曲排，Ⅲ区椭圆形堆计20～25个，Ⅳ区22～28个排成弯曲堆，Ⅴ区2～4个为1堆，Ⅵ区5～8个为1堆，Ⅶ、Ⅷ区3排（近大颚的2排大、近口环的1排小）排成横带。除体前2对疣足为亚双叶型外，余为双叶型。体前部双叶型疣足，具3个背舌叶（含背刚叶），上背舌叶为三角形，余稍窄，为指状，背须须状，稍长于上背舌叶，腹须须状，短于腹舌叶。体中部疣足，上背舌叶向上延伸，背刚叶（中背舌叶）变小。体后部疣足，上背舌叶延伸为矩形或舌形，背须位于其背前端，背刚叶变小为一突起。背刚毛均为复型等齿刺状。疣足的腹刚毛，在腹足刺上方为复型等齿刺状和异齿镰刀形，在腹足刺下方为复型异齿刺状和异齿镰刀形。

生态习性： 栖息于岩石岸、沙质、泥质潮间带。

地理分布： 黄海，南海。

参考文献： 孙瑞平和杨德渐，2004。

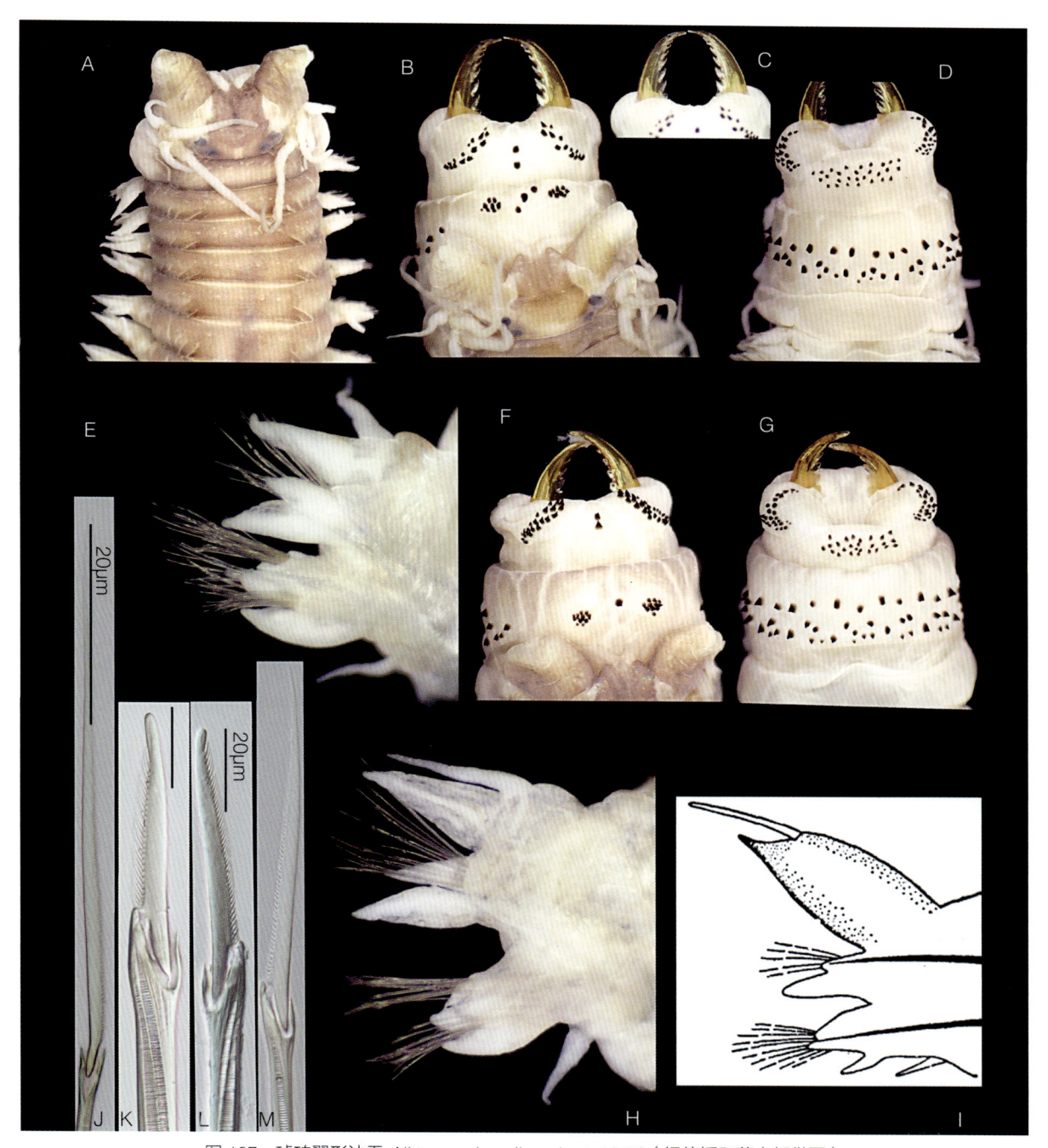

图 167 琥珀翼形沙蚕 *Alitta succinea* (Leuckart, 1847)（杨德援和蔡立哲供图）
A. 体前背面观；B. 体前背面观（标本1）；C. 大颚；D. 吻腹面观（标本1）；E. 第6疣足前面观；F. 吻背面观（标本2）；
G. 吻腹面观（标本2）；H. 第17刚节疣足后面观；I. 体后疣足后面观（引自孙瑞平和杨德渐，2004）；
J. 17刚节腹足足刺上方等齿刺状刚毛；K. 17刚节疣足腹足刺上方异齿镰刀形刚毛；L. 17刚节疣足腹足刺下方异齿镰刀形刚毛；
M. 17刚节疣足腹足刺下方异齿刺状刚毛

323

角沙蚕属 *Ceratonereis* Kinberg, 1865

角沙蚕
Ceratonereis mirabilis Kinberg, 1865

标本采集地： 厦门鳄鱼屿潮间带。

形态特征： 活标本呈土黄色，体后部橘黄色。乙醇标本体前部背面具褐色斑点，肛节深褐色。口前叶近似梨形，触手短于触角，触角基节大、端节圆纽扣状，2对圆眼呈梯形排列于口前叶后部。触须4对，最长者后伸可达第6～10刚节。吻口环无颚齿，颚环具圆锥形颚齿。颚齿在Ⅰ区无，Ⅱ区排成2～3斜排。吻端大颚侧齿不明显。除前2对疣足单叶型外，余皆为双叶型。单叶型疣足，仅具1根足刺，背、腹须皆细长，背须为背舌叶长的2倍，背、腹舌叶均为指状，刚毛叶小，为一突起。双叶型疣足，具3个背舌叶（含背刚叶），背须指状、末端少尖，且长于上背舌叶，腹舌叶具2个腹前刚叶和1个腹后刚叶，腹须细，短须状。体后部疣足，背刚毛叶变小，为一突起，背须短，上背舌叶为锥状，小于三角形的下背舌叶，腹刚叶锥形，下腹舌叶小，为指状，腹须更短，为须状。疣足背刚毛皆为复型等齿刺状。腹刚毛在腹足刺上方者为复型等齿刺状，下方者为端片较短的复形刺状刚毛。仅体中部和体后部具复型等齿或镰刀形刚毛。

生态习性： 常栖息于泥沙质潮间带或潮间带石块下的泥沙里。

地理分布： 南海。

参考文献： 孙瑞平和杨德渐，2004。

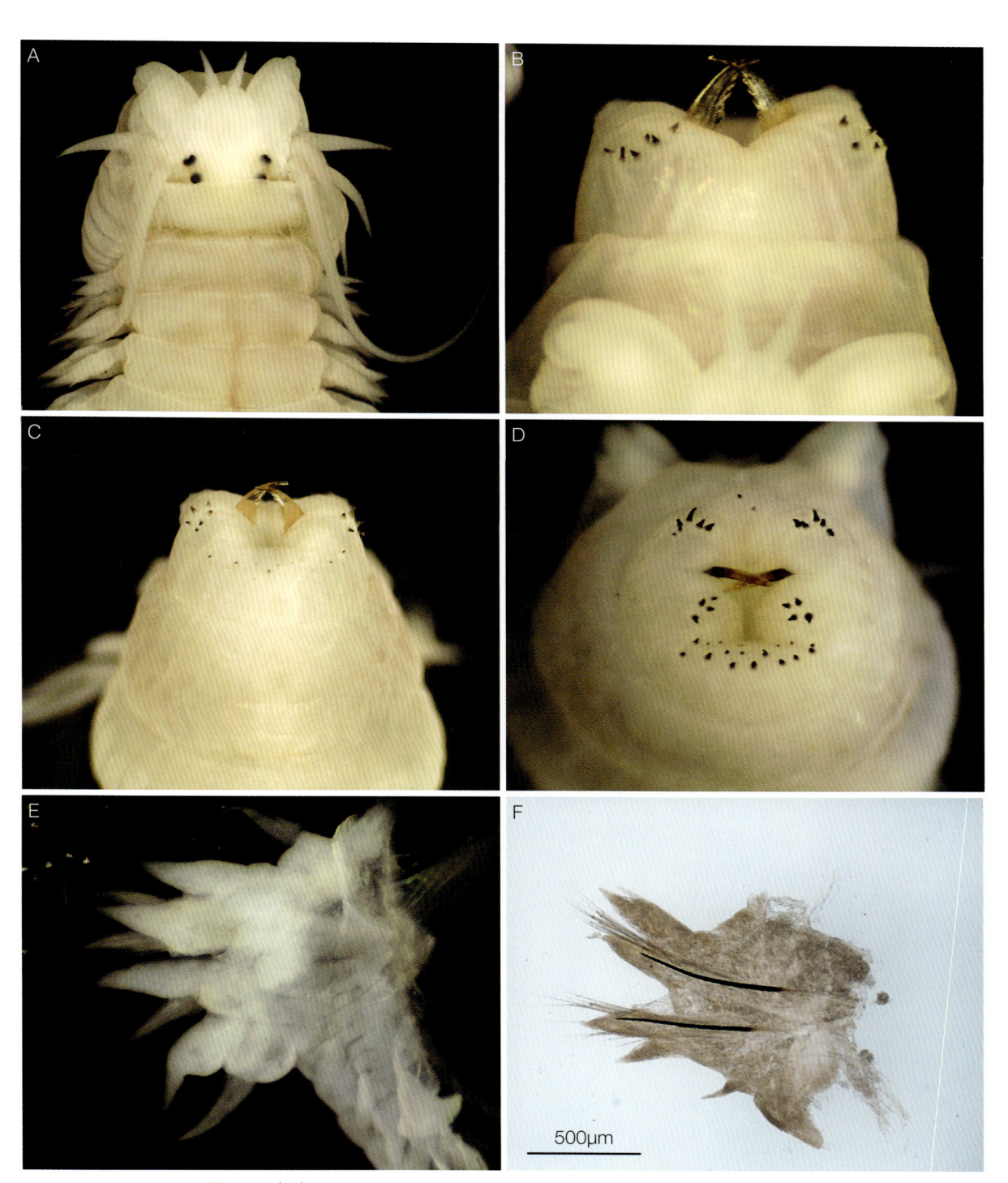

图 168　角沙蚕 *Ceratonereis mirabilis* Kinberg, 1865（杨德援和蔡立哲供图）
A. 体前部背面观；B. 吻背面观；C. 吻腹面观；D. 吻前面观；E. 第 5 刚节疣足；F. 第 82 刚节疣足

简沙蚕属 *Simplisetia* Hartmann-Schröder, 1985

红简沙蚕
Simplisetia erythraeensis (Fauvel, 1918)

同物异名： *Ceratonereis erythraeensis* Fauvel, 1918

标本采集地： 福建平潭海域，厦门鳄鱼屿潮间带。

形态特征： 活标本红褐色，乙醇标本黄褐色。口前叶和体前部背面具深色色斑，在疣足背须基部还具栗色斑。口前叶似梨形，触手短指状，与触角近等长，2对眼呈矩形排列于口前叶中后部。围口节稍宽于其后的体节。触须4对，最长者后伸可达第6～7刚节。吻口环上无颚齿，颚环具圆锥形颚齿。颚齿在颚环各区上的数目和排列如下：Ⅰ区14～17个集成1堆，Ⅱ区21～24个排成2～4弯曲排，Ⅲ区50～60个为不规则的2～4横排，Ⅳ区30～40个排成2～3弯曲排。吻端大颚具5～6个侧齿。除前2对疣足单叶型外，余皆为双叶型。单叶型疣足，背、腹须皆为细指状，短于末端钝锥形的背腹舌叶，刚毛叶短。体前中部双叶型疣足，上背舌叶细指状且稍长于背须。体中部疣足，下腹舌叶短，腹刚毛叶宽大，末端钝圆。体后部疣足，背须很长，为背舌叶的1倍，下腹舌叶亦变长，末端钝圆。疣足背刚毛皆为复型等齿刺状。体前部疣足的腹刚毛为复型等齿、异齿刺状和异齿镰刀形，伪复型刚毛见于18～20刚节，自21～22刚节始则被简单型的钩状刚毛替代。

生态习性： 虫体具粗砂栖管或红褐色泥管。

地理分布： 辽宁大连湾，山东烟台、青岛，福建平潭、厦门、东山，广西北海，海南新村。

参考文献： 孙瑞平和杨德渐，2004。

图 169 红简沙蚕 *Simplisetia erythraeensis* (Fauvel, 1918)（杨德援和蔡立哲供图）
A. 整体背面观；B. 体前部背面观；C. 体前部腹面观；D. 第 1 刚节疣足；E. 吻背面观；F. 吻腹面观

鳃沙蚕属 *Dendronereis* Peters, 1854

羽须鳃沙蚕
Dendronereis pinnaticirris Grube, 1878

标本采集地：香港海域，深圳湾。

形态特征：口前叶前缘之间具纵沟，此沟恰在 2 触手中央。眼 2 对，后一对眼常被围口节遮住。围口节触须 4 对，最长触须后伸可达第 8～9 刚节。吻的颚环上无坚硬的齿及软乳突，口环的前缘仅具有一圈软乳突，共 6 个。有时吻上无软乳突，光滑裸露。吻末端具 2 个大颚，每个大颚的内缘具小齿 12 个。鳃沙蚕的疣足结构在沙蚕科里较特殊，体前部双叶型疣足，须状的背须基部膨大，上下背舌叶近三角形，腹足叶具多个乳突状的小舌叶。第 15～21 刚节的背须变为鳃，第 1 对鳃仅一侧为单枝状，其余鳃两侧的分枝又分生小分枝呈羽状，很似一棵小树。刚毛均为等齿刺状，无复型镰刀形刚毛。肛节圆短，具 2 根长的须状肛须。

生态习性：栖息于热带与亚热带海域咸、淡水和河口泥沙质沉积物中。

地理分布：南海；印度 - 西太平洋，印度，菲律宾，印度尼西亚。

经济意义：鸟类喜欢捕食的种类。

参考文献：孙瑞平和杨德渐，2004；蔡立哲，2015。

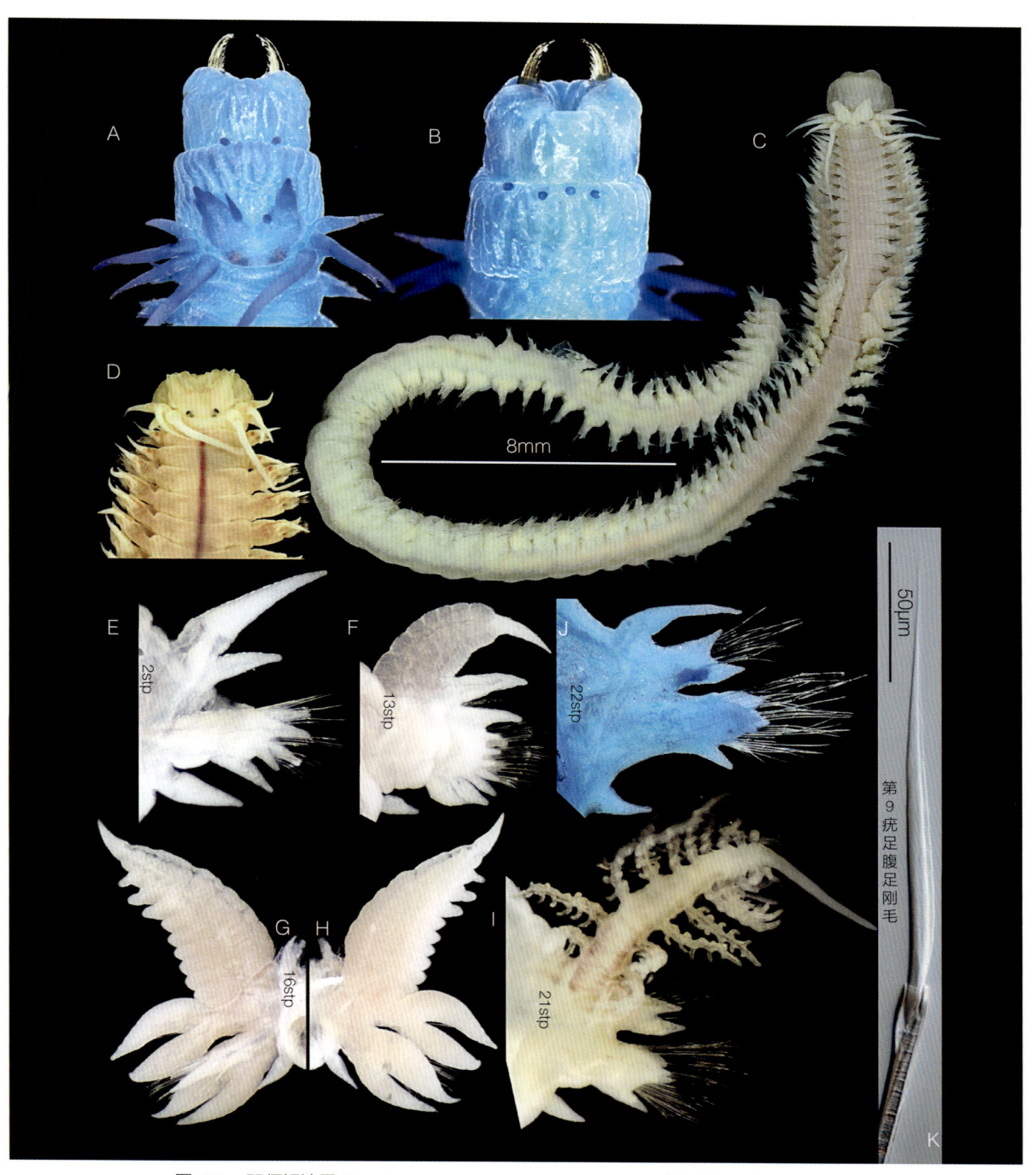

图 170　羽须鳃沙蚕 *Dendronereis pinnaticirris* Grube, 1878（杨德援和蔡立哲供图）
A. 体前背面观（染色）；B. 体前腹面观（染色）；C. 体背面观；D. 体前面；E. 第 2 疣足后面观（2stp：第 2 刚节疣足）；
F. 第 13 疣足后面观（13stp：第 13 刚节疣足）；G. 第 16 疣足前面观（16stp：第 16 刚节疣足）；H. 第 16 疣足后面观；
I. 第 21 疣足（21stp：第 21 刚节疣足）；J. 第 22 疣足（22stp：第 22 刚节疣足）；K. 第 9 疣足腹足刚毛

329

年荷沙蚕属 *Hediste* Malmgren, 1867

日本年荷沙蚕
Hediste japonica (Izuka, 1908)

同物异名： 日本刺沙蚕 *Neanthes japonica* (Izuka, 1908)

标本采集地： 厦门海域，广东大亚湾。

形态特征： 活体标本背面淡红色或黄绿色，腹面黄绿色或粉红色，口前叶和体前部背面常具褐色斑。性成熟的雄体，背面浅黄色、腹面乳白色，而雌体背面蓝绿色、腹面蓝白色。吻具圆锥形颚齿，颚齿在各区的数目和排列为：Ⅰ区1～5个纵排，Ⅱ区10～12个排成弯曲排，Ⅲ区30～40个呈一椭圆形堆，Ⅳ区12～15个排成2～3弯曲排，Ⅴ区无，Ⅵ区1堆4～7个（个别种10个），Ⅶ、Ⅷ区15～20个排成1横排。疣足背刚毛皆为复型等齿刺状。体前部和体后部疣足的腹刚毛，在腹足刺上方为复型等齿刺状和异齿镰刀形，腹足刺下方为复型等齿、异齿刺状和异齿镰刀形。体后部，腹足刺上方的复型异齿镰刀形刚毛被1～2根简单型刚毛替代。该种区别于该属其他物种的特征是，Ⅱ区两侧颚齿少（通常少于10个）。腹足具窄端片的等齿镰状刚毛和异齿刺状刚毛。腹足后刚毛叶具指状叶。

生态习性： 广盐性，可生活于海水、半盐水和淡水水域的沉积物内，常栖息于河口潮间带和潮下带泥、泥沙或砂底质。

地理分布： 渤海，黄海，东海，南海。

参考文献： 孙瑞平和杨德渐，2004。

图 171　日本年荷沙蚕 *Hediste japonica* (Izuka, 1908)（杨德援和蔡立哲供图）
A. 体前背面观；B. 体前腹面观；C. 吻背面观（个体1）；D. 吻背面观（个体2）；E. 吻腹面观（个体2）；F. 第10刚节疣足后面观；
G. 第32刚节疣足后面观；H. 第37刚节疣足后面观；I. 第42疣足腹足刺下方等刺镰状刚毛；J. 体后疣足

突齿沙蚕属 *Leonnates* Kinberg, 1865

光突齿沙蚕
Leonnates persicus Wesenberg-Lund, 1949

标本采集地： 厦门海域，广东大亚湾。

形态特征： 疣足背须和上背舌叶基部具色斑。吻口环具软乳突，颚环具颚齿，其在各区排列如下：Ⅰ区无，Ⅱ区2～3个颚齿，Ⅲ区无颚齿，Ⅳ区3～4个颚齿，Ⅴ区无乳突，Ⅵ区具1个扁平的乳突，Ⅶ、Ⅷ区3～4排乳突呈一横排。吻端大颚侧齿不明显。背刚毛均为复型等齿刺状。体前部和体中部疣足腹足刺上、下方的腹刚毛均为复型等齿刺状和等齿镰刀形。体后部疣足腹足刺上方具复型等齿刺状刚毛，下方具2种端片钝圆的复型等齿镰状刚毛，一种端片细长侧齿亦细、一种端片粗短且侧齿粗壮。

生态习性： 潮间带和潮下带均有分布。在潮间带常与菲律宾蛤仔 *Ruditapes philippinarum* 同栖。

地理分布： 渤海，黄海，南海；越南南部，印度洋，印度，波斯湾，莫桑比克，热带和亚热带广布种。

参考文献： 孙瑞平和杨德渐，2004。

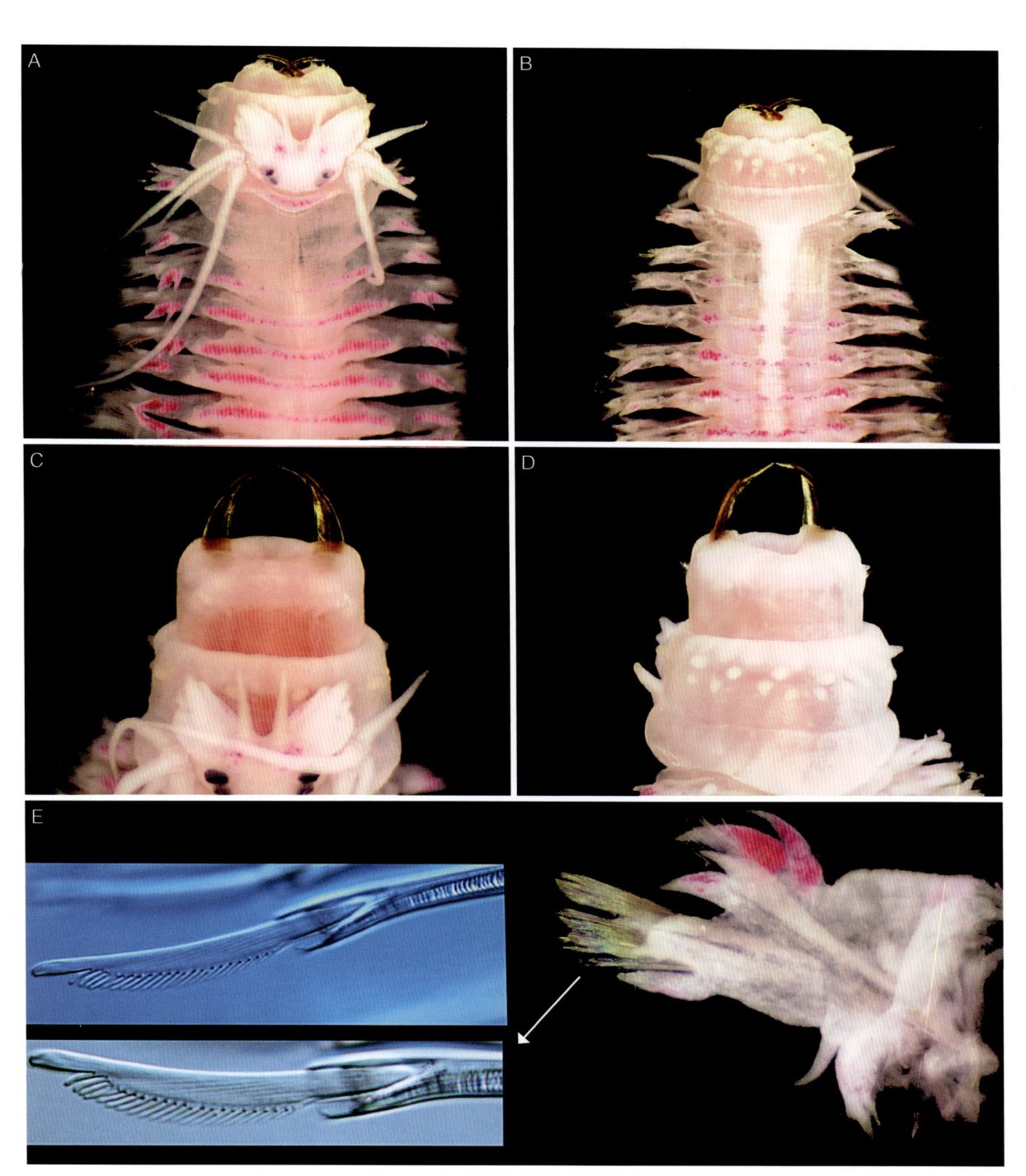

图 172 光突齿沙蚕 *Leonnates persicus* Wesenberg-Lund, 1949（杨德援和蔡立哲供图）
A. 体前背面观；B. 体前腹面观；C. 吻背面观；D. 吻腹面观；E. 第 16 疣足前面观（左侧为腹足镰状刚毛）

溪沙蚕属 *Namalycastis* Hartman, 1959

溪沙蚕
Namalycastis abiuma (Grube, 1872)

同物异名： 缘目沙蚕、单叶沙蚕，曾被误拼写为 *Namalycastis aibiuma*

标本采集地： 深圳湾，漳江口。

形态特征： 活体血红色，乙醇固定标本，除触手和触角基部无色外，余均为红褐色。口前叶近似梯形，前缘中央具纵沟。触手短，触角大、端节小、基节椭球形。眼 2 对，位于口前叶后半部的两侧缘，前对稍大。吻表面光滑，无几丁质颚齿和乳突。疣足皆为亚双叶型，背刚叶退化，具 1 根黑色的足刺。第 1 对疣足背须小，腹刚叶钝圆，腹刚毛大部分仍在疣足内，仅端片在外。自第 2 对疣足始，背须逐渐增大为叶片状或长指状。体中后部疣足为叶片状至长指状，具钝的前腹刚叶和分为 2 叶的后腹刚叶。腹刚毛为复型异齿刺状和端片光滑或具齿的复型异齿镰状。

生态习性： 常栖息于红树林区泥沙沉积物中，为亚热带和热带咸淡水种。

地理分布： 东海，南海。

经济意义： 在污水处理厂曾被发现大量繁殖。

参考文献： 孙瑞平和杨德渐，2004；蔡立哲，2015。

图 173 溪沙蚕 *Namalycastis abiuma* (Grube, 1872)（杨德援和蔡立哲供图）
A. 吻背面观；B. 整体背面观（活体麻醉拍摄）；C. 腹面观；D. 尾部背面观；E. 第 10 刚节疣足前面观（10stp：第 10 刚节疣足）；
F. 第 10 刚节疣足后面观；G. 第 126 疣足后面观（126stp：第 126 刚节疣足）；H. 体前背面观（甲醛固定后拍摄）；
I. 体前背面观（活体麻醉拍摄）；J、K. 刚毛
比例尺：J = 20μm；K = 100μm

刺沙蚕属 *Neanthes* Kinberg, 1865

腺带刺沙蚕
Neanthes glandicincta (Southern, 1921)

标本采集地： 福建厦门，广东大亚湾，海南昌江。

形态特征： 大标本体长约 70mm，具 100 多个刚节。虫体淡黄或乳白色。体前部背面特别是疣足背舌叶褐色。吻颚环各区具颚齿，口环仅VI区具颚齿。颚齿在各区的数目和排列为：I区 5～13 个不规则地排成 2～3 排，II区 7～10 个不规则排成 2～3 弯曲排，III区 20～28 个不等大的齿排成 2～3 排，有时几乎和IV区的齿相连，IV区 2 个弯曲排计 6～10 个，V区无，VI区 1～2 个，VII区、VIII区无。前 2 对疣足单叶型，背、腹须细指状，背须稍短于背舌叶，背、腹舌叶锥状，腹刚叶具 2 个前刚叶和 1 个后刚叶。体前部疣足双叶型，第 10 对疣足上背舌叶三角形，下背舌叶尖锥形，背刚叶较背、腹舌叶小；2 个前腹刚叶和 1 个后腹刚叶均为尖锥状，腹舌叶三角形。体中部疣足，背、腹须，背、腹舌叶都变小，无背刚叶。体后部第 100 对疣足变小，腹刚叶为前后 2 片。背刚毛均为复型等齿刺状。腹刚毛为复型等齿刺状和异齿刺状。第 20 刚节后，腹足刺下方具 2～5 根端片细长的复型异齿镰状刚毛。

生态习性： 栖息于河口泥沙沉积物中。

地理分布： 东海，南海；越南，印度，澳大利亚，新西兰。

经济意义： 深圳湾鸟类喜欢摄食的种类。

参考文献： 孙瑞平和杨德渐，2004；蔡立哲，2015。

图 174 腺带刺沙蚕 *Neanthes glandicincta* (Southern, 1921)（杨德援和蔡立哲供图）
A. 吻腹面观；B. 吻背面观；C. 吻侧面观；D. 体前背面观；E. 整体背面观（标本采自海南昌江新港潮间带生活污水排出口，活体麻醉摄）；F. 第 5 刚节疣足前面观（5stp：第 5 刚节）；G. 第 55 刚节疣足后面观（55stp：第 55 刚节疣足）；H. 体后疣足；I. 第 21 刚节疣足腹足镰状刚毛

威廉刺沙蚕
Neanthes wilsonchani (Lee & Glasby, 2015)

标本采集地： 厦门海域，广东大亚湾。

形态特征： 大标本体长约 40mm，体宽约 2.5mm，具 71 个刚节。活体标本呈土黄色，体后部橘黄色。乙醇标本体前部体节背面具褐色斑点，肛节深褐色。吻口环处Ⅵ区外皆无颚齿，Ⅵ区颚齿常无，检查大量标本后，可发现Ⅵ区各具 1 个颚齿，但通常情况下仅能观察到软乳突。颚齿数目与排列方式如下：Ⅰ区 0～5 个，Ⅱ区 4～8 个，Ⅲ区 16～18 个，Ⅳ区 1 堆，计 5～7 个。除前 2 对疣足单叶型外，余皆双叶型。体前部双叶型疣足，具 3 个背舌叶（含背刚毛叶），背须指状，末端稍尖且长于背舌叶，腹叶具 2 个腹前刚叶和 1 个腹后刚叶，腹须细短，须状。体后疣足，背刚毛叶变小，为一突起，背须短，上背舌叶为锥状，小于三角形的下背舌叶，腹刚叶锥形，下腹舌叶小，为指状，腹须更短，为须状。疣足背刚毛皆为复型等齿刺状。腹刚毛在腹足刺上方者为复型等齿刺状，下方者为端片较短的复型刺状刚毛，仅体中部和体后部具复型等齿或复型异齿镰状刚毛。

生态习性： 在粗砂、沙质泥、粉砂质泥和软泥中均可栖息。

地理分布： 南海。

参考文献： Lee and Glasby, 2015；Hsueh, 2019。

图 175 威廉刺沙蚕 *Neanthes wilsonchani* (Lee & Glasby, 2015)（杨德援和蔡立哲供图）
A. 体前背面观；B. 体前腹面观；C. 吻腹面观（个体 1）；D. 吻腹面观（个体 2）；E. 吻腹面观（个体 3）；F. 第 5 刚节疣足后面观；G. 第 42 疣足前面观；H. 第 82 疣足后面观；I. 第 42 疣足腹足镰状刚毛

全刺沙蚕属 *Nectoneanthes* Imajima, 1972

全刺沙蚕
Nectoneanthes oxypoda (Marenzeller, 1879)

标本采集地： 厦门海域，海南昌江。

形态特征： 口前叶的 2 个触手短小，锤形的触角端节尖细。2 对小眼呈倒梯形排列于口前叶后部。触须 4 对，最长触须后伸可达第 3 刚节。吻的口环和颚环皆具颚齿，各区颚齿数目及排列为：Ⅲ、Ⅴ 区无颚齿，Ⅰ 区 1 个，Ⅱ 区 12～13 个排成 2 斜排，Ⅳ 区为 1 圆形堆，共计 6～8 个，Ⅵ 区 8～9 个呈 1 圆形堆，Ⅶ、Ⅷ 区颚齿 2 横排，近颚环一排齿较大，约为 15 个，近口环齿较近颚环齿小。前 2 对疣足亚双叶型。随后疣足双叶型，体前部疣足双叶型，背、腹须皆短于舌叶，3 个背舌叶，上背舌叶基部变宽，下背舌叶和背刚叶为指状，前后腹刚叶和腹舌叶皆为指状。约从 20 刚节疣足开始，上背舌叶扩大为中间具凹陷的叶片状，短小的背须位于凹陷中，背须上部的上背舌叶圆钝、下部的上背舌叶尖锥状，余同体前部疣足。疣足背、腹刚毛皆为复型等齿刺状，腹刚毛中亦掺有端片稍短的复型异齿刺状刚毛。

生态习性： 广盐性种，可生活于海水、半咸水和河口区，底质主要为泥沙。

地理分布： 渤海，黄海，南海；日本沿岸黑潮区。

参考文献： 孙瑞平和杨德渐，2004；Sato，2013。

图 176 全刺沙蚕 *Nectoneanthes oxypoda* (Marenzeller, 1879)（杨德援和蔡立哲供图）
A. 第 11 刚节疣足后面观（左）、第 11 刚节疣足前面观（右）；B. 体前背面观；C. 尾部背面观；D. 第 27 刚节疣足后面观（左）、第 27 刚节疣足前面观（右）；E. 体后疣足后面观；F. 吻上方观；G. 吻背面观；H. 吻腹面观；I. 复型刺状刚毛

折扇全刺沙蚕
Nectoneanthes uchiwa Sato, 2013

标本采集地： 广东大亚湾。

形态特征： 大标本体长约 260mm，具 180 刚节。活体标本肉红色。乙醇标本为肝褐色，上背舌叶白色。口前叶三角形，触手短小。触角蒴果形。2 对近等大的眼，矩形排列于口前叶后半部。触须 4 对，其中最长 1 对可后伸至第 4～5 刚节。吻各区皆具圆锥形颚齿，颚齿在各区的数目和排列为：Ⅰ区 1～5 个纵排，Ⅱ区 26～34 个呈 3～4 斜排，Ⅲ区 10～20 个，Ⅳ区 29～34 个为三角形堆，Ⅴ区 1～2 个，Ⅵ区 11～16 个为 1 椭圆形堆，Ⅶ、Ⅷ区数排小齿不规则地排成宽的横带，颚齿延伸至Ⅵ区。前 2 对疣足亚双叶型，余皆为双叶型。体前部疣足，背须长，但不超过疣足叶，具 3 个尖锥形背舌叶。从第 14 对疣足开始，上背舌叶膨大伸长中部具凹陷，背须位于其中。体中部疣足，上背舌叶增大变宽为具凹陷的叶片状，背须位于其中。体后部疣足，上背舌叶逐渐变小为椭圆形，背须位于其顶端。背、腹刚毛均为复型等齿刺状。

生态习性： 栖息底质主要为泥沙。

地理分布： 南海。

参考文献： Sato，2013。

图 177　折扇全刺沙蚕 *Nectoneanthes uchiwa* Sato, 2013（杨德援和蔡立哲供图）
A. 体前背面观（活体麻醉拍摄）；B. 体前背面观（甲醛固定）；C. 第 10 刚节后面观；D. 第 43 刚节后面观；
E. 近尾部疣足（右侧为其刚毛）；F. 吻腹面观；G. 吻上方观；H. 吻背面观

沙蚕属 *Nereis* Linnaeus, 1758

异须沙蚕
Nereis heterocirrata Treadwell, 1931

标本采集地： 台湾海峡，广东大亚湾。

形态特征： 大标本体长约 100mm，体宽（含疣足）约 8mm，具 85～100 个刚节。乙醇标本黄褐色，口前叶、触角和体前背面具浅咖啡色色斑。吻仅具圆锥形颚齿，颚齿在各区的数目和排列如下：Ⅰ区 2～3 个纵排，Ⅱ区 26～29 个成一新月形丛，Ⅲ区约 40 个聚成 4～5 不规则的横排，Ⅳ区约 40 个成 4 斜排，Ⅴ区无，Ⅵ区 3～4 个大锥形齿，Ⅶ区、Ⅷ区具不规则排列的大齿 3～4 排。除前 2 对疣足单叶型外，余皆双叶型。体前部双叶型疣足，背、腹舌叶皆呈大小近等的圆锥形，背、腹须皆须状。体中部疣足，舌叶变细，上背舌叶稍长于下背舌叶。体后部疣足，上背舌叶变大增长为矩形，背须位于其顶端，背须基部附近具 1 突起。前部疣足背刚毛均为复型等齿刺状，体中后部刚毛被 2～4 根端片具侧齿的复型等齿镰状刚毛代替。腹刚毛在腹足刺上方为复型等齿刺状和异齿镰状，下方为复型异齿刺状和异齿镰状。

生态习性： 常栖息于牡蛎、海藻群落中。

地理分布： 黄海，东海，南海；日本沿海。

参考文献： 孙瑞平和杨德渐，2004。

图 178　异须沙蚕 *Nereis heterocirrata* Treadwell, 1931（杨德援和蔡立哲供图）
A. 整体背面观；B. 体前背面观（体内无卵个体 1）；C. 体前腹面观；D. 体前背面观（体内具卵个体 2）；E. 第 7 刚节疣足；
F. 第 65 刚节疣足（红色箭头指放大的刚毛）；G. 体后疣足

围沙蚕属 *Perinereis* Kinberg, 1865

双齿围沙蚕
Perinereis aibuhitensis (Grube, 1878)

同物异名： 双齿围沙蚕的疣足和刚毛结构与线围沙蚕 *Perinereis linea* (Treadwell, 1936) 极为相似

标本采集地： 厦门海域，广东大亚湾。

形态特征： 活标本肉红色或蓝绿色并具光泽。乙醇标本黄白色、黄褐色、紫褐色或肉红色，大多数标本上背舌叶具咖啡色色斑。福尔马林保存的标本，体背面青绿色，背须色深。口前叶似梨形，前部窄、后部宽。触手稍短于触角。2 对眼倒梯形排列于口前叶中后部，前对眼稍大。触须 4 对，最长者后伸可达第 6～8 刚节。吻各区均具颚齿，颚齿在各区的形态、数目和排列为：Ⅰ区 2～4 个（有的标本 6 个），圆锥状颚齿纵列或成堆；Ⅱ区 12～18 个圆锥状颚齿为 2～3 弯曲排；Ⅲ区 30～54 个圆锥状颚齿；Ⅳ区 18～25 个圆锥状颚齿成 3～4 斜排；Ⅴ区具 2～4 个圆锥状颚齿；Ⅵ区 2～3 个平直的扁棒状（扁三角形）颚齿成 1 排，Ⅵ区远端和亚中部区域的脊分离（Ⅵ-Ⅴ-Ⅵ区域的脊 π 型）；Ⅶ区、Ⅷ区 40～50 个圆锥状颚齿为 2 横排。大颚具侧齿 6～7 个。除前 2 对疣足单叶型外，余皆为双叶型。体前部双叶型疣足，上背舌叶近三角形，背、腹须须状，背须与上背舌叶约等长，腹须短，仅为下腹舌叶的一半。体中部疣足，背须短于上背舌叶，上背舌叶尖细，下背舌叶稍短且钝，2 个腹前刚叶和 1 个腹后刚叶与下腹舌叶近等长，腹须短。体后部疣足明显变小，上、下背舌叶和腹舌叶变小，为指状。

生态习性： 有异沙蚕体。常栖息于泥沙质潮间带，也可见于红树林区沉积物中。

地理分布： 渤海，黄海，东海，南海；朝鲜半岛，泰国，菲律宾，印度，印度尼西亚。

参考文献： 孙瑞平和杨德渐，2004；Villalobos-Guerrero et al.，2021。

图 179 双齿围沙蚕 *Perinereis aibuhitensis* (Grube, 1878)（杨德援和蔡立哲供图）
A. 整体背面观（活体麻醉拍摄）；B. 体前背面观；C. 体后背面观；D. 吻背面观；E. 体前背面观；F. 吻腹面观；G. 吻腹面观；H. 第 55 刚节疣足后面观；I. 第 55 刚节疣足前面观；J. 第 86 刚节疣足后面观；K. 第 56 刚节疣足腹足刺下刚毛束镰状刚毛
（箭头表示端片齿沿端片的分布位置）

金氏围沙蚕
Perinereis euiini Park & Kim, 2017

标本采集地： 广东大亚湾。

形态特征： 活体和固定标本体表面均具绿棕色色斑。吻各区均有颚齿：Ⅰ区1～2个；Ⅱ区10～26个为2～3斜排；Ⅲ区3～4横排，共计10～15个；Ⅳ区20～30个为2～4斜排；Ⅴ区3个圆锥状颚齿呈三角形排列，Ⅵ区1个扁棒状（扁三角形）颚齿；Ⅶ区、Ⅷ区各有2排大齿。大颚有4～6个侧齿。除前2对疣足单叶型外，余皆为双叶型。单叶型疣足，背、腹须和腹舌叶为粗指状，背须稍长于背舌叶，腹须稍短于腹舌叶。体前部双叶型疣足是单叶型疣足的一倍大，背须指状，背刚叶乳突状，腹舌叶与下背舌叶近等大。体中部疣足，上背舌叶伸长末端钝锥状，腹刚叶增宽。体后部疣足变小。

生态习性： 栖息于泥沙底质。

地理分布： 南海。

参考文献： 孙瑞平和杨德渐，2004；Park and Kim，2017。

图 180　金氏围沙蚕 *Perinereis euiini* Park & Kim, 2017（杨德援和蔡立哲供图）
A. 吻背面观；B. 吻腹面观；C. 整体背面观；D. 第80刚节疣足；E. 残断背面观；F. 第16刚节疣足前面观；G. 第16刚节疣足后面观；
H. 第36刚节疣足后面观；I～K. 其他疣足腹足镰状刚毛

锡围沙蚕
Perinereis helleri (Grube, 1878)

标本采集地： 广东沿海。

形态特征： 吻Ⅰ区有2～3个齿，呈一竖排；Ⅱ区两侧各11个颚齿，呈阶梯状排列，可分4层；Ⅲ区可分为3堆，中间一堆大的具13个圆锥状颚齿，两侧各具1堆，各具4个颚齿；Ⅳ区具约20个圆锥状颚齿；Ⅴ区3个齿呈三角形排列；Ⅵ区具一横棒状颚齿；Ⅶ区、Ⅷ区各具2排圆锥状颚齿。触须后伸可达第7～9刚节。

生态习性： 栖息于泥沙底质。

地理分布： 南海。

参考文献： Park and Kim，2017。

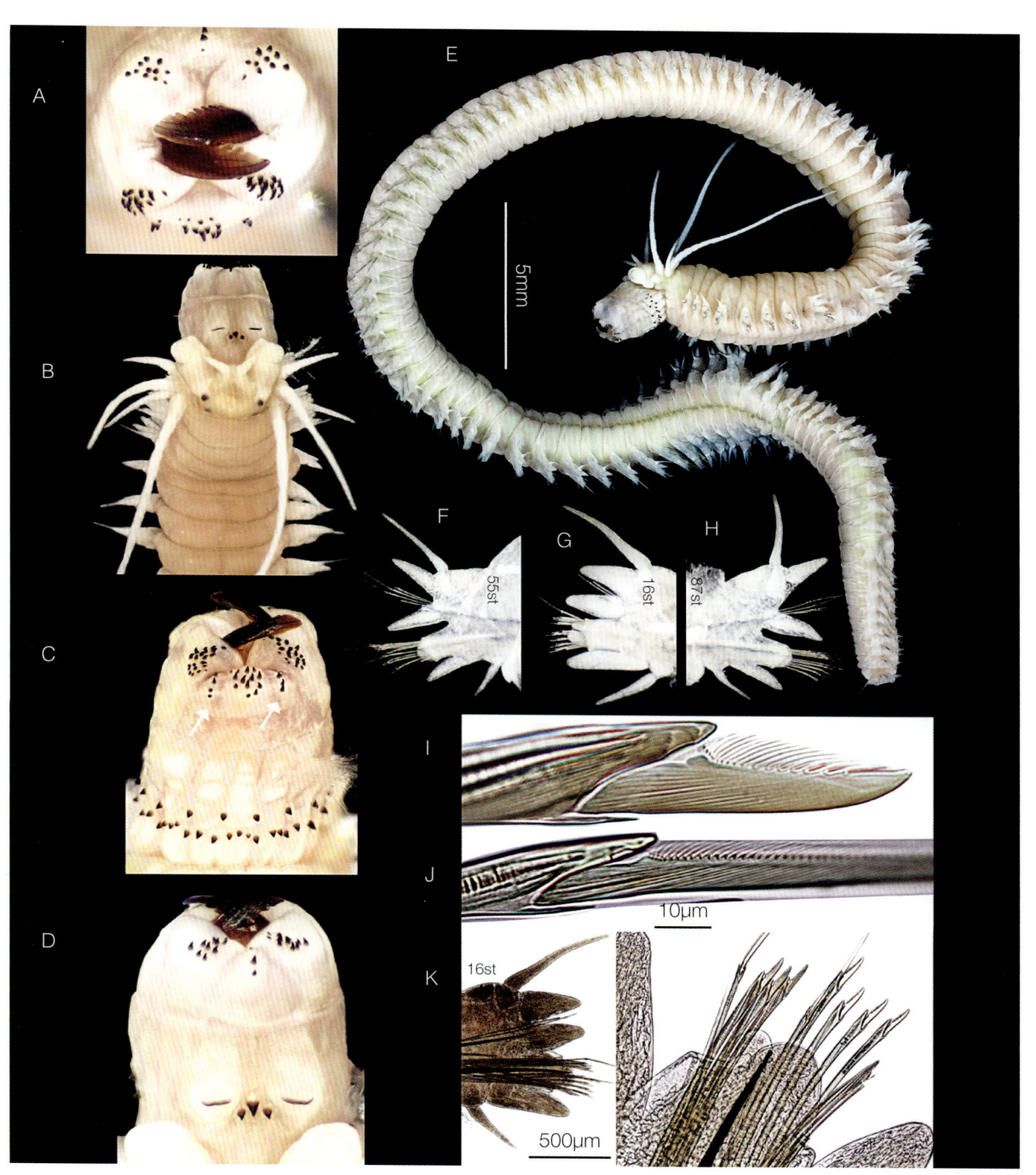

图 181　锡围沙蚕 *Perinereis helleri* (Grube, 1878)（杨德援和蔡立哲供图）
A. 吻前方观；B. 体前部背面观；C. 吻腹面观；D. 吻背面观；E. 虫体图；F. 第 55 刚节疣足前面观；G. 第 16 刚节疣足前面观；
H. 第 87 刚节疣足前面观；I、J. 腹足叶足刺上方刚毛束刚毛；K. 第 16 刚节疣足（右侧为腹足叶放大观）

351

线围沙蚕
Perinereis linea (Treadwell, 1936)

同物异名： 青虫或红虫。线围沙蚕的疣足和刚毛结构与双齿围沙蚕极为相似

标本采集地： 厦门海域，广东大亚湾。

形态特征： 活体标本肉红色或蓝绿色并具光泽。乙醇固定标本黄白色、黄褐色、紫褐色或肉红色，大多数标本上背舌叶具咖啡色色斑。福尔马林保存的标本，体背面青绿色，背须色深，亦见体前黄绿色。吻各区具颚齿，颚齿在各区上的形态、数目和排列为：Ⅰ区为 2～4 个（有些标本具 6 个）圆锥状颚齿纵排列或成堆；Ⅱ区 12～18 个圆锥状颚齿排成 2～3 弯排；Ⅲ区 30～54 个圆锥状颚齿为椭圆形堆；Ⅳ区 18～25 个圆锥状颚齿成 3～4 斜排；Ⅴ区 2～4 个圆锥状颚齿（3 个时排成三角形）；Ⅵ区 2～3 个平直的扁棒状（扁三角形）颚齿成 1 排，Ⅵ区远端和亚中部区域的脊合并（Ⅵ-Ⅴ-Ⅵ区域的脊 λ 型）；Ⅶ区、Ⅷ区各具 40～50 个圆锥状颚齿排成 2 排。体前部疣足双叶型，上背舌叶近三角形，背、腹须须状，背须与上背舌叶约等长，腹须短，仅为下腹舌叶的一半。体中疣足，背须短于上背舌叶，上背舌叶尖细，下背舌叶稍短且钝，2 个腹前刚叶和 1 个腹后刚叶与下腹舌叶近等长，腹须短。体后部疣足明显变小，上、下背舌叶和腹舌叶变小，为指状。疣足背刚毛皆为复型等齿刺状。疣足腹刚毛，在腹足刺上方者为复型等齿刺状和异齿镰状，腹足刺下方者为复型异齿刺状和异齿镰状。

生态习性： 常栖息于泥沙质潮间带。

地理分布： 渤海，黄海，东海，南海。

参考文献： Villalobos-Guerrero et al., 2021。

图 182 线围沙蚕 *Perinereis linea* (Treadwell, 1936)（杨德援和蔡立哲供图）
A. 整体背面观；B. 体前背面观；C. 第 9 刚节疣足后面观；D. 约 60 刚节疣足后面观；E. 第 123 刚节疣足后面观；F. 吻腹面观；G. 吻腹面观；H. 吻背面观；I. 体中部疣足腹足刺上方镰状刚毛

拟短角围沙蚕
Perinereis mictodonta (Marenzeller, 1879)

标本采集地： 广东沿海。

形态特征： 大标本体长超过 100mm，宽约 6mm，具 108 个刚节。口前叶为梨形，眼 2 对，位于口前叶后半部。触手短小，末端细，触角大，特别是基节膨大，端节很小，为纽扣状。最长触须后伸可达第 5～8 刚节。吻上各区均有齿。I 区 1～6 个齿；II 区 3 斜排，计 18～26 个齿；III 区 20～40 个齿排成椭圆形堆，在此堆两侧还各有 2～4 个小齿；IV 区 26～40 个齿排成月牙形（2～3 斜排）；V 区 3 个齿排成三角形；VI 区有扁棒状和扁锥状齿共 4～10 个；VII 区、VIII 区有 34～38 个小齿不规则地排成 3 行。活体标本体前面有十几个刚节为蓝黑色或青黑色，体后部为灰褐色。也有个体体背面具褐色。

生态习性： 栖息于泥沙底质。

地理分布： 南海。

参考文献： Glasby and Hsieh，2006。

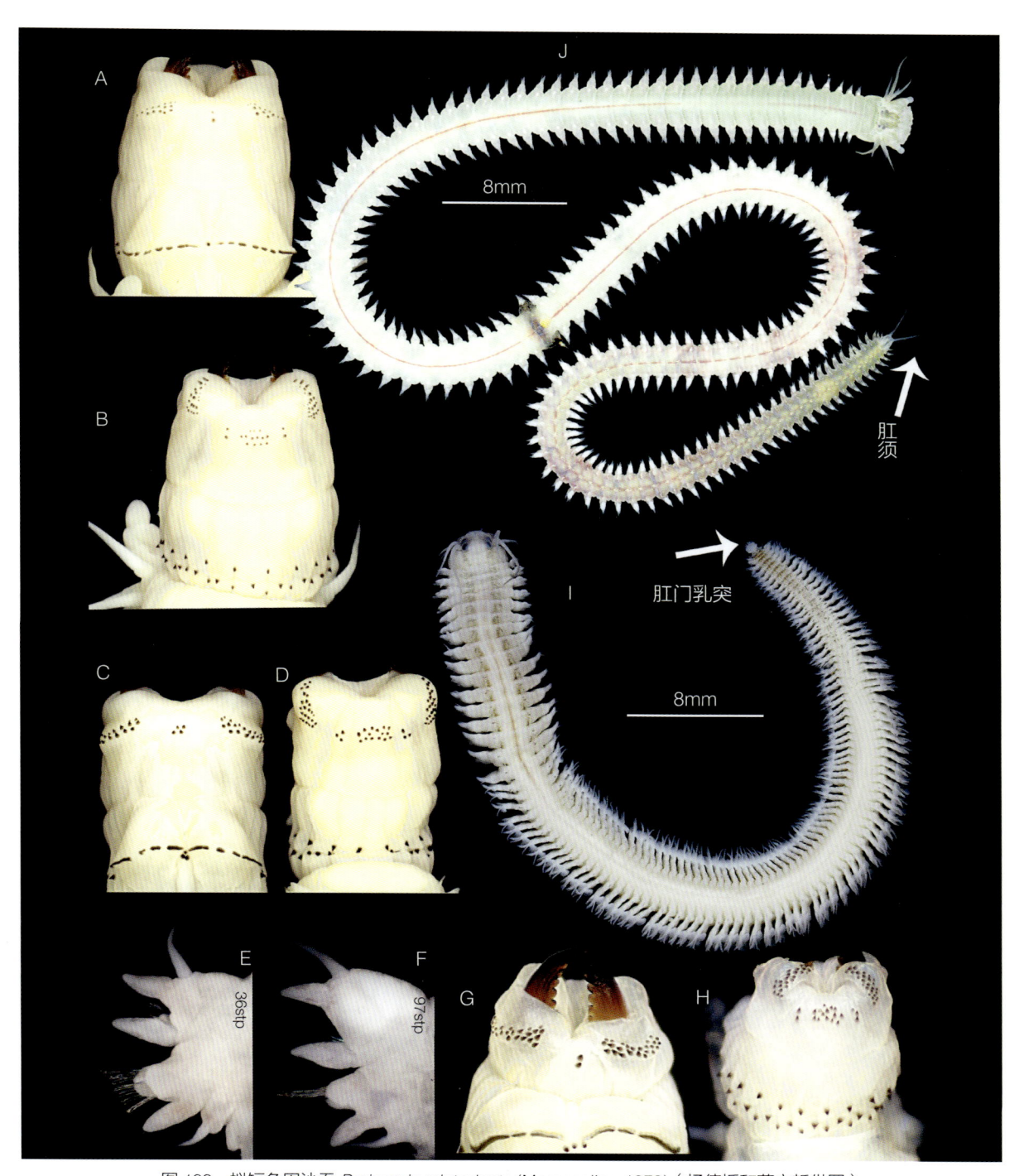

图 183 拟短角围沙蚕 Perinereis mictodonta (Marenzeller, 1879)（杨德援和蔡立哲供图）
A. 吻背面观（个体1）；B. 吻腹面观（个体1）；C. 吻背面观（个体2）；D. 吻腹面观（个体2）；E. 第36刚节疣足前面观；F. 第97刚节疣足后面观；G. 吻背面观（个体3）；H. 吻腹面观（个体3）；I. 生殖期非浮游阶段背面观（底泥中采集非拖网采集）；J. 活体背面观

菱齿围沙蚕
Perinereis rhombodonta Wu, Sun & Yang, 1981

标本采集地： 广东大亚湾。

形态特征： 体长约70mm，具110刚节。乙醇标本的口前叶和体前部背面为浅灰色，其余为肉色，疣足叶上具弯曲透明的腺体色斑。吻较大，各区均具颚齿。颚齿在各区的形态、数目和排列如下：Ⅰ区3～6个圆锥状颚齿不规则排列；Ⅱ区40～50个圆锥状颚齿为3～5弯曲排；Ⅲ区圆锥状颚齿3堆，中间一堆椭圆形颚齿约40～50个、两侧每堆约20～30个；Ⅳ区12～14个扁三角形颚齿排成1横排，Ⅶ区、Ⅷ区前排（近颚环处）具4～6个菱形排列的圆锥状颚齿堆（两侧还有6～8个圆锥状颚齿，一直排到Ⅵ区），后排具20～30个较大圆锥状颚齿，不规则地排成2～3排。该种区别于该属其他物种的特征是Ⅵ区颚齿非横棒状（为金字塔状颚齿）和Ⅶ～Ⅷ区具明显的菱形颚齿。

生态习性： 栖息于泥沙底质。

地理分布： 南海；泰国。

参考文献： 孙瑞平和杨德渐，2004。

围沙蚕属分种检索表

1. 吻Ⅵ区具1个或2～4个棒状颚齿 2
   - 吻Ⅵ区具4个以上的扁棒状颚齿 3
2. 吻Ⅵ区具1个棒状颚齿 4
   - 吻Ⅵ区具2～3个棒状颚齿 5
3. 吻Ⅵ区12～14个扁三角形颚齿排成1横排 .... 菱齿围沙蚕 *Perinereis rhombodonta*
   - 吻Ⅵ区有扁棒状和扁锥状颚齿共4～10个 .... 拟短角围沙蚕 *Perinereis mictodonta*
4. 吻Ⅵ区具1个扁棒状颚齿，Ⅲ区3～4横排颚齿 .... 金氏围沙蚕 *Perinereis euiini*
   - 吻Ⅵ区具1个横棒状颚齿，Ⅲ区为3堆颚齿 .... 锡围沙蚕 *Perinereis helleri*
5. Ⅵ区远端和亚中部区域的脊分离（Ⅵ-Ⅴ-Ⅵ区域的脊 π 型）..
   .... 双齿围沙蚕 *Perinereis aibuhitensis*
   - Ⅵ区远端和亚中部区域的脊合并（Ⅵ-Ⅴ-Ⅵ区域的脊 λ 型）............ 线围沙蚕 *Perinereis linea*

图 184 菱齿围沙蚕 *Perinereis rhombodonta* Wu, Sun & Yang, 1981（杨德援和蔡立哲供图）
A. 吻背面观；B. 吻前方观；C. 体前背面观；D. 整体背面观；E. 吻腹面观；F. 第 10 刚节疣足前面观；G. 第 10 刚节疣足后面观；H. 第 57 刚节疣足；I. 体后刚节疣足；J. 疣足两种刚毛

阔沙蚕属 *Platynereis* Kinberg, 1865

双管阔沙蚕
Platynereis bicanaliculata (Baird, 1863)

标本采集地： 福建平潭。

形态特征： 大标本体长约 100mm，体宽（含疣足）约 9mm，具 130 刚节。活标本口前叶具浅咖啡色色斑，体背面两侧和疣足的背舌叶具绿色色斑，且越向后越显著。乙醇标本肉色，大多数标本上背舌叶具咖啡色色斑。福尔马林保存的标本，体背面青绿色，色斑为咖啡色。吻各区除Ⅰ区、Ⅱ区、Ⅴ区无颚齿外，余具梳状颚齿。颚齿在各区的数目和排列为：Ⅲ区 3～6 堆梳状颚齿排成一横排，Ⅳ区 4～5 排梳状颚齿密集排成月牙形，Ⅵ区 2～3 排梳棒状颚齿整齐排成长方形，Ⅶ区、Ⅷ区 4～5 堆梳棒状颚齿排成一直线。前 2 对疣足单叶型，具 2 个背舌叶，背、腹须长度均超过疣足叶。体前部疣足双叶型，背、腹须细长须状，背、腹舌叶圆锥状，末端钝圆。体中部疣足，上背舌叶长稍超过下背舌叶。体后部疣足，指状、末端稍细的上背舌叶更长。前部疣足的背刚毛为复型等齿刺状，约第 10 刚节以后的背刚毛中具 1～3 根琥珀色鸟嘴状简单型刚毛。疣足的腹刚毛为复型等齿刺状、异齿刺状和异齿镰状。

生态习性： 常栖息于岩石岸潮间带牡蛎和海藻的群落中，体外具黏有砂粒的薄层栖管。

地理分布： 渤海，黄海，东海，南海；朝鲜半岛，日本，澳大利亚，新西兰，夏威夷群岛，太平洋东岸的加拿大不列颠哥伦比亚，美国加利福尼亚，墨西哥湾。

参考文献： 孙瑞平和杨德渐，2004。

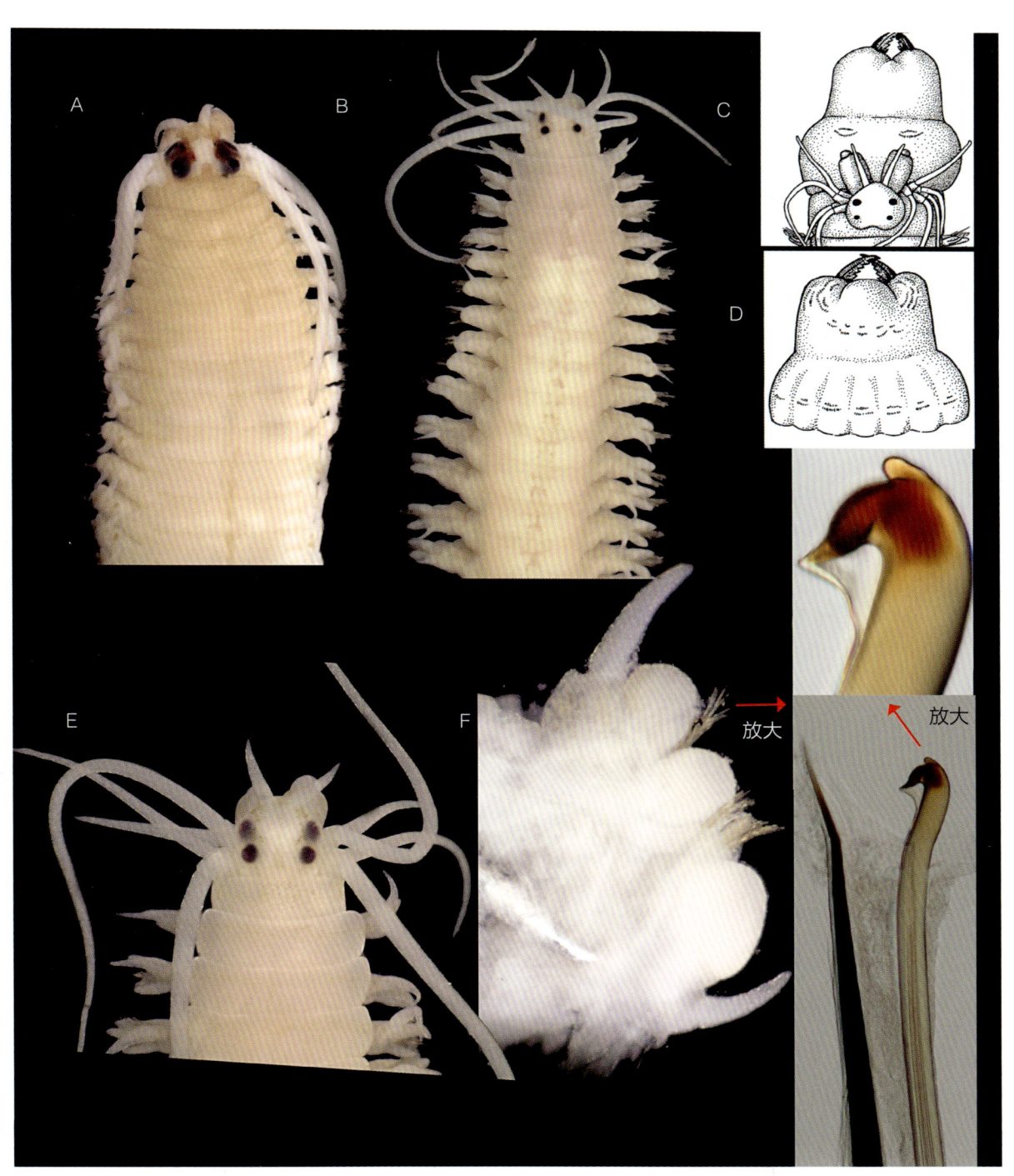

图 185 双管阔沙蚕 *Platynereis bicanaliculata* (Baird, 1863)（杨德援和蔡立哲供图）
A. 体前背面观（生殖期非浮游阶段）；B. 体前背面观；C. 吻背面观；D. 吻腹面观；E. 体前背面观（个体 3）；F. 第 9 疣足前面观

杜氏阔沙蚕
Platynereis dumerilii (Audouin & Milne Edwards, 1833)

标本采集地： 广东澳头。

形态特征： 标本体长约 30mm，体宽（含疣足）约 3mm，具 78 个刚节。生活时具闪烁的浅绿色珠光，体背面具橘红色斑点，幼小个体几乎白色透明，乙醇标本体背面和疣足舌叶具咖啡色色斑。吻具梳棒状颚齿。梳棒状颚齿在吻各区的数目和排列为：Ⅰ区、Ⅱ区、Ⅴ区无，Ⅲ区排成 3 个间断的横排，Ⅳ区 3～5 个排成中间稍间断的横排，Ⅵ区 2～3 个排成弯曲的排，Ⅶ区、Ⅷ区 5～7 排，每排 2 个。前 2 对疣足为单叶型，其余为双叶型。前几对双叶型疣足较小，随后疣足变粗大。背、腹须为细指状，远长于圆锥形的背、腹舌叶。第 15 对疣足的下背舌叶稍宽。体中部疣足，上背舌叶变长，为三角形，且长于粗指状的下背舌叶。体后部疣足，上背舌叶变细长。第 14～20 对疣足的背刚毛均为复型等齿刺状，其后的疣足背刚叶还具 1～2 根黄褐色或咖啡色、端片弯曲的复型等齿镰状刚毛。腹刚毛为复型异齿刺状和异齿镰状。自体中部以后，刚毛数大大减少。足刺的颜色，在体前部和体中部者为棕黑色，至体后部变浅。

生态习性： 潮间带和潮下带均有分布。在潮间带常栖息于石块下的泥沙里。

地理分布： 东海，南海；日本，朝鲜半岛，太平洋，大西洋，印度洋。

参考文献： 孙瑞平和杨德渐，2004。

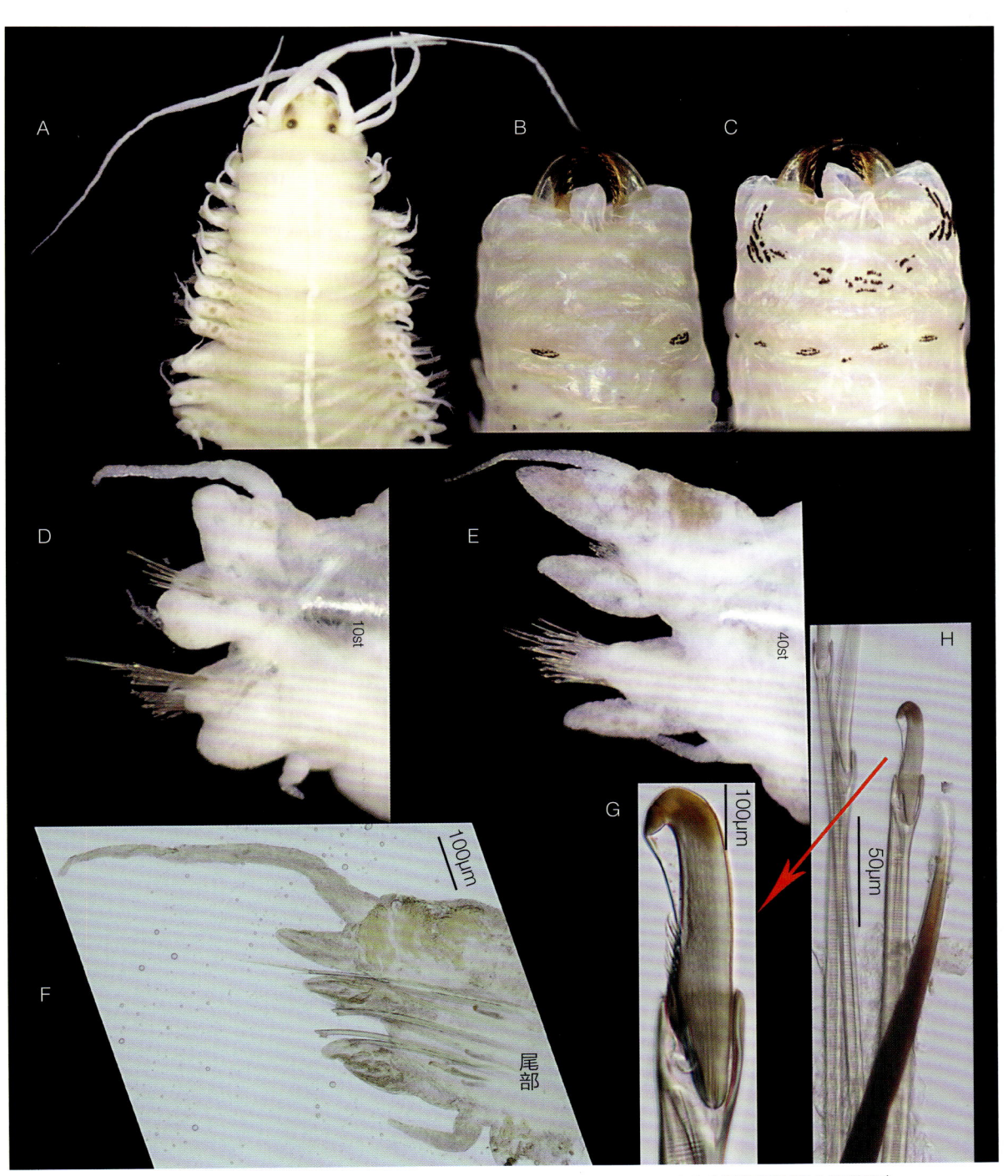

图 186　杜氏阔沙蚕 *Platynereis dumerilii* (Audouin & Milne Edwards, 1833)（杨德援和蔡立哲供图）
A. 体前背面观；B. 吻背面观；C. 吻腹面观；D. 第 10 刚节疣足前面观；E. 第 40 刚节疣足前面观；F. 近尾部疣足；
G. 体中部疣足背刚毛放大；H. 体中部疣足背刚毛

伪沙蚕属 *Pseudonereis* Kinberg, 1865

异形伪沙蚕
Pseudonereis anomala Gravier, 1899

标本采集地： 广东大亚湾岩相潮间带。

形态特征： 标本体长约32mm，体宽（含疣足）约2.5mm，具64刚节。活体标本疣足的背腹舌叶具褐色色斑，且越向体后色斑越深。吻大且长，具颚齿。颚齿在各区的数目、形态和排列为：Ⅰ区2～3个圆锥状颚齿纵排，Ⅱ区圆锥状颚齿密集排成3～4个梳状排，Ⅲ区圆锥状颚齿密集排成4个梳状排，Ⅳ区圆锥状颚齿密集排成4～5个斜梳状排，Ⅴ区无颚齿，Ⅵ区10～12个扁锥状颚齿密集排成2个梳状排，Ⅶ区、Ⅷ区10～14个扁三角形颚齿排成一整齐的横排。疣足背刚毛，体前部者皆为复型等齿刺状，在体中部复型等齿刺状刚毛被2根复型等齿镰状刚毛代替，在体后部仅具1根端片细直的复型等齿镰状刚毛。疣足的腹刚毛，在腹足刺上方为复型等齿刺状和异齿镰状，腹足刺下方为复型异齿刺状和异齿镰状。

生态习性： 常栖息于岩石岸潮间带牡蛎和海藻的群落中。

地理分布： 东海，南海；越南，泰国，马来西亚，夏威夷群岛，所罗门群岛，新喀里多尼亚群岛，澳大利亚，斯里兰卡，印度，马达加斯加，波斯湾，红海，西奈半岛，地中海。

参考文献： 孙瑞平和杨德渐，2004。

图 187　异形伪沙蚕 *Pseudonereis anomala* Gravier, 1899（杨德援和蔡立哲供图）
A. 吻背面观；B. 吻腹面观；C. 体前背面观；D. 吻腹面观（口环）；E. 整体背面观；F. 第 44 刚节疣足后面观；G. 第 44 刚节疣足前面观；
H. 第 10 刚节疣足前面观；I. 第 60 刚节疣足；J. 尾部；K. 疣足刚毛（上方为体后腹足刺下方镰状刚毛、中间为第 10 刚节疣足背足刚毛、
下方为近尾部疣足背足背刚毛）

背褶沙蚕属 *Tambalagamia* Pillai, 1961

背褶沙蚕
Tambalagamia fauveli Pillai, 1961

标本采集地： 北部湾潮下带。

形态特征： 活标本黄褐色，体背面具 3 条红色的纵带。口前叶的前缘有深裂；眼 2 对，位于口前叶后部。围口节具 4 对触须，长触须后伸达第 6~8 刚节。吻末端具 2 个浅黄色大颚，无侧齿；吻表面无颚齿仅口环具锥状软乳突，Ⅴ区和Ⅵ区有 5 个乳突排成一横排，Ⅶ区、Ⅷ区有 7 个乳突排成一横排。前 2 对疣足单叶型，背须和附加背须近等长，皆为指状。其后的双叶型疣足，体前部双叶型疣足宽大，背、腹叶均具密集的刚毛束，腹前刚叶为圆锥形。第 15~16 刚节以后，疣足无附加背须，背须直接位于膨大且富血管的背上舌叶。第 25 刚节后，体背出现横褶。所有刚毛均为等齿刺状，端片平滑或具细齿。

生态习性： 常栖息于泥沙、砾石和贝壳混合的底质中。

地理分布： 黄海，南海，北部湾；印度，斯里兰卡，越南，日本。

参考文献： 孙瑞平和杨德渐，2004。

图 188　背褶沙蚕 *Tambalagamia fauveli* Pillai, 1961（杨德援和蔡立哲供图）
A. 腹面观（甲基绿染色）；B. 背面观；C. 体前背面观（吻未伸出）；D. 体前背面观（吻伸出）；E. 体前腹面观；F. 第 7 疣足；
G. 第 11 疣足；H. 第 22 疣足

软疣沙蚕属 *Tylonereis* Fauvel, 1911

软疣沙蚕
Tylonereis bogoyawlenskyi Fauvel, 1911

标本采集地： 广西北海沙质潮间带。

形态特征： 活体标本浅红色，疣足上背舌叶具深铁褐色色斑，体前部背面亦具相同颜色的横带。乙醇固定标本色彩多褪去。体长大于 100mm。口前叶宽稍大于长，口前叶前缘中央有一个浅的纵裂。最长触须后伸可达第 3～4 刚节。吻的口环及颚环上无坚硬的小齿，具软乳突：Ⅰ区 1～3 个细长或半圆形的乳突，Ⅱ区、Ⅳ区 4～8 个细长的乳突密集成束，Ⅲ区一排 7～9 个细长的乳突，Ⅴ区无乳突，Ⅵ区 1 个细长的乳突且基部具乳突垫，Ⅶ区、Ⅷ区一排 9～12 个细长的乳突。前 2 对疣足单叶型，余双叶型，从第 7～8 刚节开始增大，但背、腹须短小，长度不超过疣足叶，上背舌叶膨大为叶片状，腹刚叶具 1 腹前刚叶和 2 个腹后刚叶。体中后部和体后部的疣足相似，短小的背须卷曲在上背舌叶的基部，上背舌叶远大于其他疣足叶，腹须很小。背、腹刚毛皆为复型等齿刺状。

生态习性： 常栖息于有淡水注入的泥沙质潮间带。

地理分布： 东海，南海；波斯湾，印度沿海。

参考文献： 孙瑞平和杨德渐，2004。

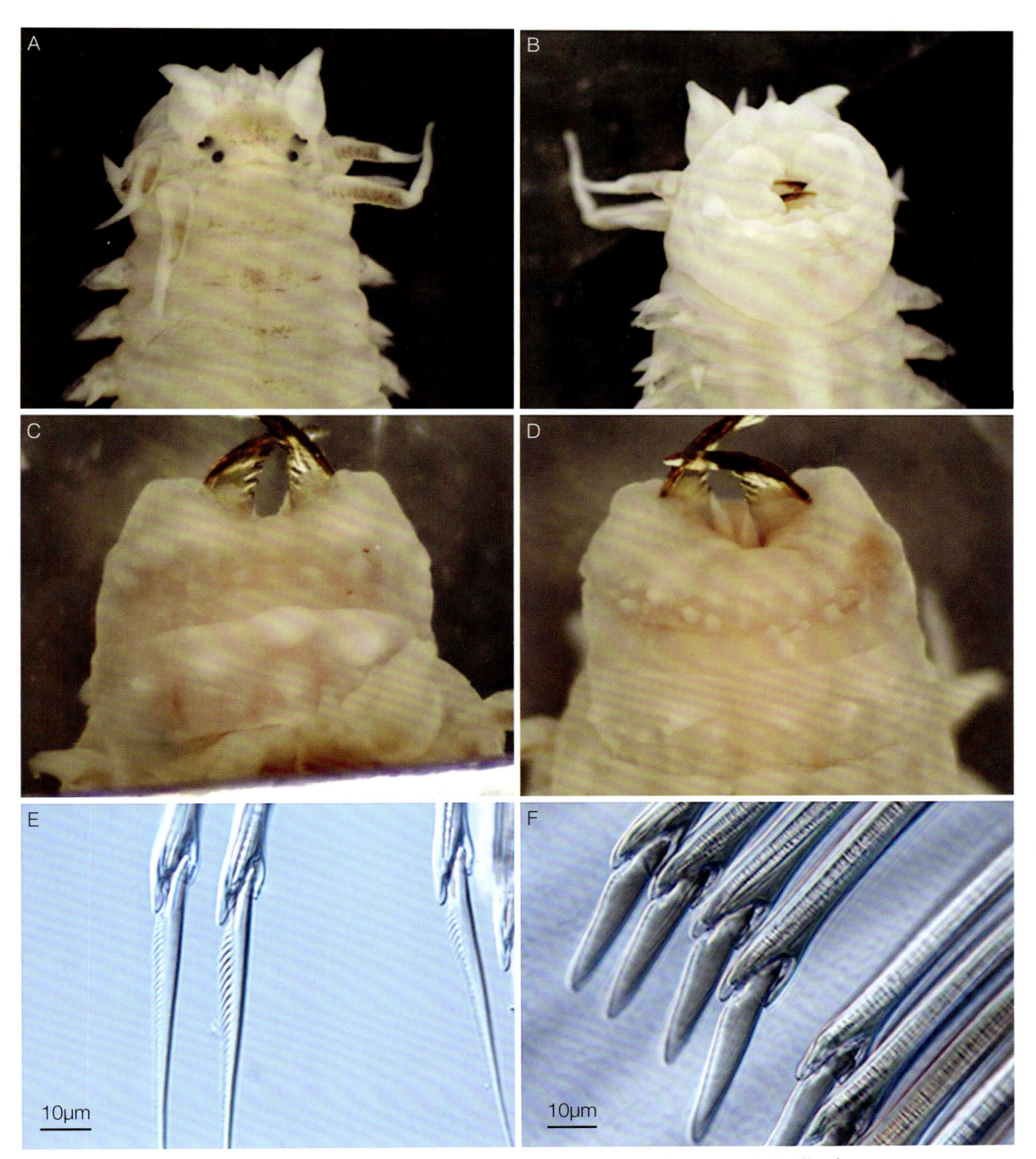

图 189 软疣沙蚕 *Tylonereis bogoyawlenskyi* Fauvel, 1911（杨德援和蔡立哲供图）
A. 体前部背面观；B. 体前部腹面观；C. 吻背面观；D. 吻腹面观；E. 第 1 刚节疣足腹足刺下刚毛；F. 第 22 刚节疣足腹足刺下刚毛

疣吻沙蚕属 *Tylorrhynchus* Grube, 1866

疣吻沙蚕
Tylorrhynchus heterochetus (Quatrefages, 1866)

标本采集地： 厦门海域。

形态特征： 口前叶前缘具纵裂缝，围口节触须4对，最长者后伸可达第2刚节。吻表面口环和颚环具乳突状或圆乳状的软乳突，其排列如下：Ⅰ区1个圆乳状乳突，Ⅱ区不明显，Ⅲ～Ⅳ区16～20个乳头状乳突排列不规则，Ⅴ区2个大圆乳状乳突纵列，Ⅵ区1个大圆乳状乳突，Ⅶ～Ⅷ区10～12个大小不等的圆乳状乳突排成2横排。前2对疣足单叶型，背、腹须和上背舌叶均为指状，且前者长于后者。体前部疣足双叶型，上背舌叶膨大，背须位于其上，具指状的下背舌叶。体中部疣足，背须细短、基部无膨大部分，下背舌叶末端尖细。体后部疣足同体中部。疣足皆无腹舌叶。背刚毛全为复型等齿和异齿刺状。体前部疣足的腹刚毛为复型等齿、异齿刺状和异齿镰状，其端片长者具长锯齿、短者平滑。

生态习性： 栖息于泥沙底质。

地理分布： 东海，南海；印度尼西亚，越南，日本，俄罗斯。

参考文献： 孙瑞平和杨德渐，2004。

图 190　疣吻沙蚕 *Tylorrhynchus heterochetus* (Quatrefages, 1866)（杨德援和蔡立哲供图）
A. 体前背面观；B. 体前腹面观；C. 吻背面观；D. 吻腹面观；E. 第 1 刚节疣足；F. 体前疣足前面观；G. 第 22 刚节疣足；
H. 第 22 刚节疣足腹足刺上方刚毛；I. 第 22 刚节疣足腹足刺上方刚毛束后方刚毛；J. 第 22 刚节疣足腹足刺下方刚毛束前方刚毛；
K. 第 22 刚节疣足腹足刺下方刚毛束后方刚毛

沙蚕科分亚科检索表

1. 疣足单叶型或亚双叶型 .... 溪沙蚕亚科 Namanereidinae
   疣足为双叶型（除前 2 对外）... 2
2. 吻无颚齿 .... 裸吻沙蚕亚科 Gymnonereidinae
   吻具颚齿 .... 沙蚕亚科 Nereidinae

裸吻沙蚕亚科分属检索表

1. 部分疣足背须特化为鳃 .... 鳃沙蚕属 Dendronereis
   部分疣足背须不特化为鳃 2
2. 吻口环具乳突，颚环无乳突 .... 背褶沙蚕属 Tambalagamia
   吻口环和颚环皆具乳突 3
3. 仅具复型等齿刺状刚毛；体中部疣足无须基 .... 软疣沙蚕属 Tylonereis
   具复型等齿刺状和镰刀形刚毛；体中部疣足具须基 .... 疣吻沙蚕属 Tylorrhynchus

沙蚕亚科分属检索表

1. 吻口环具乳突、颚环具颚齿 2
   吻具颚齿无乳突 3
2. 双叶型疣足具 3 个背舌叶；刚毛为复型等齿刺状和镰刀形 .... 突齿沙蚕属 *Leonnates*
   双叶型疣足具 2 个背舌叶；刚毛仅具复型等齿刺状 .... 拟突齿沙蚕属 *Paraleonnates*
3. 吻仅颚环具颚齿 .... 角沙蚕属 *Ceratonereis*
   吻口环和颚环皆具颚齿 4
4. 吻仅具圆锥形颚齿 5
   吻除圆锥形颚齿外还兼具横棒状或梳棒状颚齿 9
5. 围口节具向前扩展的领 .... 环唇沙蚕属 *Cheilonereis*
   围口节不具向前扩展的领 6
6. 体前部具复型刺状背刚毛、体后部具复型镰刀形背刚毛 .... 沙蚕属 *Nereis*
   疣足仅具复型等齿刺状背刚毛 7
7. 腹刚毛仅为复型刺状 .... 全刺沙蚕属 *Nectoneanthes*
   腹刚毛为复型刺状和镰刀形 8
8. 吻Ⅶ区、Ⅷ区无颚齿 .... 刺沙蚕属 *Neanthes*
   吻Ⅶ区、Ⅷ区颚齿 2～3 排 .... 翼形沙蚕属 *Alitta*
   吻Ⅶ区、Ⅷ区颚齿 1 排 .... 年荷沙蚕属 *Hediste*
9. 吻Ⅵ区颚齿横棒状；背刚毛仅复型刺状 10
   吻Ⅵ区颚齿梳棒状；背刚毛复型刺状和镰刀形 .... 阔沙蚕属 *Platynereis*
10. 吻圆锥形颚齿不密集排成梳状 .... 围沙蚕属 *Perinereis*
    吻圆锥形颚齿密集排成梳状 .... 伪沙蚕属 *Pseudonereis*

白毛虫科 Pilargidae Saint-Joseph, 1899
钩虫属 *Cabira* Webster, 1879

白毛钩虫
Cabira pilargiformis (Uschakov & Wu, 1962)

标本采集地： 香港，广东大亚湾，山东青岛。

形态特征： 体形圆柱状，体表面有很多分散的小乳突。口前叶前缘中间具有凹痕，近两侧有 2 个小触手，无中央触手。无眼。触角端节乳突状。围口节较宽。表面覆盖纵的横纹，两侧具有 2 对等大且靠近的乳突状触须。体前部 6 体节疣足亚双叶型，背须、腹须均乳突状，背须基部仅具有足刺，无刚毛。从第 7 刚节开始疣足为双叶型，背须基部具 1 根足刺。背须背上方具有 1 根粗大的黄色弯钩状刚毛，腹叶除足刺外，一侧还具有小刺的简单型毛状刚毛。

生态习性： 栖息于泥沙底质。

地理分布： 渤海，黄海，东海，南海。

参考文献： 孙瑞平和杨德渐，2004。

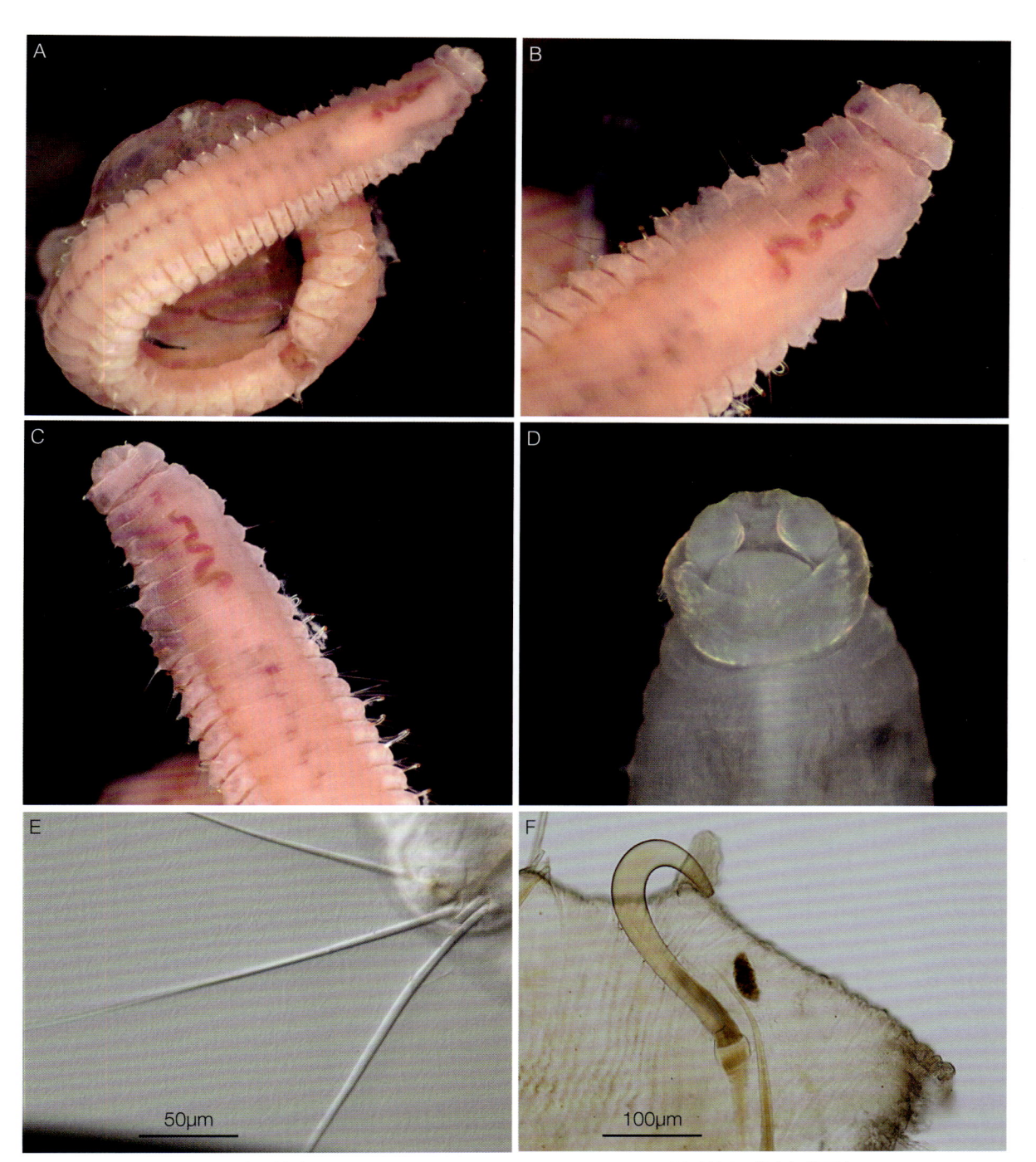

图 191　白毛钩虫 *Cabira pilargiformis* (Uschakov & Wu, 1962)（杨德援和蔡立哲供图）
A. 背面整体图；B. 体前部背面观；C. 体前部背面观；D. 吻腹面观；E. 第 30 刚节疣足刚毛；F. 第 60 刚节疣足刚毛

钩毛虫属 *Sigambra* Müller, 1858

花冈钩毛虫
Sigambra hanaokai (Kitamori, 1960)

标本采集地： 深圳湾，广东大亚湾，厦门海域。

形态特征： 体细带状，背腹扁平。口前叶前缘中央具凹裂，无眼，3个触手，中央触手稍长于侧触手，1对具乳突状端节的触角。2对须状围口节触须，背对稍长于腹对。翻吻球状，末端具14个不分叉的软乳突。疣足和体侧之间具收缩部。第1～3刚节疣足亚双叶型，背须须状，长于其后疣足的背须。第2刚节疣足无腹须。第3刚节背须基部具背足刺和未外伸的粗弯钩状背刚毛。简单型粗弯钩状背刚毛外伸始于第4～5刚节，直到体后部，腹足的前刚叶为圆钝状，后刚叶为圆锥状且长于前刚叶，具1根足刺和数根具细侧齿的简单型毛状刚毛。尾部具2根细长的肛须。

生态习性： 肉食性，栖息于泥沙底质。

地理分布： 南海；日本本州南部和濑户内海，越南南部，所罗门群岛。

参考文献： 孙瑞平和杨德渐，2004；蔡立哲，2015。

图 192 花冈钩毛虫 *Sigambra hanaokai* (Kitamori, 1960)（杨德援和蔡立哲供图）
A. 整体图；B. 体前部背面观；C. 体前部腹面观；D. 体前部侧面观；E. 吻（染色）；F. 尾部

平额刺毛虫属 *Litocorsa* Pearson, 1970

越南平额刺毛虫
Litocorsa annamita (Gallardo, 1968)

同物异名： 越南刺毛虫 *Synelmis annamita* Gallardo, 1968

标本采集地： 厦门海域。

形态特征： 体细长线状，圆筒形，不易弯角，体表光滑有珠光。口前叶具有内凹，与触角愈合无界限。眼有或无，3个触手，1对具有乳突状端节的触角。具2对围口节触须。翻吻圆柱状，光滑。体前部数体节的疣足为亚双叶型，背足叶具背须和背足刺，无背刚毛。其后疣足为双叶型，背足叶具有足刺和外伸粗且直的简单形或双齿足刺状刚毛，腹足叶圆柱状或圆锥状，具1根腹足刺和数根一侧具有小刺的简单型毛状刚毛，有或无叉状刚毛。腹须圆锥状，尾部具有2根肛须。

生态习性： 栖息于泥沙底质。

地理分布： 福建沿岸，北部湾。

参考文献： 孙瑞平和杨德渐，2004。

白毛虫科分属检索表

1. 具粗弯钩状背刚毛	2
具足刺状背刚毛	刺毛虫属 *Synelmis*
2. 体圆柱状；围口节触须乳突状	钩虫属 *Cabira*
体背腹扁平；围口节触须指状或须状	钩毛虫属 *Sigambra*

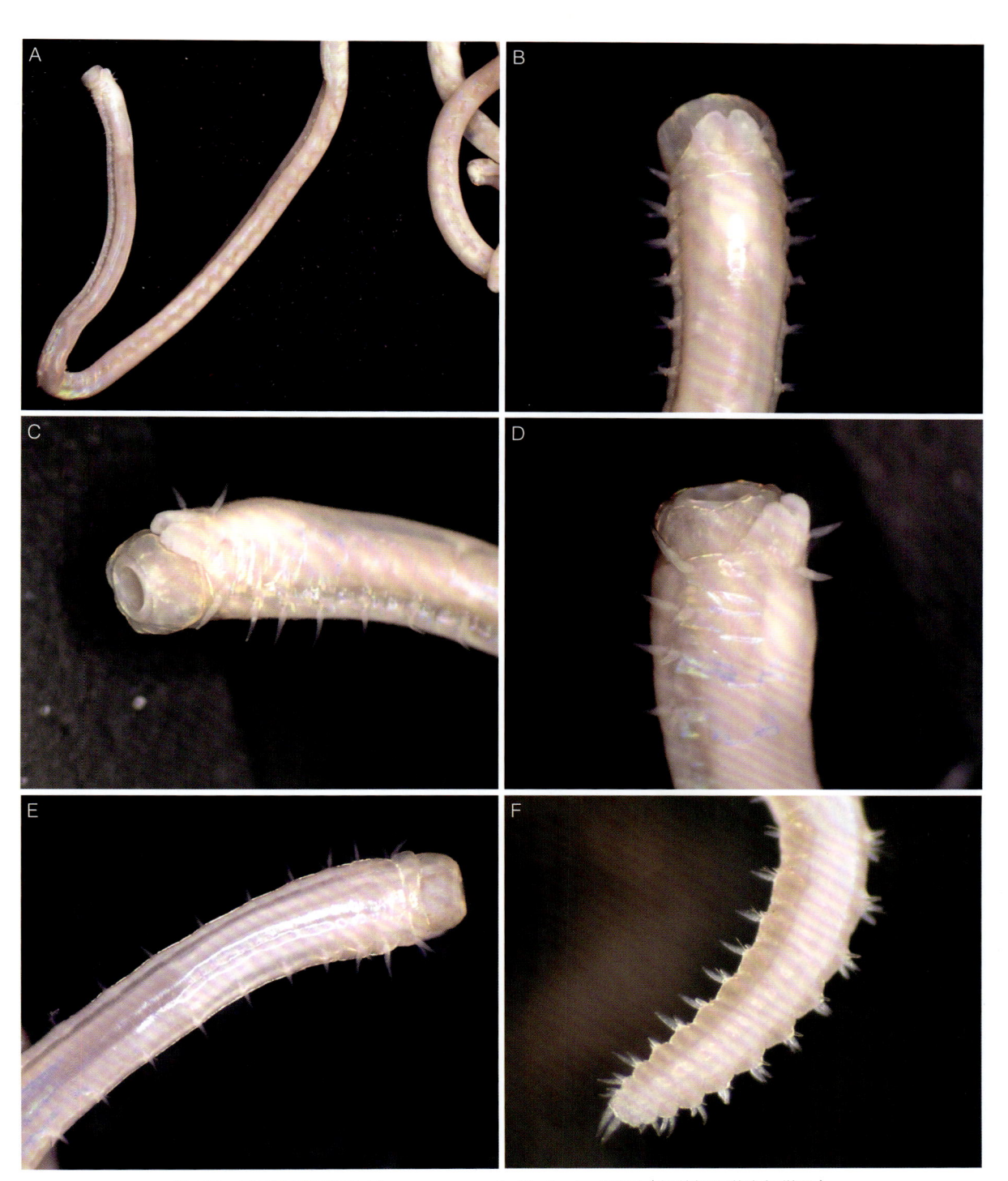

图 193 越南平额刺毛虫 *Litocorsa annamita* (Gallardo, 1968)（杨德援和蔡立哲供图）
A. 整体观；B. 体前部背面观；C、D. 体前部侧面观；E. 体前部腹面观；F. 尾部

齿吻沙蚕科 Nephtyidae Grube, 1850
内卷齿蚕属 *Aglaophamus* Kinberg, 1866

双鳃内卷齿蚕
Aglaophamus dibranchis (Grube, 1877)

标本采集地： 厦门海域，广东大亚湾。

形态特征： 口前叶近六边形，前、后缘较平直，1对眼位于口前叶的后半部。2对触手，前对位于口前叶前缘两侧，后对位于口前叶腹面两侧，项器不明显。翻吻末端具22个分叉的端乳突，亚末端具12纵排亚端乳突，每排乳突7～8个，具1个中背乳突。内须始于第5刚节，开始很小，在第14～50刚节较发达且内卷，长于背须。疣足双叶型，背、腹足相距较宽。第12～45刚节疣足，背、腹足的前足刺叶均为半圆形且分别小于足刺叶，背、腹足的后足刺叶为叶片状且分别大于足刺叶，腹足的上部具1指状的上腹须且与内须相对，内须稍内卷，短指状的背须位于内须的基部，细指状的腹须位于腹足的基部。约从第45刚节起，背、腹足的前足刺叶与前部疣足相似，背、腹足的后足刺叶变大似扇状，腹足上的指状上腹须和内须变长，内须内卷，背、腹须细指状。具刚毛3种。横纹（梯状）毛状刚毛位于前足刺叶上，光滑的毛状刚毛和竖琴状刚毛位于后足刺叶上。

生态习性： 栖息于潮下带和潮间带的泥沙滩中。

地理分布： 黄海，东海，南海。

参考文献： 杨德渐和孙瑞平，1988；孙瑞平和杨德渐，2004。

图 194 双鳃内卷齿蚕 Aglaophamus dibranchis (Grube, 1877)（杨德援和蔡立哲供图）
A. 整体图；B. 体前部背面观；C. 体前部腹面观（染色）；D. 吻背面观；E. 第 28 刚节疣足（染色）；F. 第 46 刚节疣足

中华内卷齿蚕
Aglaophamus sinensis (Fauvel, 1932)

标本采集地： 厦门海域。

形态特征： 口前叶近卵圆形，前缘较平直，背面中央常具宽大于长的人字形褐色斑纹，无眼。2对触手，前对位于口前叶前缘，后对位于口前叶腹面两侧，稍大于前对。1对乳突状项器位于口前叶后缘两侧。翻吻末端具22个端乳突，背、腹各10个且分叉，背中线2个较小且不分叉；亚末端具14纵排亚端乳突，每排具20～30个（吻前部乳突较大，后逐渐变小，且每排变为3～4个密集的小乳突），无中背乳突。间须始于第2刚节，为指状，以后变长且内卷，近基部具1小乳突。体中部疣足背须长叶状，间须位于其基部，背足刺叶圆三角形，具一大的指状突起，背前刚叶小，为2个圆叶，背后刚叶与其类似，上叶较大；腹足刺叶斜圆形，具一指状上叶，腹前刚叶小，为2个刚叶，腹后刚叶很长，为足刺叶2倍，舌叶状向外直伸。腹须与背须同形但稍长。具刚毛3种。横纹（梯状）毛状刚毛位于前足刺叶上，小刺毛状刚毛位于后足刺叶上，无竖琴状刚毛。

生态习性： 栖息于潮下带和潮间带的泥沙滩中。

地理分布： 黄海，东海，南海；日本，越南。

参考文献： 杨德渐和孙瑞平，1988；孙瑞平和杨德渐，2004。

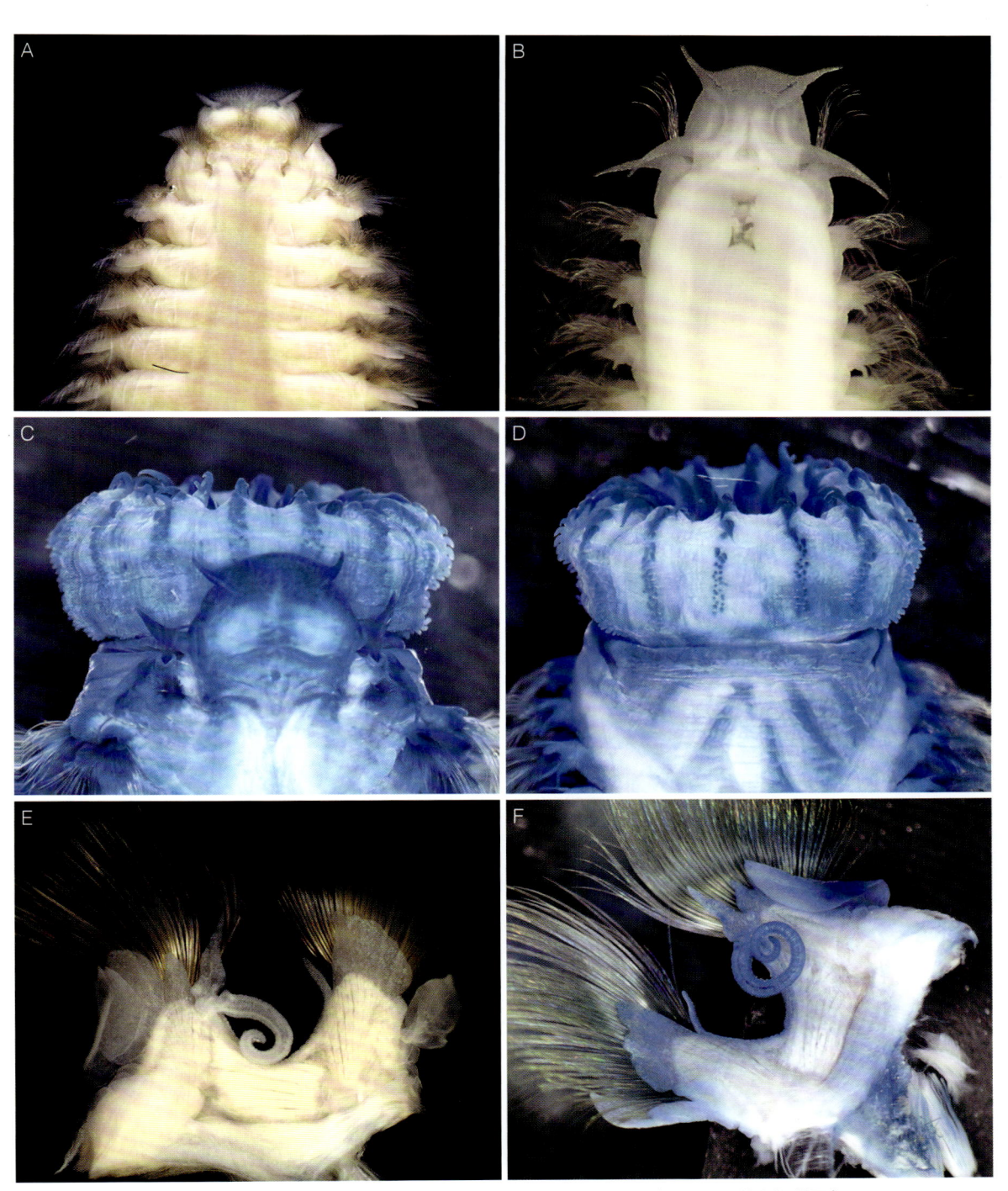

图 195 中华内卷齿蚕 *Aglaophamus sinensis* (Fauvel, 1932)（杨德援和蔡立哲供图）
A. 体前部背面观（吻未伸出）；B. 体前部腹面观（吻未伸出）；C. 吻背面观（染色）；D. 吻腹面观（染色）；
E. 第 28 刚节疣足后面观；F. 第 37 刚节疣足后面观（染色）

吐露内卷齿蚕
Aglaophamus toloensis Ohwada, 1992

标本采集地： 厦门海域，广东大亚湾，香港。

形态特征： 吻伸出时，口前叶近矩形，长是宽的 2 倍左右，前宽后窄。口前叶上有陷入表皮的 1 对眼，当吻伸出一半时，可以见到眼点。口前叶后缘具 1 对项器。第 1 对触手圆锥状，具钝的顶部，位于前侧角，第 2 对触手与第 1 对长度相似。吻具 20 个分叉端乳突，无中背乳突和中腹乳突。亚端乳突具 14 个纵排，每排 4～6 个，向基部逐渐减少。具中背乳突，中背乳突长，吻的基部光滑无肉瘤。鳃出现在第 4～6 刚节（广东大亚湾和香港标本鳃常起始于第 5 刚节，厦门标本常起始于第 4 刚节），通常出现在第 5 刚节，开始很小，约 25 刚节处，发育完全，明显向内卷，随后鳃逐渐减少，在体后 1/3 处消失。鳃表面两侧具纤毛。疣足双叶型，具明显的上腹须，背须在体中部明显比鳃长。

生态习性： 栖息于潮下带泥沙质底和软泥中。

地理分布： 东海，南海。

参考文献： Ohwada，1992。

图 196 吐露内卷齿蚕 Aglaophamus toloensis Ohwada, 1992（杨德援和蔡立哲供图）
A. 吻上方观；B. 吻腹面观（染色图）；C. 吻背面观（染色图）；D. 整体观；E. 吻背面观（染色图）；F. 体前背面观（突出口前叶形状）；
G. 体前背面观；H. 体前侧面观；I. 第 24 刚节疣足前面观；J. 第 24 刚节疣足后面观；K. 第 25 刚节疣足前面观

383

乌鲁潘内卷齿蚕
Aglaophamus urupani Nateewathana & Hylleberg, 1986

标本采集地： 厦门海域，广东大亚湾，海南昌江核电站附近海域，香港潮下带。

形态特征： 体长 2cm 左右。身体具明显黄色色斑（原文献描述乙醇保存个体白色）。吻完全伸出和未伸出时口前叶为近矩形，口前叶后缘具 1 对眼。吻末端具 20 个分叉乳突，亚末端具 22 个乳突（包括 1 个中背乳突和 1 个小的中腹乳突），每排具 1～9 个乳突，中背乳突右侧乳突排列是 8、7、8、1、2、2、7、1、8、8，中背乳突左侧乳突排列是 9、8、7、1、2、2、7、1、9、8，吻的两侧乳突对称排列。本研究采集的标本，鳃起始于第 7～9 刚节（原文献描述为第 7～12 刚节），上腹须常起始于第 13 刚节（本研究随机检查了 6 个标本，原始文献检查了 14 个标本），纪录鳃起始于第 14～15 刚节。疣足叶后叶发育不明显。叉状刚毛起始于第 4 刚节（原文献描述起始于第 5 刚节）。

生态习性： 栖息于潮下带软泥和泥沙质中。

地理分布： 东海，南海。

参考文献： Nateewathana and Hylleberg，1986。

内卷齿蚕属分种检索表

1. 翻吻具 12 纵排亚端乳突 .... 双鳃内卷齿蚕 *Aglaophamus dibranchis*
   翻吻具 14 纵排亚端乳突 2
2. 内须始于第 2 刚节 .... 中华内卷齿蚕 *Aglaophamus sinensis*
   内须始于第 3 刚节及第 3 刚节后 3
3. 鳃始于第 4～6 刚节 .... 吐露内卷齿蚕 *Aglaophamus toloensis*
   鳃始于第 14～15 刚节 .... 乌鲁潘内卷齿蚕 *Aglaophamus urupani*

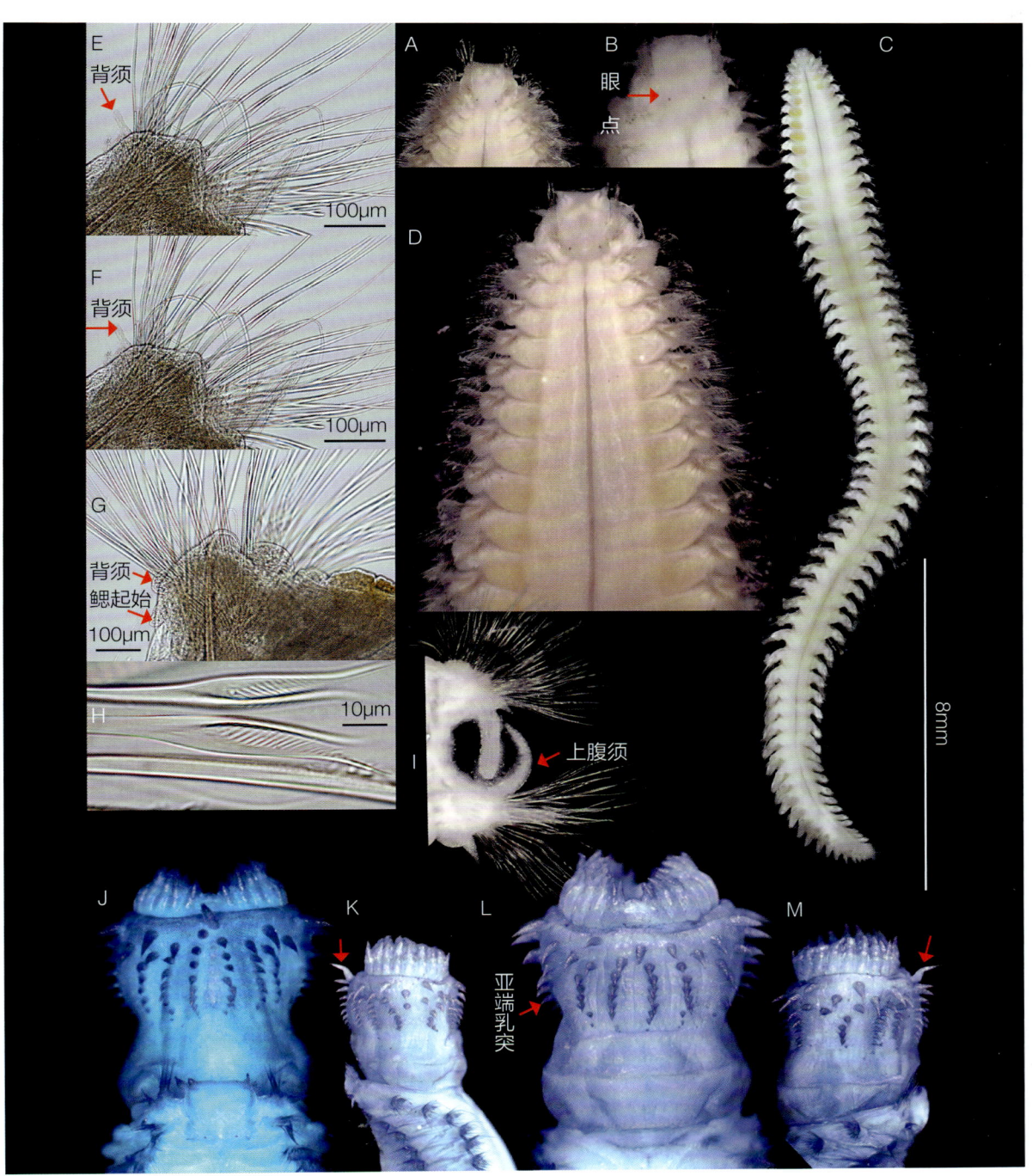

图 197　乌鲁潘内卷齿蚕 *Aglaophamus urupani* Nateewathana & Hylleberg, 1986（杨德援和蔡立哲供图）
A. 体前观（个体1）；B. 体前背面观（个体2）；C. 整体观（个体3）；D. 体前背面观（个体4）；E. 第5刚节背足；F. 第6刚节背足；G. 第7刚节背足；H. 第4刚节叉状刚毛；I. 疣足的间须和上腹须；J. 体前背面观（染色）；K. 体前侧面观（染色）；L. 吻腹面观（染色）；M. 吻侧面观（染色）

无疣齿吻沙蚕属 *Inermonephtys* Fauchald, 1968

加氏无疣齿吻沙蚕
Inermonephtys gallardi Fauchald, 1968

标本采集地： 厦门海域，广东大亚湾。

形态特征： 不完整标本体长 35～120mm，体宽（含疣足）2～6mm，具 46～168 个刚节。口前叶近矩形，前缘较平直，后面变窄。成体无眼，幼体具眼。1 对乳突状的触角位于口前叶前缘腹面。1 对指状的项器位于口前叶后缘。吻不具乳突，吻内具 1 对纺锤形大颚。鳃始于第 15～17 刚节（厦门标本大小个体均始于第 14 刚节，广东标本鳃始于第 12 刚节），鳃最初为指状，以后变长且内卷，近基部具 1 小乳突，至体后部鳃消失。疣足双叶型，典型疣足（约第 25 刚节）背足的前足刺叶圆锥状，背足的后足刺叶为半圆形，近等于足刺叶，腹足的前足刺叶为三角形，与其足刺叶近等长，腹足的后足刺叶为粗指状，近等长于足刺叶。内须内卷，远长于背须，近基部具 1 个乳突状突起，背、腹须长指状，腹须紧靠足刺叶。体后疣足，背、腹足相距更宽，其前足刺叶指状，均等长于足刺叶，背、腹足的后足刺叶均长于其足刺叶，内须、背须和腹须皆消失。

生态习性： 常栖息于潮下带的泥沙滩中。

地理分布： 东海，南海；越南，泰国。

参考文献： 杨德渐和孙瑞平，1988；孙瑞平和杨德渐，2004。

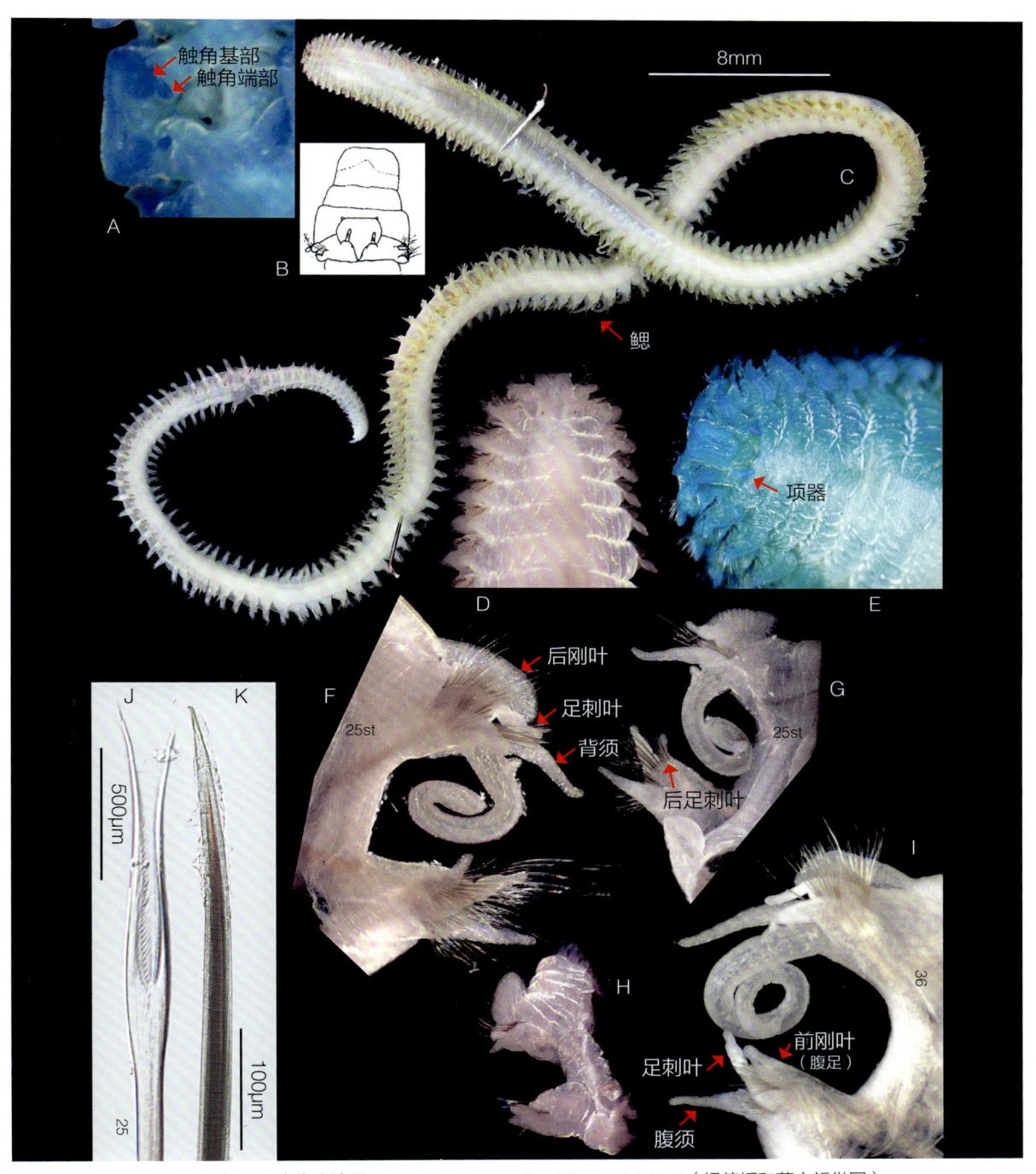

图 198 加氏无疣齿吻沙蚕 *Inermonephtys gallardi* Fauchald, 1968（杨德援和蔡立哲供图）
A. 口前叶腹面观（染色）；B. 体前背面观（引自孙瑞平和杨德渐，2004）；C. 整体观；D. 体前背面观（幼体）；E. 体前侧面观（染色）；
F. 第 25 刚节疣足前面观；G. 第 25 刚节疣足后面观；H. 第 14 刚节疣足后面观；I. 第 36 刚节疣足前面观；
J. 第 25 刚节疣足背足叉状刚毛；K. 第 25 刚节疣足足刺

无疣齿吻沙蚕
Inermonephtys inermis (Ehlers, 1887)

标本采集地： 香港。

形态特征： 最大标本体长 165mm，体宽（含疣足）5mm，具 220 个刚节。一般个体体长 40～60mm，体宽（含疣足）约 5mm，具 120～150 个刚节。口前叶为前缘较平直、后端变窄的近锥形，其中间具竖的色斑。无眼，1 对乳突状触角位于口前叶前缘腹面，1 对指状项器位于口前叶后缘两侧。吻不具乳突。内须始于第 3～4 刚节，前 15 刚节的内须为指状（近基部具乳突），以后变长内卷，至体后部又为指状。典型疣足背足的前足刺叶圆锥形，中央稍具浅凹，小于钝圆锥状的足刺叶，后足刺叶圆叶形，大于足刺叶；腹足的前足刺叶半圆形，小于钝圆锥状的足刺叶，后足刺叶圆锥形，近等长于足刺叶；内须发达，内卷，近基部具一小乳突；背、腹须指状，腹须紧靠足刺叶。

生态习性： 常栖息于潮下带的泥沙滩中。

地理分布： 黄海，东海，南海。

参考文献： 杨德渐和孙瑞平，1988；孙瑞平和杨德渐，2004。

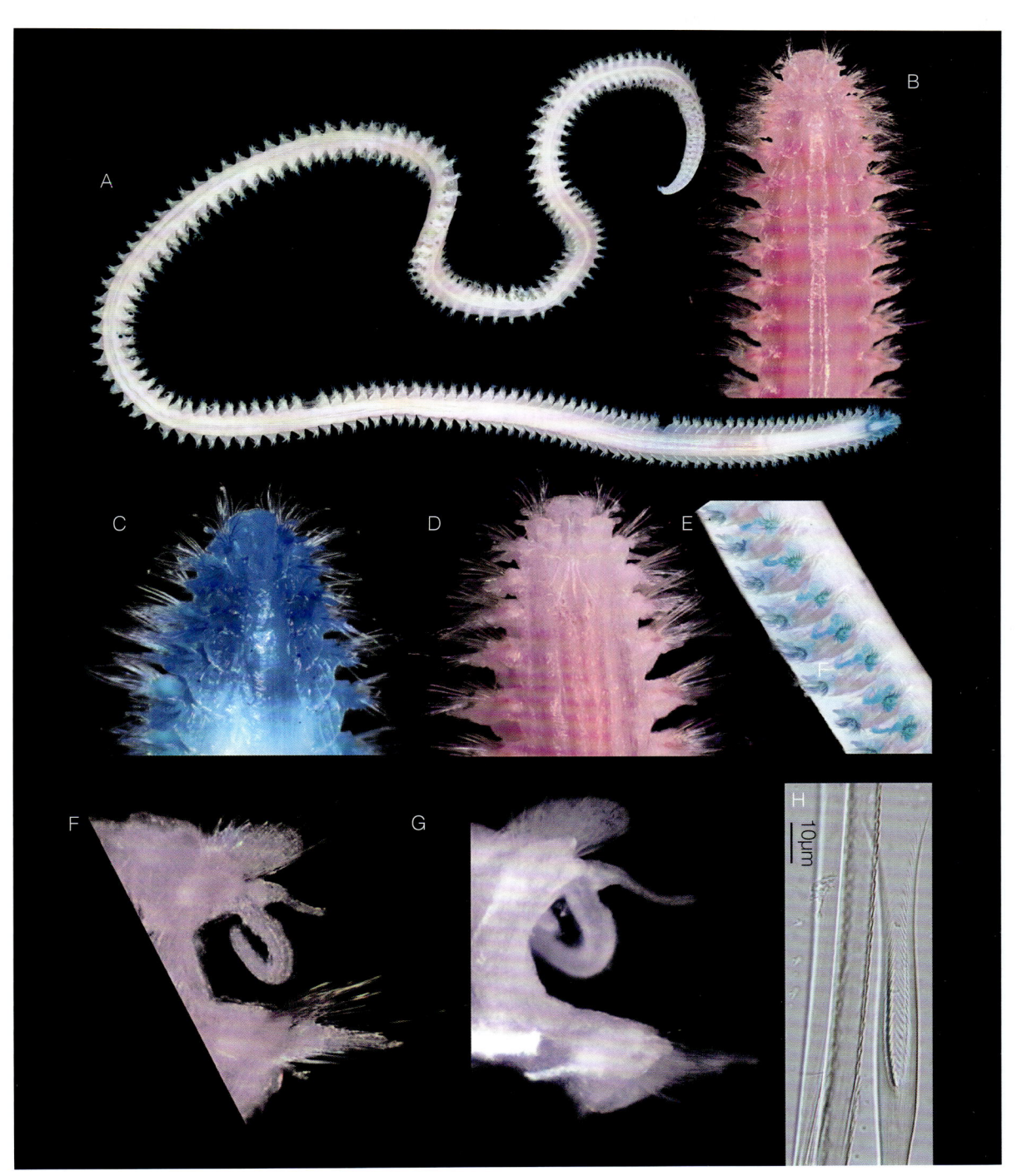

图 199 无疣齿吻沙蚕 *Inermonephtys inermis* (Ehlers, 1887)（杨德援和蔡立哲供图）
A. 整体观；B. 体前背面观（虎红染色）；C. 体前背面观（甲基绿染色）；D. 体前腹面观（虎红染色）；E. 体中部疣足侧面观；F. 第 26 刚节疣足前面观；G. 第 56 刚节疣足前面观；H. 第 26 刚节疣足叉状刚毛

微齿吻沙蚕属 *Micronephthys* Friedrich, 1939

东球须微齿吻沙蚕
Micronephthys sphaerocirrata (Wesenberg-Lund, 1949)

标本采集地： 厦门海域。

形态特征： 标本体长 10～14mm，体宽（含疣足）0.5～1.0mm，具 40～60 个刚节。口前叶的前缘稍圆，长大于宽，缩入前第 3～4 刚节。1 对眼，位于第 2～3 刚节。触手位于口前叶前缘，2 对触手，前对位于口前叶前缘，后对位于口前叶腹面两侧，近基部较粗大、末端尖细。吻具 22 排分叉的端乳突，22 纵排的亚端乳突（每排 10～15 个），无中背乳突。疣足无内须。体中部疣足，背、腹足的前足刺叶为短圆钝状，均短于其圆锥形的足刺叶，背、腹后足刺叶为圆形，亦短于足刺叶，背须位于背前足刺叶基部，腹须位于腹足基部下方，均为乳突状突起。肛节近球形，末端具 1 根长肛须。

生态习性： 栖息于泥沙底质。

地理分布： 黄海，东海，南海；日本，朝鲜半岛，越南，泰国，马绍尔群岛，波斯湾。

参考文献： 孙瑞平和杨德渐，2004。

图 200 东球须微齿吻沙蚕 *Micronephthys sphaerocirrata* (Wesenberg-Lund, 1949)（杨德援和蔡立哲供图）
A. 整体背面观；B. 体前部背面观；C. 体前部腹面观；D. 吻侧面观；E. 吻腹面观；F. 吻上方观（数字示意乳突编号）；G. 体中疣足；H. 第 17 刚节腹刚毛

大眼微齿吻沙蚕
Micronephthys oculifera Mackie, 2000

标本采集地： 香港。

形态特征： 口前叶具 2 对明显的大眼，如其名也。2 对眼靠得很近，几乎融合在一起。吻伸出时具 20 个分叉端乳突，22 排亚端乳突，每排 8～9 个。无中背乳突。疣足叶退化，无鳃。疣足无内须。体中部疣足，背、腹足的前足刺叶为短圆钝状，均短于其圆锥形的足刺叶，背、腹后足刺叶为圆形，亦短于足刺叶，背须位于背前足刺叶基部，腹须位于腹足基部下方，均为乳突状突起。

生态习性： 栖息于泥沙底质。

地理分布： 南海。

参考文献： Mackie，2000。

图 201 大眼微齿吻沙蚕 *Micronephthys oculifera* Mackie, 2000（杨德援和蔡立哲供图）
A. 体前背面观（吻未伸出，染色，e: 眼）；B. 体前背面观（吻伸出，染色）；C. 体前背面观（a: 触手；p: 触柱；vc1: 第 1 刚节腹须；
dc1: 第 1 刚节背须；e: 眼；n: 项器）；D. 吻背面观

寡鳃微齿吻沙蚕
Micronephthys oligobranchia (Southern, 1921)

同物异名： *Nephtys oligobranchia* Southern, 1921

标本采集地： 厦门海域，广东大亚湾。

形态特征： 体长 14～17mm，体宽（含疣足）1～1.5mm，具 50～60 个刚节。口前叶长方形，前缘平直，后部缩入第 2 刚节。第 1 对眼位于口前叶后缘、第 2 刚节前部。2 对大小相等的出手，前对位于口前叶前缘，后对前伸于口前叶腹面两侧。乳突状项器位于口前叶中部两侧。吻具 22 对分叉的端乳突，20 排亚端乳突（每排乳突从大到小 6～9 个），1 个中背乳突。内须始于第 6～8 刚节，至第 15～18 刚节变小，至第 16～27 刚节后消失。体中部疣足，背、腹足的前足刺叶钝圆锥形，稍短于其圆锥形的足刺叶；背足后足刺叶为圆锥形，稍短于其圆锥形的背足刺叶，腹足后足刺叶亦为圆锥形，但稍短于其圆锥形的腹足刺叶；内须囊状，远大于背须，背须短指状，腹须细指状。

生态习性： 常栖息于潮间带泥沙底质。

地理分布： 黄海，东海，南海。

参考文献： 孙瑞平和杨德渐，2004。

微齿吻沙蚕属分种检索表

1. 内须小，仅见于第 6-18 刚节 .... 寡鳃微齿吻沙蚕 *Micronephthys oligobranchia*
   无内须 2
2. 口前叶具 1 对眼 .... 东球须微齿吻沙蚕 *Micronephthys sphaerocirrata*
   口前叶具 2 对明显的大眼 .... 大眼微齿吻沙蚕 *Micronephthys oculifera*

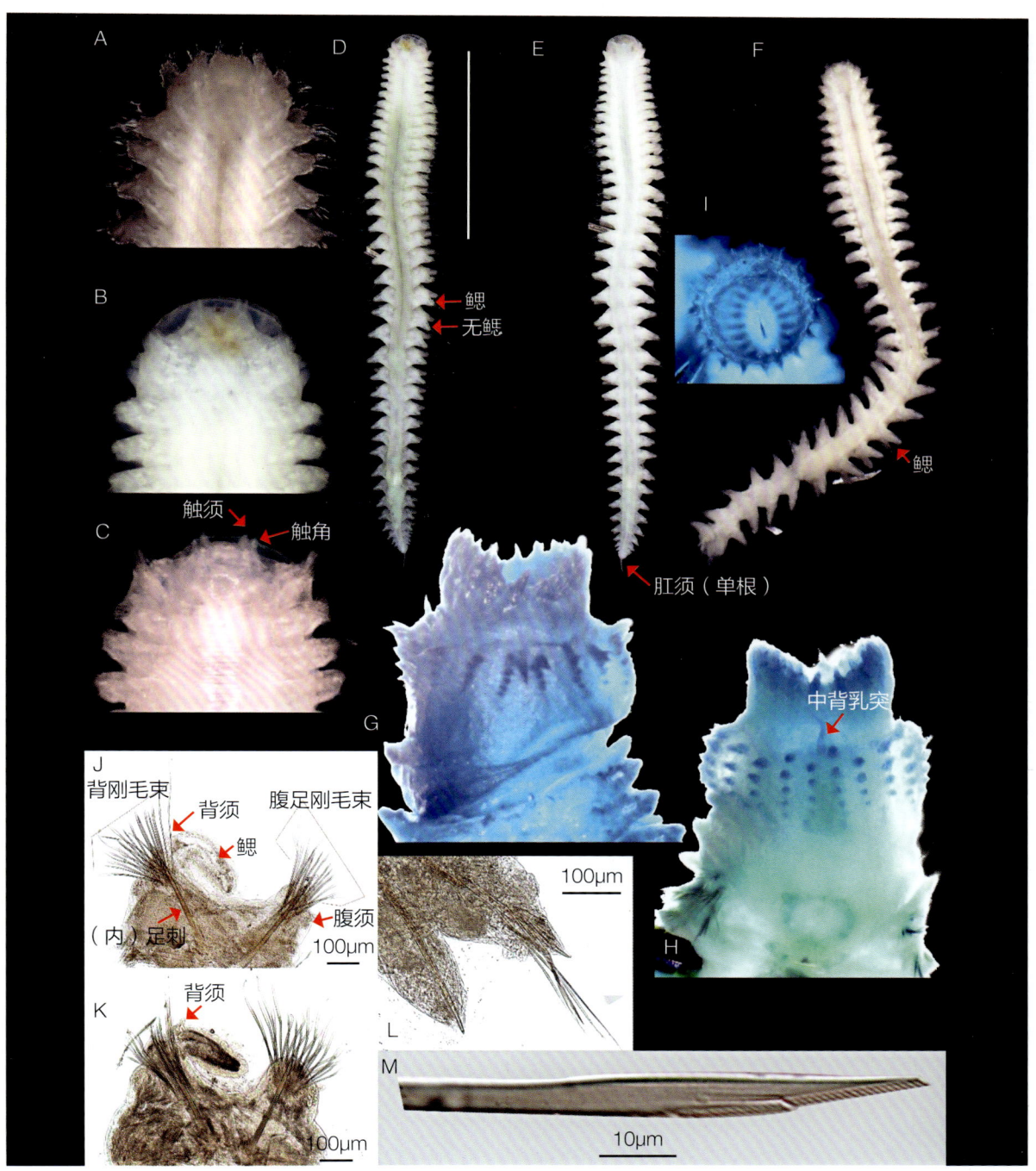

图 202 寡鳃微齿吻沙蚕 *Micronephthys oligobranchia* (Southern, 1921)（杨德援和蔡立哲供图）
A. 体前部背面观（个体1）；B. 体前部背面观（个体2）；C. 体前部背面观（个体3）；D. 整体背面观；E. 整体腹面观；F. 整体背面观；
G. 吻腹面观（染色图）；H. 吻背面观（染色图）；I. 吻上方观（染色图）；J. 第13刚节疣足前面观；
K. 第22刚节疣足前面观；L. 第27刚节疣足前面观；M. 小刺毛状刚毛

齿吻沙蚕属 *Nephtys* Cuvier, 1817

加州齿吻沙蚕
Nephtys californiensis Hartman, 1938

同物异名： 翔鹰齿吻沙蚕

标本采集地： 福建平潭岛，厦门海域，广东大亚湾潮间带。

形态特征： 体长 40～100mm，体宽（含疣足）3～6mm，具 90～140 个刚节。活体浅黄色，并具闪烁的珠光。乙醇保存的标本为灰白色。口前叶为长方形，前缘稍圆，后端稍窄，且陷入第 1 刚节。成体无眼。触手位于口前叶前缘，触角位于口前叶腹面两侧。口前叶前中部有一黑斑点，中后部具一四展翅翔鹰状的黑色斑。口前叶仅后缘两侧各具 1 个乳突状的项器。吻具 22 对分叉的端乳突和 22 排亚端乳突（每纵排乳突 6～8 个且从大到小排列）无中背乳突。鳃始于第 3 刚节，约第 10 刚节后内须皆外弯为镰刀状。第 30 刚节疣足，背、腹足的前足刺叶为半圆形，均短于其 2 个半圆形叶的足刺叶，后足刺叶为半圆形且长于足刺叶。内须外弯，远大于背须；背须位于内须基部，细指状；腹须位于腹足基部，指状。

生态习性： 主要生活于潮间带沙质底中。

地理分布： 渤海，黄海，东海，南海；朝鲜半岛，日本北海道和本州，美国加利福尼亚，澳大利亚，北大西洋。

参考文献： 孙瑞平和杨德渐，2004。

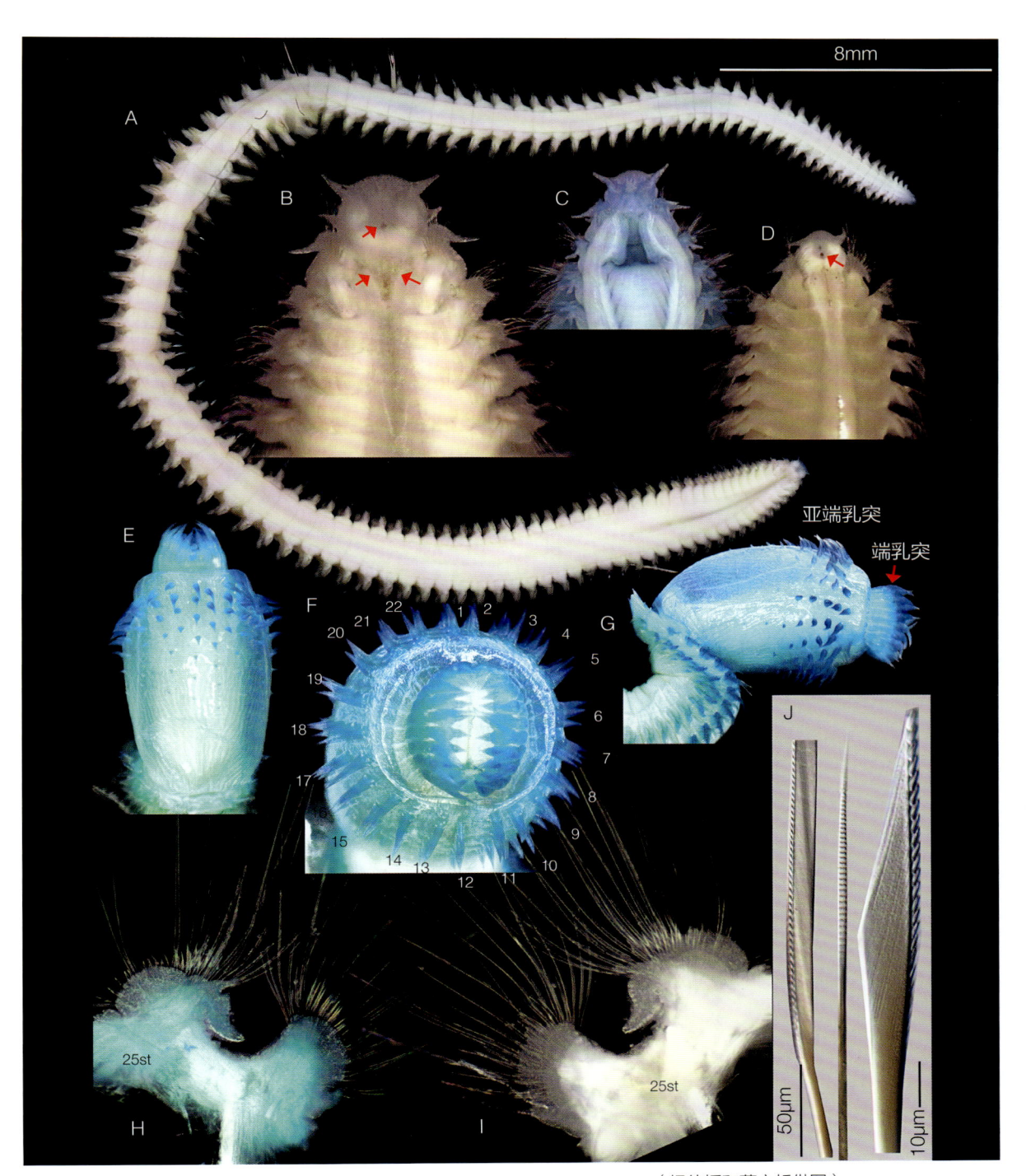

图 203　加州齿吻沙蚕 *Nephtys californiensis* Hartman, 1938（杨德援和蔡立哲供图）
A. 整体背面观；B. 体前腹面观（上面箭头指黑斑点，下面箭头指黑色斑）；C. 体前部腹面观；D. 体前背面观；E. 吻背面观；
F. 吻上方观（数字示意乳突编号）；G. 吻侧面观；H. 第25刚节疣足后面观；I. 第25刚节疣足前面观；J. 3种刚毛

多鳃齿吻沙蚕
Nephtys polybranchia Southern, 1921

标本采集地： 香港潮间带沙滩。

形态特征： 体长 14～20mm，体宽（含疣足）1～2mm，具 50～90 个刚节。口前叶为长大于宽的长方形，前缘平直，后端具凹且缩入第 3 刚节，1 对眼，位于口前叶后部约第 3 刚节处。触手位于口前叶前缘，触角位于口前叶腹面的前两侧。口前叶的后部两侧各具 1 个乳突状的项器。吻具 18 对分叉的端乳突，20 排亚端乳突（每排乳突 6～7 个从大到小排列），无中背乳突。鳃始于第 5 刚节，至尾部 3～4 刚节处消失。第 15 刚节疣足背足的前足刺叶小于足刺叶，更小于后足刺叶，皆为钝圆锥形，腹足的前足刺叶为斜三角形，小于末端具尖部的腹足刺叶，更小于圆叶形的后足刺叶，内须囊状，远大于背须，背须位于内须基部，为细指状，腹须位于腹足基部，为细指状。

生态习性： 常栖息于沙质潮间带。

地理分布： 渤海，黄海，东海，南海；朝鲜半岛，日本，越南，泰国，印度。

参考文献： 孙瑞平和杨德渐，2004。

齿吻沙蚕属分种检索表
1. 内须为外弯的镰刀状 .... 加州齿吻沙蚕 *Nephtys californiensis*
   内须为不外弯的叶（囊）状 2
2. 仅第 16～27 刚节前具内须；翻吻具中背乳突 ...... 寡鳃微齿吻沙蚕 *Micronephthys oligobranchia*
   体中后部刚节具内须；翻吻无中背乳突 .... 多鳃齿吻沙蚕 *Nephtys polybranchia*

齿吻沙蚕科分属检索表
1. 疣足无内须 .... 微齿吻沙蚕属 *Micronephthys*
   疣足具内须 2
2. 翻吻无乳突；具 1 对触手 .... 无疣齿吻沙蚕属 *Inermonephtys*
   翻吻具乳突；具 2 对触手 3
3. 内须小叶状或镰状外弯 .... 齿吻沙蚕属 *Nephtys*
   内须须状内卷 .... 内卷齿蚕属 *Aglaophamus*

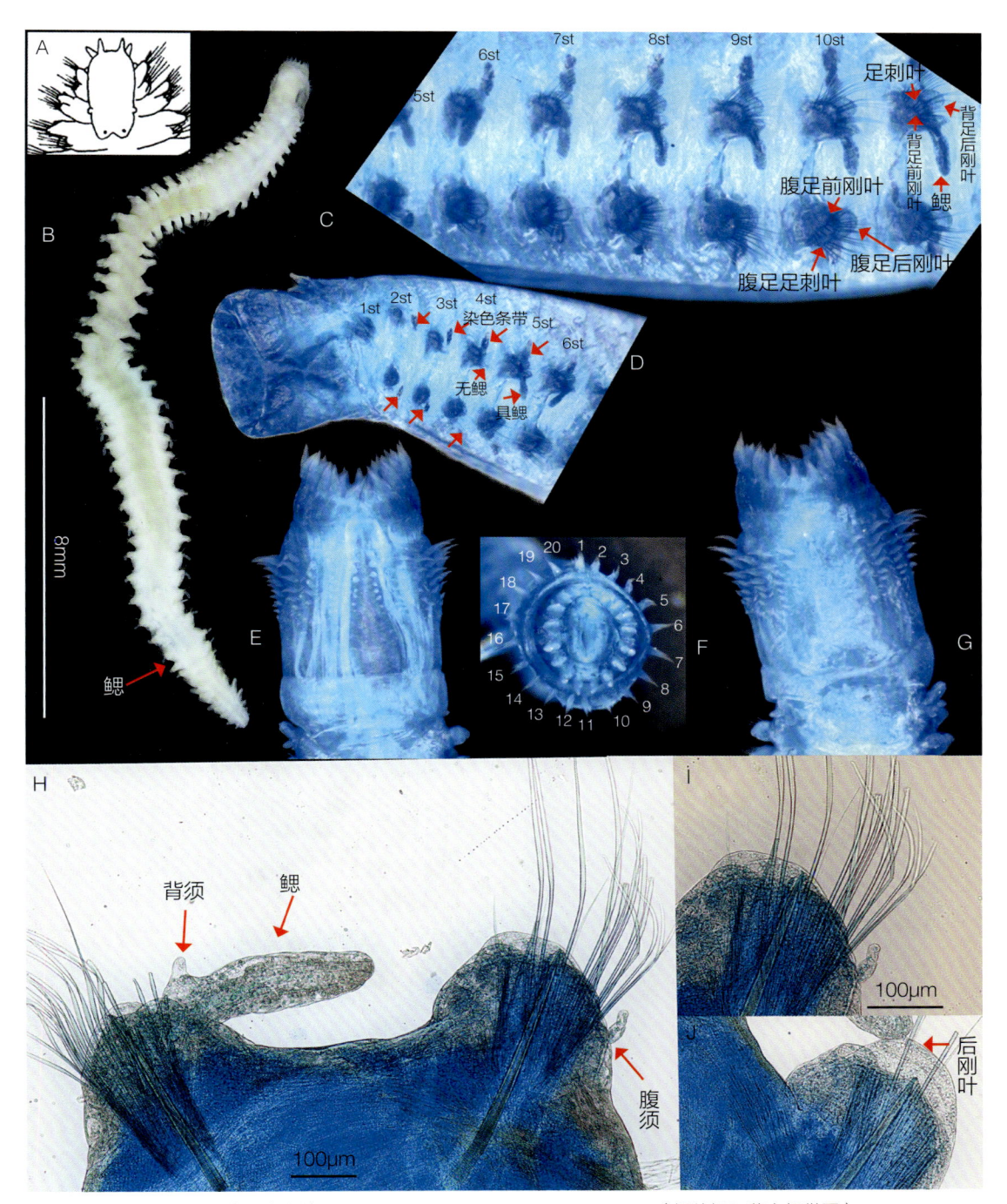

图 204　多鳃齿吻沙蚕 *Nephtys polybranchia* Southern, 1921（杨德援和蔡立哲供图）
A. 体前背面观（引自孙瑞平和杨德渐，2004）；B. 整体背面观；C. 体前侧面观（5st～10st：第 5 刚节至第 10 刚节）；
D. 体前侧面观（1st～6st：第 1 刚节至第 6 刚节）；E. 吻腹面观；F. 吻上方观（数字示意乳突编号）；G. 吻背面观；
H. 第 21 刚节疣足前面观；I. 第 21 刚节疣足腹足放大；J. 第 18 刚节疣足腹足放大

叶须虫科 Phyllodocidae Örsted, 1843
巧言虫属 *Eulalia* Savigny, 1822

巧言虫
Eulalia viridis (Linnaeus, 1767)

标本采集地： 厦门海域，广东大亚湾。

形态特征： 口前叶稍微细长，具有 5 个头触手，单个头触手比成对的稍长，具有 2 个大黑眼，有时在眼的边缘附有 2 个色斑。吻上分散分布着众多细颗粒状的乳突。有时在吻的基部无乳突，吻的前缘具有 14～17 个或更多个缘乳突，触须圆柱状，具锥形的尖端，第 2 体节的腹须最短且稍扁，第 2、第 3 体节的背须后伸可达第 10～12 刚节。通常第 2 体节无刚毛。疣足背须长叶片形，末端尖，腹须小，卵形或稍尖，长不超刚毛叶，疣足刚毛叶具等大的上、下唇，刚毛具大刺，端片有细齿。肛须长而尖，长为宽的 4 倍。

生态习性： 栖息于泥沙底质。

地理分布： 黄海，东海，南海；白海，俄罗斯诺沃西比尔斯克，白令海，千岛群岛，堪察加半岛，鄂霍次克海，日本海。

参考文献： 吴宝铃等，1997。

图 205　巧言虫 *Eulalia viridis* (Linnaeus, 1767)（杨德援和蔡立哲供图）
A. 体前部背面观；B. 吻背面观；C. 体后部疣足；D. 体中部疣足

叶须虫目分科检索表

1. 背部具许多鳞片或在若干体节背足基部背面具明显的鳞片痕迹 2
   背部不具许多鳞片、鳞片痕迹或毡毛 5
2. 腹足刺端锤头状 .... 真鳞虫科 Eulepethidae
   腹足刺端尖 3
3. 腹刚毛复型 .... 锡鳞虫科 Sigalionidae
   腹刚毛简单 4
4. 具纺绩线；若具中触手则仅靠口前叶的后部或中部；无背刚毛 .... 蠕鳞虫科 Acoetidae
   无纺绩线；中触手位于口前叶前缘；常具背刚毛 .... 多鳞虫科 Polynoidae
5. 背足具扩散的金色或铜色刚毛，且或多或少覆于背部 .... 金扇虫科 Chrysopetalidae
   背刚毛无上述形态的刚毛（或无背刚毛）.. 6
6. 具触角 11
   无触角 7
7. 口前叶长、圆锥形、常多环轮；前端具 2 对触手 8
   口前叶长不及宽的 2 倍、无环轮；触手长或短 9
8. 翻吻具 4 个大颚、疣足全为单叶或全为双叶型 .... 吻沙蚕科 Glyceridae
   翻吻具 4 个以上的颚；前部疣足单叶型，后部疣足双叶型 .... 角吻沙蚕科 Goniadidae
9. 背须大为叶片形 .... 叶须虫科 Phyllodocidae
   若具背须则为须状 10
10. 背腹刚叶间具间须，所有刚毛简单 .... 齿吻沙蚕科 Nephtyidae
    背腹刚叶间无间须；背刚毛简单、腹刚毛复型 .... 特须虫科 Lacydoniidae
11. 触角双环或多环 12
    触角与口前叶愈合、以致口前叶呈前裂隙 .... 白毛虫科 Pilargiidae
12. 吻具大颚 1 对、翻吻光滑或具颚齿、乳突；疣足常双叶型 .... 沙蚕科 Nereididae
    吻常无大颚、无颚齿和乳突；疣足常为亚双叶型或单叶型 .... 海女虫科 Hesionidae

欧文虫科 Oweniidae Rioja, 1917
欧文虫属 Owenia Delle Chiaje, 1844

欧文虫
Owenia fusiformis Delle Chiaje, 1844

标本采集地： 厦门海域，香港。

形态特征： 栖管细长，内壁具角质的弹性膜，外面黏有沙粒或碎贝壳。虫体黄绿色，体前端具聚集食物的叶状漏斗，叶状漏斗约具 6 个双叉分枝且绕着口，口呈 3 叶，具 1 个背唇和 2 个腹唇。2 个眼点不明显，位于叶状漏斗腹面。躯干部前 3 刚节较短，仅具毛状背刚毛；后为 5 个长的体节，其后体节逐渐变短，约 17～25 节，具侧锯齿的毛状背刚毛和长柄双齿钩状刚毛，腹刚毛在横的腹枕上排成一横排。

生态习性： 栖息于沙多泥少的沉积物中，管栖。

地理分布： 黄海，东海，南海；大西洋格陵兰岛，瑞典卡罗里娜，墨西哥湾，非洲沿岸，地中海，红海，印度洋，北太平洋，日本，白令海。

参考文献： 杨德渐和孙瑞平，1988；蔡立哲，2015。

图 206　欧文虫 *Owenia fusiformis* Delle Chiaje, 1844（杨德援和蔡立哲供图）
A. 体前、中部观；B. 体前部背面观；C. 体前部腹面观；D. 体前、中部（染色）；E. 体前部（染色）

长手沙蚕科 Magelonidae Cunningham & Ramage, 1888
长手沙蚕属 Magelona F. Müller, 1858

尖叶长手沙蚕
Magelona cincta Ehlers, 1908

标本采集地： 香港，厦门潮下带。

形态特征： 体细线状，口前叶大，呈扁平近三角形，具前侧角，长宽约相等。围口节具 1 对密生乳突的长触手（经常脱落）。第 5～8 刚节具有红色色斑。躯干部明显区分为两区，短的前区（胸区）和长的后区（腹区），前区第 1～9 刚节的疣足具尖叶状背、腹刚叶，无背、腹须，具细翅毛状刚毛。第 9 刚节较短，与第 8 刚节相似，均具翅毛状刚毛。后区背、腹两刚叶亦为尖叶状，等大或 1 个刚叶稍大，具 6～12 根双齿巾钩刚毛。

生态习性： 穴居于潮下带泥沙沉积物中。

地理分布： 黄海，东海，南海。

参考文献： 杨德渐和孙瑞平，1988；Mortimer and Mackie，2009。

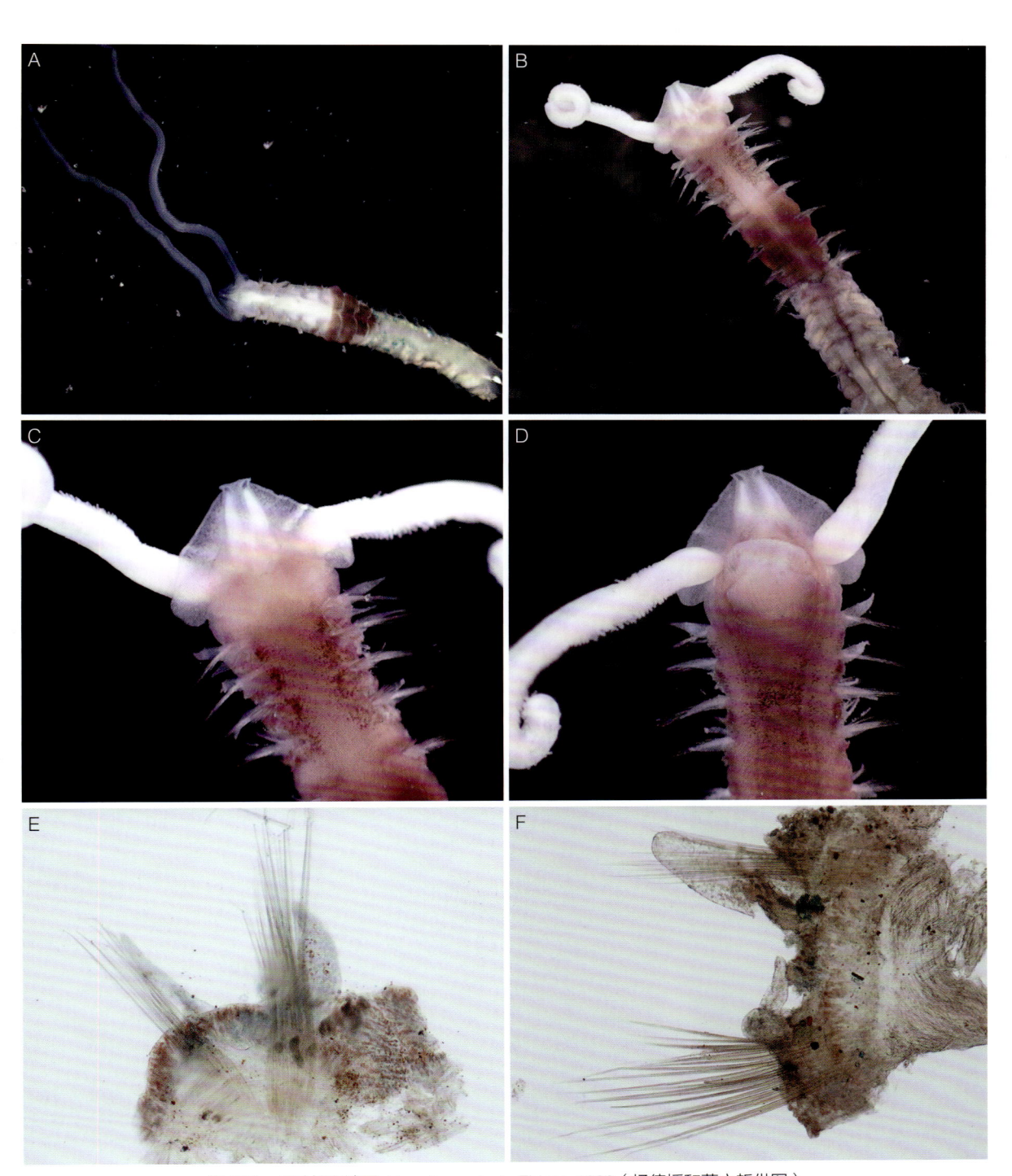

图 207　尖叶长手沙蚕 *Magelona cincta* Ehlers, 1908（杨德援和蔡立哲供图）
A、B. 体前、中部背面观；C. 体前部背面观；D. 体前部腹面观；E. 第5刚节疣足；F. 第9刚节疣足

栉状长手沙蚕
Magelona crenulifrons Gallardo, 1968

标本采集地： 香港，厦门潮下带。

形态特征： 口前叶长稍大于宽，竹片状，具明显的前侧角，前缘细圆。躯干部明显区分为两区，短的前区（胸区）和长的后区（腹区），前区第 1～8 刚节的疣足背刚叶尖叶状，有细长的背须；腹刚叶具细长的腹须。第 9 刚节有耳状薄片，末端尖，无背刚叶；腹刚叶短三角形。胸区刚节具翅毛状刚毛。

生态习性： 穴居于潮下带泥沙沉积物中。

地理分布： 东海，南海。

参考文献： Mortimer and Mackie，2009。

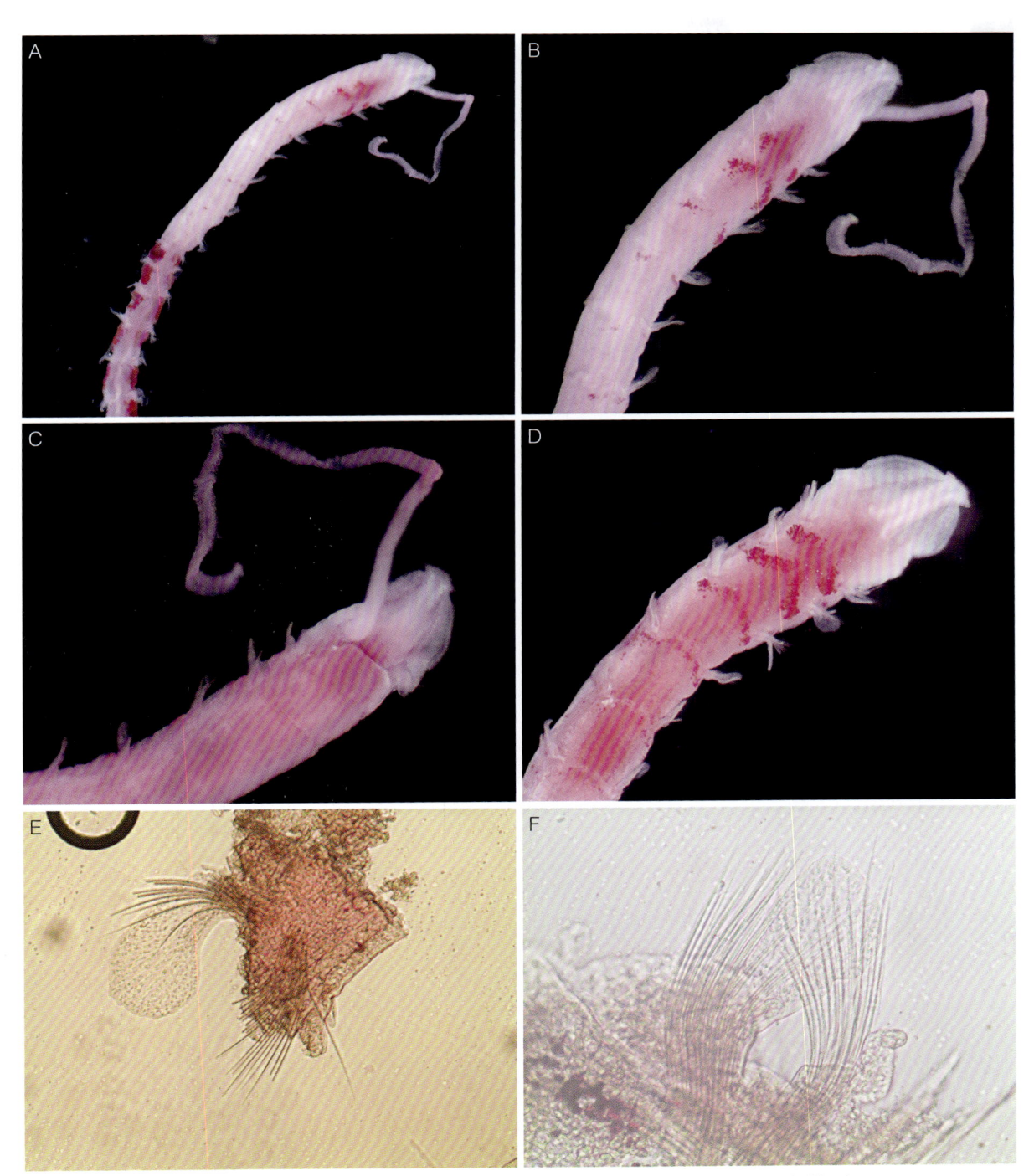

图 208　栉状长手沙蚕 *Magelona crenulifrons* Gallardo, 1968（杨德援和蔡立哲供图）
A. 体前、中部背面观；B. 体前部背面观；C. 体前部腹面观；D. 无长触手体前部背面观；E. 第 8 刚节疣足；F. 第 3 刚节疣足

绿螠科 Thalassematidae Forbes & Goodsir, 1841
管口螠属 Ochetostoma Rüppell & Leuckart, 1828

绛体管口螠
Ochetostoma erythrogrammon Rüppell & Leuckart, 1828

标本采集地： 海南三亚，台湾澎湖。

形态特征： 身体圆筒状，两端略细。体长可达 190mm 左右。活体紫红色，中部体壁较薄，内部器官隐约可见，两端体壁增厚，不透明。体表具大量乳突，中部小而分散，两端大而密集。体表可见 14～18 条灰白色纵肌束。吻乳白或乳黄，或略显绿，末端截平，整体略向腹面凹陷。口位于吻基部腹面。腹刚毛 1 对。

生态习性： 栖息于潮间带中、低潮区至 20m 深的岩礁间或砾石间。

地理分布： 广东、广西、海南岛、西沙群岛、台湾岛；日本、朝鲜半岛、雅浦岛、伯劳群岛、印度尼西亚、尼科巴群岛、安达曼群岛、马尔代夫群岛、红海、坦桑尼亚、毛里求斯、留尼汪岛、几内亚、摩洛哥。

参考文献： 周红等，2007。

图 209　绛体管口螠 *Ochetostoma erythrogrammon* Rüppell & Leuckart, 1828

棘螠科 Urechidae Monro, 1927

棘螠属 *Urechis* Seitz, 1907

单环棘螠
Urechis unicinctus (Drasche, 1880)

标本采集地： 山东烟台、潍坊。

形态特征： 体圆筒状，长 100～300mm，宽 15～30mm。体前端略细，后端钝圆。体不分节。体表有许多疣突，略呈环状排列。吻能伸缩，短小、匙状，与躯干无明显界限。口的后方、吻的基部腹面有 1 对黄褐色钩状腹刚毛，2 刚毛间距长于自刚毛至吻部的距离。身体前半部有腺体，可分泌黏液，在产卵或营造泥沙管时润泽用。体末端有横裂形的肛门，在肛门周围有 1 圈后刚毛（或称尾刚毛），9～13 根，呈单环排列。无血管，体腔液中含有紫红色的血细胞。肾管 2 对，基部各有 2 个螺旋管。肛门囊 1 对，呈长囊状。活体紫红色或棕红色。

生态习性： 多栖息于潮间带低潮区，穴居于泥沙内，穴道"U"形。

地理分布： 渤海，黄海；俄罗斯，朝鲜半岛，日本。

经济意义： 可供食用。

参考文献： 周红等，2007。

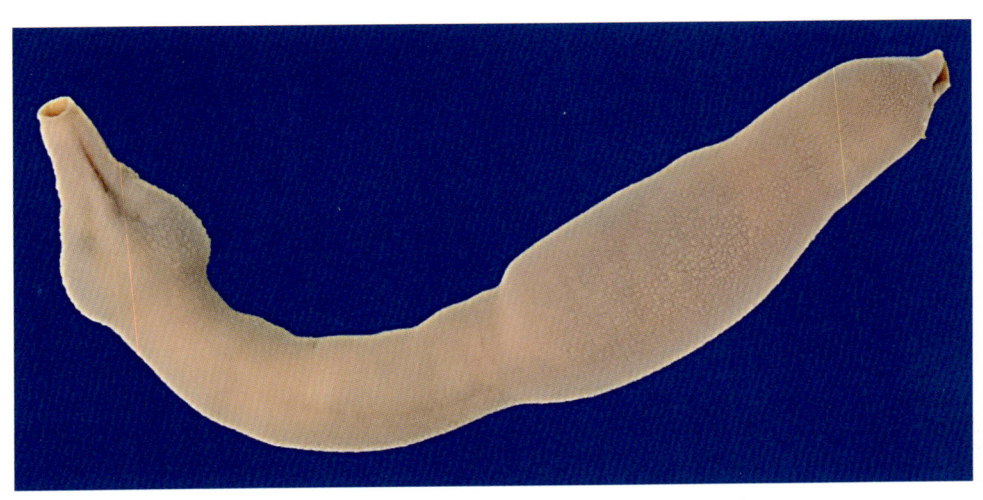

图 210 单环棘螠 *Urechis unicinctus* (Drasche, 1880)

颤蚓目 Tubificida
仙女虫科 Naididae Ehrenberg, 1831
简丝蚓属 Paupidrilus Erséus, 1990

短管简丝蚓
Paupidrilus breviductus Erséus, 1990

标本采集地： 深圳，漳江口潮间带。

形态特征： 口前叶圆形或削尖，通常其长宽相等。环带位于 1/2 X～XII 体节。刚毛双叉，远叉与近叉几乎等长，体前部每束刚毛 3～4 条，环带后体节每束 2～4 条。XI 体节腹刚毛缺失。体腔球量少，球形或颗粒状。雄孔位于 XI 体节腹刚毛线处，靠近中后部。受精囊孔亦与腹刚毛束共线，位于 IX 体节，非常接近 9/10 节隔膜。咽腺位于 IV～V 体节。

生态习性： 常见于潮间带泥沙底质。

地理分布： 福建、广东沿海。

参考文献： Erséus, 1990；陈昕韡，2013；蔡立哲，2015。

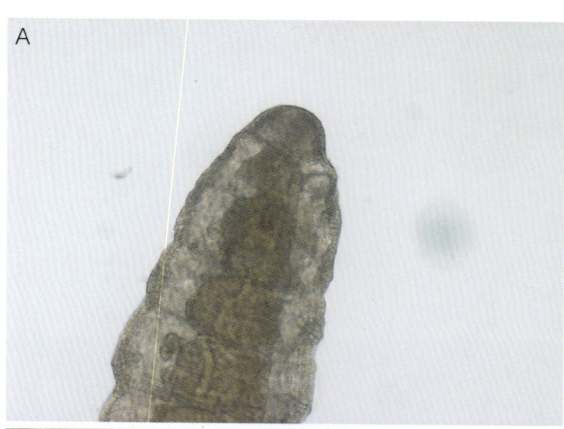

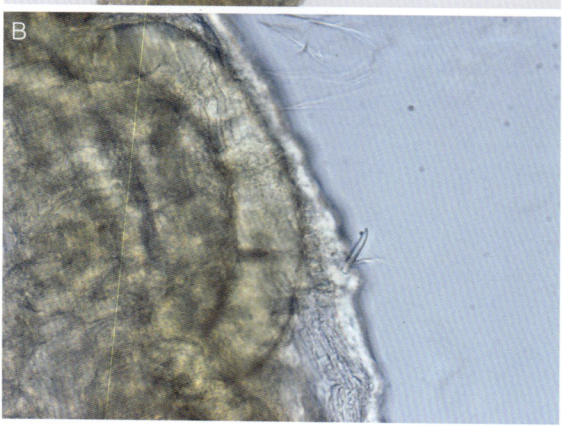

图 211 短管简丝蚓 *Paupidrilus breviductus* Erséus, 1990（陈昕韡和蔡立哲供图）
A. 口前叶（放大 100 倍）；B. 双叉刚毛（放大 400 倍）

单孔蚓属 *Monopylephorus* Levinsen, 1884

体小单孔蚓
Monopylephorus parvus Ditlevsen, 1904

标本采集地： 广东潮间带。

形态特征： 环带位于XI～XII节。体前部刚毛双叉，背刚毛双叉长度几乎相等，腹刚毛远叉明显长于近叉。虫体的体中部和体后部，许多刚毛单尖针状，通常体后部背刚毛束中具单尖针状刚毛。环带附近几个体节，腹刚毛通常较背刚毛粗壮。体前部刚毛每束2～7条，环带后体节每束1～5条，腹刚毛自XI节缺失。体腔球非常丰富，呈圆形。受精囊孔单一，位于X节最前部腹中线一侧。咽腺位于IV～VI节。雄性生殖器官成对。

生态习性： 常见于潮间带泥沙底质。

地理分布： 福建、广东沿海。

参考文献： 陈昕韡，2013；蔡立哲，2015。

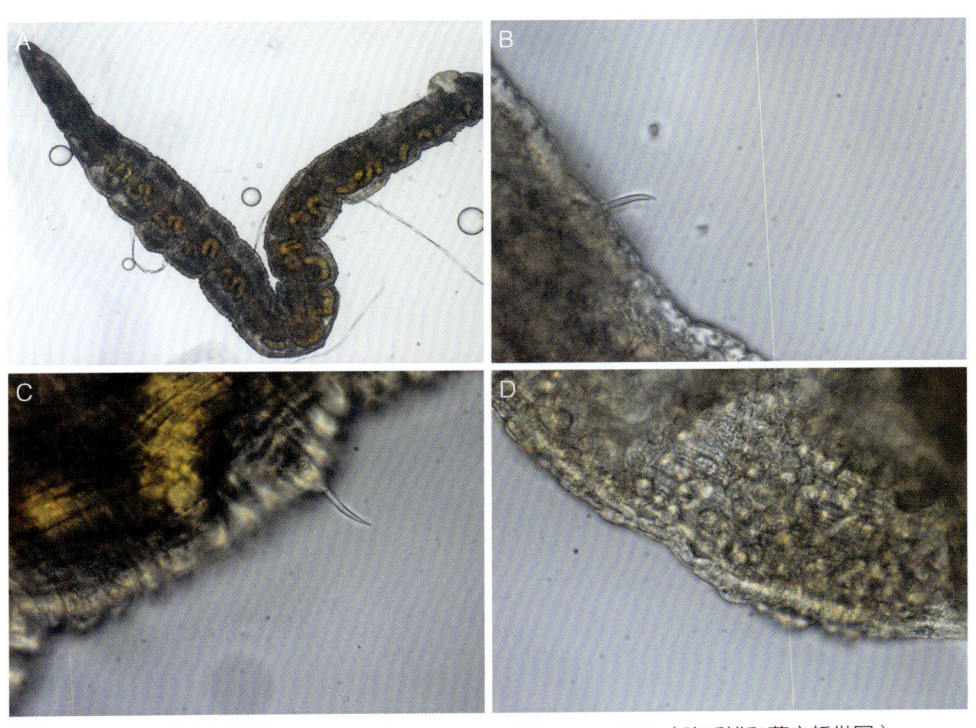

图212 体小单孔蚓 *Monopylephorus parvus* Ditlevsen, 1904（陈昕韡和蔡立哲供图）
A. 体前部；B. 双叉刚毛；C. 单尖刚毛；D. 体腔球

矮丝蚓属 *Ainudrilus* Finogenova, 1982

对毛矮丝蚓
Ainudrilus geminus Erséus, 1990

标本采集地： 深圳湾、香港红树林区沉积物中。

形态特征： 口前叶小，长与宽大约相等，起始于围口节。环带位于 X～XII 节。体刚毛双叉，远叉明显长于近叉，体前部刚毛每束 1～5 条，XII～XIII 节刚毛每束 3～4 条。体腔球丰富，球形颗粒状。雄孔成对，位于 XI 节腹刚毛线处，靠后背。受精囊缺失。咽腺至少位于 IV～V 节。消化道在 X 节扩张。

生态习性： 栖息于香港、广东的红树林沉积物中，常见于潮间带，潮下带少见。

地理分布： 香港、广东沿海。

参考文献： Erséus，1990；陈昕韡，2013；蔡立哲，2015。

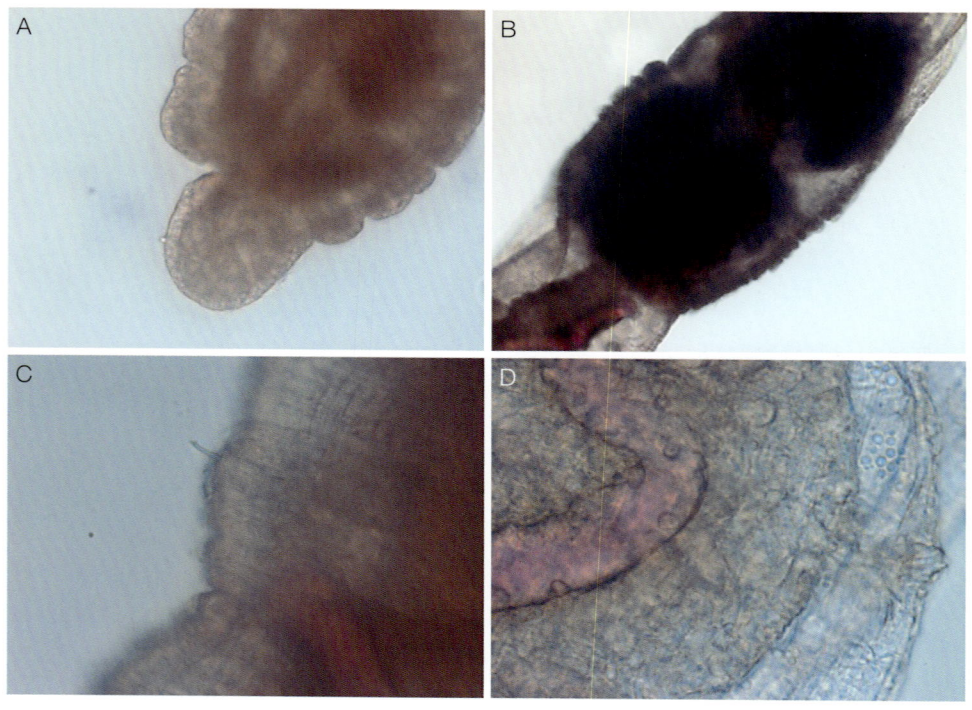

图 213　对毛矮丝蚓 *Ainudrilus geminus* Erséus, 1990（陈昕韡和蔡立哲供图）
A. 头部及口前叶；B. 第 XI（11）体节；C. 双叉刚毛；D. 体腔球

吉氏矮丝蚓
Ainudrilus gibsoni Erséus, 1990

标本采集地： 深圳湾，香港

形态特征： 口前叶呈三角形，环带位于 1/2X ～ XII 节。52 体节，第 XI 体节宽约 0.32mm。刚毛双叉，远叉稍长于近叉，体前端每束 2 ～ 3 条，环带后体节每束 1 ～ 2 条。体腔球丰富，颗粒状。雄孔位于 XI 节，与腹刚毛共线。受精囊孔位于 X 节前部，与腹刚毛共线。咽腺位于 IV ～ VI 节。

生态习性： 常栖息于底质为砂和砾的潮间带，在红树林湿地也有发现。

地理分布： 广东沿海潮间带。

参考文献： Erséus, 1990；陈昕韡, 2013；蔡立哲, 2015。

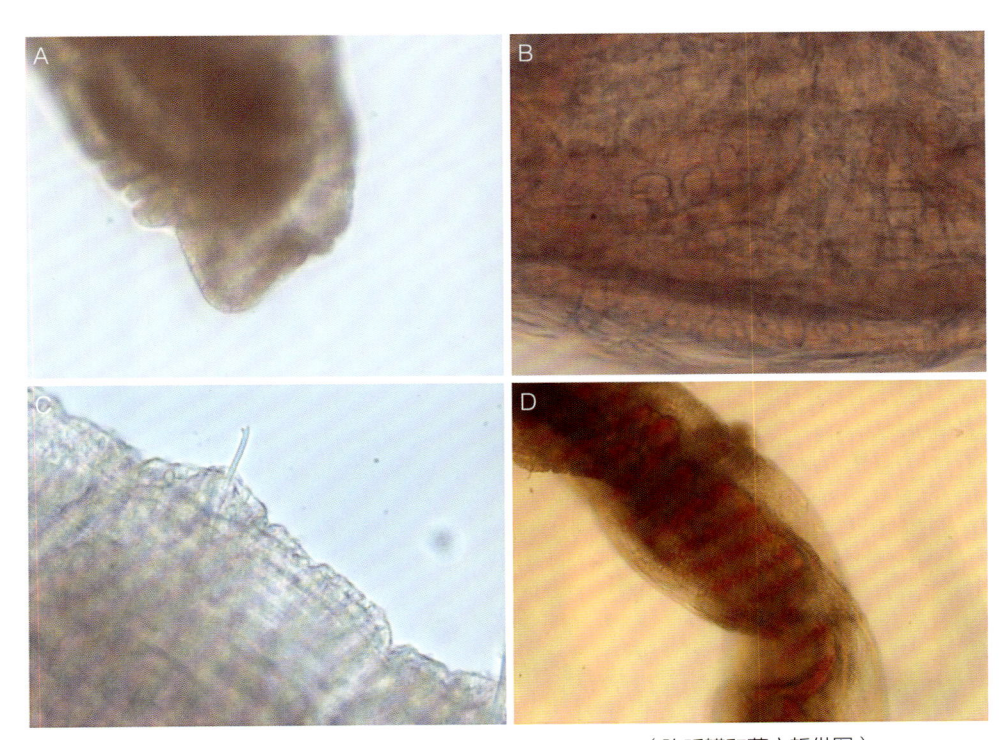

图 214　吉氏矮丝蚓 *Ainudrilus gibsoni* Erséus, 1990（陈昕韡和蔡立哲供图）
A. 口前叶（放大 20 倍）；B. XI体节（放大 10 倍）；C. 双叉刚毛（放大 40 倍）；D. 体腔球（放大 40 倍）

根丝蚓属 *Rhizodrilus* Smith, 1900

微赤根丝蚓
Rhizodrilus russus Erséu, 1990

标本采集地： 深圳潮间带。

形态特征： 个体较大，深红色。口前叶突出呈三角形。环带位于 1/2XII 节。刚毛巨大，全部削尖为单尖，体前部每束 2～4 条，环带后体节每节 2 条，体前部背刚毛明显较腹刚毛粗壮。体腔球丰富，球状。雄孔单一，位于 XI 节后部。受精囊孔成对，与腹刚毛同线，位于 IX 节后部分。咽腺位于 III～V 节。

生态习性： 常见于潮间带泥沙底质。

地理分布： 福建、广东沿海。

参考文献： Erséus，1990；陈昕韡，2013；蔡立哲，2015。

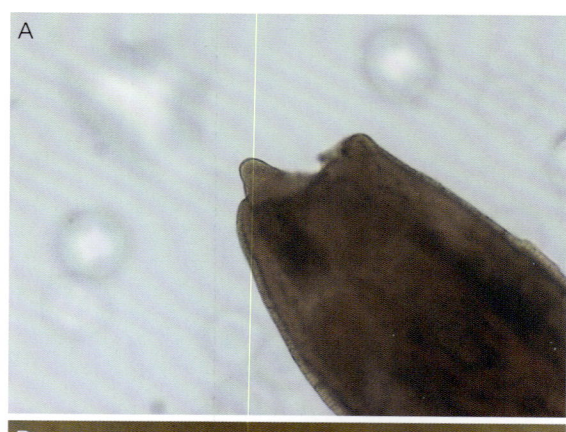

图215 微赤根丝蚓 *Rhizodrilus russus* Erséus, 1990（陈昕韡和蔡立哲供图）
A. 口前叶（放大 100 倍）；B. 针状刚毛（放大 400 倍）

小贾米丝蚓属 *Jamiesoniella* Erséus, 1981

无囊小贾米丝蚓
Jamiesoniella athecata Erséus, 1981

标本采集地： 广东、海南潮间带。

形态特征： 口前叶圆形。环带位于 X～1/2XII 节。刚毛双叉，远叉较近叉稍细，但二者等长，通体每束刚毛 3～4 条。XI 节腹刚毛缺失。雄孔成对，位于 XI 节腹刚毛线处，靠中后部。受精囊孔和受精囊缺失。咽腺位于 IV～VI 节。雄性生殖器官成对。

生态习性： 栖息于潮间带和岸上盐沼。

地理分布： 海南岛、广东沿海。

参考文献： Erséus and Hsieh，1997；陈昕韡，2013；蔡立哲，2015。

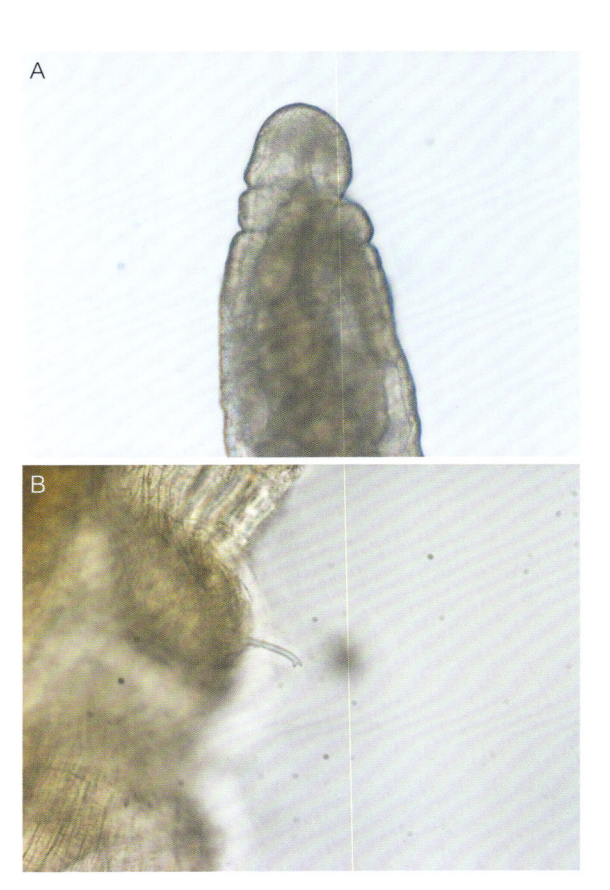

图216 无囊小贾米丝蚓 *Jamiesoniella athecata* Erséus, 1981（陈昕韡和蔡立哲供图）
A. 口前叶（放大 200 倍）；B. 双叉刚毛（放大 400 倍）

膨管蚓属 *Doliodrilus* Erséus, 1984

长叉膨管蚓
Doliodrilus longidentatus Wang & Erséus, 2004

标本采集地： 深圳湾，香港。

形态特征： 口前叶圆锥状。环带发达，位于 XI～XII 节。刚毛双叉，远叉 2～2.5 倍长于近叉，两叉等宽，体前部每束 2～5 条，环带后体节每束 2～3 条。腹刚毛自 XI 节起缺失。雄孔成对，位于 XI 节腹刚毛线处，靠后部。受精囊孔成对，位于 X 节腹刚毛线处，靠前部。咽腺发达，位于 IV～V 节。

生态习性： 常见于海南、广东沿海的红树林湿地。

地理分布： 海南岛，广东沿海。

参考文献： Wang and Erséus, 2004；陈昕韡, 2013；蔡立哲, 2015。

图 217　长叉膨管蚓 *Doliodrilus longidentatus* Wang & Erséus, 2004（陈昕韡和蔡立哲供图）
A. 口前叶（放大 100 倍）；B. 双叉刚毛（放大 400 倍）

柔弱膨管蚓
Doliodrilus tener Erséus, 1984

标本采集地： 海南，香港。

形态特征： 口前叶通常呈圆锥状。环带位于 XI～XII 节。刚毛双叉，远叉 1～1.5 倍长于近叉，且较近叉细或等宽，体前部每束 1～5 条，环带后体节每束 1～3 条。刚毛自 XI 节起缺失。雄孔成对，位于 XI 节腹刚毛线处，靠后部。受精囊孔亦成对，位于 X 节腹刚毛线处，靠前部。咽腺发达，位于 IV～V 节。

生态习性： 栖息于淤泥沉积物中。

地理分布： 海南岛、香港、台湾岛、胶州湾。

参考文献： Erséus，1984；陈昕韡，2013；蔡立哲，2015。

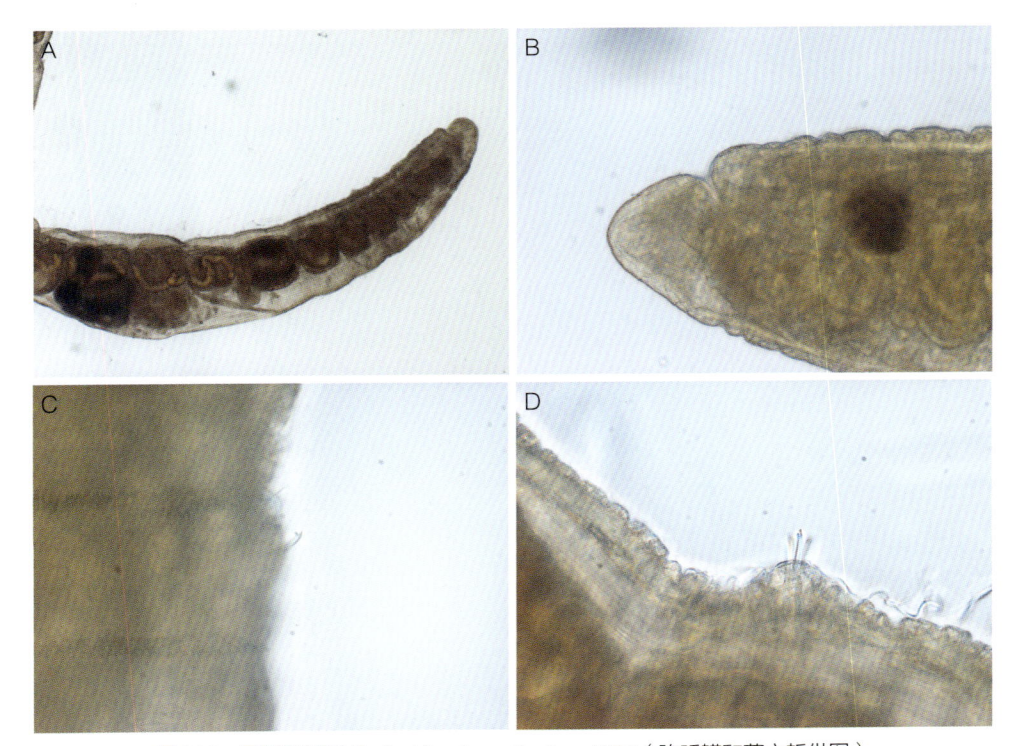

图 218 柔弱膨管蚓 *Doliodrilus tener* Erséus, 1984（陈昕韡和蔡立哲供图）
A. 环带（放大 40 倍）；B. 口前叶（放大 200 倍）；C. 双叉刚毛 01（放大 400 倍）；D. 双叉刚毛 02（放大 400 倍）

似水丝蚓属 *Limnodriloides* Pierantoni, 1903

近亲似水丝蚓
Limnodriloides fraternus Erséus, 1990

标本采集地： 海南、广东潮间带。

形态特征： 口前叶窄而削尖，刚毛双叉，远叉明显较近叉长，后部体节远叉2倍长于近叉，体前部每束刚毛2～5条，环带区每束仅1条，环带后体节每束2～3条。

生态习性： 栖息于潮间带和岸上盐沼（包括红树林湿地）。

地理分布： 海南岛、广东沿海。

参考文献： Erséus，1990；陈昕韡，2013；蔡立哲，2015。

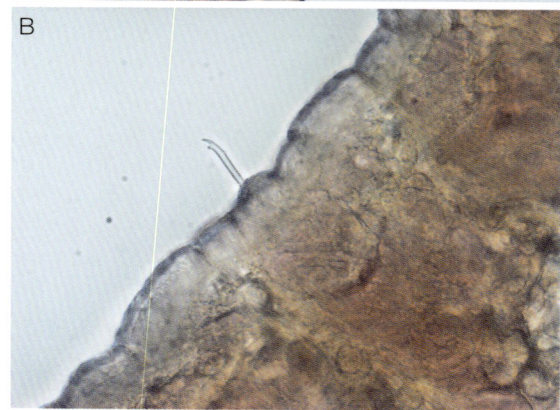

图219 近亲似水丝蚓 *Limnodriloides fraternus* Erséus, 1990（陈昕韡和蔡立哲供图）
A. 体前部（含口前叶）；B. 双叉刚毛

副矛似水丝蚓
Limnodriloides parahastatus Erséus, 1984

标本采集地： 海南、广东潮间带。

形态特征： 口前叶窄而削尖，刚毛双叉，远叉明显较近叉长，后部体节远叉 2 倍长于近叉，体前部每束 2～5 条，环带区每束仅 1 条，环带后体节每束 2～3 条。

生态习性： 栖息于潮间带和岸上盐沼（包括红树林湿地）。

地理分布： 海南岛、广东沿海。

参考文献： Erséus，1984；陈昕韡，2013；蔡立哲，2015。

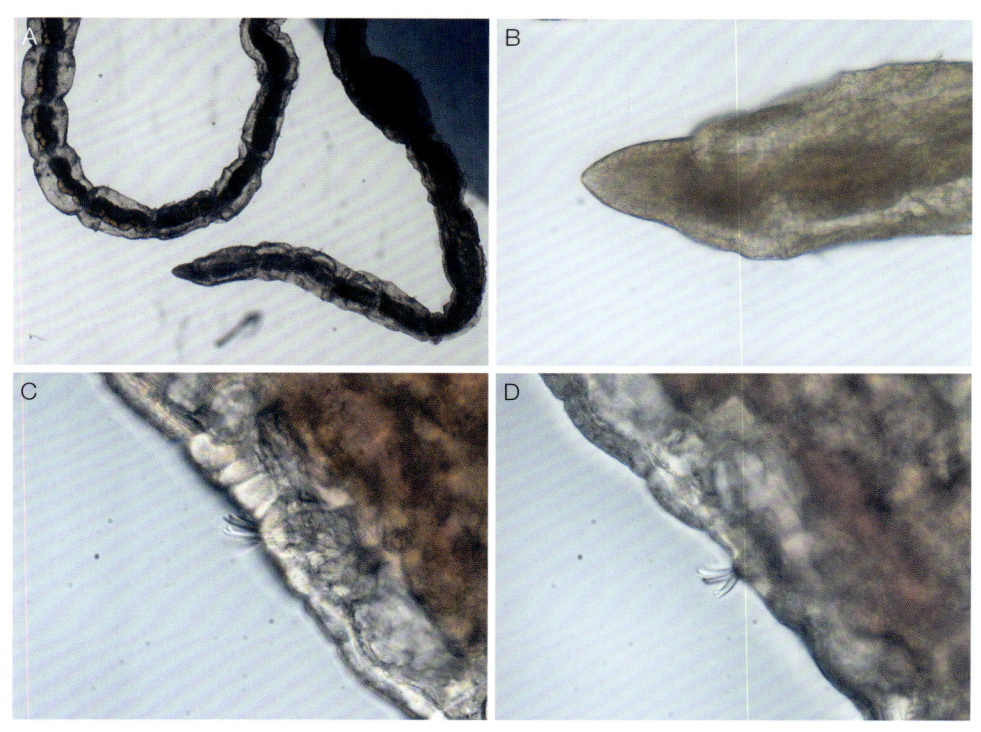

图 220　副矛似水丝蚓 *Limnodriloides parahastatus* Erséus, 1984（陈昕韡和蔡立哲供图）
A. 整体图；B. 体前部（含口前叶）；C、D. 双叉刚毛

仙女虫科分属检索表

1. 刚毛单叉，末端尖 ......根丝蚓属 *Rhizodrilus*
   刚毛双叉 2
2. 体前部背、腹刚毛远叉长于近叉 3
   体前部背、腹刚毛两叉几乎等长 4
3. 腹刚毛或刚毛Ⅺ节不缺失 ......矮丝蚓属 *Ainudrilus*
   腹刚毛或刚毛自Ⅺ节起缺失 ......膨管蚓属 *Dolidrilus*
4. 腹刚毛Ⅺ节缺失 5
   腹刚毛或刚毛自Ⅺ节起缺失 6
5. 受精囊孔和受精囊缺失 ......小贾米丝蚓属 *Jamiesoniella*
   受精囊孔单一或成对 ......似水丝蚓属 *Limnodriloides*
6. 体腔球非常丰富，呈圆形 ......单孔蚓属 *Monopylephorus*
   体腔球量少，球形或颗粒状 ......简丝蚓属 *Paupidrilus*

环节动物门参考文献

蔡立哲. 2015. 深圳湾底栖动物生态学. 厦门：厦门大学出版社.

蔡立哲，李复雪. 1995. 闽南-台湾渔场多毛类的分布. 台湾海峡, 14(2): 144-149.

蔡立哲，林鹏，刘俊杰. 2000. 深圳河口泥滩三种大型多毛类的数量动态及其环境分析. 海洋学报, 22(3): 97-103.

蔡文倩. 2010. 中国海索沙蚕科分类学和动物地理学研究. 北京：中国科学院研究生院硕士学位论文.

陈木，吴宝玲. 1980. 南海盘管虫两新种. 海洋与湖沼, 11(3): 247-250.

陈昕韡. 2013. 深圳湾红树林湿地寡毛类动物多样性和生态功能研究. 厦门：厦门大学硕士学位论文.

陈义，叶正昌，梁彦龄，等. 1959. 中国动物图谱 环节动物（附多足类）. 北京：科学出版社.

方少华，张跃平，骆巧琦，等. 2011. 湄洲湾多毛类物种多样性及生态特点. 台湾海峡, 30(3): 419-429.

类彦立，孙瑞平. 2007. 中国海的缨鳃虫科（多毛纲、缨鳃虫目）. Ⅱ. 麦缨虫属. 海洋科学集刊, 48, 200-207.

林俊辉，王建军，林和山，等. 2015. 福建古雷半岛周边海域春季大型底栖生物多样性现状. 渔业科学进展, 36(2): 23-29.

林岿璇，韩洁，林旭吟，等. 2008. 厦门潮间带小头虫（*Capitella capitata*）的种群动态及次级生产力研究. 北京师范大学学报（自然科学版）, 44(3): 314-318.

饶义勇. 2020. 大亚湾及邻近海域大型底栖动物功能结构和集合群落研究. 厦门：厦门大学博士学

位论文.

舒黎明, 陈丕茂, 黎小国, 等. 2015. 柘林湾及其邻近海域大型底栖动物的种类组成和季节变化特征. 应用海洋学学报, 34(1): 124-132.

隋吉星. 2013. 中国海双栉虫科和蛰龙介科分类学研究. 北京: 中国科学院大学博士学位论文.

孙瑞平, 类彦立. 2007. 中国海的缨鳃虫科 (多毛纲、缨鳃虫目). I. 鳍缨虫属. 海洋科学集刊, 48, 191–199.

孙瑞平, 杨德渐. 2004. 中国动物志 环节动物门 多毛纲 (二) 沙蚕目. 北京: 科学出版社.

孙悦. 2018. 中国海多毛纲仙虫科和锥头虫科的分类学研究. 北京: 中国科学院大学博士学位论文.

王洪铸. 2002. 中国小蚓类研究 - 附中国南极长城站附近地区两新种. 北京: 高等教育出版社.

王洪铸, 梁彦龄. 1998. 小蚓类 (环节动物门: 寡毛纲) 研究的历史与现状 // 牛德水. 中国生物系统学研究回顾与展望. 北京: 中国林业出版社: 49-57.

王跃云. 2017. 中国海多毛纲磷虫科和竹节虫科的分类学研究. 北京: 中国科学院大学博士学位论文.

王跃云, 李新正. 2016. 中国海缩头竹节虫 (Maldane sari Malmgren, 1865) 的重新描述. 海洋学研究, 34(4): 72-77.

吴宝玲. 1962. 黄海和渤海多毛类环节动物锥头虫科和异毛虫科新种记述. 动物学报, 14(3): 421-428.

吴宝玲, 陈木. 1981. 盘管虫属两新种记述 (多毛纲: 龙介虫科). 海洋与湖沼, 12(4): 354-357.

吴宝玲, 孙瑞平, 杨德渐. 1981. 中国近海沙蚕科研究. 北京: 海洋出版社.

吴宝铃, 吴启泉, 丘建文, 等. 1997. 中国动物志 环节动物门 多毛纲I 叶须虫目. 北京: 科学出版社.

吴启泉. 1984. 海南岛多毛类锥头虫科 (Orbiniidae) 一新种. 台湾海峡, 3(2): 203-207.

吴旭文. 2013. 中国海矶沙蚕科和欧努菲虫科的分类学和地理分布研究. 北京: 中国科学院大学博士学位论文.

杨德渐, 孙瑞平. 1988. 中国近海多毛环节动物. 北京: 农业出版社.

杨德渐, 孙瑞平. 2014. 中国动物志 环节动物门 多毛纲 (三) 缨鳃虫目. 北京: 科学出版社.

杨德援. 2019. 中国海多毛纲海蛹科和臭海蛹科的形态分类学研究. 厦门: 厦门大学硕士学位论文.

张敬怀, 高阳, 方宏达, 等. 2009. 珠江口大型底栖生物群落生态特征. 生态学报, 29(6): 2989-2999.

周红, 李凤鲁, 王玮. 2007. 中国动物志 星虫动物门 螠虫动物门. 北京: 科学出版社.

周进. 2008. 中国海异毛虫科和海稚虫科分类学和地理分布研究. 北京: 中国科学院研究生院博士论文.

Al-Hakim I, Glasby C J. 2004. Polychaeta (Annelida) of the Natuna Islands, South China Sea. Raffles Bulletin of Zoology, Supplement, 11: 25-45.

Cai W Q, Li X Z. 2011. A new species and new recorded species of Lumbrineridae Schmarda, 1861 (Annelida: Polychaeta) from China. Chinese Journal of Oceanology and Limnology, 29(2): 356-365.

Chen Y. 1940. Taxonomy and faunal relations of the limnetic Oligochaeta of China. Contributions from the Biological Laboratory of the Science Society of China (Zoological), 14: 1-132.

Christa H R, Jaap V. 2006. Sludge reduction by predatory activity of aquatic oligochaetes in wastewater treatment plants: science or fiction? A review. Hydrobiology, 564: 197-121.

Dauvin J C, Bellan G. 1994. Systematics, ecology and biogeographical relationships in the subfamily Travisinae (Polychaeta, Opheliidae). Mémoires du Muséum d'Histoire Naturelle, 162: 169-184.

Drennan R, Wiklund H, Rouse G W, et al. 2019. Taxonomy and phylogeny of mud owls (Annelida: Sternaspidae), including a new synonymy and new records from the Southern Ocean, North East Atlantic Ocean and Pacific Ocean: challenges in morphological delimitation. Marine Biodiversity, 49(6): 2659-2697.

Erséus C. 1984. The marine Tubificidae (Oligochaeta) of Hong Kong and southern China. Asian Marine Biology, 1: 135-175.

Erséus C. 1990. Marine Oligochaeta of Hong Kong//Morton B. The Marine Flora and Fauna of Hong Kong and Southern China II. Hong Kong: Hong Kong University Press: 259-335.

Erséus C. 1992a. Marine Oligochaeta of Hong Kong: a supplement//Morton B. The Marine Flora and Fauna of Hong Kong and Southern China III . Hong Kong: Hong Kong University Press: 157-178.

Erséus C. 1992b. Oligochaeta from Hoi Ha Wan//Morton B. The Marine Flora and Fauna of Hong Kong and Southern China III . Hong Kong: Hong Kong University Press: 909-917.

Erséus C. 1997. Additional notes on the taxonomy of the marine Oligochaeta of Hong Kong, with a description of a new species of Tubificidae//Morton B. The Marine Flora and Fauna of Hong Kong and Southern China IV . Hong Kong: Hong Kong University Press: 37-52.

Erséus C. 2005. Phylogeny of oligochaetous Clitellata. Hydrobilogia, 535/536(1): 357-372.

Erséus C, Diaz R J. 1997. The Oligochaeta of the Cape D'Aguilar Marine Reserve//Morton B. The Marine Flora and Fauna of Hong Kong and Southern China IV . Hong Kong: Hong Kong University Press: 189-204.

Erséus C, Hsieh H L. 1997. Records of estuarine Tubificidae (Oligochaeta) from Taiwan. Species Diversity, 2: 97-104.

Erséus C, Sun D, Liang Y L, et al. 1990. Marine Oligochaeta of Jiaozhou Bay, Yellow Sea coast of China. Hydrobiologia, 202: 107-124.

Glasby C J, Hsieh H L. 2006. New species and new records of the *Perinereis nuntia* species group (Nereididae: Polychaeta) from Taiwan and other Indo-West Pacific shores. Zoological Studies 45: 553–577.

Glasby C J, Lee Y L, Hsueh P W. 2016. Marine Annelida (excluding clitellates and sibolinids) from the South China Sea. Raffles Bulletin of Zoology, 34: 178-234.

Hsueh P W. 2019. *Neanthes* (Annelida: Nereididae) from Taiwanese waters, with description of seven new species and one new species record. Zootaxa, 4554(1): 173-198.

Lee Y L, Glasby C J. 2015. A new cryptic species of *Neanthes* (Annelida: Phyllodocida: Nereididae) from Singapore confused with *Neanthes glandicincta* Southern, 1921 and *Ceratonereis* (*Composetia*) *burmensis* (Monro, 1937). The Raffles Bulletin of Zoology Supplement, 31: 75-95.

Lin J H, Wang J J, Zheng F W. 2018. *Mediomastus chinensis* sp. nov., a new species of Capitellidae (Annelida: Polychaeta) from the southeast coast of China. Acta Oceanologica Sinica. 37(10): 126-129.

Liu Y B, Hutchings P, Sun S C. 2017. Three new species of *Marphysa* Quatrefages, 1865 (Polychaeta: Eunicida: Eunicidae) from the south coast of China and redescription of *Marphysa sinensis* Monro, 1934. Zootaxa, 4263(2): 228-250.

Mackie A S Y. 1990. The Poecilochaetidae and Trochochaetidae (Annelida: Polychaeta) of Hong Kong. Proceedings of the Second International Marine Biological Workshop: The Marine Flora and Fauna of Hong Kong and Southern China, Hong Kong, 1986. Hong Kong: Hong Kong University Press: 337-362.

Mackie A S Y. 2000. *Micronephthys oculifera* (Polychaeta: Nephtyidae), a remarkable new species from Hong Kong, China. Bulletin of Marine Science, 67(1): 517-527.

Mackie A S Y, Hartley J P. 1990. *Prionospio saccifera* sp. nov. (Polychaeta: Spionidae) from Hong Kong and the Red Sea, with a redescription of *Prionospio ehlersi* Fauvel, 1928//Morton B. Proceedings of the Second International Marine Biological Workshop: The Marine Flora and Fauna of Hong Kong and Southern China, Hong Kong, 1986. Hong Kong: Hong Kong University Press: 364-375.

Magalhaes W F, Rizzo A E, Bailey-Brock J H. 2019. Opheliidae (Annelida: Polychaeta) from the western Pacific islands, including five new species. Zootaxa, 4555(2): 209-235.

Monro C C A. 1934. On a collection of Polychaeta from the coast of China. Annals and Magazine of Natural History, 10(13): 353-380.

Moreira J, Parapar J. 2017. New data on the Opheliidae (Annelida) from Lizard Island (Great Barrier Reef, Australia): five new species of the genus *Armandia* Filippi, 1861. Zootaxa, 4290(3): 483-502.

Mortimer K, Mackie A S Y. 2009. Magelonidae (Polychaeta) from Hong Kong, China, with discussions on related species and redescriptions of three species. Zoosymposia, 2: 179-199.

Muir A I, Bamber R N. 2008. New Polychaete (Annelida) records and a new species from Hong Kong: the families Polynoidae, Sigalionidae, Chrysopetalidae, Pilargiidae, Nereididae, Opheliidae, Ampharetidae and Terebellidae. Journal of Natural History, 42(9-12): 797-814.

Nateewathana A, Hylleberg J. 1986. Nephtyid polychaetes from the west coast of Phuket Island, Andaman Sea, Thailand with description of five new species. Proceedings of the Linnean Society of New South Wales. 108(3): 195-215.

Neave M J, Glasby C J. 2013. New species of *Ophelina* (Annelida: Opheliidae: Ophelininae) from northern Australia. Organisms Diversity & Evolution, 13(2): 331-347.

Ohwada T. 1992. A new species of *Aglaophamus* (Polychaeta: Nephtyidae) from Hong Kong. The marine flora and fauna of Hong Kong and southern China III // B. Morton. Proceedings of the Fourth International Marine Biological Workshop. Hong Kong: Hong Kong University Press, 149-155.

Olav G. 2006. Ecology and biology of marine oligochaete-an inventory rather than another review. Hydrobiologia, 564: 103-116.

Park T, Kim W. 2017. Description of a new species for Asian Populations of the "Cosmopolitan" *Perinereis cultrifera* (Annelida: Nereididae). Zoological Science, 34: 252-260.

Paxton H, Chou L M. 2000. Polychaetous annelids from the South China Sea. Raffles Bulletin of Zoology(Supplement), 8: 209-232.

Pettibone M H. 1970. Polychaeta Errantia of the Siboga Expedition, 4. Some additional polychaetes of the Polynoidae, Hesionidae, Nereidae, Goniadidae, Eunicidae, and Onuphidae, selected as new species by the late Dr. Hermann Augener with remarks on other related species. Siboga Expeditie Monographie, 24 (1d), 199-270.

Saito H, Tamaki A, Imajima M. 2000. Description of a new species of *Armandia* (Polychaeta: Opheliidae) from western Kyushu, Japan, with character variations. Journal of Natural History, 34: 2029-2043.

Salaza-Vallejo S I. 2018. Revision of Hesione Savigni in Lamarck, 1818 (Annelida, Errantia, Hesionidae. Zoosystema, 40(12): 227-325.

Salazar-Vallejo S I. 2020. Revision of Leocrates Kinberg, 1866 and Leocratides Ehlers, 1908 (Annelida, Errantia, Hesionidae). Zootaxa, 4739(1): 1-114.

Sato M. 2013. Resurrection of the genus *Nectoneanthes* Imajima, 1972 (Nereididae: Polychaeta), with redescription of *Nectoneanthes oxypoda* (Marenzeller, 1879) and description of a new species, comparing them to *Neanthes succinea* (Leuckart, 1847). Journal of Natural History, 47(1-2): 1-50.

Shen S P, Wu B L. 1991. A new family of polychaeta-Euniphysidae. Acta Oceanologica Sinica, 10(1): 129-140.

Shin K S. 1980. Some polychaetous annelids from Hong Kong waters. // Morton B. Proceedings of the Second International Marine Biological Workshop: The Marine Flora and Fauna of Hong Kong and Southern China, Hong Kong, 1980. Hong Kong: Hong Kong University Press: 161-172.

Uchida H, Lopéz E, Sato M. 2019. New Hesionidae (Annelida) from Japon: unavailable names introduced by Uchida (2004) revisited, with reestablishment of their availability. Species Diversity, 24: 69-95.

Villalobos-Guerrero T F, Park T, Idris I. 2021. Review of some *Perinereis* Kinberg, 1865 (Annelida: Nereididae) species of Group 2 sensu Hutchings, Reid & Wilson, 1991 from the Eastern and

South-eastern Asian seas. Journal of the Marine Biological Association of the United Kingdom, 101(2): 1-29.

Wang H Z, Erséus C. 2001. Marine Phallodrilinae (Oligochaeta, Tubificidae) of Hainan Island in southern China. Hydrobiologia, 462: 199-204.

Wang H Z, Erséus C. 2003. Marine Rhyacodrilinae (Oligochaeta, Tubificidae) of Hainan Island in southern China. New Zealand Journal of Marine and Freshwater Research, 37: 205-217.

Wang H Z, Erséus C. 2004. New species of *Doliodrilus* and other Limnodriloidinae (Oligochaeta, Tubificidae) from Hainan and other parts of the north-west Pacific Ocean. Journal of Natural History, 38: 269-299.

Wang Y Y, Li X Z. 2016. A new *Maldane* species and a new Maldaninae genus and species (Maldanidae, Annelida) from coastal waters of China. Zookeys, 603: 1-16.

Wang Z, Qiu J W, Salazar-Vallejo S I. 2018. Redescription of *Leocrates chinensis* Kinberg, 1866 (Annelida, Hesionidae). Zoological Studies, 57(5): 1-11.

Wu X W, Salazar-Vallejo S I, Xu K D. 2015. Two new species of *Sternaspis* Otto, 1821 (Polychaeta: Sternaspidae) from China seas. Zootaxa, 4052(3): 373-382.

Wu X W, Xu K D. 2017. Diversity of Sternaspidae (Annelida: Terebellida) in the South China Sea,with descriptions of four new species. Zootaxa, 4244(3): 403-415.

Zhang J H, Hutchings P. 2018. Taxonomy and distribution of Terebellides (Polychaeta: Trichobranchidae) in the northern South China Sea, with description of three new species. Zootaxa, 4377(3): 387-411.

Zhang J H, Qiu J W. 2017. A new species of *Pectinaria* (Annelida, Pectinariidae), with a key to pectinariids from the South China Sea. Zookeys, 683: 139-150.

Zhang J H, Zhang Y J, Osborn K, et al. 2017. Description of a new species of *Eulepethus* (Annelida, Eulepethidae) from the northern South China Sea, and comments on the Phylogeny of the family. Zootaxa, 4226(4): 581-593.

Zhang J H, Zhang Y J, Qiu J W. 2015. A new species of *Amphictene* (Annelida, Pectinariidae) from the northern South China Sea. Zookeys, 545: 27-36.

Zhou J, Li X Z. 2007. A report of the Family Paraonidae (Annelida, Polychaeta) from China Seas. Acta Zootaxonomica Sinica, 32(2): 275-282.

Zhou J, Li X Z. 2009. Report of *Prionospio* complex (Annelida, Polychaeta: Spionidae) from China's water, with the description of a new species. Acta Oceanologica Sinica, 28(1): 116-127.

Zhou J, Yokoyama H, Li X Z. 2008. New records of *Paraprionospio* (Annelida: Spionidae) from Chinese waters, with the description of a new species. Proceedings of the Biological Society of Washington, 121(3): 308-320.

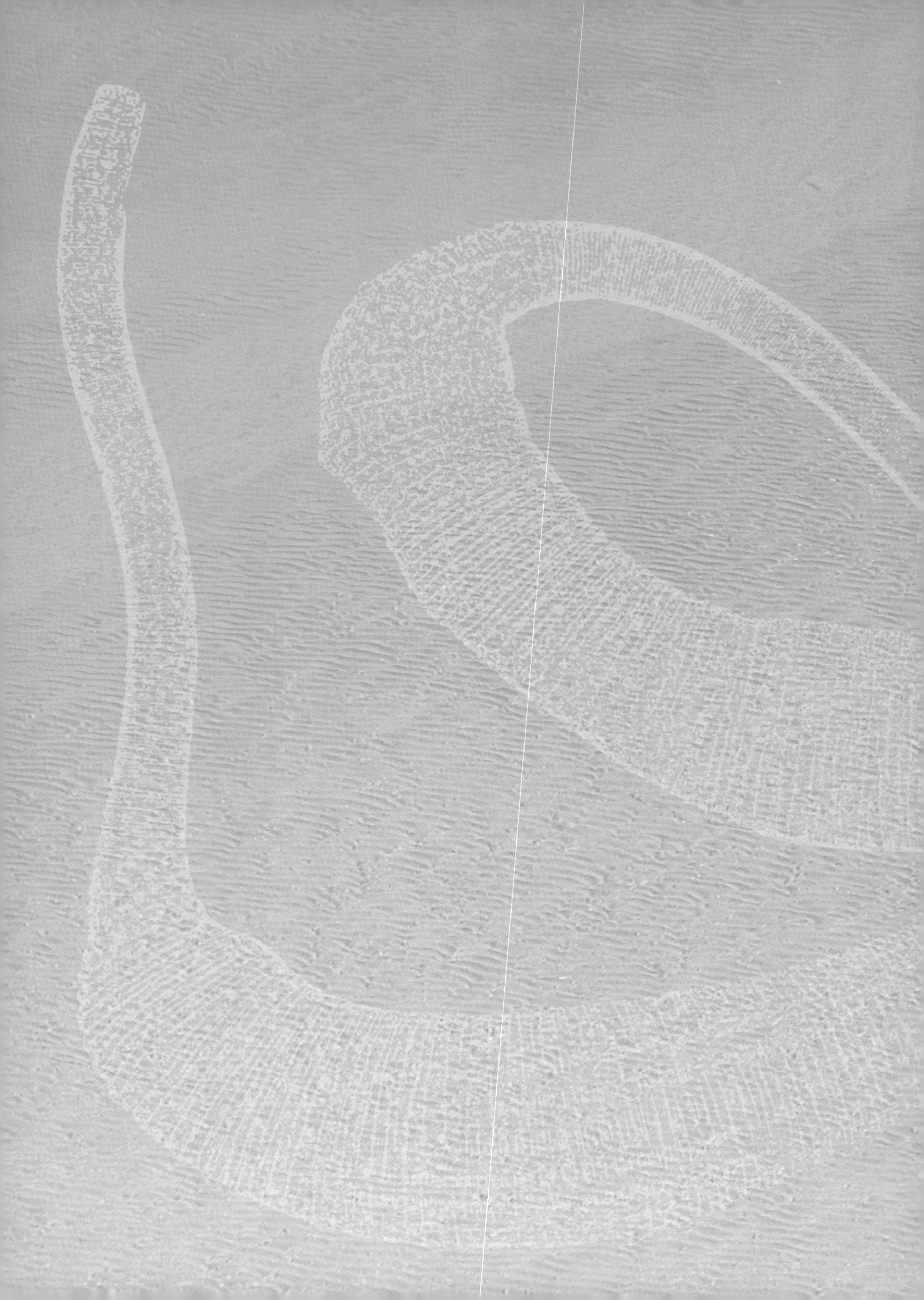

星虫动物门
Sipuncula

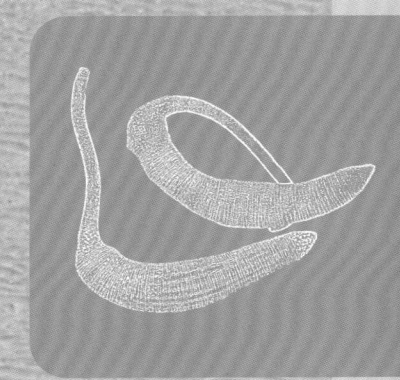

革囊星虫目 Phascolosomatida

革囊星虫科 Phascolosomatidae Stephen & Edmonds, 1972

革囊星虫属 *Phascolosoma* Leuckart, 1828

弓形革囊星虫
Phascolosoma (*Phascolosoma*) *arcuatum* (Gray, 1828)

同物异名： 可口革囊星虫 *Phascolosoma esculenta*

标本采集地： 浙江南田岛，福建厦门。

形态特征： 体呈圆筒状，后端较小，呈圆锥状。前端自肛门以前逐渐变小，至吻基部骤变细。吻细长如管，约为体长 1 倍以上。吻前端口背面及侧面具马蹄形排列的触手，通常 10 条。在口后约 2mm 处，吻上具环状排列的小钩 40～72 圈或更多，每圈约有钩 150 个。肛门位于体前端背面，距吻基部约 10mm，在一疣状突起上呈直裂缝状。肾孔位于肛门前。体表多乳突，其形态、色泽在体各部位差别较大。躯干两端的乳突粗大稠密，呈棕黑色粗粒，突出体表，体中央部和陷入吻上的乳突小，呈椭圆形，多棕黄色。体壁纵肌束 18～19 条，偶见分支。收吻肌 2 对，大部融合，背腹 2 对相距较远。纺锤肌粗大。无固肠肌。消化道很长，肠螺旋 60～85 圈。

生态习性： 栖息于潮间带高、中潮区，多见于半咸水海区或红树林泥滩。营穴居生活，穴深约 10cm。

地理分布： 东海，南海；印度，越南，菲律宾，马来西亚，印度尼西亚，爪哇岛，安达曼群岛，澳大利亚。

经济意义： 可食用及药用。已开始人工养殖，但多采用天然苗种。

参考文献： 李凤鲁，1989；连江县地方志编纂委员会，2001；周红等，2007。

图 221　弓形革囊星虫 *Phascolosoma* (*Phascolosoma*) *arcuatum* (Gray, 1828)

反体昆虫科 Antillesomatidae
反体星虫属 *Antillesoma* (Stephen & Edmonds, 1972)

安岛反体星虫
Antillesoma antillarum (Grübe, 1858)

标本采集地： 山东青岛、长岛。

形态特征： 体呈圆筒状，后部最宽，末端稍尖，缩成圆锥形。最大个体体长可达 100mm，宽 6～13mm。吻长约为体长的一半，无钩，无棘，有锥形乳突。吻前端具丝状触手一圈，数目众多，约 200～300 个，最多达 360 个。体色棕黄，吻乳白。体表面分布有褐色扁圆形乳突。体末端和肛门前方的乳突高大而密集，呈黑褐色。吻上乳突多细小。肛门位于体前端背面，距吻基部约 10mm，在一椭圆形突起上呈横裂缝状。肾孔一对，和肛门同高度，亦呈横裂缝状。纵肌成束，在体前部 10～18 束，后部每束分为 2～3 支。环肌不分离，成束。收吻肌 1 对（背对退化）。纺锤肌始自肛门前体壁，进入肠螺旋后分出 1 长支和 2～3 短支。肠螺旋 30～60 转。无固肠肌。脑神经节上具 1 对眼点。

中国沿海的标本多报道为本种，但与原始记录是否同种尚待进一步考证。

生态习性： 主要栖息于潮间带泥沙底质，也有的生活于砾石下或礁石缝隙中，但数量较少。

地理分布： 黄海，东海，南海；日本，朝鲜半岛，菲律宾群岛，加罗林群岛，夏威夷群岛，新喀里多尼亚，巴拿马，哥斯达黎加，美国加利福尼亚、佛罗里达，安的列斯群岛，古巴，委内瑞拉，巴西，几内亚湾，南非，莫桑比克，马尔代夫群岛，拉克沙群岛，斯里兰卡。

参考文献： 陈义和叶正昌，1958；李凤鲁，1989；周红等，2007。

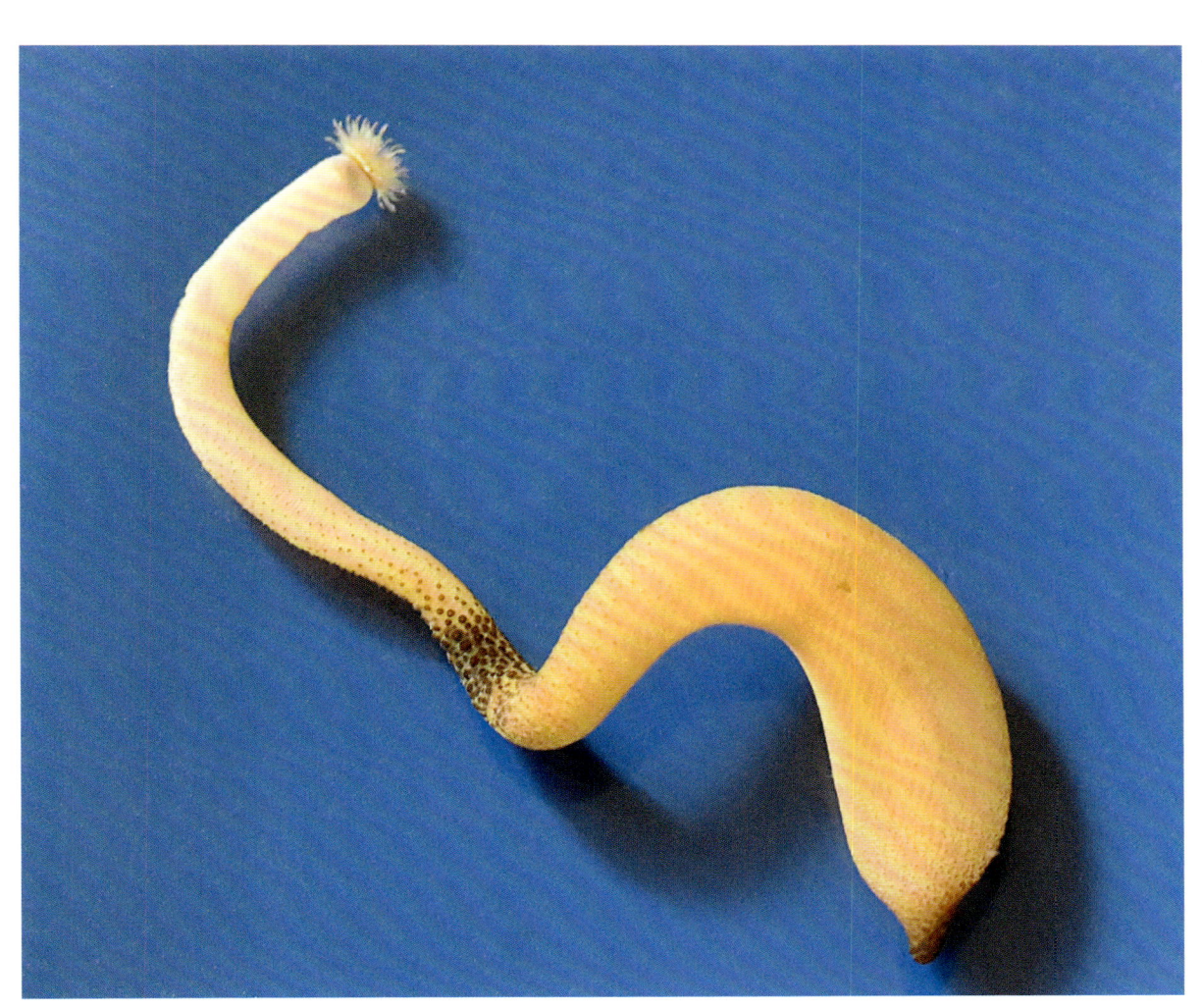

图 222　安岛反体星虫 *Antillesoma antillarum* (Grübe and Oersted, 1858)

戈芬星虫目 Golfingiida
方格星虫科 Sipunculidae Rafinesque, 1814
方格星虫属 *Sipunculus* Linnaeus, 1766

裸体方格星虫
Sipunculus nudus Linnaeus, 1766

标本采集地： 福建厦门，广西北海。

形态特征： 体长圆筒状，体长 50～250mm。体色浅黄、橘黄、浅紫、乳白或略带淡红色。体壁厚或较厚，不透明或半透明（个体小的标本）。体壁纵肌成束，27～34 条。体表面由于纵肌与环肌交错排列而在体表呈方格状纹饰。吻长 15～35mm，覆盖有大型三角形乳突，顶尖向后，呈鳞状排列。吻前段光滑，前端有 1 圈触手，伸张时呈星状，收缩时成皱褶，吻前端中央具口。消化道细长，约为体长之 2 倍，肠螺旋 20～30 转。固肠肌数目甚多。肾孔 1 对，位于肛门前方腹面。脑神经节前沿有短小的指状突起。本种的个体大小、形态，常因产地等不同而有差异。山东标本体长可达 200～250mm，个体大，体壁厚，体色深，纵肌束通常 27～28 条，吻部三角乳突大而钝；福建、广西标本体长 150～200mm，与山东标本近似；广东、海南标本一般体长只有 100～150mm，吻部三角形乳突小而尖，体色浅，体壁薄，纵肌束常 30～32 条，海南有的标本纵肌束达 34 条。

生态习性： 主要栖息于潮间带或浅海泥沙质、沙质海底，营穴居生活，穴深 20～40cm。最大分布水深 2275m。

地理分布： 渤海，黄海，东海，南海；大西洋，太平洋，印度洋。

经济意义： 肉可供食用及药用。北方沿海产量小，南方产量大，是福建、广东、广西等地的重要经济种类和养殖品种。

参考文献： 陈义和叶正昌，1958；李凤鲁，1985，1989；河北省海岸带资源编委会，1988；周红等，2007；Pagola-Carte and Saiz-Salinas, 2000。

图 223　裸体方格星虫 *Sipunculus nudus* Linnaeus, 1766

星虫动物门参考文献

陈义，叶正昌．1958．我国沿海桥虫类调查志略．动物学报，10(3): 265-278．

河北省海岸带资源编委会．1988．河北省海岸带资源（下卷）．各类资源状况 第二分册．石家庄：河北科学技术出版社．

李凤鲁．1985．广东大鹏湾星虫类的初步研究．山东海洋学院学报，15(3): 59-66．

李凤鲁．1989．中国沿海革囊星虫属（星虫动物门）的研究．青岛海洋大学学报，19(3): 78-90．

连江县地方志编纂委员会．2001．连江县志．北京：方志出版社．

周红，李凤鲁，王玮．2007．中国动物志（第46卷）．星虫动物门 螠虫动物门．北京：科学出版社．

Pagola-Carte S, Saiz-Salinas J I. 2000. Sipuncula from Hainan Island (China). Journal of Natural History, 34: 2187-2207.

中文名索引

A

阿马阿曼吉虫	144
阿曼吉虫属	144
埃刺梳鳞虫	284
埃刺梳鳞虫属	284
矮丝蚓属	412
安岛反体星虫	430

B

巴里轭山海绵	8
白带石缨虫	184
白毛虫科	372
白毛钩虫	372
斑鳍缨虫	180
邦加竹节虫属	136
棒海鳃科	22
杯形珊瑚科	30
杯形珊瑚属	30
北部湾里氏线虫	93
背鳞虫属	282
背毛背蚓虫	126
背蚓虫	128
背蚓虫属	126
背褶沙蚕	364
背褶沙蚕属	364
本狄斯线虫属	96
彼得不倒翁属	236
笔帽虫科	222
扁蛰虫	228
扁蛰虫属	228
滨珊瑚科	43
滨珊瑚属	43
不倒翁虫科	236
不倒翁虫属	238
不规则拟齿线虫	107
布氏矛咽线虫	100

C

侧花海葵属	23
叉毛豆维虫	246
叉毛豆维虫属	246
叉毛卷须虫	170
叉毛矛毛虫	162
长叉膨管蚓	416
长刺莱茵线虫	116
长刺矛咽线虫	98
长耳盲纽虫	68
长手沙蚕科	404
长手沙蚕属	404
长尾角海蛹	156
长吻沙蚕	288
巢沙蚕属	270
潮池海葵属	29
澄黄滨珊瑚	43
持真节虫	132
齿吻沙蚕科	378
齿吻沙蚕属	396
刺尖锥虫属	164
刺沙蚕属	336
刺星珊瑚属	40
刺缨虫属	186
丛生盔形珊瑚	44
粗壮光缨鳃虫	190
锉海绵属	10

D

大口花冠线虫	84
大盘泥涡虫	48
大眼微齿吻沙蚕	392
单环棘螠	409
单茎线虫科	116
单孔蚓属	411
单指虫科	130
单指虫属	130
等化感器拟齿线虫	106
等指海葵	24
等栉虫	218
等栉虫属	218
东海费氏线虫	88
东球须微齿吻沙蚕	390
东山花冠线虫	86
豆维虫科	246
独指虫	168
独指虫属	168
杜氏阔沙蚕	360
短管简丝蚓	410
短卷虫	298
对毛矮丝蚓	412
盾形陀螺珊瑚	38
多刺不倒翁虫	240
多孔鹿角珊瑚	34
多鳞虫科	280
多鳃齿吻沙蚕	398
多丝双指虫	214
多眼虫	158
多眼虫属	158
多枝吻属	64

E

额孔属	66
耳盲科	68
耳盲属	68

F

反体昆虫科	430
反体星虫属	430
方格星虫科	432
方格星虫属	432
费氏线虫属	88

分叉轮毛虫	208	海女虫属	300	简毛拟节虫	138
风信子鹿角珊瑚	36	海洋三齿线虫	91	简沙蚕属	326
浮游拟脑纽虫	60	海蛹科	144	简丝蚓属	410
辐射不倒翁虫	238	海稚虫科	198	绛体管口螠	408
福氏蛇潜虫	318	汉氏列指海葵	28	椒斑岩田纽虫	61
副矛似水丝蚓	419	豪猪杂毛虫	192	蛟龙棍棒海绵	2
腹沟虫属	206	黑斑蠕鳞虫	276	角海蛹属	152
		亨氏近瘤海葵	25	角沙蚕	324
		亨氏无沟纽虫	58	角沙蚕属	324
G		横斑海女虫	300	角吻沙蚕科	292
甘吻沙蚕属	292	红刺尖锥虫	164	角吻沙蚕属	294
哥城矶沙蚕	250	红简沙蚕	326	结节刺缨虫	186
革囊星虫科	428	红树三孔线虫	74	金扇虫科	298
革囊星虫属	428	后合咽线虫属	114	金氏围沙蚕	348
根茎螠属	15	后稚虫	198	谨天拟囊咽线虫	112
根丝蚓属	414	后稚虫属	198	近瘤海葵属	25
弓形革囊星虫	428	琥珀翼形沙蚕	322	近亲似水丝蚓	418
钩虫属	372	花冈钩毛虫	374	居虫属	160
钩毛虫属	374	花冠线虫科	84	锯齿刺星珊瑚	40
寡节甘吻沙蚕	292	花冠线虫属	84	锯形特异螠	18
寡鳃微齿吻沙蚕	394	花鹿角珊瑚	32	卷虫属	298
寡枝虫属	256	花索沙蚕科	268	卷须虫属	170
管口螠属	408	华丽角海蛹	152	菌珊瑚科	42
冠奇异稚齿虫	200	滑指矶沙蚕	248		
光突齿沙蚕	332	黄外肋水母	20	**K**	
光缨鳃虫属	188	霍帕线虫属	104	柯尼丽线虫属	87
广东梳鳃虫	234	霍山拟齿线虫	108	科索沙蚕属	260
龟壳锉海绵	10			克夫索亚里氏线虫	94
				宽刺三齿线虫	89
H		**J**		盔形珊瑚属	44
桧叶螠科	18	矶海葵科	26	阔沙蚕属	358
棍棒潮池海葵	29	矶海葵属	26		
棍棒海绵属	2	矶沙蚕科	248	**L**	
哈鳞虫属	280	矶沙蚕属	248	莱茵线虫属	116
海结虫属	306	吉氏矮丝蚓	413	蓝带伪角涡虫	50
海葵科	23	棘螠科	409	蓝纹伪角涡虫	49
海葵属	24	棘螠属	409	烙线虫科	87
海裂虫属	320	加氏无疣齿吻沙蚕	386	乐东阿曼吉虫	148
海南居虫	160	加州齿吻沙蚕	396	里氏线虫属	93
海女虫	304	尖叶长手沙蚕	404	联体线虫科	98
海女虫科	300	尖锥虫属	166		

中文名索引

廉刺特矶沙蚕	252	南沙强叶螠	19	强壮仙人掌海鳃	22
列指海葵科	28	囊萼海绵属	4	巧言虫	400
列指海葵属	28	囊咽线虫科	112	巧言虫属	400
鳞腹沟虫	206	内刺盘管虫	174	琴蛰虫	226
菱齿围沙蚕	356	内卷齿蚕属	378	琴蛰虫属	226
龙介虫科	174	泥平科	48	全刺沙蚕	340
隆唇线虫科	114	泥涡属	48	全刺沙蚕属	340
鹿角杯形珊瑚	30	拟齿线虫属	106		
鹿角珊瑚科	32	拟短角围沙蚕	354	R	
鹿角珊瑚属	32	拟多胃球线虫属	78	日本巢沙蚕	270
卵胎生本狄斯线虫	96	拟海结虫属	310	日本光缨虫	188
轮毛虫科	208	拟节虫属	138	日本角吻沙蚕	294
轮毛虫属	208	拟囊咽线虫属	112	日本年荷沙蚕	330
裸口线虫科	80	拟脑纽属	60	日本双边帽虫	222
裸口线虫属	80	拟胎生裸口线虫	82	绒毛足丝肾扇虫	216
裸肋珊瑚科	40	拟特须虫	296	柔弱膨管蚓	417
裸体方格星虫	432	拟特须虫科	296	蠕鳞虫科	276
绿侧花海葵	23	拟特须虫属	296	蠕鳞虫属	276
绿蜒科	408	年荷沙蚕属	330	乳突矛咽线虫	102
				乳突三齿线虫	90
M		O		软背鳞虫	282
毛鳃虫科	234	欧努菲虫	274	软疣沙蚕	366
矛毛虫属	162	欧努菲虫科	270	软疣沙蚕属	366
矛线虫科	78	欧努菲虫属	274		
矛咽线虫属	98	欧文虫	402	S	
锚鄂海裂虫	320	欧文虫科	402	萨拉彼得不倒翁虫	236
美丽海葵属	27	欧文虫属	402	鳃沙蚕属	328
美丽拟多胃球线虫	78			三齿线虫属	89
米列虫	220	P		三孔线虫科	74
米列虫属	220	盘管虫属	174	三孔线虫属	74
明管虫	272	膨大裸口线虫	80	三须杂毛虫	196
明管虫属	272	膨管蚓属	416	色拉支线虫科	93
莫顿额孔纽虫	66	平额刺毛虫属	376	沙蚕科	322
莫三鼻给岩虫	254			沙蚕属	344
牡丹珊瑚属	42	Q		厦门三孔线虫	76
木珊瑚科	38	奇异小桧叶螠	16	山海绵科	6
		奇异稚齿虫属	200	山海绵属	6
N		棋盘角海蛹	154	山醒海葵科	29
纳加斯索沙蚕	266	鳍缨虫属	180	扇毛虫科	216
南海真鳞虫	278	强叶螠属	19	蛇潜虫属	314

437

十字牡丹珊瑚	42	吐露内卷齿蚕	382	仙女虫科	410
石海绵科	10	陀螺珊瑚属	38	仙人掌海鳃属	22
石缨虫属	184			线沙蚕属	268
似水丝蚓属	418	**W**		线围沙蚕	352
似微毛拟齿线虫	110	外肋水母属	20	腺带刺沙蚕	336
似蛰虫	224	外伪角涡虫	52	香港细首纽虫	56
似蛰虫属	224	威廉刺沙蚕	338	小刺杂毛虫	194
梳鳃虫属	234	威森拟海结虫	310	小桧叶螅科	16
树蛰虫	230	微齿吻沙蚕属	390	小桧叶螅属	16
树蛰虫属	230	微赤根丝蚓	414	小贾米丝蚓属	415
双边帽虫属	222	微毛拟齿线虫	109	小健足虫属	312
双齿围沙蚕	346	围沙蚕属	346	小六轴囊萼海绵	4
双管阔沙蚕	358	围线海绵科	2	小囊稚齿虫	204
双鳃内卷齿蚕	378	伪角科	49	小头虫	122
双小健足虫	312	伪角属	49	小头虫科	122
双形单指虫	130	伪沙蚕属	362	小头虫属	122
双须阿曼吉虫	146	吻沙蚕科	288	笑纽科	66
双指虫属	212	吻沙蚕属	288	偕老同穴科	4
双栉虫科	218	乌鲁潘内卷齿蚕	384	新短脊虫属	134
丝鳃虫	210	无背毛蛇潜虫	316	血色纵沟纽虫	62
丝鳃虫科	210	无沟属	58		
丝鳃虫属	210	无囊小贾米丝蚓	415	**Y**	
丝线沙蚕	268	无疣齿吻沙蚕	388	亚洲哈鳞虫	280
斯索沙蚕属	266	无疣齿吻沙蚕属	386	烟树树蛰虫	232
薮枝螅属	14	无疣海结虫	308	岩虫属	254
孙氏不倒翁虫	242	吴氏不倒翁虫	244	岩田属	61
索沙蚕科	260			叶片山海绵	6
索沙蚕属	262	**X**		叶须虫科	400
		西莫达阿曼吉虫	150	异齿新短脊虫	134
T		锡鳞虫科	284	异毛虫科	168
太平洋拟节虫	140	锡围沙蚕	350	异形伪沙蚕	362
太平洋稚齿虫	202	溪沙蚕	334	异须沙蚕	344
特矶沙蚕属	252	溪沙蚕属	334	异足科索沙蚕	260
特异螅属	18	膝状薮枝螅	14	翼形沙蚕属	322
梯额虫	172	螅形美丽海葵	27	缨鳃虫科	180
梯额虫科	172	细首科	56	疣吻沙蚕	368
梯额虫属	172	细首属	56	疣吻沙蚕属	368
体小单孔蚓	411	细双指虫	212	羽须鳃沙蚕	328
筒螅水母科	20	细爪盘管虫	176	圆头索沙蚕	262
突齿沙蚕属	332	狭细蛇潜虫	314	越南平额刺毛虫	376

中文名索引

Z

杂毛虫科	192	枝吻科	64	钟螅科	14
杂毛虫属	192	栉状长手沙蚕	406	肿胀尖锥虫	166
毡毛寡枝虫	258	稚齿虫属	202	轴线虫科	106
湛江多枝吻纽虫	64	中国根茎螅	15	珠鳍缨虫	182
张氏后合咽线虫	114	中国索沙蚕	264	竹节虫科	132
折扇全刺沙蚕	342	中国中蚓虫	124	壮体科	58
蜇龙介科	224	中华邦加竹节虫	136	锥唇吻沙蚕	290
真节虫属	132	中华寡枝虫	256	锥头虫科	160
真鳞虫科	278	中华海结虫	306	纵沟科	60
真鳞虫属	278	中华霍帕线虫	104	纵沟属	62
真三指鳞虫	286	中华柯尼丽线虫	87	纵条矶海葵	26
真三指鳞虫属	286	中华内卷齿蚕	380	纵纹海女虫	302
真叶珊瑚科	44	中华盘管虫	178	足丝肾扇虫属	216
		中蚓虫属	124		

拉丁名索引

A

Acoetes	276
Acoetes melanonota	276
Acoetidae	276
Acropora	32
Acropora florida	32
Acropora hyacinthus	36
Acropora millepora	34
Acroporidae	32
Actinia	24
Actinia equina	24
Actiniidae	23
Agariciidae	42
Aglaophamus	378
Aglaophamus dibranchis	378
Aglaophamus sinensis	380
Aglaophamus toloensis	382
Aglaophamus urupani	384
Ainudrilus	412
Ainudrilus geminus	412
Ainudrilus gibsoni	413
Alitta	322
Alitta succinea	322
Amaeana	224
Amaeana trilobata	224
Ampharetidae	218
Amphictene	222
Amphictene japonica	222
Andvakiidae	29
Anoplostoma	80
Anoplostoma paraviviparum	82
Anoplostoma tumidum	80
Anoplostomatidae	80
Anthopleura	23
Anthopleura fuscoviridis	23
Antillesoma	430
Antillesoma antillarum	430
Antillesomatidae	430
Aphelochaeta	212
Aphelochaeta filiformis	212
Aphelochaeta multifilis	214
Aricidea	168
Aricidea (Aricidea) fragilis	168
Armandia	144
Armandia amakusaensis	144
Armandia bipapillata	146
Armandia exigua	148
Armandia simodaensis	150
Axonolaimidae	106

B

Baseodiscus	58
Baseodiscus hemprichii	58
Bendiella	96
Bendiella vivipara	96
Bradabyssa	216
Bradabyssa villosa	216
Branchiomma	180
Branchiomma cingulatum	180
Branchiomma cingulatum pererai	182

C

Cabira	372
Cabira pilargiformis	372
Calliactis	27
Calliactis polypus	27
Campanulariidae	14
Capitella	122
Capitella capitata	122
Capitellidae	122
Cavernularia	22
Cavernularia obesa	22
Cephalothrix	56
Cephalothrix hongkongiensis	56
Cephalotrichidae	56
Ceratonereis	324
Ceratonereis mirabilis	324
Cerebratulina	60
Cerebratulina natans	60
Chrysopetalidae	298
Cirratulidae	210
Cirratulus	210
Cirratulus cirratus	210
Cirrophorus	170
Cirrophorus furcatus	170
Comesomatidae	98
Conilia	87
Conilia sinensis	87
Cossura	130
Cossura dimorpha	130
Cossuridae	130
Cyphastrea	40
Cyphastrea serailia	40

D

Dendronereis	328
Dendronereis pinnaticirris	328
Dendrophylliidae	38
Diadumene	26
Diadumene lineata	26
Diadumenidae	26
Diopatra	270
Diopatra sugokai	270
Doliodrilus	416
Doliodrilus longidentatus	416
Doliodrilus tener	417

Dorvilleidae	246	*Glycera*	288	*Isolda pulchella*	218
Dorylaimopsis	98	*Glycera chirori*	288	*Iwatanemertes*	61
Dorylaimopsis boucheri	100	*Glycera onomichiensis*	290	*Iwatanemertes piperata*	61
Dorylaimopsis longispicula	98	Glyceridae	288		
Dorylaimopsis papilla	102	*Glycinde*	292	**J**	
Drilonereis	268	*Glycinde bonhourei*	292	*Jamiesoniella*	415
Drilonereis filum	268	*Goniada*	294	*Jamiesoniella athecata*	415
Dynamena	19	*Goniada japonica*	294		
Dynamena nanshaensis	19	Goniadidae	292	**K**	
				Kuwaita	260
E		**H**		*Kuwaita heteropoda*	260
Ectopleura	20	*Harmothoe*	280		
Ectopleura crocea	20	*Harmothoe asiatica*	280	**L**	
Ehlersileanira	284	*Hediste*	330	*Lanice*	226
Ehlersileanira incisa	284	*Hediste japonica*	330	*Lanice conchilega*	226
Enchelidiidae	78	*Hesione*	300	*Laonice*	198
Euclymene	132	*Hesione genetta*	300	*Laonice cirrata*	198
Euclymene annandalei	132	*Hesione intertexta*	302	*Laonome*	184
Eulalia	400	*Hesione splendida*	304	*Laonome albicingillum*	184
Eulalia viridis	400	Hesionidae	300	*Lauratonema*	84
Eulepethidae	278	*Hopperia*	104	*Lauratonema dongshanense*	86
Eulepethus	278	*Hopperia sinensis*	104	*Lauratonema macrostoma*	84
Eulepethus nanhaiensis	278	*Hyalinoecia*	272	Lauratonematidae	84
Eunice	248	*Hyalinoecia tubicola*	272	*Leocrates*	306
Eunice indica	248	*Hydroides*	174	*Leocrates chinensis*	306
Eunice kobiensis	250	*Hydroides ezoensis*	174	*Leocrates claparedii*	308
Eunicidae	248	*Hydroides inornata*	176	*Leodamas*	164
Euniphysa	252	*Hydroides sinensis*	178	*Leodamas rubra*	164
Euniphysa falciseta	252			*Leonnates*	332
Euphylliidae	44	**I**		*Leonnates persicus*	332
Euplectellidae	4	*Idiellana*	18	*Lepidonotus*	282
Euthalenessa	286	*Idiellana pristis*	18	*Lepidonotus helotypus*	282
Euthalenessa digitata	286	*Ilyella*	48	*Limnodriloides*	418
		Ilyella gigas	48	*Limnodriloides fraternus*	418
F		Ilyplanidae	48	*Limnodriloides parahastatus*	
Flabelligeridae	216	*Inermonephtys*	386		419
		Inermonephtys gallardi	386	Lineidae	60
G		*Inermonephtys inermis*	388	*Lineus*	62
Galaxea	44	Ironidae	87	*Lineus sanguineus*	62
Galaxea fascicularis	44	*Isolda*	218	*Litocorsa*	376

拉丁名索引

Litocorsa annamita	376	**N**		*Ototyphlonemertes longissima*	68
Loimia	228	*Naididae*	410	*Ototyphlonemertidae*	68
Loimia medusa	228	*Naineris*	160	*Owenia*	402
Lumbrineridae	260	*Naineris hainanensis*	160	*Owenia fusiformis*	402
Lumbrineris	262	*Namalycastis*	334	Oweniidae	402
Lumbrineris inflata	262	*Namalycastis abiuma*	334	*Oxydromus*	314
Lumbrineris sinensis	264	*Neanthes*	336	*Oxydromus angustifrons*	314
		Neanthes glandicincta	336	*Oxydromus berrisfordi*	316
M		*Neanthes wilsonchani*	338	*Oxydromus fauveli*	318
Magelona	404	*Nectoneanthes*	340		
Magelona cincta	404	*Nectoneanthes oxypoda*	340	**P**	
Magelona crenulifrons	406	*Nectoneanthes uchiwa*	342	*Paleaequor*	298
Magelonidae	404	Nephtyidae	378	*Paleaequor breve*	298
Maldanidae	132	*Nephtys*	396	*Paracondylactis*	25
Marphysa	254	*Nephtys californiensis*	396	*Paracondylactis hertwigi*	25
Marphysa mossambica	254	*Nephtys polybranchia*	398	*Paralacydonia*	296
Mediomastus	124	Nereididae	322	*Paralacydonia paradoxa*	296
Mediomastus chinensis	124	*Nereis*	344	Paralacydoniidae	296
Melinna	220	*Nereis heterocirrata*	344	*Paraleocrates*	310
Melinna cristata	220	*Notomastus*	126	*Paraleocrates wesenberglundae*	310
Merulinidae	40	*Notomastus aberans*	126	Paraonidae	168
Metadesmolaimus	114	*Notomastus latericeus*	128	*Paraprionospio*	200
Metadesmolaimus zhanggi	114			*Paraprionospio cristata*	200
Metasychis	134	**O**		*Parasphaerolaimus*	112
Metasychis disparidentatus	134	*Obelia*	14	*Parasphaerolaimus jintiani*	112
Micronephthys	390	*Obelia geniculata*	14	*Parodontophora*	106
Micronephthys oculifera	392	*Ochetostoma*	408	*Parodontophora aequiramus*	106
Micronephthys oligobranchia	394	*Ochetostoma erythrogrammon*	408	*Parodontophora huoshanensis*	108
Micronephthys sphaerocirrata	390	*Oenonidae*	268	*Parodontophora irregularis*	107
Micropodarke	312	Onuphidae	270	*Parodontophora microseta*	109
Micropodarke dubia	312	*Onuphis*	274	*Parodontophora paramicroseta*	110
Monoposthiidae	116	*Onuphis eremita*	274	*Paucibranchia*	256
Monopylephorus	411	Opheliidae	144	*Paucibranchia sinensis*	256
Monopylephorus parvus	411	*Ophelina*	152	*Paucibranchia straguium*	258
Mycale	6	*Ophelina grandis*	152	*Paupidrilus*	410
Mycale (*Carmia*) *phyllophila*	6	*Ophelina longicaudata*	156		
Mycale (*Zygomycale*) *parishii*	8	*Ophelina tessellata*	154		
Mycalidae	6	Orbiniidae	160		
		Ototyphlonemertes	68		

Paupidrilus breviductus	410	*Polydendrorhynchus*	64	**S**	
Pavona	42	*Polydendrorhynchus*		*Sabaco*	136
Pavona decussata	42	*zhanjiangensis*	64	*Sabaco sinicus*	136
Pectinariidae	222	*Polygastrophoides*	78	*Sabellastarte*	188
Perinereis	346	*Polygastrophoides elegans*	78	*Sabellastarte japonica*	188
Perinereis aibuhitensis	346	Polynoidae	280	*Sabellastarte spectabilis*	190
Perinereis euiini	348	*Polyophthalmus*	158	Sabellidae	180
Perinereis helleri	350	*Polyophthalmus pictus*	158	*Saccocalyx*	4
Perinereis linea	352	*Porites*	43	*Saccocalyx microhexactin*	4
Perinereis mictodonta	354	*Porites lutea*	43	*Scalibregma*	172
Perinereis rhombodonta	356	Poritidae	43	*Scalibregma inflatum*	172
Petersenaspis	236	*Potamilla*	186	Scalibregmatidae	172
Petersenaspis salazari	236	*Potamilla torelli*	186	*Schistomeringos*	246
Petrosiidae	10	*Praxillella*	138	*Schistomeringos rudolphi*	246
Phascolosoma	428	*Praxillella gracilis*	138	*Scolelepis*	206
Phascolosoma (*Phascolosoma*)		*Praxillella pacifica*	140	*Scolelepis* (*Scolelepis*)	
arcuatum	428	*Prionospio*	202	*squamata*	206
Phascolosomatidae	428	*Prionospio pacifica*	202	*Scoloplos*	166
Pheronematidae	2	*Prionospio saccifera*	204	*Scoloplos tumidus*	166
Pheronous	88	*Prosadenoporus*	66	Selachinematidae	93
Pheronous donghaiensis	88	*Prosadenoporus mortoni*	66	*Semperella*	2
Phyllodocidae	400	Prosorhochmidae	66	*Semperella jiaolongae*	2
Phylo	162	*Pseudoceros*	49	*Sergioneris*	266
Phylo ornatus	162	*Pseudoceros concinnus*	50	*Sergioneris nagae*	266
Pilargidae	372	*Pseudoceros exoptatus*	52	Serpulidae	174
Pista	230	*Pseudoceros indicus*	49	*Sertularella*	16
Pista cristata	230	Pseudocerotidae	49	*Sertularella mirabilis*	16
Pista typha	232	*Pseudonereis*	362	Sertularellidae	16
Platynereis	358	*Pseudonereis anomala*	362	Sertulariidae	18
Platynereis bicanaliculata	358			Sigalionidae	284
Platynereis dumerilii	360	**R**		*Sigambra*	374
Pocillopora	30	*Rhinema*	116	*Sigambra hanaokai*	374
Pocillopora damicornis	30	*Rhinema longispicula*	116	*Simplisetia*	326
Pocilloporidae	30	*Rhizocaulus*	15	*Simplisetia erythraeensis*	326
Poecilochaetidae	192	*Rhizocaulus chinensis*	15	Sipunculidae	432
Poecilochaetus	192	*Rhizodrilus*	414	*Sipunculus*	432
Poecilochaetus hystricosus	192	*Rhizodrilus russus*	414	*Sipunculus nudus*	432
Poecilochaetus spinulosus	194	*Richtersia*	93	Sphaerolaimidae	112
Poecilochaetus tricirratus	196	*Richtersia beibuwanensis*	93	Spionidae	198
Polybrachiorhynchidae	64	*Richtersia coifsoa*	94	Sternaspidae	236

拉丁名索引

Sternaspis	238	*Terebellides guangdongensis*	234	*Tylonereis*	366
Sternaspis radiata	238	Thalassematidae	408	*Tylonereis bogoyawlenskyi*	366
Sternaspis spinosa	240	Trichobranchidae	234	*Tylorrhynchus*	368
Sternaspis sunae	242	*Tripyloides*	74	*Tylorrhynchus heterochetus*	368
Sternaspis wui	244	*Tripyloides amoyanus*	76		
Stichodactyla	28	*Tripyloides mangrovensis*	74	**U**	
Stichodactyla haddoni	28	Tripyloididae	74	Urechidae	409
Stichodactylidae	28	*Trissonchulus*	89	*Urechis*	409
Syllidia	320	*Trissonchulus benepapillosus*		*Urechis unicinctus*	409
Syllidia anchoragnatha	320		90		
		Trissonchulus latispiculum	89	**V**	
T		*Trissonchulus oceanus*	91	Valenciniidae	58
Tambalagamia	364	*Trochochaeta*	208	Veretillidae	22
Tambalagamia fauveli	364	*Trochochaeta diverapoda*	208		
Telmatactis	29	Trochochaetidae	208	**X**	
Telmatactis clavata	29	Tubulariidae	20	*Xestospongia*	10
Terebellidae	224	*Turbinaria*	38	*Xestospongia testudinaria*	10
Terebellides	234	*Turbinaria peltata*	38	Xyalidae	114